Georg Hintzen

Die neuere Diskussion
über die eucharistische Wandlung

Darstellung, kritische Würdigung, Weiterführung

ISBN 3 261 01743 0

©

Peter Lang GmbH, Frankfurt/M. und München (BRD)
Herbert Lang & Cie AG, Bern (Schweiz)
1976. Alle Rechte vorbehalten.

Nachdruck oder Vervielfältigung, auch auszugsweise, in allen Formen wie Mikrofilm, Xerographie, Mikrofiche, Mikrocard, Offset verboten.

Druck: fotokop wilhelm weihert KG, Darmstadt

INHALTSÜBERSICHT

    Seite

VORWORT 7

EINLEITUNG 9

1. Kapitel: DIE WURZELN DER GEGENWÄRTIGEN DISKUSSION

  I. Die Suche nach einem neuen Substanzbegriff 12

     1. Die physische Theorie 14

     2. Die metaphysische Theorie 18

  II. Das Sakrament als Zeichenwirklichkeit 23

     1. Schillebeeckx: Das anthropologische Verständnis
        von Zeichenwirklichkeit 23

     2. Rahner: Das ontologische Verständnis
        von Zeichenwirklichkeit 32

2. Kapitel: DIE GEGENWÄRTIGE DISKUSSION ÜBER DIE EUCHARISTIE

    1. Rahner: Substanz als anthropologische Größe 36

    2. Welte: Begründung der Substanz aus dem Bezugszusammenhang 43

    3. Der religiöse Substanzbegriff 63

    4. Möller: Eucharistie als "instrumentum salutis" 70

    5. Schoonenberg: Eucharistische Gegenwart als personale Gegenwart 87

    6. Smits: Die Eucharistie als Geschenk des Gott-Menschen an uns 98

    7. Schillebeeckx: Die Eucharistie als menschliche und göttliche Sinnstiftung 110

    8. Trooster: Substanz als Zuhandensein 138

    9. Sonnen: Substanz, Sein für den Menschen 145

  10. Die Enzyklika "Mysterium Fidei" und das Lehrschreiben der deutschen Bischöfe 151

  11. Powers: Die Eucharistie als göttliche Symbolhandlung 156

	Seite
12. Ratzinger: Substanz als "Sein-in-Selbständigkeit"	169
13. Sala: Interpretation der Eucharistie im modernen kulturellen Kontext	172
14. Beinert: Die Sonderstellung der Eucharistie im Rahmen der übrigen Sakramente	181
15. Gerken: Personales Eucharistieverständnis	183
16. Zusammenfassung	192

3. Kapitel: VERSUCH EINER INTERPRETATION DER EUCHARISTISCHEN WANDLUNG 197

  1. Die anthropologische Substanz als menschliche Sinnstiftung 198

  2. Die ontologische Substanz als göttliche Sinnstiftung 203

  3. Das Verhältnis von göttlicher und menschlicher Sinnstiftung 212

  4. Der Unterschied zwischen substantiellen und akzidentellen Sinnstiftungen 213

  5. Das eucharistische Zeichen als Species-Zeichen 219

  6. Die eucharistische Transsubstantiation als Transfinalisation und Transsignifikation 227

  7. Der Unterschied zwischen allgemein sakramentaler und eucharistischer Transfinalisation und Transsignifikation 233

Schluß 237

Literaturverzeichnis 239

VORWORT

Aus der Fülle der Fragen, die durch das gegenwärtige Bemühen um ein neues Eucharistieverständnis gestellt sind, greift diese Arbeit ein Spezialthema heraus: die eucharistische Wandlung. Daß damit angesichts der umfassenden Sicht, die gerade die gegenwärtige Eucharistiediskussion auszeichnet, eine Verengung des Blickes gegeben ist, liegt auf der Hand. Gleichwohl halten wir diese methodische Beschränkung für gerechtfertigt, nicht nur weil wir der Ansicht sind, daß die neue Interpretation der eucharistischen Wandlung als Transfinalisation und Transsignifikation noch weiterer Klärung bedarf, sondern vor allem deshalb, weil gerade die neuen Interpretationsversuche der eucharistischen Wandlung bei vielen ernste Bedenken nicht nur gegen die Rechtgläubigkeit dieser Interpretationsversuche, sondern gegen das neue Eucharistieverständnis überhaupt hervorgerufen haben. Wenn wir daher zu zeigen versuchen, daß eine Interpretation der eucharistischen Wandlung als Transfinalisation und Transsignifikation durchaus mit dem Glauben der Kirche vereinbar ist, hoffen wir gerade dem neuen Eucharistieverständnis einen Dienst zu erweisen. Bleiben so auch notgedrungen viele der fruchtbaren Aspekte der neuen Sicht außer Betracht, so sollten sie doch den umfassenden Rahmen bilden, in dem diese Spezialuntersuchung gelesen und verstanden werden soll.

Die Arbeit wurde Ende 1973 abgeschlossen und 1974 von der Katholisch-Theologischen Fakultät der Universität Bonn als Inauguraldissertation angenommen. Besonders danken möchte ich Herrn Professor Dr. H. Jorissen, der diese Arbeit angeregt und ihre Ausführung mit seinem Rat begleitet hat, sowie meiner lieben Frau Therese, die nicht nur durch ihre verständnisvolle Rücksichtnahme die Abfassung dieser Arbeit neben meiner Berufstätigkeit ermöglicht, sondern auch die Korrekturen mitgelesen hat.

Neuss, im Sommer 1975　　　　　　　　　　　　　　　　　　Georg Hintzen

EINLEITUNG

Seit Ende der fünfziger Jahre hat sich in der katholischen Theologie die Überzeugung durchgesetzt, daß die traditionelle naturphilosophische Interpretation der eucharistischen Wandlung angesichts der modernen naturwissenschaftlichen Erkenntnis über die mikrophysikalische Struktur der Materie nicht mehr aufrechterhalten werden kann. Ausgehend von Gedanken der phänomenologischen und existentialistischen Philosophie, wurden in Frankreich, Deutschland und den Niederlanden neue Interpretationsvorschläge erarbeitet. Die neuen Auffassungen über die eucharistische Wandlung und den Zeichencharakter der eucharistischen Gaben fanden ihren Niederschlag in den Termini Transfinalisation und Transsignifikation, welche nach der Meinung ihrer Anhänger zur Erklärung des kirchlichen Glaubens geeigneter sind als der traditionelle, vom Tridentinum zur "tessera fidei" erklärte Terminus Transsubstantiation. Neue Termini beinhalten (wenn anders sie nicht überflüssig sein sollen) auch immer neue Inhalte, und so ist es nicht verwunderlich, wenn die Befürchtung laut wurde, mit der Einführung neuer Termini werde der alte Glaube der Kirche aufgegeben. Das ist um so verständlicher, als die Diskussion über den engen Kreis der Fachtheologen hinaus auch weitere Kreise der Gläubigen ergriffen und beunruhigt hat. Zumal in den Niederlanden erregte eine Reihe von Publikationen die Gemüter, und diese Unruhe griff auch auf andere Länder über. Wie immer, wenn theologische Fragen weitere Kreise erfassen, gab es auch hier viele Mißverständnisse und Fehldeutungen. Gerüchte wucherten, und selbst üble Verleumdungen wurden laut [1]. Papst Paul VI. sah sich daher veranlaßt, in der Enzyklika "Mysterium Fidei" den Glauben der Kirche an die wirkliche Verwandlung von Brot und Wein in Christi Leib und Blut und an die reale Gegenwart Christi in der Eucharistie erneut zu bekräftigen [2]. In den letzten Jahren ist die Diskussion in der Öffentlichkeit jedoch weitgehend verstummt und hat einer ruhigeren und sachlicheren Debatte unter den Theologen Platz gemacht.

Nun zeigt sich immer deutlicher, daß die neuen Interpretationsvorschläge einem grundlegend anderen Denken entspringen, das man gern als "anthropologisches" oder "personales" Denken bezeichnet. Man sucht auch nicht mehr allein nach einer neuen Erklärung der eucharistischen Wandlung, sondern bemüht sich generell um ein neues Eucharistieverständnis aus personaler Sicht. Die Eucharistie wird bewußt im Zusammenhang mit der allgemeinen Sakramentenlehre gesehen und gedeutet, sowie in Verbindung mit der Gnadenlehre, der Christologie und der Ekklesiologie gebracht. So fruchtbar diese umfassende Sicht ist, so berechtigt

---

[1] Beispiele dazu bei E. Schillebeeckx, Transubstantiation, Transfinalization, Transfiguration, in: Worship 40 (1966) 324-338, hier: 330.

[2] Papst Paul VI., Mysterium Fidei. Litterae encyclicae de doctrina et cultu ss. Eucharistiae, in: AAS 57 (1965) 753-774.

bleibt die Frage, wie die eucharistische Wandlung in diesem Kontext so erklärt werden kann, daß die vom Dogma geforderte wahre und wirkliche Wesensverwandlung von Brot und Wein unverkürzt zum Ausdruck kommt. Da uns diese Frage in der gegenwärtigen Diskussion noch nicht befriedigend beantwortet zu sein scheint, haben wir die eucharistische Wandlung zum Gegenstand unserer Untersuchung gemacht.

Wir beschränken uns dabei auf die dogmatische Fragestellung und lassen die Frage nach dem verbindlichen Inhalt der Tridentiner Definition beiseite, da eine angemessene Behandlung dieser Frage einer eigenen Untersuchung bedürfte. Wir bekennen uns indessen zu dem heute wohl einhellig vertretenen Standpunkt, daß das Konzil von Trient nur die Tatsache der Wesensverwandlung (Transsubstantiation) von Brot und Wein definiert hat, ohne dabei verbindlich zu erklären, was genau unter Wesen (Substanz) zu verstehen ist - selbst, wenn die Konzilsväter allesamt in aristotelisch-naturphilosophischen Begriffen gedacht haben sollten [3]. Damit ist, dogmatisch gesehen, eine Neufassung der Begriffe Substanz und Transsubstantiation grundsätzlich möglich. Ob sie auch nötig oder wünschenswert ist und worin sie sich von der alten Auffassung unterscheidet, wird die folgende Untersuchung zeigen müssen.

Diese verfolgt ein doppeltes Ziel: Es soll zunächst der gegenwärtige Stand der Diskussion aufgezeigt und dann unter kritischer Einbeziehung ihrer Ergebnisse eine systematische Darstellung der eucharistischen Wandlung versucht werden.

---

[3] Die wichtigsten Beiträge zu dieser Frage sind: K. Rahner, Die Gegenwart Christi im Sakrament des Herrenmahles, in: Schriften zur Theologie IV, Einsiedeln 1960, S. 357-385 (hier: S. 372-378); E. Schillebeeckx, Christus' tegenwoordigheid in de Eucharistie, in: Tijdschrift voor Theologie 5 (1965) 136-173; deutsch: Die eucharistische Gegenwart, Düsseldorf 1967, S. 15-57; W. Beinert, Neue Deutungsversuche der Eucharistielehre und das Konzil von Trient, in: ThPh 46 (1971) 342-363.

Naturgemäß vertreten auch die Theologen, die sich um eine neue Deutung der Eucharistie bemühen, diesen Standpunkt, ausdrücklich z.B. J. Möller, De transsubstantiatie, in: Nederlandse Katholieke Stemmen 56 (1960) 2-14 (hier: 3); L. Smits, Vragen rondom de Eucharistie, Roermond-Maaseik 1965 (hier: 49-66); S. Trooster, Transsubstantiatie, in: Streven 18 (1965) 737-744 (hier: 739 f); E. Gutwenger, Das Geheimnis der Gegenwart Christi in der Eucharistie, in: ZKTh 88 (1966) 185-197 (hier: 188-190); P. Schoonenberg, Inwieweit ist die Lehre von der Transsubstantiation historisch bestimmt?, in: Concilium 3 (1967) 305-311 (hier: 305 f), A. Gerken, Dogmatische Reflexion über die heutige Wende in der Eucharistielehre, in: ZKTh 94 (1972) 199-226 (hier: 214), und zuletzt wieder in seinem Buch: Theologie der Eucharistie, München 1973.

Da die Wurzeln der gegenwärtigen Diskussion schon in die ersten Jahrzehnte unseres Jahrhunderts zurückreichen, müssen wir auch diese ältere Diskussion behandeln, weil ohne ihre Kenntnis die neueren Lösungsversuche nicht richtig gewürdigt werden können. Das erste Kapitel befaßt sich daher mit den Wurzeln der gegenwärtigen Diskussion. Diese wird dann im zweiten Kapitel behandelt. Hier werden wir zunächst versuchen, durch eine Interpretation der wichtigsten Beiträge der letzten beiden Jahrzehnte die Grundgedanken der neuen Deutungsversuche herauszustellen und sie gegen Mißverständnisse in Schutz zu nehmen, denn gerade die ersten Beiträge sind oft noch mißverstanden worden. Mit der Darstellung verbinden wir die fremde und die eigene Kritik, um die Fragen, die sich vom systematischen Gesichtspunkt her stellen, herauszuheben. Außerdem soll die Interpretation die philosophischen Voraussetzungen und die Quellen der neuen Deutungsversuche ans Licht bringen. Im dritten Kapitel wollen wir schließlich eine Interpretation der eucharistischen Wandlung versuchen, die dem gegenwärtigen Stand der Diskussion Rechnung trägt.

1. KAPITEL: DIE WURZELN DER GEGENWÄRTIGEN DISKUSSION

Die gegenwärtige Diskussion über die eucharistische Wandlung wird vornehmlich aus zwei Quellen gespeist: der Suche nach einem neuen Substanzbegriff und dem Bemühen, die Eucharistie als sakramentale Zeichenwirklichkeit zu begreifen. Dieser doppelte Ansatz spiegelt sich in der Terminologie wider. Geht man vom Substanzbegriff aus, so wird die eucharistische Transsubstantiation (gemäß der neuen Definition der Substanz aus dem "Finis") zur Transfinalisation. Geht man jedoch von der sakramentalen Zeichenwirklichkeit aus, dann erscheint die Transsubstantiation primär als Transsignifikation.

Beide Wege haben ihre Vorgeschichte. Das Substanzproblem wurde durch die Erkenntnisse der modernen Quantenphysik aufgeworfen, während der Versuch, die Eucharistie als sakramentale Zeichenwirklichkeit zu begreifen, von dem durch die Mysterientheologie inspirierten Bemühen um ein neues Sakramentenverständnis beeinflußt ist. Ohne Kenntnis dieser Vorgeschichte kann die gegenwärtige Diskussion weder verstanden noch gewürdigt werden. Daher werden wir uns zuerst mit ihr beschäftigen müssen.

I. Die Suche nach einem neuen Substanzbegriff

Die Anfänge der Diskussion über den Substanzbegriff [1] reichen in die zwanziger Jahre unseres Jahrhunderts zurück. Damals fanden die Ergebnisse der modernen Quantenphysik Eingang in die scholastische Naturphilosopie und zwangen diese, die Anwendung des hylemorphistischen Substanzbegriffes auf die Körperwelt neu zu überdenken. Nach hylemorphistischer Auffassung ist nur das Seiende eine Substanz, das dank einem immanenten Form- und Wirkprinzip (einer "Natur") eine "innere Einheit" bildet. Alle von außen gestaltete Einheit, die nicht aus dem Seienden selbst herrührt, kann daher nur akzidentelle Einheit sein. Legt man diesen Substanzbegriff zugrunde, dann sind die materiellen Körper, die unserer naiven Alltagserfahrung als "Dinge" erscheinen, keine Substanzen. Die Quantenphysik hat nämlich gezeigt, daß es sich bei diesen vermeintlichen "Dingen" lediglich um lose und äußerliche Verbindungen von Elementarteilchen und -kräften handelt, denen jene "innere Einheit" fehlt, welche nach hylemorphistischer Auffassung das Kriterium für Substantialität ist. So sah sich die scholastische Naturphilosophie vor die Frage gestellt, ob und wo im materiellen Sein innere Einheit und "Form" und folglich Substantialität vorliegt.

---

[1] Wir können die Diskussion, die sich über Jahrzehnte erstreckte, im Rahmen dieser Arbeit natürlich nicht ausführlich darstellen, wollen aber die Problemstellung und die verschiedenen Lösungsversuche kurz vortragen. Eine Übersicht über die Diskussion der Jahre 1928-1949 bietet J.T. Clark, Physics, Philosophy, Transubstantiation, Theology, in: ThSt 12 (1951) 24-51. Über die Diskussion der Jahre 1949-1960 berichten: C. Vollert, The Eucharist: Controversy on Transubstantiation, in: ThSt 22 (1961) 391-425; E. Gutwenger, Substanz und Akzidens in der Eucharistielehre, in: ZKTh 83 (1961) 257-306.

Die scholastische Naturphilosophie hat nacheinander zwei Lösungen versucht. Nach der älteren, von Mitterer und seinen Schülern vertretenen Theorie gibt es eine Vielzahl materieller Substanzen. Diese werden in den letzten Bausteinen der Materie gesucht, wenn auch keineswegs Einmütigkeit in der Frage herrscht, was eigentlich die letzten Bausteine der Materie sind und welche von ihnen als Substanzen angesprochen werden dürfen. Die jüngere, von Büchel entwickelte Theorie leugnet eine Vielzahl materieller Substanzen und versteht den gesamten materiellen Kosmos als eine einzige große Universalsubstanz, die in ständiger Selbstveränderung begriffen ist und die materiellen Körper als ihre wechselnden Gestalten hervorbringt.

Welche Theorie man auch zugrundelegt, in keinem Falle können die materiellen Körperdinge unserer Alltagserfahrung noch als Substanzen verstanden werden. Wenn nur bei den letzten Bausteinen der Materie innere Einheit und Form und folglich Substantialität anzunehmen ist, erscheinen die materiellen Körper als bloß akzidentelle Verbindungen dieser letzten Bausteine. Sie sind nur lose und äußerliche Verbindungen vieler Substanzen, nur "Substanzenkonglomerate", aber keineswegs selbst Substanzen. Ist aber der gesamte materielle Kosmos eine einzige große Universalsubstanz, dann können die einzelnen Körper erst recht keine Substanzen sein, sondern nur noch als akzidentelle Zustände der einen Universalsubstanz verstanden werden. In beiden Fällen sind die materiellen Dinge unserer Alltagserfahrung dann aber - ontologisch gesehen - zur Kategorie des Akzidens zu rechnen.

Die Konsequenzen für die Theologie der Eucharistie liegen auf der Hand: Brot und Wein sind materielle Körper. Sind diese aber keine Substanzen, sondern Akzidenzien, dann scheint der Gedanke einer Transsubstantiation von Brot und Wein unvollziehbar geworden zu sein. Da der Glaube der Kirche aber unmißverständlich eine Transsubstantiation von Brot und Wein voraussetzt, stellt sich für die Theologie das Problem, wie die Substantialität von Brot und Wein begründet werden könne.

Die vielfachen Versuche zur Lösung dieses Problems lassen sich auf zwei Grundtypen zurückführen, die man mit Colombo die "physische" und die "metaphysische" Theorie nennen könnte. Die physische Theorie versucht eine Lösung auf dem Boden der Naturphilosophie; sie hält am hylemorphistischen Substanzbegriff fest. Die metaphysische Theorie möchte dagegen die Begriffe Substanz und Transsubstantiation aus ihrer Verbindung mit der Naturwissenschaft und Naturphilosophie lösen und in einem allgemeinen metaphysischen Sinne verstanden wissen.

1. Die physische Theorie

Die physische Theorie wurde zum erstenmal von Baudiment entwickelt [2]. Baudiment geht davon aus, daß Brot und Wein keine Substanzen, sondern Substanzenkonglomerate sind. "Für den Philosophen ist die Hostie nichts als ein künstliches Konglomerat von vielen Teilen. ... Diese Einheit ist gänzlich akzidenteller Natur" (548). Der Theologe wisse aber, daß Brot und Wein in Christi Leib und Blut verwandelt werden. Diese theologische Erkenntnis müsse mit jener philosophischen zusammengenommen werden, und so komme der Theologe zu einem Syllogismus, dessen Obersatz aus der Offenbarung und dessen Untersatz aus der Philosophie stamme. "Der Obersatz, den die Offenbarung liefert, heißt: Das, was in Christi Leib verwandelt wird, ist die Substanz des Brotes. Der Untersatz, von der Philosophie vorgelegt, lautet: Aber in einer Hostie findet sich eine Vielzahl von Brotsubstanzen. Es folgt der Schluß: Daher wird in der Konsekration einer Hostie eine Vielzahl von Brotsubstanzen in den Leib Christi verwandelt" (553). Folglich finden, so glaubt Baudiment, bei der Wandlung einer Hostie genau so viele Wandlungen statt, wie Brotsubstanzen in der Hostie vorhanden sind [3]. Und ebenso gebe es genau so viele Instanzen der Gegenwart Christi in einer Hostie, wie vorher Brotsubstanzen vorgelegen hätten [4].

Die Grundidee von Baudiments Lösungsversuch ist denkbar einfach: Sind Brot und Wein keine Substanzen, sondern Substanzenkonglomerate, dann werden eben alle Substanzen, die diese Konglomerate aufbauen, in Christi Leib und Blut verwandelt. Diese Grundidee kehrt (trotz mancher Abwandlung im einzelnen) in allen späteren Lösungsversuchen wieder. Sie wurde von Unterkirchner [5] und Maltha [6] übernommen und nach dem Krieg von Selvaggi [7] wieder aufgegriffen; ihm

---

[2] L. Baudiment, Notre-Seigneur, n'est-il présent qu'une fois dans l'hostie?, in: RAp 65 (1937) 546-561.

[3] a.a.O., S. 554.

[4] a.a.O., S. 554 und 561.

[5] F. Unterkirchner, Zu einigen Problemen der Eucharistielehre, Innsbruck 1938.

[6] A.H. Maltha, Cosmologica circa transsubstantiationem, in: Angelicum 16 (1939) 305-334.

[7] F. Selvaggi, Il concetto di sostanza nel Dogma Eucaristico in relazione alla fisica moderna, in: Gr 30 (1949) 7-45; Realtà fisica e sostanza sensibile nella dottrina eucaristica, in: Gr 37 (1956) 16-33; Ancora intorno ai concetti di "sostanza sensibile" e "realtà fisica", in: Gr 38 (1957) 503-514.

folgten Masi [8] und Torner [9]. Alle diese Theologen sind sich darin einig, daß man die eucharistische Wandlung als Wandlung der Substanzenkonglomerate Brot und Wein zu verstehen habe. Ihre Meinungen gehen jedoch beträchtlich auseinander sowohl in der Frage, was genau die materiellen Substanzen sind, die die Substanzenkonglomerate der Körper aufbauen [10], als auch in der Frage, wie oft Christus in einer Hostie gegenwärtig ist [11]. Die Antwort fällt verschieden aus, je nach der speziellen Naturphilosophie, die zugrundegelegt wird. Die Theologie wird so in die Schwierigkeiten und Probleme der Naturphilosophie verwickelt und ihren wechselnden Theorien unterworfen.

---

[8] R. Masi, Teologia eucaristica e fisica contemporanea, in: Doctor Communis 8 (1955) 31-51; L'eucaristia e le scienze, in: A. Piolanti (Hrsg.), Eucaristia: Il mistero dell'altare nel pensiero e nella vita della Chiesa, Rom 1957, S. 743-777; La sostanza materiale ed i suoi accidenti - La conversione eucaristica, in: Studia Patavina 4 (1957) 125-142.

[9] J. C. Torner, Puede la filosofía de la naturaleza escolástica explicar la transubstanciación eucarística?, in: RET 18 (1958) 167-186.

[10] Baudiment und Maltha lassen diese Frage offen; Unterkirchner versteht die materielle Substanz im Sinne von Mitterers "Hylosystemismus" als "Hylon", d.h. als unausgedehnten Kraftpunkt. Diese Kraftpunkte bringen aufgrund der aus ihnen resultierenden Ausdehnung die materiellen Körper hervor. Selvaggi identifiziert die materielle Substanz mit Protonen, Neutronen, Elektronen, Atomen, Molekülen, Jonen, Molekularverbindungen und Mikrokristallen. Ähnlich sieht auch Masi Protonen, Neutronen, Moleküle usw. als die materiellen Substanzen an. Torner versteht dagegen die materiellen Substanzen als Energieeinheiten, die er nicht mit irgendwelchen von der Naturwissenschaft entdeckten Elementarteilchen gleichgesetzt wissen will. - Je nach der Auffassung von der materiellen Substanz unterscheidet sich dann auch die genauere Erklärung der Wandlung von Substanzenkonglomeraten, worauf hier allerdings nicht näher eingegangen werden kann.

[11] Baudiment, Unterkirchner und Maltha vertreten entsprechend der von ihnen angenommenen Vielzahl von materiellen Substanzen in einer Hostie eine vielfache Gegenwart Christi in der einen Hostie. Selvaggi läßt die Frage in seinem ersten Artikel offen, während er in den folgenden Artikeln nur eine einzige Gegenwart Christi annimmt. Masi behauptet wieder die vielfache Anwesenheit Christi in einer Hostie, weil er fürchtet, sonst werde die Realität der eucharistischen Wandlung in einen bloßen Symbolismus aufgelöst. Torner übergeht diese Frage.

Das wurde besonders deutlich, als der bis dahin allgemein vertretenen Idee von der Wandlung der Substanzenkonglomerate Brot und Wein durch Büchels These, der ganze materielle Kosmos sei eine einzige große Universalsubstanz, die Grundlage entzogen wurde. Nach Büchel [12] ist das anorganische Naturgeschehen als Selbstveränderung der Universalsubstanz zu verstehen; die verschiedenen materiellen Körper sind nur die wechselnden akzidentellen Gestalten dieser einen Universalsubstanz. Er vergleicht das Verhältnis von Universalsubstanz und Körpern mit einem See und seinen Wellen : Wie die wechselnden Wellen nichts anderes sind als die wechselnden Formen des Wassers, so sind die materiellen Körper nichts anderes als die wechselnden Gestalten der Universalsubstanz.

Im Rahmen dieser Naturphilosophie erklärt Büchel die eucharistische Wandlung folgendermaßen : "Der ganze an der Stelle des 'Brotes' befindliche Teil der Universalsubstanz verschwindet m i t a l l e n s e i n e n A k z i d e n t i e n , und so entsteht in der Universalsubstanz ein von aller Substanz und allen Akzidentien freier 'Hohlraum', in dem dann der Leib Christi gegenwärtig gesetzt wird; in jenen Teilen der Universalsubstanz, die (von 'außen' her) unmittelbar an den Hohlraum angrenzen, ruft Gott aber die gleichen akzidentellen Strukturen hervor, die sonst von dem 'Brot' hervorgerufen würden, also 'Lichtwellen' usw." (184).

Im selben Jahr, in dem Büchels Aufsatz erschien, brachte K. Rahner eine Reihe von Argumenten gegen die Deutung der eucharistischen Wandlung als Wandlung der Substanzenkonglomerate Brot und Wein vor [13]. Die gewichtigsten sind diese: Wenn nur die letzten Bausteine der Materie Substanzen sind, ist Brot nichts anderes als das Resultat einer bestimmten Konstellation von Substanzen und als solches in seinem Wesen gerade nicht Substanz, sondern Akzidens. Folglich kann auch bei der Annahme, in der eucharistischen Wandlung würden die das Substanzkonglomerat Brot konstituierenden Substanzen verwandelt, nicht eigentlich von einer Transsubstantiation des Brotes, sondern nur von einer Transsubstantiation bestimmter Elementarteilchen die Rede sein. Der Glaube lehrt aber, daß Christus gerade unter Brot und Wein und nicht unter bestimmten materiellen Elementarteilchen zugegen ist.

Zudem ist es doch immerhin möglich, die akzidentelle Konstellation der Substanzen, deren Ergebnis das Brot ist, z.B. durch Pulverisieren des Brotes aufzulösen, ohne daß dadurch auch die Substanzen der Elementarteilchen selbst zerstört werden. Bleiben diese dann transsubstantiiert? Wie will man dann aber noch die Glaubensaussage einsichtig machen, daß die Gegenwart Christi an die

---

[12] W. Büchel, Quantenphysik und naturphilosophischer Substanzbegriff, in : Scholastik 33 (1958) 161-185. Zu Büchels Substanzbegriff vgl. auch dessen Aufsatz : Individualität und Wechselwirkung im Bereich des materiellen Seins, in : Scholastik 31 (1956) 1-30.

[13] K. Rahner, Die Gegenwart Christi im Sakrament des Herrenmahles, in : Cath 12 (1958) 109-128; Über die Gegenwart Christi in der Kommunion, in : GuL 32 (1959) 442-448. - Wir werden Rahners Argumentation bei der Besprechung seines eigenen Lösungsversuches noch eingehend darstellen und diskutieren. Siehe S. 36 ff.

Existenz der Species von Brot und Wein gebunden ist? All das zeigt, daß eine Interpretation der eucharistischen Wandlung als einer Verwandlung von Substanzkonglomeraten zu Konsequenzen führt, die mit der Glaubensaussage, daß Christus gerade unter Brot und Wein gegenwärtig ist, schwerlich zu vereinbaren sind [14].

Rahners Argumentation richtet sich aber der Sache nach nicht nur gegen die Erklärung der eucharistischen Wandlung als Verwandlung von Substanzenkonglomeraten, sondern auch gegen Büchels Theorie. Denn auch in dieser Theorie ist ja das Brot als eine der sichtbaren Gestalten der Universalsubstanz in seinem Wesen nur ein Akzidens, so daß auch hier nicht eigentlich das Brot, sondern die Universalsubstanz verwandelt wird. Zudem wird nach Büchels Theorie nicht einmal die ganze Universalsubstanz, sondern nur ein "Teil" davon in Christi Leib und Blut verwandelt [15].

So hat sich gegen Ende der fünfziger Jahre immer mehr gezeigt, daß eine physische Interpretation der eucharistischen Wandlung in unlösbare Schwierigkeiten führt. Daher mehren sich seit dieser Zeit die Versuche, die eucharistische Wandlung anders als naturphilosophisch zu erklären, wie es die Vertreter der "metaphysischen Theorie" seit je gefordert haben.

---

[14] O.H. Pesch hat diese Bedenken so zusammengefaßt: "Denn einmal würden dann nicht Brot und Wein verwandelt, sondern je für sich Salz, Wasser, Kohlehydrate... Das ist gegen den Glauben. Und zum zweiten bliebe bei einer Auflösung von Brot (und Wein) die Verwandlung bestehen, da dabei die Einzelsubstanzen nicht notwendig mitaufgelöst, bzw. chemisch verwandelt werden. Der Glaube bekennt aber, daß die Gegenwart Christi aufhört, wenn das Brot zerfällt, der Wein zu Essig wird" (Wirkliche Gegenwart Christi, in: Wort und Antwort 8 (1967) 78-83; hier: 81 f).

[15] L. Scheffczyk wendet gegen Büchels Interpretation der Transsubstantiation, obwohl er sie für "diskutabel" hält, dennoch ein, daß "sie in dem e i n e n P u n k t der Identität der Akzidentien vor und nach der Wandlung nicht ganz befriedigt" (Die materielle Welt im Lichte der Eucharistie, in: M. Schmaus (Hrsg.), Aktuelle Fragen zur Eucharistie, München 1960, S. 156-179; hier: 173).

Diesem berechtigten Einwand könnte man jedoch Rechnung tragen, ohne Büchels Theorie zu verwerfen, indem man nicht sagte, daß der an der Stelle des Brotes befindliche Teil der Universalsubstanz mit a l l e n s e i n e n A k z i d e n z i e n verschwinde, sondern formulierte, der an der Stelle des Brotes befindliche Teil der Universalsubstanz verschwinde, während die von ihm hervorgerufenen Akzidenzien nun von Gott "sine subiecto" wunderbar erhalten würden.

2. Die metaphysische Theorie

Der Begründer der metaphysischen Theorie ist Ternus [16]. Im selben Jahr, in dem Baudiment seinen physischen Lösungsversuch vortrug, vertrat Ternus die Ansicht, die Theologie könne von der Naturwissenschaft keine Hilfe für die Lösung ihrer Probleme erwarten, sie werde im Gegenteil nur zu ihrem Schaden in den Strudel der wechselnden Hypothesen und Theorien hineingezogen. Die Theologie bediene sich metaphysischer Begriffe, die gar nicht in den Kompetenzbereich der Naturwissenschaft fielen. "Liegt doch ... nichts von all den metaphysischen Begriffen, wie Wesen, Wesenswandel, Substanz, Akzidens, Selbst und Selbstand (oder ähnlichen mehr), in jener Sphäre der von der Physik angegangenen Schicht und Sicht : des Seins als Bewegungsgröße" (222). Für die Theologie genüge der Substanzbegriff, der aus der alltäglichen Erfahrung gewonnen werden könne. Was für diese Erfahrung Substanz oder Akzidens sei, hänge nicht von der naturwissenschaftlichen Analyse ab, sondern müsse "immer menschlich verstanden" (224) werden. Als Kriterium für Substantialität genüge die "Gebrauchseinheit und -vielheit im alltäglichen Sinne zuhandener Dinge" (228).

Nach dem Kriege hat Colombo [17] diese These wieder aufgegriffen und in seiner Kontroverse mit Selvaggi leidenschaftlich vertreten. Brot könne unter einem dreifachen Aspekt betrachtet werden : Unter gewöhnlichem Aspekt sei Brot Nahrung, unter wissenschaftlichem Aspekt eine materielle Realität, die aus einer bestimmten Struktur von Elementarteilchen und -kräften resultiere, welche die Wissenschaft erschließe. Vom philosophischen Standpunkt aus könne Brot schließlich durch die metaphysischen Begriffe von Materie und Form, Substanz und Akzidens usw. erklärt werden oder möglicherweise auch durch andere Begriffe, die auf Erfahrung beruhen. Jesus habe Brot zweifellos im gewöhnlichen Sinne verstanden, und folgerichtig habe die gesamte theologische Tradition die Substanz von Brot in einem allgemeinen metaphysischen Sinne genommen, der keiner bestimmten Naturphilosophie verpflichtet sei. Auch der philosophische Substanzbegriff der Tradition beruhe auf der gewöhnlichen Erfahrung und sei daher kein "physischer", sondern ein "metaphysischer" Begriff, der von den wechselnden Erkenntnissen der Naturwissenschaft gar nicht berührt werde. Für das Verständnis der eucharistischen Wandlung genüge dieser allgemeine metaphysische Substanzbegriff, der den Unterschied gewährleiste zwischen einer Realität, die verwandelt werde, aber der empirischen Wissenschaft nicht zugänglich sei, und einer Realität, die der empirischen Wissenschaft zugänglich sei, aber nicht verwandelt werde.

---

[16] J. Ternus, "Dogmatische Physik" in der Lehre vom Altarssakrament?, in : StdZ 132 (1937) 220-230.

[17] C. Colombo, Teologia, filosofia e fisica nella dottrina della transustanziazione, in : SC (1955) 89-124; Ancora sulla dottrina della transustanziazione e la fisica moderna, in : SC 84 (1956) 263-288; Bilancio provvisorio di una discussione eucaristica, in : SC 88 (1960) 23-55.

Ähnlich erklärt Verbeek [18], die Tridentiner Unterscheidung von Substanz und
Species verlange nur die Unterscheidung zwischen "Noumenon" und "Phainomenon",
d.h. zwischen der Wirklichkeit selbst und ihrer Erscheinung, ohne daß damit eine
bestimmte Philosophie kanonisiert werde. Die noumenale Realität in der Eucharistie sei die leibliche Gegenwart Christi, die phänomenale Realität sei die von
Brot. Der Glaube lehre jedoch, daß die phänomenalen Gestalten von Brot nicht
mehr Manifestation der substantia panis, sondern Ausdruck und causa significans
Chrisit seien.

So läßt sich zunehmend die Tendenz beobachten, Substanz einfach in dem weiten
und allgemeinen Sinne von "Wesen" (im Unterschied zur "Erscheinung") zu verstehen [19]. Ein solches Substanzverständnis ermöglicht zwar die Unterscheidung
zwischen der metempirischen Ebene der Substanz und der empirischen Ebene
der Species und reicht so sicherlich aus, den kirchlichen Glauben an eine Wesenswandlung ohne sichtbare Veränderung der empirisch faßbaren Wirklichkeit zu
formulieren, bleibt aber dennoch für die theolgische Reflexion und den berechtigten Wunsch nach einem tieferen V e r s t ä n d n i s der Glaubensaussage recht
unbefriedigend. Zudem könnte die Berufung auf eine vage und nicht näher bestimmte metempirische Ebene leicht den Eindruck einer bloßen Ausflucht in eine
imaginäre "metaphysische Hinterwelt" erwecken. Daher konnte die Theologie
schon aus pastoralen Gründen nicht bei einem allgemein metaphysischen Verständnis von Substanz stehen bleiben.

Ansätze zu einem detaillierten neuen Substanzverständnis finden sich freilich
bereits in den Gedanken einiger Vertreter der metaphysischen Theorie, besonders
bei Ternus. Das lehrt ein Blick auf die Kontroverse zwischen den Vertretern der
physischen und der metaphysischen Theorie. Im Mittelpunkt dieser Kontroverse
stand die Frage, welche Bedeutung die naturwissenschaftliche Erkenntnis für die
Bildung philosophischer Begriffe habe. Natürlich sind auch die Vertreter der

---

[18] H. Verbeek, De sacramentele structuur van de Eucharistie, in: Bijdragen
20 (1959) 345-355.

[19] So sagt z.B. auch K. Rahner in seinem ersten Beitrag: "Substanz ist dasjenige, was bei einer adäquaten, umfassend gültigen Aussage der Wirklichkeit, also derjenigen, in der Gott redet oder der Mensch für sich allein mit
Recht reden darf, objektiv macht, daß ein bestimmtes zeigbares, dargereichtes Etwas entweder wirklich Brot und nur das, oder eben dieses nicht, sondern
der Leib Christi ist. Spezies ist das empirische Erscheinungsbild einer Sache,
wie dieses sich unserer, nicht von höherem, umfassenderen, 'wahreren'
Standpunkt aus kritisierten Erfahrungserkenntnis darbietet. In diesem Sinn
der Worte wird gesagt: aus der Substanz des Brotes ist unter Bleiben der
bloßen Brotgestalt im Ereignis des wirksamen Wortes Christi die Substanz
des Leibes Christi geworden" (zitiert nach: Schriften zur Theologie IV,
Einsiedeln 1960, S. 377 f).

physischen Theorie überzeugt, daß der philosophische Substanzbegriff nicht auf
der Ebene gefunden werden kann, die der empirischen Forschung der messenden
Naturwissenschaft zugänglich ist. Er sei kein "physikalischer", sondern ein
"physischer", d.h. kein naturwissenschaftlicher, sondern ein naturphilosophischer
Begriff. Aber folge daraus, so fragen die Verfechter der physischen Lösung, daß
die Erkenntnis der Naturwissenschaft über den Aufbau der materiellen Körper
keinerlei Einfluß auf den naturphilosophischen Substanzbegriff hätte? Schließlich
beruhe doch auch die philosophische Begriffsbildung auf Erfahrung. Sei dann aber
nicht die Entwertung der naturwissenschaftlichen Erkenntnis und der Rekurs auf
die "gewöhnliche Alltagserfahrung" ein Rückfall in das primitive Denken eines
vorwissenschaftlichen Zeitalters? Daß der Substanzbegriff der philosophischen
und theologischen Tradition auf der alltäglichen Erfahrung beruhe, könne nicht
als Begründung gelten, denn wie hätte es anders sein können in einer Zeit, der
keine andere Erfahrungsquelle zur Verfügung gestanden habe als eben diese Erfahrung?
Wollte man aber die Philosophie auch heute noch trotz der besseren
Erfahrungsmöglichkeiten, welche die Naturwissenschaft biete, allein auf die naive
Erfahrung des Alltags gründen, so brächte man sie in den Augen des modernen
Menschen leicht in den Verdacht, eine primitive und deshalb heute überholte Denkweise
zu sein, die mit den Erkenntnissen der modernen Wissenschaft nicht zurechtkomme.
Zudem bleibe offen, was eigentlich genau unter Substanz im Sinne
der alltäglichen und gewöhnlichen Erfahrung zu verstehen sei [20]. Erschöpfe
sich denn für viele nicht das alltägliche und gewöhnliche Verständnis von Substanz
und Wirklichkeit gerade in dem, was man mit den Händen greifen und mit den
Augen wahrnehmen könne, so daß unter der Voraussetzung eines "gewöhnlichen"
Substanzverständnisses die Transsubstantiation von Brot und Wein gerade nicht
verständlich gemacht werden könne?

Solche Einwände verkennen jedoch die Natur der alltäglichen und gewöhnlichen
Erfahrung, von der hier die Rede ist, und folglich auch den Ansatzpunkt für die
neue Begründung des Substanzbegriffes. Diese Einwände beruhen alle auf der
irrigen Annahme, hier werde wie beim physischen Substanzbegriff versucht, Substanz
vom naturhaften Sein der Dinge her zu begründen. Bei dieser Zielsetzung
ginge es freilich nicht an, die Erkenntnisse der Naturwissenschaft unberücksichtigt
zu lassen. Mit dem Ausgang von der gewöhnlichen Erfahrung ist aber ein
Ansatz für die Begründung des Substanzbegriffes gewählt, der auf einer ganz anderen
Denkebene liegt. Hier wird nicht mehr versucht, Substanz vom naturhaften
Sein der Dinge her zu verstehen, sondern aus der Erfahrung, die der Mensch im
täglichen Leben mit den Dingen macht. Substanz wird so "antropologisch", d.h.
aus der Beziehung der Dinge zum Menschen, verstanden. Das zeigt sich bereits
deutlich bei Ternus. Substanz von der gewöhnlichen Erfahrung her verstehen,

---

[20] Vgl. E.Gutwenger, Substanz und Akzidens in der Eucharistielehre, in:
ZKTh 83 (1961) 257-306.

bedeutet für ihn, sie "immer menschlich verstehen". Menschlich verstanden ist die Substanz aber die "Gebrauchseinheit und -vielheit im alltäglichen Sinne zuhandener Dinge". In dieser Bestimmung ist in nuce bereits der anthropologische Substanzbegriff enthalten. Substanz wird als "Zuhandensein", und das heißt: vom menschlichen Gebrauch und damit vom Zweck ("Finis") her verstanden. Auch bei Colombo bedeutet Brot "unter gewöhnlichem Aspekt" betrachten, es als "Nahrung" betrachten und damit vom menschlichen Zweck her verstehen. In den Gedanken dieser Vertreter des metaphysischen Substanzbegriffes ist daher im Ansatz bereits der anthropologische Substanzbegriff gegeben, der im Mittelpunkt der neueren Diskussion steht, eine Tatsache, die u.E. noch viel zu wenig beachtet worden ist.

Das wirklich Neue des anthropologischen Ansatzes wird aber erst im Hinblick auf die Ursprünge dieses anthropologischen Denkens deutlich sichtbar. Der Ausgang von der "alltäglichen Erfahrung" und die Bestimmung der Substanz als "Gebrauchseinheit alltäglich zuhandener Dinge" weisen, selbst terminologisch, auf Heideggers "Sein und Zeit" hin.

Heidegger geht bekanntlich davon aus, daß die Frage nach "dem Sinn von Sein" nur durch eine Analyse des "Daseins" zu beantworten sei, weil diesem allein ein Seinsverhältnis und somit ein Seinsverständnis eigne. Mit dieser Charakterisierung ist freilich das spezifisch Neue des Heideggerschen Ansatzes noch nicht hinreichend zum Ausdruck gebracht, denn vom Dasein, und das heißt bekanntlich: vom m e n s c h l i c h e n Dasein, geht schließlich seit Descartes jede philosophische Besinnung aus. Das spezifisch Neue dieses Ansatzes liegt vielmehr darin, daß Heidegger den Menschen nicht primär als erkennendes Subjekt sieht, das die Wirklichkeit aus der Perspektive des bloß theoretisch "hinsehenden" und "unbeteiligten Zuschauers" betrachtet, sondern als handelndes Subjekt, das im "Besorgen" der Welt immer schon "in und bei der Welt ist". Dieses "In-der-Welt-sein" ist "eine Grundverfassung des Daseins", demgegenüber sich das theoretische Welterkennen bereits als ein abgeleiteter Modus des Weltverhältnisses erweist. "Damit Erkennen als betrachtendes Bestimmen des Vorhandenen möglich sei, bedarf es vorgängig einer D e f i z i e n z des besorgenden Zu-tun-habens mit der Welt" [21]. Will man das ursprüngliche, noch jeder theoretischen Betrachtung der Welt vorausliegende und diese überhaupt erst ermöglichende Verhältnis des Menschen zur Welt in den Blick bekommen, so muß die Analyse beim Dasein "wie es z u n ä c h s t u n d z u m e i s t ist, in seiner durchschnittlichen A l l t ä g l i c h k e i t" [22] beginnen. Diese Analyse führt aber zu einem neuen Begriff von "Welt". "Die Welt des Daseins in seiner Alltäglichkeit, die 'natürliche' Welt ist die 'Umwelt'. Das Seinende, das uns alltäglich begegnet, ist kein abgerücktes 'Vorhandenes', sondern ein 'Zuhandenes', ein 'Zeug', mit dem es jeweils eine bestimmte Bewandtnis hat. Das Zeug dient zu etwas" [23]. Welt wird

---

[21] M. Heidegger, Sein und Zeit, Tübingen, ^{11}1967, S. 61.

[22] M. Heidegger, a.a.O., S. 16.

[23] O. Pöggeler, Der Denkweg Martin Heideggers, Pfullingen 1963, S. 53.

m.a.W. vom Zweck für den Menschen, und das heißt : anthropologisch verstanden. Der Ansatz des sog. metaphysischen Substanzbegriffes, das, was Substanz ist, aus der "gewöhnlichen" oder "alltäglichen" Erfahrung abzuleiten (mitsamt der daraus sich ergebenden Bestimmung von Substanz als Zweck für den Menschen) ist daher genau der Heideggersche Ansatz in "Sein und Zeit".

Daß dieser Ansatz im Gegensatz zur philosophischen Tradition stehe, betont Heidegger immer wieder. Die bisherige Ontologie habe versucht, "die Welt aus dem Sein des Seienden zu interpretieren, das innerweltlich vorhanden, überdies aber zunächst gar nicht entdeckt ist, aus der Natur" [24]. Vorhandenes aber zeigt sich erst dem theoretischen Blick des bloß "hinsehenden, unbeteiligten Zuschauers", und daher bedeutet ein Verstehen der Welt vom Vorhandenen her, die Welt vom Standpunkt des theoretischen Betrachters aus verstehen. Damit wird die Welt aber zum Gegenstand, zum O b j e k t für ein ihm distanziert gegenüberstehendes S u b j e k t. Das Verhältnis des Menschen zur Welt wird so zum gegenständlichen "Bestimmen" als einem Vorgang, "durch den sich ein Subjekt Vorstellungen von etwas beschafft, die als so angeeignete 'drinnen' aufbewahrt bleiben, bezüglich derer dann gelegentlich die Frage entstehen kann, wie sie mit der Wirklichkeit 'übereinstimmen' " [25], und damit erhebt sich erst die erkenntnistheoretische Frage, "wie kommt dieses erkennende Subjekt aus seiner inneren 'Sphäre' hinaus in eine 'andere und äußere', wie kann das Erkennen überhaupt einen Gegenstand haben, wie muß der Gegenstand selbst gedacht werden, damit am Ende das Subjekt ihn erkennt, ohne daß es den Sprung in eine andere Sphäre zu wagen braucht?" [26] Der Rückgang Heideggers auf die "durchschnittliche Alltäglichkeit des Daseins", die jeder theoretischen Betrachtung vorausliegt, zielt gerade darauf ab, die Objekt-Subjekt-Spaltung zu überwinden und zu zeigen, daß sie in einer vorgängigen Einheit bereits überwunden bzw. nie gegeben ist. Im alltäglichen Umgang ist das Dasein "immer schon 'draußen' bei einem begegnenden Seienden der je schon entdeckten Welt" [27]. Die Trennung von Subjekt und Objekt entsteht erst durch eine nachträgliche und gleichsam "künstliche" Einstellung des Daseins zur Welt. Ob mit dem Rückgang auf die "durchschnittliche Alltäglichkeit des Daseins" und seinem Verhältnis zur Welt die erkenntnistheoretische Subjekt - Objekt-Problematik aus der Welt geschafft ist, mag hier dahingestellt bleiben. Für unseren Zusammenhang genügt es, das Heideggersche Denken als Quelle des sog. metaphysischen Substanzbegriffes aufgezeigt und damit erkannt zu haben, daß der Ausgang von der alltäglichen oder gewöhnlichen Erfahrung keinen Rückfall in ein primitives und vorwissenschaftliches Denken darstellt, sondern einem grundlegend anderen philosophischen Denkansatz entstammt als der physische Substanzbegriff. Für Heidegger ist die alltägliche Erfahrung nämlich alles andere als eine primitive, d.h. unvollkommene und mindere Form der Erkenntnis. Versteht man All-

---

[24] Heidegger, a.a.O., S. 65.

[25] Heidegger, a.a.O., S. 62.

[26] Heidegger, a.a.O., S. 60.

[27] Heidegger, a.a.O., S. 62.

tagserfahrung im Sinne Heideggers, dann verlieren die oben genannten Bedenken gegen die Begründung der Substanz aus der alltäglichen Erfahrung ihren Sinn. Es wird dann auch klar, was genau unter Substanz zu verstehen ist: Substanz ist "Zuhandensein", ist "Sinn- und Gebrauchseinheit" und daher vom menschlischen Zweck her zu verstehen. Substanz ist dann nicht mehr hylemophistische "Form", sondern anthropologischer "Finis". Daher bedeutet der neue Denkansatz eine Abkehr vom hylemorphistischen Substanzbegriff der Tradition und von einer naturphilosophischen (physischen, kosmologischen) Interpretation der Substanz überhaupt. Die Substanz wird nicht mehr physisch vom Aufbau der materiellen Naturdinge, sondern anthropologisch von ihrer Verwendung durch den Menschen her verstanden.

Der neue Denkansatz ist freilich bei keinem der genannten Autoren bereits klar und ausdrücklich entfaltet. So ist es kein Wunder, daß man ihn zunächst nicht richtig verstanden hat. Erst vom heutigen Stand der Diskussion aus, d.h. nachdem der anthropologische Substanzbegriff voll entfaltet worden ist, lassen sich die ersten Ansätze des neuen Denkens deutlich erkennen [28]. Die ersten Autoren, die von diesem (Heideggerschen) Ansatz aus einen anthropologischen Substanzbegriff ausdrücklich entwickelt haben, sind K. Rahner und B. Welte. Mit ihnen beginnt die neuere Diskussion über die eucharistische Wandlung in Deutschland, während sie in den Niederlanden auch stark von dem sog. religiösen Substanzbegriff Leenhardts (und vor allem durch das Schillebeeckxsche Sakramentenverständnis) beeinflußt ist.

II. Das Sakrament als Zeichenwirklichkeit

1. Schillebeeckx: Das anthropologische Verständnis von Zeichenwirklichkeit

Durch die Forschungen zur antiken Mysterienreligion sowie zum biblischen und patristischen Symbolbegriff angeregt, hat die Mysterientheologie die Sakramente als kultische Symbolhandlungen der Kirche zu verstehen gelehrt. In der kultischen Symbolhandlung werden die Heilstaten Christi nicht nur äußerlich memoriert und angedeutet, sondern real gegenwärtig, freilich nicht ihren geschichtlichen Umständen nach, sondern sakramental. Die Vorstellung von einer realen Gegenwart der bezeichneten Heilstat im Zeichen der Kulthandlung impliziert ein neues Verständnis von Zeichen und Symbol: Zeichen und Bezeichnetes werden nicht mehr

---

[28] So beschränkt sich z.B. auch Clark in seiner Darstellung der Position von von Ternus auf dessen Polemik gegen eine von der Naturwissenschaft abhängige Begründung des Substanzbegriffes, während er den neuen Versuch, die Substanz vom menschlichen Gebrauch her zu bestimmen, gar nicht erkannt zu haben scheint.

als zwei getrennte und selbständige Wirklichkeiten verstanden, die durch die Hinweisfunktion der einen auf die andere bloß intentional miteinander verbunden sind, sondern als eine reale Einheit. In dieser Sicht ist das sakramentale Zeichen nicht mehr ein Ding, das nur äußerlich auf eine von ihm verschiedene Gnade hinweist, sondern die Erscheinung der Gnade, sozusagen die sichtbar gewordene Gnade selbst. Der theologischen Reflexion ist damit die Frage gestellt, wie das Verhältnis von Gnade und sakramentalem Zeichen (Identität bei gleichzeitiger Verschiedenheit) genau zu verstehen sei.

Einen wesentlichen Beitrag zur Klärung dieser Frage hat E. Schillebeeckx [29] geleistet. Er will "die kirchlichen Sakramente von dem Gedanken der menschlichen personalen Begegnung aus angehen"(13). Damit wird der a n t h r o p o l o g i s c h e Ansatz seines Sakramentenverständnisses sichtbar: Die übernatürliche Wirklichkeit der Sakramente soll in Analogie zur natürlichen Wirklichkeit des Menschen verstanden werden.

Personale Begegnung wird unter Menschen stets durch das Leibliche und Dingliche vermittelt. Als leiblich-geistige Wesen können wir unsere personale Innerlichkeit einander nämlich nicht unmittelbar kundtun, sondern nur durch eine Symbol- oder Zeichenhandlung, in der wir unser Inneres durch ein Äußeres, eben das Zeichen oder Symbol, indirekt mitteilen.

Die Sakramente in Analogie zur menschlichen Symbolhandlung als göttliche Symbolhandlungen zu verstehen - das ist der Grundgedanke der Schillebeeckxschen Konzeption. "Die Sakramentenlehre wird so von Grund auf umgestaltet, da ihre Kategorien nicht die von Sachen sind (Vorhandensein, Ursache - Wirkung), sondern solche, die den einzigartigen Charakter der menschlichen Gegenwart ausdrücken (Intersubjektivität). Der Symbolismus wird nicht mehr als intellektuelle Zeichensprache erklärt, sondern wieder mit dem Leibsein des Menschen in Verbindung gebracht: durch seine Leiblichkeit wird der menschliche Geist zu einer Person, indem er sich in die Welt inkarniert und mit andern Menschen in Verbindung tritt. Die Begegnung mit Christus und in ihm mit Gott kann nur im Glauben geschehen, dem göttlichen Logos entsprechend; damit sie aber echt menschlich ist, muß die Begegnung sowohl von seiten Christi als auch von seiten des Gläubigen durch das Medium der Leiblichkeit geschehen" [30]. So konstituiert die Inkarnation Christus als das "Ursakrament". Der erhöhte Christus ist uns freilich nicht mehr im Zeichen eines irdischen Menschenleibes gegenwärtig, sondern

---

[29] E. Schillebeeckx, De sacramentele heilseconomie, Antwerpen 1952; Sakramente als Organe der Gottbegegnung, in: J. Feiner - J. Trütsch - F.Böckle (Hrsg.), Fragen der Theologie heute, Einsiedeln 1957, S. 379-401; Christus - Sakrament der Gottbegegnung, Mainz 1960. Alle Zitate im folgenden aus diesem letzten Werk.

[30] C.E. O'Neill, Die Sakramententheologie, in: H. Vorgrimler - R. Vander Gucht (Hrsg.), Bilanz der Theologie im zwanzigsten Jahrhundert, Freiburg 1970, Bd. III, S. 244-294; hier: 257.

im Zeichen der Kirche. Sie ist "das irdische Sakrament des himmlischen Christus" (57), der fortlebende Christus, das fortlebende Ursakrament. Die einzelnen Sakramente der Kirche sind nichts anderes als die Aktualisierung dieser allgemeinen und grundlegenden Sakramentalität der Kirche. Daher sind die Sakramente, obwohl sie auch Handlungen der Kirche sind, letztlich doch Handlungen Christi. Betrachtet man die Sakramente " v o n   u n t e n ", so sind sie "die spezifische, kultische Symboltätigkeit einer bestimmten religiösen Gemeinschaft, der Kirche". Betrachtet man sie aber "v o n   o b e n", so sind sie "eine persönliche Symbolhandlung Christi durch amtliche V e r m i t t l u n g [31] der Kirche" (85).

Daß die Sakramente nicht unmittelbare, sondern durch die Kirche vermittelte Symbolhandlungen Christi sind, ist für das Verständnis der sakramentalen Symbolwirklichkeit von großer Bedeutung. Schon im menschlichen Bereich müssen wir zwischen mittelbaren und unmittelbaren Symbolen unterscheiden. Ein unmittelbares Symbol der menschlichen Person ist der Leib. Durch ihn ist die Person für andere sichtbar und gegenwärtig, durch ihn teilt sie sich in Wort und Gebärde mit. Aber "wir Menschen gebrauchen nicht nur unseren eigenen Leib zum Ausdruck unserer geistigen Intentionen. Durch unseren Leib sind wir in einer irdischen Welt, die in unserer menschlichen Tätigkeit und durch unsere menschliche Tätigkeit zu einer Fortführung unserer Menschlichkeit wird. So werden stoffliche Dinge aus unserer Außenwelt aufgenommen und über die eigene Leiblichkeit v e r m e n s c h l i c h t : das heißt, in Einheit mit unserem menschlichen Leib werden sie zu einem Ausdruck unserer geistigen Intentionen. ... Das Blumenbukett, das ich mittels einer Agentur befreundeten Menschen, die im Ausland Hochzeit feiern, überbringen lasse, ist für sie die konkrete Gegenwart meiner Liebe und Freundschaft. Es ist die Wiedergabe meiner Liebe, eine Liebe in sichtbarer Erscheinungsform" (88 f). So können auch die Dinge der Welt zu Zeichen des Menschen werden. Sie sind aber im Unterschied zum Leib, der ein Teil des Menschen ist, nur mittelbare Zeichen des Menschen. Sie existieren neben dem Menschen als selbständige Wirklichkeit und werden von ihm erst nachträglich zu Zeichen gemacht.

Will man die Sakramente in Analogie zu einer menschlichen Symboltätigkeit verstehen, so kann man sie nach Schillebeeckx nur in Analogie zu derjenigen menschlichen Symboltätigkeit verstehen, die sich vom Menschen verschiedener Wirklichkeiten als Zeichen bedient. Die Kirche ist ja nicht der Leib Christi im eigentlichen Sinne; sie kann nur im übertragenen Sinne als sein "fortlebender Leib" bezeichnet werden. "In ihrer menschlichen Realität ist die Symbolhandlung der Kirche ja eine deutlich von Christus 'getrennte' Wirklichkeit, die jedoch s a k r a m e n t a l ... mit dem aktiven himmlischen Leibe Christi identifiziert wird" (87). Daher betont Schillebeeckx gegen L. Monden [32], man könne zwar "die unmittelbaren Symbolhandlungen Christi selbst, zum Beispiel Christi auf Erden"

---

[31] Sperrung von uns.

[32] L.Monden, Symbooloorzakelijkheid als eigen causaliteit van het sacrament, in: Bijdragen 13 (1952) 277-285.

25

nach Art der leiblichen Symbolhandlungen des Menschen verstehen, aber es sei nicht möglich, so "die Symbolhandlungen Christi i n einer kirchlichen Handlung u n d d u r c h eine kirchliche Handlung zu erklären" (87). Daher müssen die Sakramente als mittelbare Zeichen Christi verstanden werden : Christus bedient sich in ihnen "deutlich von ihm getrennter Wirklichkeiten", der Menschen (Spender) und der Dinge dieser Welt (sakramentale Materie). Durch diese irdischen Wirklichkeiten wird die Gnade aber nicht nur angezeigt, sondern zugleich auch "bewirkt". Sie sind daher nicht nur Zeichen, sondern auch "Instrumente" der Gnade. Sie sind ein "s i g n u m e f f i c a x g r a t i a e", d.h. "ein Zeichen, das die versinnbildete Gnade auch wirklich gibt" (84).

Den Begriff des signum efficax erläutert Schillebeeckx wiederum in Analogie zur menschlichen Symboltätigkeit. Seine Analyse der menschlichen Zeichenhandlung ist für unser Thema von größter Bedeutung, weil Schillebeeckx hier den Begriff des "realisierenden Zeichens" entwickelt, der in der gegenwärtigen Eucharistiediskussion eine so große Rolle spielt.

"Der innere Willensakt eines Menschen gegenüber einem Mitmenschen wird erst ganz zu einer menschlichen, die Mitperson ansprechenden Wirklichkeit, wenn diese Intention sich auch in der äußeren Tat ausdrückt. Nur in der expressiven Gebärde erhält die menschliche, auf einen Mitmenschen gerichtete Intention ihre volle Bedeutung" (88). Die äußere Tat ist der A u s d r u c k der auf einen Mitmenschen gerichteten Intention und insofern ihr "Zeichen". Die auf einen Mitmenschen gerichtete Intention verlangt wesenhaft nach diesem Ausdruck in äußeren Zeichen, da sie sonst ihr Ziel, den Mitmenschen, nie erreichen könnte. Interpersonale Kommunikation ist nur möglich, wenn die Personen ihr Inneres im Äußeren ausdrücken. Jeder auf einen Mitmenschen gerichtete menschliche Akt besteht so aus zwei Komponenten : der inneren I n t e n t i o n und ihrem äußeren A u s d r u c k ; er besitzt die Doppelstruktur von "Innen" und "Außen". Das ist nichts anderes als eine Folge der leiblich-geistigen Doppelstruktur des Menschen selbst.

Innen und Außen sind aber als die beiden Komponenten einer einzigen menschlichen Wirklichkeit (des Menschen selbst wie auch jedes seiner Akte) nicht zwei getrennte und selbständige Wirklichkeiten, sondern die "zwei Seiten" einer einzigen Wirklichkeit: ihre unsichtbare Innen- und ihre sichtbare Außenseite. Das Außen ist die Erscheinung des Innen. Innen und Außen sind so in einer Hinsicht identisch, während sie in anderer Hinsicht verschieden sind. Sie sind identisch, insofern sie nur eine Wirklichkeit sind, sie sind aber verschieden, insofern sie die unsichtbare und die sichtbare Seite dieser einen Wirklichkeit bilden.

Als die beiden Komponenten einer einzigen Wirklichkeit stehen Innen und Außen in einem wechselseitigen Abhängigkeitsverhältnis. Der Ausdruck ist ja nicht etwas "neben" der Intention, das erst nachträglich zu der bereits voll verwirklichten Intention hinzukäme und ihr u.U. auch fehlen könnte; er ist vielmehr die notwendige Verwirklichungsweise der Intention, ohne die die Intention ihr Ziel, den Mitmenschen, nie erreichen könnte. Die Intention setzt den Ausdruck notwendig zu ihrer

Realisierung [33]. Daher gibt es auch keinen Ausdruck ohne Intention, die sich in ihm realisiert; Ausdruck und Intention bedingen sich gegenseitig. Sie bilden eine "substantielle Einheit" [34].

Hiermit ist ein neues Zeichenverständnis gegeben, das sich wesentlich vom traditionellen Begriff des "konventionellen Zeichens" unterscheidet. Als sichtbare Wirklichkeit ist das Außen Zeichen des Innen. Zeichen (Außen) und Bezeichnetes (Innen) sind dann aber nicht mehr zwei selbständige Wirklichkeiten, die nur durch die Hinweisfunktion der einen auf die andere äußerlich miteinander verbunden sind (wie der Wein im Pokal eines Wirtshausschildes mit dem Wein, der im Wirtshaus ausgeschenkt wird), sondern die zwei Komponenten oder Seiten einer einzigen Wirklichkeit. Zeichen und Bezeichnetes sind so identisch und verschieden zugleich. Sie sind identisch, insofern sie die inneren Komponenten einer einzigen Wirklichkeit sind. Sie sind verschieden, insofern sie die sichtbare und die unsichtbare Komponente dieser Wirklichkeit darstellen. Gäbe es diese Verschiedenheit in der einen Wirklichkeit nicht, dann könnte diese Wirklichkeit nicht als "symbolisch" bezeichnet werden, weil ein Symbol die Unterscheidbarkeit von Zeichen und Bezeichnetem voraussetzt. Insofern Zeichen und Bezeichnetes aber identisch sind, kann man durchaus sagen, das Bezeichnete sei "im" Zeichen gegenwärtig.

Da das als Zeichen fungierende Außen die Realisierung des bezeichneten Innen ist, kann das Zeichen mit Recht ein "realisierendes Zeichen" genannt werden. Mit dem Begriff des realisierenden Zeichens ist daher gesagt, daß Zeichen und Bezeichnetes die in einem wechselseitigen Abhängigkeitsverhältnis stehenden Komponenten einer einzigen Wirklichkeit sind, so daß sie eine "substantielle Einheit" bilden.

Versteht man das sakramentale Zeichen analog als realisierendes Zeichen, dann ist das sakramentale Zeichen nicht mehr ein äußeres Moment an der Gnadenmitteilung, das ihr ohne Beeinträchtigung ihrer Wirksamkeit auch fehlen könnte, sondern eine notwendige Komponente dieser Gnadenmitteilung selbst. Die Gnade muß sich in äußeren Zeichen ausdrücken, wenn sie den leiblich-geistig verfaßten Menschen wirklich erreichen soll. Damit ist die Notwendigkeit einer zeichenhaften und damit sakramentalen Gnadenmitteilung überzeugend dargetan. Und da bei diesem Zeichenverständnis das Zeichen nichts anderes als das im Äußeren erscheinende Innere selbst ist, kann die sakramentale Kulthandlung durchaus als die im Zeichen erscheinende und in ihm real gegenwärtige Heilstat verstanden werden.

In Analogie zur menschlichen Zeichenhandlung verstanden, erscheint auch die Kausalität der Sakramente in einem anderen Licht. Im Ausdruck realisiert sich die auf einen Mitmenschen gerichtete Intention. Ob sie auch beim anderen Aufnahme und Widerhall findet, hängt freilich von seiner freien Entscheidung ab. "In der menschlichen Begegnung ist der sichtbare Ausdruck der Liebe eine Werbung und ein Angebot, nicht das Verursachen einer physischen Wirklichkeit. Die Liebe

---

[33] Was hier von der menschlichen Handlung gesagt ist, gilt m.m. auch vom Menschen selbst. Wie sich die Intention im Ausdruck realisiert, so realisiert sich die personale Geistigkeit im menschlichen Leib.

[34] Zur genaueren Charakterisierung dieser "substantiellen Einheit" siehe S. 219 ff.

wird frei gegeben und muß frei entgegengenommen werden. Deshalb ist die ausdrucksvolle Liebesgebärde werbend, einladend : Angebot. Diese Liebesgebärde hat eine gewisse W i r k u n g. Sie ist nicht ein bloßes Zeichen der Liebe, sie ist ein überrumpelndes Zeichen. Der kräftige Händedruck ruft wie von selbst den Gegendruck hervor. Innerhalb der Grenzen des beschränkten Einflusses eines Menschen auf einen Mitmenschen ist die ausdrucksvolle Liebesgebärde ein 'signum efficax', ein Zeichen, das b e w i r k t, was es b e z e i c h n e t " (89 f). Der Mensch drückt seine Liebe (Intention) nicht nur aus, um sie dem anderen anzuzeigen, sondern auch und vor allem, um ihm seine Liebe zu schenken und seine Gegenliebe zu wecken, und darum ist die menschliche Ausdrucksgebärde Zeichen und Instrument der Liebe in einem. Die Instrumentalität der menschlichen Ausdrucksgebärde darf aber nicht nach Art einer physischen, mehr oder weniger mechanisch und zwangsläufig wirkenden Ursächlichkeit verstanden werden, sondern nach Art einer personalen Ursächlichkeit, und das heißt als Werbung und Angebot, ohne die Freiheit des anderen zu beeinträchtigen. In dieser Weise will Schillebeeckx die Wirkweise der Sakramente verstanden wissen : nicht als physische, sondern als personale Kausalität. Dieses personale Verständnis der sakramentalen Kausalität ist sicher ein unbestreibares Verdienst seiner Sakramententheologie.

In seiner Studie zur eucharistischen Gegenwart [35] sagt Schillebeeckx, das neue Verständnis der sakramentalen Symboltätigkeit beruhe auf den Gedanken, welche die "moderne Phänomenologie" entwickelt habe :

> "Die moderne Phänomenologie hat keine Erkenntnislehre vom 'Zeichen' ausgearbeitet, sondern eine Anthropologie der Symbolhandlung auf der Grundlage einer Auffassung vom Menschen, die den Dualismus überwunden hat. Ein Mensch ist keine geschlossene Innerlichkeit, die sich sodann, gleichsam in einer zweiten Phase, mittels der Leiblichkeit in der Welt inkarniert. Der menschliche Leib gehört als solcher unverbrüchlich zur Subjektivität des Menschen. ... Im Leib offenbart sich der Mensch, wird er sichtbar, wahrnehmbar, öffentlich. In diesem Sinne können wir, nicht-dualistisch, sagen : Der Leib verweist nicht auf eine hinter ihm liegende Seele, er ist nicht ein Z e i c h e n des Geistes, sondern diese Innerlichkeit selbst in Sichtbarkeit. ... Damit ist auch die Symboltätigkeit in ein ganz anderes Licht getreten. Ein Zeichen verweist als solches immer auf etwas anderes, das nicht zugegen ist. Die Leiblichkeit des Menschen und ihre Äußerungen sind aber die sichtbare Gegenwart des Geistes, wenn auch noch so inadäquat (wie das Heucheln beweist). Wenn das in einem Zeichen Angedeutete doch real zugegen ist, dann kann dies nie so sein kraft des Zeichens selbst. Der Geist aber offenbart s i c h in Leiblichkeit. I n der menschlichen Symbolhandlung kann man deshalb unmittelbar die Realität selbst erfahren; man braucht nicht von einem Zeichen aus auf eine andere zwar bezeichnete, aber nicht wirklich gegenwärtige Realität zu schließen. Das Wort 'symbolische Bedeutung' genügt

---

[35] E. Schillebeeckx, die eucharistische Gegenwart, Düsseldorf, 1967.

deshalb nicht mehr, um den starken Realitätswert der menschlichen Symboltätigkeit wiederzugeben. Denn diese ist eine wirkliche Gegenwart der menschlichen Innerlichkeit i n ihren Ausdrucksformen, Verhaltensweisen und so weiter, wenn sie auch nicht adäquat mit diesen zusammenfällt" (65 f).

Das Verständnis des Menschen als eines "leiblichen" Subjektes (und das damit gegebene neue Verständnis von Leib und Symbol) geht wohl auf Merleau-Ponty zurück, auf den Schillebeeckx sich in seiner Studie mehrfach bezieht [36].

Merleau-Ponty deutet die menschliche Subjektivität nicht aus der theoretischen Reflexion des gegenständlichen Denkens, das der Wissenschaft zugrunde liegt, sondern aus der ursprünglichen Erfahrung des vorwissenschaftlichen Welterlebens, welches die Grundlage aller theoretischen Reflexion und Wissenschaft bildet. Menschliches Bewußtsein ist dann nicht mehr primär gegenständliches "Denken" (wie im "cogito" des Descartes), sondern sinnliche "Wahrnehmung", und damit ist der Leib in das Zentrum der menschlichen Subjektivität gerückt. Der Ausgang vom theoretischen Bewußtsein des "cogito" führt nach Merleau-Ponty zur Trennung von "res cogitans" und "res extensa". Diese Trennung hat wiederum sowohl die Spaltung des Menschen in Leib und Seele als auch die Spaltung zwischen Erkenntnissubjekt und -objekt zur Folge. So kommt es zu der erkenntnistheoretischen Problematik, wie die Einheit von Subjekt und Objekt in der Erkenntnis zu verstehen sei, und damit zu der Aporie des unaufhebbaren Gegensatzes von Idealismus und Realismus.

Geht man indessen von der sinnlichen Wahrnehmung aus, so ist die ursprüngliche Einheit sowohl von Leib und Seele als auch von Erkenntnissubjekt und -objekt gegeben, und der Gegensatz von Idealismus und Realismus ist in einer ursprünglichen Einheit aufgehoben.

Wir werden bei der Besprechung der Schillebeeckxschen Interpretation der eucharistischen Wandlung die Gedanken Merleau-Pontys noch ausführlicher darstellen [37]. Hier soll einstweilen nur gezeigt werden, daß sich der Begriff des realisierenden Zeichens bei Merleau-Ponty vorgezeichnet findet [38].

Das Verhältnis von Intention (Denken) und Ausdruck (leiblicher Handlung) zeigt sich am deutlichsten in der Sprache. Das Wort ist eine Einheit von Sinn und Verlautbarung. Was für die Sprache gilt, gilt freilich auch analog für das ganze weite Feld des Ausdrucks in Geste, Gebärde und Mimik.

---

[36] E. Schillebeeckx, a.a.O., S. 50, 62 und 98.

[37] Siehe S. 115 - 122.

[38] Die folgende Darstellung fußt auf Merleau-Pontys Hauptwerk: Phénoménologie de la Perception, Paris 1945; deutsch: Phänomenologie der Wahrnehmung, Berlin 1966. Alle Zitate nach dieser Übersetzung.

Das Denken geht nicht dem Sprechen voraus, als ob das Sprechen nur eine nachträgliche "Übersetzung" bereits fertiger Gedanken in lautliche Gebilde wäre, vielmehr vollbringt das Sprechen überhaupt erst das Denken : "Ein Redner denkt nicht, ehe er spricht, ja nicht einmal, während er spricht; sein Sprechen ist vielmehr selbst sein Denken" (213). Denken und Sprechen dürfen nicht als zwei getrennte Bereiche einander gegenübergestellt werden, sie bilden eine Einheit, in der das eine das andere bedingt.

Daher ist das Wort auch nicht ein Zeichen oder ein Mittel des Denkens, wenn man unter Zeichen und Mittel eine Wirklichkeit versteht, die bloß nachträglich und äußerlich zur Bezeichnung oder Fixierung einer bereits in sich vollendeten anderen Wirklichkeit dient : "Zunächst : die Sprache ist nicht 'Zeichen' des Denkens, wenn unter 'Zeichen' ein Phänomen verstanden wird, das ein anderes anzeigt, wie Rauch, Feuer" (215). "Das Wort ist ebensowenig ... ein bloßes Mittel zur Fixierung, Hülle oder Umkleidung des Denkens" (216). Vollbringt die Sprache überhaupt erst das Denken, dann ist das Wort als Ausdruck des Gedankens die Realisierung der Bedeutung selbst :

> "Der ästhetische Ausdruck verleiht dem, was er ausdrückt, ein Ansich-sein, versetzt es als ein jedermann zugängliches Wahrnehmungsding in die Natur, oder umgekehrt, entreißt die Zeichen ihrerseits - die Person des Schauspielers, die Farben und die Leinwand des Malers - ihrer empirischen Existenz und versetzt sie gleichsam in eine andere Welt. Niemand wird bestreiten, daß hier der Ausdruck nicht lediglich eine Übersetzung, sondern die Realisierung und Verwirklichung der Bedeutung selbst ist. Nicht anders steht es, dem Anschein zum Trotz, beim Ausdruck der Gedanken im Wort. Das Denken ist nichts 'Innerliches', das außerhalb der Welt und außerhalb der Worte existierte" (217).

Gedanke und sprachlicher Ausdruck existieren nicht unabhängig voneinander, sondern bedingen sich gegenseitig : "Gedanke und Ausdruck konstituieren sich somit in eins..." (217). Gedanke und Ausdruck sind daher die in einem wechselseitigen Abhängigkeitsverhältnis stehenden Komponenten einer einzigen Wirklichkeit, der Sprache. So "wird verständlich, daß Worte zu 'Burgen des Denkens' werden und das Denken nach Ausdruck sucht" (216). Worte und Sprache sind "Wahrzeichen oder Leib des Denkens" (216). Die Bezeichnung der Worte als "Leib des Denkens" zeigt, daß Merleau-Ponty die Einheit von Gedanken und sprachlichem Ausdruck in der Einheit von Leib und Geist fundiert sieht und in Analogie zu ihr versteht.

Merleau-Ponty weist zwar die Deutung der Worte als Zeichen und Mittel des Denkens zurück, wenn sie als äußere Zeichen und Mittel "neben" dem Denken verstanden werden, aber insofern Worte überhaupt erst Kommunikation ermöglichen [39], können sie gleichwohl als die Zeichen und Mittel verstanden werden, durch

---

[39] Die Kommunikation, das Verstehen von Worten und Gesten ist für Merleau-Ponty nicht Leistung eines schlußfolgernden Denkens, sondern einer unmittelbaren Einsicht : "Um etwa eine zornige oder drohende Gebärde zu verstehen,

die wir einem anderen unser Denken mitteilen. Sie stellen dann aber eine neue Kategorie von Zeichen dar: Das Zeichen (Wort) ist die Realisierung des Bezeichneten (Gedankens) und bildet folglich zusammen mit dem Bezeichneten die konstitutiven Prinzipien der einen Wirklichkeit der Sprache. Das Zeichen ist hier ein "realisierendes Zeichen" im oben definierten Sinne.

Wie fruchtbar diese Gedanken Merleau-Pontys für ein angemessenes Verständnis des sakramentalen Zeichens sind, dürfte die kurze Darstellung der Schillebeeckxschen Sakramententheologie sichtbar gemacht haben.

Schillebeeckx' Sakramententheologie hat die gegenwärtige Eucharistiediskussion entscheidend beeinflußt. Das zeigt sich in den vielen Versuchen, die Eucharistie wie die übrigen Sakramente in Analogie zur menschlichen Symbolhandlung als göttliche Symbolhandlung zu begreifen. Auf dieser Analogie beruht z.B. der viel diskutierte Vergleich der Eucharistie mit einem menschlichen Geschenk. Vor allem der Begriff des realisierenden Zeichens ist immer wieder herangezogen worden. Drängt er sich doch wegen der hier vorausgesetzten innigen Verbindung (substantiellen Einheit) von Zeichen und Bezeichnetem zur Erklärung des eucharistischen Zeichens geradezu auf. Trotzdem verlangt dieser Begriff, den Schillebeeckx aus der Analyse der menschlichen Zeichenhandlung und damit auf der Ebene einer akzidentellen Wirklichkeit gewonnen hat, noch eine gewisse Modifizierung, wenn man ihn auf die eucharistische Wandlung anwendet, die sich ja auf der Ebene der Substanz vollzieht. Hier kommt man schwerlich ohne eine ontologische Fragestellung aus. Diese ist bei Schillebeeckx jedoch nicht ausdrücklich eingeführt [40]. Daher scheinen uns Rahners Gedanken zur Symbolwirklichkeit beachtenswert, weil hier der Versuch unternommen wird, den anthropologischen Ansatz von Schillebeeckx ins Ontologische zu transponieren.

---

muß ich mir nicht erst die Gefühle in die Erinnerung rufen, die ich selbst einmal hatte, als ich dieselben Gebärden machte" (218). "... ich sehe vielmehr den Zorn der Gebärde an: sie läßt nicht lediglich d e n k e n an Zorn, sie i s t der Zorn" (219). "Die Kommunikation, das Verstehen von Gesten, gründet sich auf die wechselseitige Entsprechung meiner Intentionen und der Gebärden des Anderen, meiner Gebärden und der im Verhalten des Anderen sich bekundenden Intentionen. Dann ist es, als wohnten seine Intentionen meinem Leibe inne und die meinigen seinem Leibe"(219). Vgl. dazu E. Schillebeeckx, Die eucharistische Gegenwart, S. 66: "In der menschlichen Symbolhandlung kann man deshalb unmittelbar die Realität selbst erfahren; man braucht nicht von einem Zeichen aus auf eine andere zwar bezeichnete, aber nicht wirklich gegenwärtige Realität zu schließen."

[40] Vgl. O'Neill, Sakramententheologie, S. 259.

2. Rahner: Das ontologische Verständnis von Zeichenwirklichkeit

In seinem Artikel "Zur Theologie des Symbols" [41] versucht Rahner zu zeigen, daß die Doppelstruktur von Innen und Außen, die Schillebeeckx für die anthropologische Wirklichkeit aufgewiesen hat, die Grundstruktur des Seins überhaupt ist. Allem Sein eignet die Doppelstruktur von Innen und Außen; das Sein ist wesenhaft "symbolisch". Von daher gesehen erscheint die symbolische Struktur der anthropologischen Wirklichkeit nur als ein Spezialfall der symbolischen Struktur des Seins überhaupt.

Will man zu einem echten "ontologischen" Symbolbegriff gelangen, so darf man nach Rahner nicht "davon ausgehen, daß zwei Wirklichkeiten, die je für sich in ihrer Washeit als schon bestehend und je in sich verständlich vorausgesetzt werden, durch irgend etwas an ihnen 'übereinkommen' und diese 'Übereinkunft' die Möglichkeit gebe, daß jedes von ihnen (und natürlich vor allem das uns bekanntere und näherliegendere) auf das andere hinweise, auf es aufmerksam machen könne, eben als - Übereinkunft, als Symbol für das andere von uns verwendet werde .... Dieser Ansatz für ein Symbolverständnis würde (da schließlich jedes mit jedem irgendeine Übereinkunft hat) keine Möglichkeit haben, wirklich echte Symbole ('Realsymbol') von bloß arbiträr festgelegten 'Zeichen', 'Signalen' und 'Chiffren' ('Vertretungssymbol') zu unterscheiden (278 f). ... Um einen ursprünglichen Begriff des Symbols zu erreichen, müssen wir davon ausgehen, daß ein Seiendes (d.h. jedes) in sich plural ist und in dieser Einheit des Pluralen - eines in dieser Pluralität wesentlich Ausdruck eines anderen in dieser pluralen Einheit ist oder sein kann (279 f). ... Eine Pluralität in einer ursprünglichen und als ursprünglich übergeordneten Einheit kann nur so begriffen werden, daß das Eine sich entfaltet, das Plurale also aus einem ursprünglichst 'Einen' in einem Entsprungs- und Abfolgeverhältnis herkommt, die ursprünglichste Einheit, die auch die das Plurale einende Einheit bildet, sich selbst behaltend in eine Vielheit sich entläßt und 'ent-schließt', um dadurch gerade sich selbst zu finden (282). ... Damit ist aber gesagt: dem Seienden als dem Einen kommt eine (Vollkommenheit bedeutende) Pluralität zu, die durch Herkünftigkeit (eigener Art) des Pluralen aus der ursprünglichsten Einheit gebildet wird, so daß das Plurale eine ursprunghafte Übereinkunft mit seinem Entsprung hat und darum 'Ausdruck' des Ursprungs in herkünftiger Übereinkunft ist (283). ... Das aber bedeutet: das Seiende ist (in dem Maße es Sein hat und vollzieht) zunächst einmal s i c h s e l b s t 'symbolisch'. Es drückt sich aus und hat darin sich selber. Es gibt sich in das andere von sich weg und findet darin wissend und liebend sich selber, weil es in dem Setzen des inneren 'Anderen' zu (oder: aus) seiner Selbstvollendung kommt. ... Erst von da aus läßt sich eine allgemeine Theorie des Symbols richtig erreichen, insofern es die

---

[41] K. Rahner, Zur Theologie des Symbols, in: A. Bea - H. Rahner - H. Rondet - F. Schwendimann (Hrsg.), Cor Jesu, Rom 1959, S. 461-505, wieder gedruckt in: K. Rahner, Schriften zur Theologie IV, Einsiedeln 1960, S. 275-311. Wir zitieren nach der letzten Publikation.

Wirklichkeit sein soll, in der ein a n d e r e r zur Erkenntnis eines Seienden kommt (284 f). ... Dieser zur Konstitution des Seienden selbst gehörige, herkünftige und übereinstimmende Ausdruck ist das von dem zu erkennenden Seienden auf das erkennende Seiende selbst (nachträglich nur, weil schon anfänglicher in der Tiefe der beide konstituierenden Seinsgründe) hinkommende Symbol, in dem dieses Seiende erkannt wird und ohne das es überhaupt nicht erkannt werden kann, und so erst das Symbol im ursprünglichen (transzendentalen) Sinn des Wortes" (286).
Rahner leitet den Begriff des "Realsymbols" aus der thomistischen Deutung des Seins als "Wirklichkeit" ab. Sein ist im buchstäblichen Sinne Wirk-lichkeit. Es ist nichts Starres und Unbewegliches, sondern etwas Dynamisches und Lebendiges. Sein "ist" nicht, sondern vollzieht sich, entfaltet sich, legt sich aus. In der Selbstentfaltung des Seins setzt das ursprünglich Eine zu seiner Selbstverwirklichung das Viele als ein Abkünftiges, das trotzdem in die übergeordnete Einheit des einen Seienden gebunden bleibt. "Innen" (Ursprüngliches) und "Außen" (Abkünftiges) sind daher die konstitutiven Prinzipien des Seins überhaupt.

Insofern die Erkenntnis des ursprünglich Einen als des eigentlichen "Kernes" und "Quellgrundes" der Wirklichkeit vom abkünftig Vielen her geschieht, wird das Abkünftige zum "Symbol" und "Zeichen" der ursprünglichen und eigentlichen Wirklichkeit. Bei einem Realsymbol besteht daher zwischen dem Bezeichneten (als dem Ursprünglichen) und dem Zeichen (als dem Abkünftigen) ein Ursprungs- und Abhängigkeitsverhältnis und somit eine innere, substantielle Verbindung. Bei einem Realsymbol sind Zeichen und Bezeichnetes nie zwei getrennte und unabhängig voneinander existierende Wirklichkeiten, sondern die inneren, konstitutiven Prinzipien einer einzigen Wirklichkeit. Hierin liegt der wesentliche Unterschied zum Vertretungssymbol, bei dem Zeichen und Bezeichnetes zwei getrennte und selbständige Wirklichkeiten sind, zwischen denen lediglich durch die Hinweisfunktion der einen auf die andere eine nachträgliche und so bloß äußerliche Verbindung besteht.

Diesen transzendentalen Symbolbegriff entfaltet Rahner an verschiedenen philosophischen und theologischen Sachverhalten. Wir müssen uns auf die für unser Thema relevanten beschränken.

Die thomistische Ontologie kennt die verschiedensten Formen eines Selbstvollzugs des Seienden. "Schon der Begriff der causa formalis gehört hierher. Die 'Form' gibt sich mitteilend an die Materialursache weg, sie wirkt nicht 'von außen' und nachträglich auf sie ein, indem sie ein (wesensfremd) anderes vor sich in ihr bewirkte, sondern der 'Effekt' ist das 'Wirkende' selbst, insofern es selbst die Wirklichkeit, der 'Akt' der Materialursache als ihrer eigenen 'Potenz' werdend, ist. ... Das Formgeben des Formgrundes, die 'formatio actualis' der Potenz durch die (substantielle) Form, 'bewirkt' das Geformte, die Gestalt.... Diese Gestalt als Erscheinung des substantiellen Grundes, der forma, ist einerseits ... von der forma als solcher verschieden, zeigt aber in dieser Verschiedenheit dennoch diesen Formgrund, ist sein Symbol, das vom Symbolisierten als sein eigener Wesensvollzug gebildet wird, und zwar so, daß in diesem unterschiedenen 'Symbol' das Symbolisierte, die forma selbst ... anwesend ist, da sie ja das von ihr andere Gestaltete setzt, i n d e m und sofern sie selbst ihre eigene Wirklichkeit an es mitteilt" (287 f).

Diese Überlegungen ermöglichen auch ein tieferes Verständnis des für die Theologie der Eucharistie so wichtigen Begriffes der S p e c i e s . Die "Gestalthaftigkeit, der Anblick, den der substantielle Grund sich erwirkt, um sich selbst zu vollziehen, sich so 'auszudrücken' und anzuzeigen", ist die Species. "Die 'species' der materiellen Dinge ist unzweifelhaft das vom Wesensgrund her erwirkte, in der unterschiedenen Einheit mit dem Wirkgrund behaltene, die notwendige 'Vermittlung' des Selbstvollzugs seiende 'Symbol', in dem sich das materielle Seiende hat und sich anzeigend (in der Variationsbreite seines Wesens) darbietet. Im Fall der species der materiellen Dinge haben wir (auf dieser bestimmten Seinsebene und den damit gegebenen Voraussetzungen) bei Thomas wirklich alle Elemente, die wir in einer allgemeineren Ontologie des pluralen Seienden für den ursprünglichen Begriff des Symbols entwickelt haben : die Bildung des Symbols als eines Selbstvollzugs des Symbolisierten selbst, die innere Zugehörigkeit des Symbols zum Ausgedrückten selbst, die Selbstverwirklichung durch die Bildung dieses wesensentspringenden Ausdrucks" (289 f).

Daß diese Deutung der Species als Realsymbol der Substanz einen beachtenswerten Ansatz für das Verständnis des eucharistischen Zeichens bietet, liegt auf der Hand. Wir werden noch darauf zurückkommen [42].

Rahner versteht auch das sakramentale Zeichen als Realsymbol, weil zwischen dem äußeren Zeichen und der inneren Gnade eine innere Verbindung besteht, die auf einem Ursprungs- und Abkunftsverhältnis beruht. Das äußere Zeichen ist ein Abkünftiges, das von der inneren Gnade als dem Ursprünglichen zu ihrer Selbstverwirklichung gesetzt wird. Rahner weiß selbst, daß man das sakramentale Zeichen leicht als Vertretungssymbol verstehen könnte, und sagt deshalb : " ... dort, wo eine Wirklichkeit, die im Symbol kundgetan werden soll, selbst eine total menschliche, also auch eine gesellschaftliche und existentielle (freiheitliche) Seite hat, ist eine gesellschaftliche und darum juridisch bestimmte Eigentümlichkeit des Symbols kein Argument dafür, daß dieses Symbol nur ein willkürliches Verweis - und Vertretungssymbol und kein Realsymbol sei" (297). Rahner verweist auf ein Beispiel aus der menschlichen Sphäre : "wenn zwei Brautleute sich vor der legitimen (kirchlichen oder staatlichen) Obrigkeit das Jawort geben, dann ist dieses äußere, unter einer gewissen Formalität zu verlautbarende, frei gesetzte Wort doch das Realsymbol, nicht ein nachträgliches und äußerliches Zeichen, das nur auf die Sache (die innere Ehewilligkeit) von außen her hinwiese. Denn unter dieser Verlautbarung vollzieht sich dieser Ehewille so sehr, daß er die von ihm angezielte Wirkung (das bleibende Eheband) ohne diese Verlautbarung gar nicht bewirkt. Die Äußerung und das Geäußerte verhalten sich hier wirklich wie Leib und Seele, bilden eine innere Einheit, in der beide Teile gegenseitig (wenn auch je in eigener Weise) voneinander abhängen" (298, Anm.13). In ähnlicher Weise muß sich die Gnade, wenn sie den leiblich-geistig verfaßten Menschen erreichen soll, als Gnade für diesen so verfaßten Menschen in äußeren Zeichen an ihn wenden. Deshalb sind alle Sakramente Realsymbole. Von daher vermag man dann auch die Ursächlichkeit der Sakramente neu zu verdeutlichen und als "Symbolursächlichkeit" zu bestimmen, indem man zu zeigen versucht, "daß die Funktion der Ursache und die Funktion des Zeichens bei den Sakramenten nicht nur faktisch

---

[42] Siehe S.226.

durch ein äußerliches Dekret Gottes miteinander verknüpft sind, sondern einen innerlichen Zusammenhang aus dem Wesen der Sache (eben des richtig verstandenen Symbols) haben: i n d e m die Gnadentat Gottes am Menschen sich (sich selbst inkarnierend) vollzieht, tritt sie als Sakrament in die raumzeitliche Geschichtlichkeit des Menschen ein, und i n d e m sie das tut, wird sie am Menschen wirksam, setzt sie sich selbst" (299).

In dieser Deutung des sakramentalen Zeichens stimmt Rahner mit Schillebeeckx überein, auf den er auch ausdrücklich verweist [43].

Rahners Versuch einer ontologischen Vertiefung des von Schillebeeckx entwickelten Begriffs des realisierenden Zeichens scheint uns im Hinblick auf eine angemessene Interpretation des eucharistischen Zeichens von nicht zu unterschätzendem Wert. Um so bedauerlicher ist es, daß diese Gedanken in den gegenwärtigen Bemühungen um ein neues Verständnis der Eucharistie nicht die gebührende Beachtung gefunden haben [44].

---

[43] a.a.O., S. 299, Anm. 16.

[44] Erwähnt und ganz knapp referiert werden Rahners Gedanken von P. de Jong, Die Eucharistie als Symbolwirklichkeit, Regensburg 1969, S. 189 ff, ohne daß er den w e s e n t l i c h e n Unterschied der Rahnerschen Konzeption und der Schillebeeckxschen, die er anschließend referiert, herausstellt.

2. KAPITEL: DIE GEGENWÄRTIGE DISKUSSION ÜBER DIE EUCHARISTIE

1. Rahner: Substanz als anthropologische Größe

Die Aufsätze Rahners aus den Jahren 1958 und 1959 [1] markieren in zweifacher Hinsicht eine Wende in der Diskussion um die eucharistische Wandlung. Rahner zeigt einmal, daß eine physische Interpretation der eucharistischen Wandlung in solche Schwierigkeiten führt, daß sie kaum noch aufrecht erhalten werden kann, und bietet zum anderen zum ersten Male einen ausführlich entfalteten anthropologischen Substanzbegriff, der eine diskutable Alternative zum physischen Substanzbegriff darstellt.

Rahner geht von den Schwierigkeiten aus, denen sich der physische Substanzbegriff heute ausgesetzt sieht. Unter "physischem" Aspekt können Brot und Wein nicht mehr als Substanzen, sondern nur noch als Substanzenkonglomerate angesprochen werden. "Heute wird jeder Theologe ... zugeben, daß es sich bei 'Brot', bei der einzelnen Spezies, nicht um eine einzige Substanz wie bei eigentlichen physikalischen Elementarteilchen oder bei sonstigen Naturdingen (Mensch, Tier), sondern um ein Konglomerat von vielen Substanzen handelt" (389). Substanzen sind nur die letzten Bausteine der Materie, wobei es jedoch schwierig ist zu sagen, "bei w e l c h e n Elementarteilchen genau der Begriff Substanz verwirklicht zu sehen ist und in welcher genauen Weise ein solcher Begriff beim materiellen Sein (angesichts der nur unscharfen Abgrenzbarkeit des einzelnen von seiner Umwelt, seinem 'Feld' usw.) verwirklicht gedacht werden kann" (382). Man könnte freilich sagen, diese Fragen spielten für die theologische Transsubstantiationslehre keine Rolle, denn "wenn nur Substanz vorhanden sei ... und wenn es ein Agglomerat von S u b s t a n z e n bei Brot gäbe ..., dann könne es im metaphysischen Sinn ... eine Transsubstantiation der Substanz des Brotes, d.h. des Substanzagglomerats, geben, das wir Brot nennen, und so bleibe in der Theologie, unberührt von allem Wechsel in der modernen Wissenschaft, mit Recht alles beim alten" (382).

Rahner äußert jedoch starken Zweifel, ob es überhaupt möglich sei, mit Hilfe der Idee des Substanzenagglomerates die Transsubstantiation von Brot und Wein zu erklären: "Ist jenes Konglomerat, insofern es ein solches gerade von S u b s t a n - z e n ist, von der Art, daß man sagen kann, das Brot höre auf dazusein, wenn jene Substanzen aufhören zu sein? Anders ausgedrückt: Ist für unser heutiges

---

[1] K. Rahner, Die Gegenwart Christi im Sakrament des Herrenmahles, in: Catholica 12 (1958) 109-128. Wieder gedruckt in: Th. Sartory (Hrsg.), Die Eucharistie im Verständnis der Konfessionen, Recklinghausen 1961, S. 330-354, und in: Schriften zur Theologie IV, Einsiedeln 1960, S. 357-385; Über die Gegenwart Christi in der Kommunion, in: GuL 32 (1959) 442-448. Wieder gedruckt unter dem Titel: Über die Dauer der Gegenwart Christi nach dem Kommunionempfang, in: Schriften zur Theologie IV, Einsiedeln 1960, S. 387-397. Wir zitieren nach "Schriften zur Theologie".

Verständnis des Wesens des Brotes (wie es sich gerade manifestiert in der Lehre von dem Agglomerat von Substanzen) das Brot nicht eine akzidentelle Zusammenordnung von Elementarteilchen der Art, daß gerade diese akzidentelle Zusammenordnung unter einem typisch anthropologischen Aspekt als solche das Wesen des Brotes konstituiert? Ist d i e s e s W e s e n wirklich verschwunden und das Aufhören verständlich gemacht, wenn die Substantialität der Elementarteile aufhört? ... Das Brotsein als solches scheint für unsere heutige Auffassung gerade in jener Dimension zu liegen, die, scholastisch ausgedrückt, jene der s p e c i e s der empirisch-anthropomorphen Erscheinung ist; das Brotsein scheint also als solches gar nicht berührt zu sein, wenn eine Änderung in einer metempirischen Dimension der Substantialität der Elementarteilchen geschieht" (382 f).

Mit dieser Argumentation stellt Rahner die Interpretation der eucharistischen Wandlung als Wandlung von Substanzenkonglomeraten prinzipiell in Frage und greift damit die Grundlage der Deutung der Transsubstantion an, die seit Baudiment über zwanzig Jahre lang Gemeingut aller physischen Lösungsversuche gewesen ist [2]. Nach Rahner bilden die materiellen Körper wie Brot und Wein (als Substanzenkonglomerate verstanden) nur akzidentelle Einheiten; sie sind "gar keine wirkliche substantielle Einheit, sondern ein zufälliges Konglomerat vieler atomarer und molekularer Gebilde, die physisch nur ein ganz äußerliche, zufällige, fast nur lokale Zusammengeballtheit einigt" (390). Die materiellen Körper gehören daher "physisch" gesehen zur Kategorie des Akzidens. "Physisch" betrachtet sind nur die letzten Bausteine der Materie Substanzen, und für diese Substanzen ist es lediglich ein akzidenteller Unterschied, ob sie zu Brot oder zu einem anderen Körper verbunden werden.

Sind aber allein die letzten Bausteine der Materie Substanzen, so kann eine Transsubstantiation nur eine Transsubstantiation dieser letzten Bausteine sein. Dann aber werden, so meint Rahner, nicht Brot und Wein als solche verwandelt, sondern eben nur bestimmte materielle Bausteine, und das Brotsein als solches wird gar nicht berührt.

Man wird Rahner zugeben müssen, daß gemäß der Lehre vom Substanzenkonglomerat die materiellen Körper als lose Verbindungen von Elementarteilchen in ihrem W e s e n nur Akzidenzien sind und daß allein die Elementarteilchen der Materie als Substanzen verstanden werden können, so daß eine Transsubstantiation im strikten Sinne des Wortes (als Wandlung einer Substanz in eine andere) folglich nur eine Transsubstantiation der Elementarteilchen sein kann. Es ist aber trotzdem fraglich, ob durch eine Transsubstantiation der Elementarteilchen wirklich das Wesen der aus ihnen resultierenden akzidentellen Verbindungen der materiellen Körper nicht berührt wird. Die materiellen Körper sind als Verbindungen von Substanzen zwar in ihrem W e s e n Akzidenzien, aber das Wesen dieser Akzidenzien ist doch auch von der Eigenart der Substanzen bestimmt, welche in ihnen

---

[2] Büchels Artikel, der (allerdings in anderer Weise) diese Idee in Frage stellt, erschien im selben Jahr wie Rahners erster Artikel.

zu einer akzidentellen Einheit verbunden sind. Daher wird bei einer Wandlung dieser Substanzen auch das Wesen der aus ihnen resultierenden akzidentellen Verbindungen der Körper geändert. Sie bleiben zwar in sich ein Akzidens, aber sie werden ein w e s e n t l i c h anderes Akzidens.

Wir wollen das Gemeinte an einem Beispiel verdeutlichen : Tauscht man in einem Haufen von Goldstücken die Goldstücke gegen Silberstücke aus, so bleibt der Haufen zwar ein Haufen, d.h. eine akzidentelle Verbindung von Metallstücken, aber dieser Haufen ist dennoch etwas wesentlich anderes geworden : ein Haufen von Silberstatt von Goldstücken. So bleibt auch Brot nach der Konsekration eine akzidentelle Verbindung von Substanzen, aber an die Stelle der natürlichen materiellen Substanzen ist Christus getreten, und damit sind auch die akzidentellen Verbindungen von Brot und Wein etwas wesentlich anderes geworden, weil in ihnen jetzt wesentlich andere Grundelemente zu einer (akzidentellen) Einheit verbunden sind. Das Gesagte gilt freilich nur, wenn man wie die meisten Autoren [3] entsprechend den vielfachen Substanzen im Brot auch eine vielfache Gegenwart Christi in einer Hostie annimmt. Nimmt man dagegen mit Selvaggi nur eine einzige Gegenwart Christi in einer Hostie an, dann kann man bei konsekriertem Brot ohnehin nicht mehr von einem Substanzenkonglomerat und somit auch nicht mehr von einen Akzidens sprechen. Das Brot ist hier offensichtlich etwas anderes geworden. Jedenfalls wird man kaum sagen dürfen, aus der Tatsache, daß die materiellen Körper nach der Lehre vom Substanzenkonglomerat nur Akzidenzien sind, folge, daß eine echte W e s e n s v e r w a n d l u n g dieser akzidentellen Verbindungen nicht mehr denkbar sei.

Daher kann man auch bei der Annahme, daß die materiellen Körper naturphilosophisch gesehen nicht Substanzen, sondern Substanzenkonglomerate und folglich nur Akzidenzien sind, sehr wohl von einer Wesensverwandlung dieser Konglomerate sprechen, selbst wenn eine Transsubstantiation im strikten Sinne (als Wandlung einer Substanz in eine andere Substanz) hier nicht möglich ist. Substanz und Transsubstantiation sind nämlich auch nach Rahner im dogmatisch formulierten Sinne als Wesen und Wesensverwandlung im weiteren Sinne, und nicht im Sinne einer irgendwie naturphilosophisch bestimmten Auffassung von Substanz und Transsubstantiation zu verstehen [4]. Nur wer die Begriffe Substanz und Transsubstantiation im naturphilosophischen Sinne (statt im weiteren Sinne von Wesen und Wesensverwandlung) nimmt, kann behaupten, daß Brot und Wein als Akzidenzien nicht "transsubstantiiert" werden könnten. Rahners Argumentation macht daher nur deutlich, daß Substanzenkonglomerate als Akzidenzien nicht im strikten Sinne transsubstantiiert werden können. Damit ist aber keineswegs bewiesen, daß eine Wesensverwandlung solcher Konglomerate nicht möglich ist. Wer aus der Unmöglichkeit einer naturphilosophisch verstandenen Transsubstantiation auf die Unmöglichkeit einer Wesensverwandlung (oder "Transsubstantion" im weiteren Sinne) schließt, begeht aufgrund der Äquivokation des Terminus

---

[3] So Baudiment, Unterkichner, Maltha und Masi.

[4] a.a.O.,S. 372-378.

"Transsubstantiation" (als Wandlung einer Substanz in eine andere bzw. als Wesensverwandlung) einen Trugschluß [5].

Eine Reihe weiterer Argumente gegen die physische Theorie sind in Rahners zweitem Artikel enthalten. Rahner versucht dort zu zeigen, daß die Bindung der Realpräsenz Christi an die Fortdauer der Species von Brot und Wein nur unter der Voraussetzung eines anthropologischen Substanzverständnisses einsichtig gemacht werden könne. Das lehrten die folgenden Fälle und Möglichkeiten:

1. Jedes Weinatom sendet dauernd Beta-Partikel aus. "Sobald sie aber den Bereich des 'Weines' verlassen, gehören sie nicht mehr zum Wein; sie gehören damit dann auch eo ipso nicht mehr zu der Wirklichkeit, 'unter' der Christus real präsent ist" (390).
2. Entfernte man ein Molekül aus dem konsekrierten Wein, "dann wäre unter ihm Christus nicht mehr gegenwärtig, obwohl sich chemisch und physikalisch nichts ereignet hat als eine akzidentelle Ortsveränderung dieses Moleküls" (390 f).
3. Sondert man durch rein quantitative Trennung eine so winzige Menge Wein ab, daß sie mit bloßem Auge nicht mehr gesehen werden kann, dann hört auch die Realpräsenz Christi unter dieser Menge auf, "obwohl sie chemisch noch genau von der gleichen Natur ist wie die größere Menge, von der sie genommen ist. ... Dementsprechend sieht auch Thomas (III q 77 a 4) durchaus richtig, daß eine rein quantitative Verringerung der Weinspezies dahin führen kann, daß man ein solches Teilchen eben nicht mehr Wein nennen kann (obwohl es c h e m i s c h noch lange 'dasselbe' bleibt wie bisher) und darum die Gegenwart Christi aufhört. Und darum bestreitet Thomas mit Recht (III q 77 a 8c), daß ein konsekrierter Wein von geringer Menge noch die Präsenz Christi anzeige, wenn er in eine größere Menge nicht konsekrierten Weines gemischt wird" (391).
4. Gesäuertes und ungesäuertes Brot sind, obwohl sie rein chemisch gesehen sehr erheblich voneinander verschieden sind, dennoch "beide Brot und somit materia consecrabilis" (391).
5. Zerreibt man Brot zu Pulver, so hört die Gegenwart Christi auf. "Für Thomas war ein solches Pulverisieren noch so etwas wie eine auch physikalisch als substantiell zu wertende Änderung. Sie ist es aber nicht" (391 f).
6. "Schon ein größerer Wasserzusatz oder ein größerer Wasserentzug können, obwohl im chemischen Sinn durchaus keine 'Wesensveränderung' vorliegt, bewirken, daß etwas nicht Brot, sondern z.B. ein Mehlbrei ist" (392).

Und so erklärt Rahner: "Alle diese Fälle und Möglichkeiten zeigen, daß 'Brot' keine rein physikalisch-chemische Größe ist, sondern eine Sinnwirklichkeit, die wesentlich im menschlichen Bereich steht, darum Wesenseigenschaften hat, die durch chemische Begriffe gar nicht erfaßt werden können und darum auch weg-

---

[5] Daß diese Überlegungen zum Terminus Transsubstantiation auch für eine anthropologische Interpretation der eucharistischen Wandlung von entscheidender Bedeutung sind, werden wir später noch sehen. Siehe S. 228.

fallen können (wodurch etwas aufhört, Brot zu sein), auch wenn sich im physikalischen und chemischen Bereich als solchem nichts 'Wesentliches' geändert hat" (391).

Obwohl sich Rahners Argumentation gegen ein "physikalisch-chemisches" Verständnis von Substanz richtet, trifft sie (obwohl das keineswegs das gleiche ist) auch eine "naturphilosophische" Interpretation der Substanz. Darum wollen wir untersuchen, ob sich die von Rahner besprochenen Fälle unter Voraussetzung eines physischen Substanzverständnisses lösen lassen.

Im Falle der ausgesendeten Beta-Partikel und des abgesonderten Weinmoleküls hängt alles davon ab, ob man Beta-Partikel und Moleküle für Substanzen hält oder nicht. Was die Moleküle anlangt, so erklären Selvaggi und Masi ausdrücklich, daß es sich hier um Substanzen der materiellen Wirklichkeit handelt. Nach Meinung Unterkirchners und Torners, welche die Substanz als Energieeinheit verstehen, sind Beta-Partikel und Moleküle zwar nur Akzidenzien, aber es fragt sich trotzdem, ob nicht bei der Entfernung dieser Akzidenzien aus dem Bereich des Weines auch substantielle Energieeinheit(en) mitentfernt werden müssen, wenn jene Akzidenzien nicht "sine subiecto" existieren sollen. Oder sind jetzt andere Energieeinheiten außerhalb des Weines Subjekt dieser Akzidenzien?

Doch auch abgesehen von der Frage, ob Beta-Partikel und Moleküle Substanzen sind, enthält Rahners Argumentation einen schwerwiegenden Einwand gegen die Interpretation der eucharistischen Wandlung als Wandlung von Substanzenkonglomeraten. Denn wenn in der eucharistischen Wandlung die Grundsubstanzen, deren Konstellation die akzidentellen Verbindungen Brot und Wein ergibt, in Christi Leib und Blut verwandelt werden, erhebt sich die Frage, ob Christus unter diesen Grundsubstanzen weiterhin gegenwärtig bleibt, wenn man einige von ihnen aus Brot und Wein herauslöst oder auch Brot und Wein durch Auflösen der ganzen Substanzenkonglomerate zerstört. Durch die Lösung aus den Substanzenkonglomeraten Brot und Wein verlieren diese Substanzen ja keineswegs ihre Substantialität, sie büßen nur eine bestimmte akzidentelle Relation zu anderen Substanzen ein (wobei sie in der Regel sogleich wieder zu anderen akzidentellen Konglomeraten zusammengefaßt werden) und verändern meist nur ihre Lage im Raum. Von einem Verschwinden der gesamten Erscheinung (Akzidenzien) der Grundsubstanzen, das natürlicherweise das Verschwinden einer Substanz anzeigt, kann bei der Auflösung eines Substanzenkonglomerates keine Rede sein. Daher müßte man annehmen, daß die Grundsubstanzen als solche auch nach der Auflösung der Substanzenkonglomerate Brot und Wein unverändert bleiben und folglich auch noch Leib und Blut Christi sind. Das widerspricht aber der Glaubensaussage, daß mit dem Verschwinden von Brot und Wein (und das heißt hier: mit der Auflösung der Substanzenkonglomerate) die Gegenwart Christi aufhört.

Daß die Gegenwart Christi mit dem Verschwinden der Species (d.h. mit der Auflösung der Substanzenkonglomerate) aufhört, könnte nur so erklärt werden, daß Gott die Grundsubstanzen nur für die Dauer ihrer Verbindung zu den Substanzenkonglomeraten Brot und Wein in Christi Leib und Blut verwandelte. Da aber die Auflösung der Substanzenkonglomerate das Schwinden der Grundsubstanzen nicht notwendig und natürlich zur Folge hat, könnte das Schwinden der Gegenwart Christi unter den Grundsubstanzen nur dadurch erklärt werden, daß Gott die Grundsubstanzen wieder in natürliche Substanzen zurückverwandelte. Man müßte also eine "Retranssubstantiation" annehmen, ein Gedanke, der theologisch sicher nicht unbedenklich ist, "denn Christus kann zwar terminus a d q u e m , niemals aber terminus a q u o einer substantialen (Wesens-)Verwandlung sein" [6].

Auch die anderen von Rahner besprochenen Fälle führen alle zu derselben Schwierigkeit. Denn weder hat eine Verringerung der Weinmenge noch eine Verwandlung des Brotes in Pulver oder Brei eine Retranssubstantiation der Grundsubstanzen von Brot und Wein zur Folge. Im ersten Falle handelt es sich lediglich um eine Reduzierung der Anzahl der Grundsubstanzen und im zweiten nur um eine andere Verbindung derselben Grundsubstanzen. Daher ergibt sich hier hinsichtlich des theologischen Prinzips, daß die Gegenwart Christi nur so lange währt, wie die Species (d.h. die Substanzenkonglomerate) vorhanden sind, dasselbe Problem wie oben. Lehnt man aber eine Retranssubstantiation ab, dann kann die Lehre von der Wandlung der Substanzenkonglomerate Brot und Wein nicht mehr aufrechterhalten werden.

So führt von der materiellen Struktur der Körper kein gangbarer Weg zur Begründung der Substantialität von Brot und Wein. Rahner schlägt deshalb eine andere Lösung vor und versucht zu zeigen, wie das, was in "physischer" Hinsicht nur eine akzidentelle Einheit ist, in einer anderen Hinsicht sehr wohl eine substantielle Einheit darstellt. Er unterscheidet "zwischen dem Brot als einer a n t h r o p o - l o g i s c h e n Größe und dem Brot als einem p h y s i k a l i s c h - c h e m i - s c h e n Körper. ... Brot ist physisch-chemisch gar keine wirkliche substantielle Einheit... . Menschlich und darum sakramental ist dennoch dieses Gebilde eine Einheit, eine Sinneinheit, die durch den Menschen gestiftet ist und die eine solche Einheit nur in bezug auf ihn, innerhalb seines Lebens- und Handlungsraumes hat" (389 f).

Rahner begründet die Substantialität von Brot und Wein nicht mehr "physisch", von ihrem Sein als Naturkörper her, sondern "anthropologisch", vom Menschen aus. Wenn die materiellen Körper wie Brot und Wein auch "physisch" gesehen keine substantiellen Einheiten sind, sondern nur die akzidentellen Einheiten von Substanzenkonglomeraten bilden, sind sie dennoch vom Menschen aus gesehen als substantielle Einheiten zu verstehen. Der Mensch selbst "stiftet" diese substantiellen Einheiten. Für ihn sind die Körper echte "Dinge", echte "Substanzen". Was aber haben wir unter diesen vom Menschen gestifteten Substanzen zu verstehen?

Wenn Rahner sagt, daß für die alte Auffassung "das Brot (obwohl vom Menschen hergestellt) ohne reflexe Unterscheidung auch ein Naturkörper" (390) gewesen sei, so unterscheidet er offenbar zwischen den "Naturkörpern" und den "vom Menschen hergestellten Dingen"; er unterscheidet m.a.W. zwischen N a t u r d i n g e n und K u l t u r d i n g e n (Artefakten), d.h. zwischen den Dingen, die von Natur aus und ohne Zutun des Menschen existieren und ihre spezifische "natürliche" Substanz haben, und den Dingen, die der Mensch durch seine Kunstfertigkeit und Technik aus den Naturdingen herstellt und die so ein vom Menschen "gestiftetes" Sein, eine "künstliche" oder "anthropologische" Substanz haben. Rahner entwickelt seinen Substanzbegriff ja auch ausdrücklich für Brot und Wein, für Dinge also, die vom Menschen hergestellt werden, für Kulturprodukte.

[6] Pohle-Gummersbach, Lehrbuch der Dogmatik, Paderborn ^{9}1960, Band III, S.244.

Da alles Kulturschaffen des Menschen von Zwecken, vom "Finis" geleitet wird, sind die vom Menschen gestifteten anthropologischen Substanzen "menschliche Sinneinheiten" (390) oder "menschliche Sinngebilde" (392).*

Die substantielle Einheit dieser "physisch" betrachtet akzidentellen Gebilde beruht demnach auf dem Zweck, den diese Einheiten vom Menschen und für den Menschen haben. In seinem "Lebens- und Handlungsraum" sind sie daher echte "Substanzen" und "Dinge". Neben die "physischen" Substanzen der "Naturdinge" treten so die "anthropologischen" Substanzen der "Kulturdinge".

In diesem Substanzbegriff Rahners ist der anthropologische Ansatz der älteren Diskussion zum ersten Mal voll entfaltet. Was die Verfechter einer metaphysischen Lösung mehr gefordert als auch schon geleistet hatten, wird hier eingehend zu begründen versucht : daß Brot und Wein, obwohl sie "physisch" gesehen keine Substanzen sind, dennoch als Substanzen gelten können, weil sie "anthropologisch" gesehen Substanzen sind, nämlich vom Menschen und für den Menschen gemachte Sinn- und Gebrauchseinheiten. Der Ansatz von Ternus, Brot und Wein seien Substanzen, weil sie "menschlich verstanden" doch "Gebrauchseinheiten im alltäglichen Sinne zuhandener Dinge" seinen, ist hier gleichsam zu sich selbst geführt.

In dem doppelten Verständnis von Substanz als physischer (Naturding) und anthropologischer (Kulturding) Substanz offenbart sich ein gewandeltes Verständnis von Wirklichkeit. Wirklichkeit ist nicht mehr nur die "physische" Wirklichkeit, sondern auch die "anthropologische" Wirklichkeit. Neben die Welt der Natur tritt die Welt der Kultur als eine "echte" Form von Wirklichkeit. Das bedeutet eine entschiedene Aufwertung der ontologischen Relevanz der Kulturwelt, der Welt des Menschen und seiner Sinnstiftungen, gegenüber der Welt der Natur. Das ist ein typisch neuzeitlicher Gedanke [7].

Für ein ontologisches Denken bringt diese Aufwertung der Welt des Menschen und seiner Sinnstiftungen freilich einige Probleme mit sich. Die anthropologische Substanz der Kulturdinge liegt in dem "Finis", den der Mensch in der "physischen" Wirklichkeit realisiert, wenn er die Naturdinge zu Kulturdingen umgestaltet. Hier aber erhebt sich die Frage, ob die Kulturdinge überhaupt im eigentlichen Sinne als Substanzen verstanden werden können. Versteht man nämlich die Kulturwelt wie Rahner als Umgestaltung einer dem Menschen vorgegebenen Naturwelt nach menschlichen Zwecken, so ist doch wohl zu fragen, ob die durch die Umgestaltung der natürlichen Substanzen gebildeten anthropologischen Substanzen wirklich echte Substanzen im ontologischen Sinne sind, oder ob sie nicht doch, ontologisch gesehen, eher als Akzidenzien angesehen werden müssen.

In diesem Zusammenhang verdient die Bemerkung von Oeing-Hanhoff Beachtung, der Rahners anthropologischen Substanzbegriff zur Erklärung der eucharistischen Wandlung durchaus für akzeptabel hält : "Artefakte sind in dem, was sie als solche sind, durch Akzidenzien konstituiert. Sofern aber z.B. ein Tisch nicht als tischförmiges Holz, sondern als hölzerner Tisch angesprochen wird, können nach Aristoteles auch Artefakte als Substanzen, wenn auch u n e i g e n t l i c h [8],

---

[7] Hierauf hat besonders G.B. Sala aufmerksam gemacht. Siehe S. 175.
[8] Sperrung von uns.

bezeichnet werden. Ihr Wesen oder ihre Substanz ist dann letztlich durch ihren Zweck bestimmt" [9]. Hier wird die anthropologische Substanz als "uneigentliche" Substanz bezeichnet. Sie ist, traditionell gesprochen, nur "substantia per accidens" [10]. Als solche mag sie zwar für den Menschen "in seinem Lebens- und Handlungsraum" einen echten Substanzcharakter besitzen, im strikten ontologischen Sinne kann sie aber nie als die eigentliche Substanz der Wirklichkeit bezeichnet werden. Denn alle menschliche Sinnstiftung im Material der Welt kann doch nicht die Substanz der Wirklichkeit selbst begründen; sie bleibt eine bloß akzidentelle Veränderung der dem Menschen vorgegebenen und von ihm unabhängigen Wirklichkeit. Ein echter "metaphysischer" Substanzbegriff ist daher mit der Berufung auf die vom Menschen g e m a c h t e anthropologische Substanz nicht erreicht - es sei denn, man wollte die vom Menschen "gemachte" Wirklichkeit als die Wirklichkeit schlechthin verstehen, ein Gedanke, der theologisch gesehen völlig absurd ist.

Ist aber die anthropologische Substanz ontologisch gesehen nur ein Akzidenz, dann stehen wir wieder vor derselben Frage, die Rahner an die physische Interpretation gestellt hat: Wenn Brot und Wein als solche gar keine Substanzen, sondern nur Akzidenzien sind, wie kann dann noch von einer "Transsubstantiation" von Brot und Wein die Rede sein? [11]

2. Welte : Begründung der Substanz aus dem Bezugszusammenhang

Welte [12] möchte, um den bekannten Schwierigkeiten des naturphilosophischen Ansatzes zu entgehen, auf ein anderes "Denkmodell" für das Verständnis der eucharistischen Wandlung hinweisen und "die materiell seienden Elemente wie Brot und Wein anstatt von ihrem physikalisch gedachten An-sich ... von ihrem B e z u g s z u s a m m e n h a n g her verstehen" (190). In dieser Sicht ist der Bezugszusammenhang "das primär Konstituierende, das Einzelseiende als solches aber das von diesem Zusammenhang her Konstruierte" (190).

> "So ist Speise Speise vom Bezugszusammenhang mit (möglichem oder wirklichem) Mahl her. Speise ist als Speise seiend für ..., nämlich für Essende im Bezugszusammenhang des Mahles.

---

[9] L. Oeing-Hanhoff, Art. "Substanz", in : LThK 9, 1139 f; hier : 1140.

[10] Siehe S. 73 (Kors gegen Möller).

[11] Zur Lösung dieser Frage siehe S. 37 ff und S. 228.

[12] Welte hat seine Gedanken auf einem Symposion über eucharistische Fragen (7. bis 10. Okt. 1959 in Passau) im Anschluß an das Referat von Scheffczyk "Die materielle Welt im Lichte der Eucharistie" als Diskussionsbeitrag geäußert. Sie erschienen unter dem Titel "Zum Referat von L. Scheffczyk" in : M. Schmaus (Hrsg.), Aktuelle Fragen zur Eucharistie, München 1960, S. 190-195.

>Außerhalb des Speise als Speise konstituierenden Bezugszusammenhangs ist, was Speise war, nicht mehr Speise. Im Bezugszusammenhang z.B. einer analytisch-chemischen Untersuchung ist sie nicht 'Speise', sondern etwa ein Gefüge von Molekülen. Der Speisecharakter verschwindet. Auch dieses 'Gefüge von Molekülen' aber ist unserem Ansatz gemäß kein seiendes An-sich, vielmehr als solches seiend für diesen nun neuen Bezugszusammenhang einer chemischen Betrachtung" (190 f).

Der Bezugszusammenhang ist die Beziehung, die zwischen dem Menschen und den Dingen obwaltet, z.B. zwischen der "Speise" und dem, der sie ißt, oder auch zwischen dem Brot und dem Chemiker, der es zum Gegenstand seiner Analyse macht. Dieser Bezugszusammenhang entscheidet darüber, was etwas seinem Wesen oder seiner Substanz nach ist. So ist Brot für Essende "Speise", für den Chemiker aber ein "Gefüge von Molekülen". Die Substanz der Dinge wird also von Welte "anthropologisch" verstanden, sie ist in der Beziehung der Dinge zum Menschen begründet. Oder noch krasser gesagt: Die Beziehung zum Menschen ist die Substanz der Dinge.

"Der Bezugszusammenhang bestimmt, daß das Seiende je a l s dieses oder a l s jenes ist. So ist es mit dem Wasser, der Erde, den Gewächsen, den Speisen, den Werkzeugen, und genau besehen ist es so mit allen Dingen" (191).

Da es nun von der jeweiligen Einstellung und Intention des Menschen abhängt, ob er "Brot" z.B. als "Speise" oder als "Untersuchungsobjekt" betrachtet, könnte man meinen, der Bezugszusammenhang und die aus ihm entspringenden Seinsbestimmungen seien "eine bloß äußerliche Zutat intentionaler Art zu dem, was an sich oder in sich oder 'ontologisch' wirklich ist" (191). Demgegenüber erklärt Welte, daß "der Bezugszusammenhang und damit die Seinsbestimmungen, die aus ihm entspringen, zum anfänglichen und eigentlichen Sein der Sache selbst" (191) gehören:

>"Einerseits ist es doch so: Selbst wenn wir eine Sache 'an - sich' und also unter Absehung von allen ihren äußerlichen und zufälligen Zusammenhängen betrachten, dann ist dies eine Weise der B e t r a c h t u n g und also des B e z u g e s , und nur innerhalb dieses Bezuges gibt es die Bestimmung 'Sache an sich'. Auch sie gehört in einen Bezugszusammenhang. Andererseits hat z.B. Thomas von Aquin betont: res nata est animae conjungi et in anima esse S. th. I. 78. 1. D.h.: Das Seiende ist immer und von Anfang ein Ding für ..., der Bezug zur anima kommt nicht sekundär zum Ding hinzu. Der Ausdruck 'nata est' bezeichnet gerade den primären, ursprünglichen Charakter dessen, was hier ausgesagt wird. Der Bezug ist als solcher das, was das Sein des Seienden selbst ausmacht. ... D.h.: Es ist das anfängliche Sein des Seienden selbst, nicht etwa daran oder dazu, was aus der Beziehung sich bestimmt. Die Sache in i h r e m Sein, wie sie es aus ihrem Ursprung mit - bringt, kommt erst und nur in der Beziehung - z.B. des Erkennens - zu s i c h selbst. Dieses Zu-sich-kommen im menschlichen Verstehen (in der anima) kommt nicht zum 'An-sich' der Sache hinzu, sondern ist gerade ihr 'An-sich'. Das An-sich der Sache ist anfänglich 'auf Erkennen hin', und ohne diese Beziehung ist also die Sache nicht, was sie ist. Die Beziehung, oder, wenn man will, die Intentionalität i s t das Sein des Seienden selbst"(191 f)

Es ist also die Substanz im ontologischen Verstande, die Substanz der "Dinge an sich", die sich aus der Beziehung zum Menschen herleitet.

Da "es in concreto für jedes Seiende v e r s c h i e d e n e Bezugszusammenhänge gibt und demgemäß verschiedene ihm aus den je waltenden Bezugszusammenhängen zukommende Seinsbestimmungen" (192), unterscheiden sich die Dinge als je verschiedene gemäß dem jeweils obwaltenden Bezugszusammenhang. "Dasselbe kann einmal Speise, einmal chemisches Substrat, ein andermal vielleicht Brennstoff u.s.f. sein" (192).

> "Es gibt jedoch als konkrete Ausformungen des transzendentalen Beziehungshorizontes Beziehungszusammenhänge von unterschiedlicher Art und von unterschiedlichem Range und damit auch von unterschiedlicher Verbindlichkeit. Nicht jeder im täglichen oder im geschichtlichen Leben der Menschen und ihres Umgangs mit den Dingen der Welt sich bildender Beziehungszusammenhang und Verständnishorizont ist für das Seiende gleich wesentlich und gleich ursprünglich. Ob z.B. eine Zeitung als Zeitung oder als Brennmaterial verwendet und also verstanden wird : diese beiden Bezugsweisen und die ihnen entspringenden Seinsbestimmungen sind nicht gleichwertig hinsichtlich dessen, was dies Seiende eigentlich ist" (192).

Diese Auffassung von Substanz bedingt natürlich ein bestimmtes Verständnis von Transsubstantiation. Wenn die Substanz durch den jeweiligen Bezugszusammenhang konstituiert wird, bedeutet Transsubstantiation Wandlung des Bezugszusammenhanges. "Bezugszusammenhänge können sich auch wandeln. Dann wandelt sich mit ihnen das, was das Seiende ist, da es ja außerhalb dieser Zusammenhänge 'nichts' ist" (192). In diesem Sinne sagt Welte, daß das, was im Bezugszusammenhang mit Essenden beim Mahle "Speise" ist, nicht mehr "Speise" ist, wenn der Bezugszusammenhang des Mahles aufhört. Wird es in einen anderen Bezugszusammenhang gestellt, dann i s t es etwas anderes. Im Bezugszusammenhang einer chemischen Untersuchung ist "Speise" nicht mehr "Speise", sondern ein "Gefüge von Molekülen". Durch den geänderten Bezugszusammenhang hat sich seine Substanz gewandelt.

Welte führt noch weitere Beispiele an :

> "Die Zusammenhänge können sich z.B. g e s c h i c h t l i c h wandeln. Ein griechischer Tempel z.B. i s t etwas anderes für die, die ihn erbauten und die mit ihm als Tempel Umgang hatten, und i s t etwas anderes für Teilnehmer der modernen Reiseindustrie, welche ihn aufsuchen. Auch die Gaben der Natur s i n d andere, wo sie, wie in der Antike weithin und vielleicht im ganzen, primär als Gaben himmlischer Mächte verstanden wurden, und sie s i n d etwas anderes, wo sie, wie weithin für uns, fast nur Energie- und Rohstoffquellen sind. Diese geschichtlichen Veränderungen der Bezugs- und Verständnishorizonte geschehen zwar nicht ohne den Menschen, sie sind aber auch nicht nur vom Menschen abhängig und nicht einfach seiner Willkür unterworfen. Es gibt so etwas wie ein geschichtsbildendes Schicksal... . Solche Veränderungen sind, unserem Ansatz gemäß, dem gegenüber, was das Seiende i s t , nicht bloß äußerlich. Sie betreffen vielmehr

das S e i n des Seienden. Nennt man dies Substanz, dann könnte man hier von einer Art geschichtlicher Transsubstantiation sprechen" (192 f).

Außer der Wandlung von Bezugszusammenhängen gibt es auch die Stiftung neuer Bezugszusammenhänge und damit die Konstitution neuer Seienden.

"Seinsbestimmende Bezugszusammenhänge können auch g e s t i f t e t werden und dann bestimmen sie verbindlich, w a s das von der Stiftung betroffene Seiende i s t, und zwar im Maße der Verbindlichkeit des Stifters und seiner Stiftung.
Ein Tuch von bestimmter Farbe kann lange ein bloßer Dekorationsstoff sein. Bestimmt aber eines Tages die das öffentliche Recht in Händen tragende Autorität, daß Tücher dieser Farbe von nun ab als Fahnen, also als Hoheitszeichen anzusehen seien, dann wir das Tuch auf Grund solcher seinsbestimmender Stiftung etwas a n d e r e s als es war. Es ist nun wirklich - oder objektiv -, was es vorher nicht war, nämlich eine Fahne, und wer es nunmehr nur noch als neutralen Stoff verwendete, verletzte dadurch die Seinsordnung. Das Sein dieses Seienden hat sich verändert, nicht weil physikalisch etwas geändert wurde, sondern weil dies Seiende durch maßgebliche Stiftung auf neue Weise in einen verbindlichen Bezugszusammenhang übergeführt wurde. Eine solche Seinswandlung ist tiefer, d.h. seinsbestimmender als es je eine chemisch-physikalische Wandlung sein könnte, in der etwa die den Stoff chemisch aufbauenden Moleküle ausgetauscht sein könnten unter Wahrung der Tuch- und Farbgestalt" (193 f).

In diesem Denkrahmen kann die eucharistische Wandlung nun als Stiftung eines neuen Bezugszusammenhanges durch Gottes Offenbarung verstanden werden:

"Hier, im Eucharistischen Sakrament, wurde ja durch Gottes Offenbarung ein neuer Bezugszusammenhang gestiftet, eben der des eucharistischen Mahles der göttlich gestiftete Bezugszusammenhang ist als göttlicher s c h l e c h t h i n verbindlich und seinsbestimmend für die Glaubenden. Wer sich außerhalb seiner stellte, für den wäre, was hier vorliegt, nicht mehr das, was es von Gott her und darum schlechthin ist. Er stände also außerhalb der Seinsordnung schlechthin" (194).

Dieses Denkmodell hat nach Welte den Vorzug, daß die eucharistische Wandlung nicht "als Wandlung der physikalisch-chemisch gedachten Grundlagen des Seienden" (194) interpretiert werden müßte, "und man bräuchte sich also um derlei Möglichkeiten und Schwierigkeiten nicht mehr zu kümmern. Wohl aber wäre die so verstandene Wandlung eine Wandlung des eigentlichen Seins - oder der Substanz - des Seienden, und sie wäre insofern 'objektiv' im vollsten Sinne dieses Wortes, jedenfalls viel objektiver als alle Veränderungen, die nach dem Modell physikalisch-chemischer Vorstellungen entworfen wären" (194).

Weltes Denkmodell ist anfangs heftig kritisiert worden. Die Kritik richtet sich vor allem gegen das Verständnis von Substanz und Transsubstantiation, wie es in den Beispielen von der Speise, dem Tempel und der Fahne zutage tritt. Man befürchtet eine "Subjektivierung" des Substanzbegriffes und als Folge davon eine Aushöhlung des echten ontologischen Realitätscharakters der eucharistischen Wandlung. Die Kritiker gehen davon aus, daß die Substanz in Weltes Denkmodell primär ein Produkt der jeweiligen Einstellung des Menschen zu den Dingen sei. Und in der Tat sieht es auf den ersten Blick so aus, als ob der die Substanz konstituierende Bezugszusammenhang primär ein vom Menschen und seiner Einstellung zu den Dingen gestifteter Bezugszusammenhang wäre. Denn ob "Brot" als "Speise" oder als "Untersuchungsobjekt", ob ein "Tempel" als "Kultstätte" oder als "Besichtigungsobjekt" verwendet und also verstanden wird, hängt doch ebenso primär von der Einstellung und Intention des Menschen ab wie die Erklärung eines Tuches von einer bestimmten Farbe zur "Fahne". Die Gefahren eines solchen subjektiven Substanzverständnisses werden von den Kritikern immer wieder betont. Wird nämlich die Substanz durch die subjektive Einstellung des Menschen zu den Dingen konstituiert, dann besteht die Gefahr, daß auch die eucharistische Wandlung nur als ein Produkt der gewandelten Einstellung des gläubigen Menschen verstanden wird. Brot und Wein ändern sich dann nicht in sich selbst, es ändert sich nur die Einstellung des gläubigen Menschen zu ihnen. Der Gläubige legt Brot und Wein nur eine neue Bedeutung bei, ohne daß Brot und Wein objektiv und real etwas anderes geworden sind. Eine "symbolistische" Deutung der Eucharistie scheint bei einer solchen Auffassung von Substanz und Transsubstantiation unvermeidlich. Die eucharistische Wandlung wird zu einer bloßen "Wandlung im Glauben", ihr ontologischer Realitätscharakter kann nicht mehr gewahrt werden. So ist es kein Wunder, wenn immer wieder der Vorwurf erhoben wird, die "modernen Theologen" machten die eucharistische Wandlung zu einem "bloß psychologischen Phänomen" und damit die eucharistische Gegenwart zu einer "rein symbolischen Gegenwart" [13].

Den Vorwurf des Symbolismus erhebt Gutwenger auch gegen Welte [14], und Ratzinger [15] gibt zu bedenken, "daß es sich nicht nur um eine menschlich vereinbarte und daher grundsätzlich auch von Menschen zurücknehmbare Umwertung einer Sache zu einem Symbol handelt (in dieser Richtung bleibt Weltes Denkvorschlag vielleicht doch etwas allzu sehr stecken), sondern daß im Menschenwort Gotteswort innewohnt und so die geschehene Umwertung nicht bloß eine solche der menschlichen Ästimation, sondern des Seins selber ist". Ausführlicher argumentiert Felderer [16]:

> "Die Änderung des Bezugszusammenhangs in den angeführten Beispielen ist doch wohl das, was man scholastisch eine Änderung des Formalobjekts nennt, und diese ist eine Änderung im Subjekt und so auch, wenn man will, eine Änderung im Gesamten des Seienden, aber nicht

---

[13] R. Masi, Transustanziazione, transignificazione, transfinalisazione, in: Osservatore Romano, 4. 11. 1965, S. 5.

[14] E. Gutwenger, Substanz und Akzidens in der Eucharistielehre, in: ZKTh 83 (1961) 257-306; hier: 299.

[15] J. Ratzinger, Das Problem der Transsubstantiation und die Frage nach dem Sinn der Eucharistie, in: ThQ 147 (1967) 129-158; hier: 152, Anm. 16.

[16] J. Felderer, Rezension zu Welte, in: ZKTh 83 (1961) 223-225.

eigentlich eine Änderung des in Frage stehenden Dinges. Freilich Gott kann einen Bezugszusammenhang so ändern, daß dadurch ein Seiendes auch an sich, 'physisch' geändert wird (denn jedes Ding ist, auch physisch, was es für Gott ist), aber dann haben wir schon mehr als nur eine Änderung des Bezugszusammenhangs. ... Natürlich geschieht auch eine Änderung des Bezugszusammenhangs, aber diese ist wohl als Folge einer anders zu erklärenden Substanzänderung zu verstehen" (224).

"Die Breite der möglichen Bezugszusammenhänge eines Dinges ist bestimmt durch die Natur dieses Dinges; Brot läßt den Bezugszusammenhang zu Mahl zu, der Stein nicht, es sei denn aufgrund einer Änderung seiner Natur an sich. Brot läßt auch den Bezugszusammenhang zu übernatürlichem Mahl zu (etwa als gestiftetes Symbol der Gnadengemeinschaft der Essenden mit Christus und untereinander) und ist dann übernatürliche Speise. Solange aber das Brot seine Natur oder Substanz an sich behält, läßt sich durch keinen Bezugszusammenhang von ihm aussagen, es sei der Leib Christi; oder anders ausgedrückt: die Substanz des Brotes an sich schließt einen derartigen Bezugszusammenhang aus" (225).

Für Felderer ist eine Änderung des Bezugszusammenhanges keine Änderung der Dinge selbst, sondern nur eine Änderung im Subjekt, d.h. keine Wandlung der Substanz oder Natur der Dinge, sondern nur eine Wandlung der Einstellung des Menschen zu ihnen. Felderer versteht den Bezugszusammenhang, der nach Welte die Substanz der Dinge konstituiert, als eine menschliche Stiftung. Ein menschlich gestifteter Bezugszusammenhang kann aber nach Felderer nie die Substanz der Dinge selbst begründen. Diese ist vielmehr etwas "Physisches", eine "Natur", d.h. eine Seinsbestimmung der Dinge selbst, unabhängig von der Beziehung und Einstellung des Menschen zu ihnen. Die Einstellung des Menschen zu den Dingen begründet nur eine akzidentelle Relation zwischen Mensch und Dingen, sie betrifft aber nie die Substanz der Dinge. Diese ist vielmehr dem Menschen vorgegeben [17]. Daher kann eine Transsubstantiation niemals allein durch eine Änderung des Bezugszusammenhanges, und das heißt in Felderers Verständnis: durch eine Änderung der Einstellung des Menschen zu den Dingen, hinreichend erklärt werden. Es muß vielmehr eine Änderung der Substanz oder Natur als das Entscheidende und Wesentliche hinzukommen. Felderer räumt zwar ein, daß G o t t einen Bezugszusammenhang ändern könne, aber das setze dann voraus, daß Gott z u v o r die Substanz oder Natur des betreffenden Dinges verändert habe. Die Breite der möglichen Bezugszusammenhänge ist nämlich durch die Substanz oder Natur festgelegt. Ein w e s e n t l i c h neuer Bezugszusammenhang setzt daher eine Wesensänderung der Substanz oder Natur voraus, und daher ist die Stiftung eines neuen Bezugszusammenhangs durch Gott "schon mehr als nur eine Änderung des Bezugszusammenhangs". Der Bezugszusammenhang, die Einstellung des Menschen zu den Dingen, ändert sich in diesem Falle, weil eine Wandlung der Substanz oder Natur der Dinge stattgefunden hat, aber man kann nie sagen, es habe eine Wesens-

---

[17] Derselben Argumentation bedient sich auch Kors gegen Möller. Siehe S. 76.

verwandlung stattgefunden, weil der Mensch seine Einstellung zu den Dingen gewandelt habe. Daher ist eine Transsubstantiation von Brot und Wein in Christi Leib und Blut immer mehr als eine bloße Verwandlung des Bezugszusammenhanges. Sie ist primär eine Wandlung der Substanz oder Natur von Brot und Wein, und nur weil sich die Substanz von Brot und Wein gewandelt hat, kann sich auch der Bezugszusammenhang, d.h. die Einstellung des gläubigen Menschen Brot und Wein gegenüber, wandeln. Die Wandlung des Bezugszusammenhanges ist nicht Ursache, sondern Folge der Transsubstantiation [18].

Felderer argumentiert jedoch (wie die anderen Kritiker) an Weltes Denkmodell vorbei. Er hat die wahre Natur des Bezugszusammenhanges, wie Welte ihn versteht, gar nicht in den Blick bekommen. Für Welte ist die Wandlung des Bezugszusammenhanges nämlich eine wahre und echte Transsubstantiation im ontologischen Sinne und keineswegs eine bloße Wandlung im Bewußtsein des gläubigen Menschen. Nach Welte wird nämlich die Substanz, oder, wie Felderer auch sagt: die Natur, gerade durch den Bezug zum Menschen konstituiert. Die Beziehung zum Menschen ist konstitutiv für das Sein des Seienden, sie ist m.a.W. keine akzidentelle, sondern eine substantielle Beziehung. Felderer versteht die Beziehung zum Menschen dagegen nur als eine akzidentelle Relation und ist so genötigt, die Substanz oder Natur in einer anderen Weise zu verstehen.

Weltes Denkmodell wirft aber gerade die Frage auf, ob die Substanz der Dinge nicht auch aus dem Bezugszusammenhang erklärt werden könne. Dabei hängt alles von dem richtigen Verständnis dieses "Bezugszusammenhanges" ab. Natürlich kann man die ontologische Substanz nicht ausschließlich aus einem v o m   M e n s c h e n gestifteten Bezugszusammenhang ableiten. Darin haben die Kritiker recht, aber sie übersehen dabei, daß auch Welte die Substanz keineswegs a u s s c h l i e ß - l i c h aus dem vom Menschen gestifteten Bezugszusammenhang versteht. Der Bezugszusammenhang ist nämlich bei Welte keineswegs bloß eine "subjektive", d.h. vom Menschen und seiner Einstellung oder Ästimation gestiftete Beziehung des Menschen zu den Dingen, sondern auch und vor allem eine " o b j e k t i v e ", d.h. dem Menschen und seiner jeweiligen Einstellung zu den Dingen vorgegebene und vorausliegende Beziehung der Dinge zum Menschen. Das erhellt schon daraus, daß Welte die Eucharistie als g ö t t l i c h e Sinnstiftung bezeichnet und erklärt, sie sei "als göttliche s c h l e c h t h i n verbindlich" und betreffe die "Seinsordnung schlechthin". Ganz deutlich wird das sodann in seiner Auslegung des Thomaszitates "res nata est animae conjungi et in anima esse".

Auch hier erklärt Welte die Substanz der Dinge aus ihrer Beziehung zum Menschen. Er sagt von dieser Beziehung, daß sie das "An-sich der Sache", das "Sein des Seienden selbst" konstituiere. Wollte man diese Beziehung als eine subjektive,

---

[18] Das ist dieselbe Auffassung, die später die Enzyklika "Mysterium Fidei" vertritt, wenn sie eine "Transsubstantiation" als Ursache der "Transfinalisation" und "Transsignifikation" fordert. Siehe S. 153.

vom Menschen gestiftete Beziehung verstehen, dann müßte man das An-sich der Sache und das Sein des Seienden für eine menschliche Stiftung halten. Eine solche Auffassung würde man aber Welte sicher auch dann nicht zutrauen, wenn er nicht ausdrücklich gesagt hätte, daß die Seinsordnung schlechthin eine göttliche Stiftung sei. Die Erklärung des Seins des Seienden aus seiner Beziehung zum Menschen kann daher nur in der Weise sinnvoll verstanden werden, daß man die in Rede stehende Beziehung nicht als eine subjektive Beziehung des Menschen zu den Dingen, sondern als eine objektive Beziehung der Dinge zum Menschen versteht. Sagt doch auch Welte, das Seiende sei immer schon "von Anfang" ein "Ding für ...", es habe von vorneherein eine "Beziehung zur anima", d.h. zum Menschen. Diese Beziehung sei sein "primärer, ursprünglicher Charakter", sie sei "das anfängliche Sein des Seienden". Die Dinge besitzen demnach bereits von Anfang an und "objektiv" eine Ausrichtung auf den Menschen, die aller "subjektiven" Erkenntnis und Verwendung durch den Menschen vorausliegt und diese überhaupt erst ermöglicht. Die Dinge sind immer Dinge "für den Menschen", ihre Substanz liegt so in ihrem "Materialcharakter". Daher kann Welte auch sagen, daß die Dinge erst "in der anima", d.h. in der subjektiven Beziehung des Menschen zu den Dingen (z.B. in der Erkenntnis), wirklich "zu sich selber kommen". Denn wenn die Substanz der Dinge in ihrer objektiven Ausrichtung auf den Menschen liegt, erfüllt sich erst in der subjektiven Erkenntnis und Verwendung durch den Menschen ihr Wesen und ihr Seinssinn. Welte sagt zwar nicht, wer den objektiven Bezug der Dinge zum Menschen gestiftet hat, aber es kann doch keinem Zweifel unterliegen, daß er ihn auf denselben zurückführt, von dem die Dinge selbst gestiftet worden sind, nämlich auf Gott. Die Dinge sind von Gott f ü r d e n M e n s c h e n geschaffen worden, und daher sind sie von Anfang an und von ihrem Ursprung her immer schon "anthropologische Substanzen".

Weltes Erklärung der Substanz aus dem Bezugszusammenhang bedeutet daher keineswegs eine "Subjektivierung" des Substanzbegriffes, wie die Kritik argwöhnt, wohl aber eine "Antrhropologisierung". Die Substanz wird vom Menschen her verstanden, aus der Beziehung, die zwischen Mensch und Wirklichkeit obwaltet, insofern die Wirklichkeit in ihrem ontologischen Wesen immer schon Wirklichkeit für den Menschen ist.

Diese Beziehung der Wirklichkeit zum Menschen ist aber ein Finalitätsbezug. "Das Seiende ist immer und von Anfang ein Ding für ...", sagt Welte und bestimmt dementsprechend "Speise" als "seiend für ..., nämlich für Essende im Bezugszusammenhang des Mahles". Die Substanz wird so vom "Wozu", vom "Finis" her verstanden. Sie liegt in dem Zweck und in der Bedeutung, welche die Dinge für den Menschen haben, und zwar objektiv und an sich und keineswegs bloß nach Maßgabe der menschlichen Einstellung und Ästimation. Daher ist die Substanz bei Welte zwar eine "anthropologische" Substanz, aber sie ist in seinem Verständnis gleichwohl eine echte "ontologische" Substanz.

Man wäre der Gefahr, Weltes "Anthropologisierung" der Wirklichkeit als "Subjektivierung" der Wirklichkeit mißzuverstehen, freilich von vorneherein entgangen, hätte man das Denken Heideggers als die Quelle von Weltes Wirklichkeitsverständnis erkannt und sein Denkmodell von daher verstanden, zumal Welte ausdrücklich auf Heidegger verweist [19]. Daß Weltes Denkmodell maßgeblich von Heidegger beeinflußt ist, zeigt sich nicht nur (noch vordergründig gesehen) in der Terminologie - z.B. "Umgang" [20], "Bezugszusammenhang" [21], "seiend für ..." [22] - sondern vor allem in der Bestimmung der Substanz als Zweck ("Finis") für den Menschen. Wenn Welte die Dinge als "seiend für ..." bestimmt, versteht er sie wie Heidegger als "Zeug" (68) aus ihrem "Um-zu" (68), aus dem "Wozu einer Dienlichkeit" oder dem "Wofür einer Verwendbarkeit" (83) und damit vom "Wozu", vom Zweck her. Und wie für Heidegger das letzte "Worum-willen" aller Verweisungszusammenhänge des Zeugganzen das "Dasein" (84) ist, so ist für Welte der letzte Bezugspunkt aller Finalitätsbezüge der Dinge der Mensch. Weltes Bestimmung der Dinge als Sein für den Menschen entspricht daher genau Heideggers Bestimmung der Dinge als "Zuhandensein".

Daß aber diese anthropologische Deutung der Wirklichkeit als Zuhandensein nicht "subjektivistisch" zu verstehen ist, als konstituiere der Mensch durch seine Einstellung zur Wirklichkeit erst ihren anthropologischen Charakter als Zuhandenheit, erklärt Heidegger ausdrücklich: Zuhandenheit "darf ... nicht als bloßer Auffassungscharakter verstanden werden, als würden dem zunächst begegnenden 'Seienden' solche 'Aspekte' aufgeredet, als würde ein zunächst an sich vorhandener Weltstoff in dieser Weise 'subjektiv gefärbt' " (71). Die anthropologische Bestimmung der Wirklichkeit als Zuhandenheit ist vielmehr die Bestimmung der "objektiven" Wirklichkeit. " Z u h a n d e n h e i t   i s t   d i e   o n t o l o g i s c h - k a t e g o r i a l e   B e s t i m m u n g   v o n   S e i e n d e m ,   w i e   e s   ' a n   s i c h '   i s t " (71). Daher wird durch diese anthropologische Bestimmung der Wirklichkeit "nicht das 'substanzielle Sein' des innerweltlichen Seienden in ein Relationssystem verflüchtigt und, sofern Relationen immer 'Gedachtes' sind, das Sein des innerweltlich Seienden in das 'reine Denken' aufgelöst"(87 f). Die das Sein des innerweltlichen Seienden konstituierenden anthropologischen Bezüge sind "nichts Gedachtes, in einem 'Denken' erst Gesetztes, sondern Bezüge, darin besorgende Umsicht als solche sich schon aufhält. Dieses 'Relationssystem' als Konstitutivum der Weltlichkeit verflüchtigt das Sein des innerweltlich Zuhandenen so wenig, daß auf dem Grunde von Weltlichkeit der Welt dieses Seiende in seinem 'substanziellen' 'An-sich' allererst entdeckbar ist"(88). Genauso ist auch für Welte die Bestimmung der Wirklichkeit als Sein für den Menschen eine Bestimmung der objektiven Wirklichkeit. Der anthropologische Bezug ist konstitutiv für die Wirklichkeit an sich, er ist das "An-sich der Sache", das "Sein des Seienden".

---

[19] a.a.O., S. 193.

[20] Vgl. M. Heidegger, Sein und Zeit, Tübingen [11] 1967, passim.

[21] Vgl. Heidegger, a.a.O., S. 86.

[22] Vgl. Heidegger, a.a.O., S. 70: "verwendbar für ...".
Die im Text folgenden, in Klammern gesetzten Zahlen beziehen sich ebenfalls auf Heidegger, Sein und Zeit.

Die Anregung zu seinen Beispielen verdankt Welte offenbar z.T. Heideggers Aufsatz "Die Frage nach der Technik" [23]. Heidegger bestimmt dort die Technik als "eine Weise des Entbergens" (20). "Das in der modernen Technik waltende Entbergen ist ein Herausfordern, das an die Natur das Ansinnen stellt, Energie zu liefern, die als solche herausgefördert und gespeichert werden kann" (22). Das herausfordernde Entbergen zeigt die Wirklichkeit in einem ganz neuen Licht. "Das Erdreich entbirgt sich jetzt als Kohlenrevier, der Boden als Erzlagerstätte" (22) [24]. Der Rhein wird "in das Kraftwerk verbaut. Er ist, was er jetzt als Strom ist, nämlich Wasserdrucklieferant, aus dem Wesen des Kraftwerks. ... Aber der Rhein bleibt doch, wird man entgegnen, Strom der Landschaft. Mag sein, aber wie? Nicht anders denn als bestellbares Objekt der Besichtigung durch eine Reisegesellschaft, die eine Urlaubsindustrie dorthin bestellt hat" (23 f) [25]. Im "herausfordernden Entbergen" durch die moderne Technik entbirgt sich die Natur als "Bestand". Mit diesem Titel bezeichnet Heidegger "die Weise, wie alles anwest, was vom herausfordernden Entbergen betroffen wird" (24). Das so Entborgene ist, obwohl die Entbergung durch den Menschen geschieht, keine menschliche Setzung. Der Mensch vollzieht zwar "das herausfordernde Stellen, wodurch das, was man das Wirkliche nennt, als Bestand entborgen wird", aber: "Der Mensch kann zwar dieses oder jenes so oder so vorstellen, gestalten und betreiben. Allein über die Unverborgenheit, worin jeweils das Wirkliche zeigt oder entzieht, verfügt der Mensch nicht " (25). Das Entbergen ist "kein bloßes Gemächte des Menschen" (26). Es ist der "herausfordernde Anspruch" des Seins selbst, "der den Menschen dahin versammelt, das sich Entbergende als Bestand zu bestellen" (27).

Dieser Anspruch tritt in der dafür bereiteten geschichtlichen Stunde an den Menschen heran, er ist eine "Schickung des Geschickes" (32), die nicht dem menschlichen Belieben anheimgestellt ist. So ist auch die Technik ein "Geschick" des Menschen. "Das Wesen der modernen Technik bringt den Menschen auf den Weg jenes Entbergens, wodurch das Wirkliche überall, ... zum Bestand wird. ... Wir nennen jenes versammelnde Schicken, das den Menschen erst auf einen Weg des Entbergens bringt, das G e s c h i c k " (32). In diesem Sinne sagt Welte, es gebe ein geschichtsbildendes Schicksal, so daß die geschichtlichen Veränderungen der Bezugs- und Verstehenshorizonte zwar nicht ohne den Menschen geschähen, aber auch nicht von der Willkür des Menschen abhingen.

---

[23] In : Vorträge und Aufsätze, Pfullingen 1954, S. 13-44. Welte verweist ausdrücklich auf diesen Aufsatz Heideggers, a.a.O., S. 193.

[24] In diesem Sinne sagt Welte, die Gaben der Natur seien für den heutigen Menschen fast nur Energie- und Rohstoffquellen.

[25] Dieses Beispiel dürfte Welte wohl zu dem Beispiel des Tempels angeregt haben, der zum Besichtigungsobjekt für die Teilnehmer der modernen Reiseindustrie wird.

Welte hält diese geschichtlichen Veränderungen für eine Art geschichtlicher
T r a n s s u b s t a n t i a t i o n. Nun sagt auch Heidegger, der in das Kraftwerk
verbaute Rheinstrom bleibe zwar Strom der Landschaft, aber nur als bestellbares
Objekt der Besichtigung, allein es fragt sich doch, ob eine solche Veränderung
für Heidegger eine T r a n s s u b s t a n t i a t i o n des Stromes ist, denn ausdrücklich sagt er das nirgends. Das Bestandsein ist zwar für Heidegger eine Seinsbestimmung der ontologischen Wirklichkeit selbst, aber keineswegs die einzige,
auch nicht im Zeitalter der modernen Technik. Denn er erblickt in der technischen
Sehweise gerade eine Gefahr für den Menschen. "Sobald das Unverborgene nicht
einmal mehr als Gegenstand, sondern ausschließlich als Bestand den Menschen
angeht" (34), besteht die Gefahr, daß der Mensch das Entbergen zum bloßen
"Bestellen" verkürzt. "Wo dieses herrscht, vertreibt es jede andere Möglichkeit
der Entbergung" (35). "Die Herrschaft des Ge-stells droht mit der Möglichkeit,
daß dem Menschen versagt sein könnte, in ein ursprünglicheres Entbergen einzukehren und so den Zuspruch einer anfänglicheren Wahrheit zu erfahren" (36).

Außer der Weise des Bestandes gibt es für Heidegger also auch im Zeitalter der
modernen Technik noch andere und zwar anfänglichere und ursprünglichere Weisen
der Wirklichkeit, und alle diese Weisen bestehen zugleich und miteinander. Kann
dann aber die Entbergung der Wirklichkeit als Bestand mit Recht eine Transsubstantiation der Wirklichkeit selbst genannt werden? Wird man nicht vielleicht
Heidegger eher gerecht, wenn man die geschichtlich bedingten Veränderungen
des Bezugszusammenhanges, welche z.B. die Natur als Energiequelle oder einen
Tempel oder Strom als Besichtigungsobjekt entbergen, mit Felderer als bloße
Wandlungen im Subjekt bezeichnet, insofern sich hier nur der Mensch neue, ihm
bislang noch verborgene Seiten der Wirklichkeit erschließt, ohne daß sich deshalb
die Wirklichkeit selbst gewandelt hat? Wandelt sich hier wirklich die "objektive"
Beziehung der Dinge zum Menschen, oder ändert nicht doch nur der Mensch seine
"subjektive" Beziehung zu den Dingen? Welte sagt zwar, sicher ganz im Sinne
Heideggers, daß solche Änderungen des Bezugszusammenhanges nicht bloß äußerlich sind, sondern das Sein des Seienden betreffen, insofern sie objektive Weisen
der Unverborgenheit entbergen, aber ist damit auch schon gesagt, daß sie die
S u b s t a n z des Seienden betreffen? Nennt Welte das "Sein des Seienden", das
hier betroffen wird, nicht doch etwas zu voreilig Substanz? [26] Könnte nicht auch
im "Sein des Seienden" noch zwischen Substanz und Akzidens unterschieden werden?

Daher ist es zumindest fraglich, ob die geschichtlichen Veränderungen von Bezugs- und Verständnishorizont selbst im Rahmen des Heideggerschen Denkens als
Transsubstantiationen im strikten Sinne bezeichnet werden können [27].

---

[26] Vgl.: "Sie (die geschichtlichen Veränderungen des Bezugszusammenhanges)
betreffen vielmehr das S e i n des Seienden. Nennt man dies Substanz,
dann könnte man hier von einer Art geschichtlicher Transsubstantiation
sprechen" (a.a.O., S. 193).

[27] Wir werden auf die hier aufgeworfene Frage noch zurückkommen. Siehe
S. 213 ff.

Freilich spricht Welte nur von einer A r t geschichtlicher Transsubstantiation. Seine Beispiele wollen ja nichts anderes sein als Analogien [28]. Er trägt sie nur vor, um zu verdeutlichen, daß man bei einer Interpretation der Substanz aus dem Finis auch dann von einer echten Transsubstantiation reden kann, wenn die materielle Struktur der Dinge gänzlich unverändert bleibt, wie es zum Beispiel bei der Verwandlung des Tuches zur Fahne der Fall ist. Selbst wenn es sich bei solchen menschlichen Zwecksetzungen nicht um Transsubstantiationen im strengen ontologischen Sinne handeln sollte, kann man bei einer göttlichen Sinnstiftung auch ohne eine Änderung der materiellen Struktur dennoch von einer echten ontologischen Transsubstantiation der Dinge reden, wenn man die Substanz aus dem von Gott gestifteten Finis der Dinge versteht.

Weltes Interpretation der eucharistischen Wandlung wird daher von der Frage nach dem ontologischen Charakter der geschichtlichen menschlichen "Transsubstantiationen" gar nicht direkt betroffen [29]. Der Bezugszusammenhang des eucharistischen Mahles wird nämlich, wie Welte ausdrücklich erklärt, durch G o t t e s Offenbarung gestiftet. Als solcher begründet er einen neuen objektiven Bezugszusammenhang zwischen Brot und Wein und dem Menschen. Von einer bloßen Wandlung der subjektiven Beziehung des Menschen zu Brot und Wein kann hier also gar keine Rede sein [30]. Wenn Gott einen neuen objektiven Bezugszusammen-

---

[28] Gerken bemerkt daher mit Recht: "Das von ihm (Welte) vorgelegte Beispiel, daß ein Tuch von bestimmter Farbe durch Stiftung einer staatlichen Autorität zu einer Nationalflagge wird, ist nur ein B e i s p i e l , das auf die d u r c h g ä n g i g e Wirklichkeit von Verwandlung durch Stiftung hinweisen will. Es soll aber nicht gesagt sein, daß auf d e r s e l b e n ontologischen Ebene auch die Verwandlung der eucharistischen Gabe erklärt werden kann" (A.Gerken, Theologie der Eucharistie, München 1973, S. 189). - Damit ist aber die Frage nach dem verschiedenen ontologischen Gewicht der verschiedenen Stiftungen und der Ebenen, auf denen sie sich vollziehen, aufgeworfen.

[29] Inwiefern diese Frage dennoch für das Verständnis der eucharistischen Wandlung von Belang ist, wird weiter unten deutlich werden. Siehe S. 61, Anm. 40.

[30] Die Frage, ob und wie der neue, von Gott gestiftete objektive Bezugszusammenhang zwischen Brot und Wein und dem Menschen auch einen neuen, vom Menschen zu stiftenden subjektiven Bezugszusammenhang zwischen dem Menschen und Brot und Wein impliziert, stellt Welte nicht. Erst Schillebeeckx erklärt, daß die göttliche "Transsubstantiation" mit einer menschlichen "Transsignifikation" zusammengehen müsse. Siehe S. 131 f.

hang zwischen Brot und Wein und dem Menschen stiftet, stiftet er ein neues "Sein für den Menschen". Waren Brot und Wein vorher "Speise für Essende im Bezugszusammenhang eines profanen Mahles", so sind sie jetzt Speise für "Essende im Bezugszusammenhang des sakramentalen eucharistischen Mahles". Dadurch erhalten die Gaben von Brot und Wein einen neuen Sinn und eine neue Bedeutung [31] Insofern aber dem Ansatz Weltes gemäß Sinn und Bedeutung die Substanz oder das Wesen einer Sache ausmachen, ist eine Sinn- und Bedeutungswandlung als eine echte Transsubstantiation oder Wesensverwandlung zu bezeichnen. Die eucharistische Wandlung erscheint so in diesem Denkrahmen, selbst wenn Welte das Wort nicht gebraucht, als Transfinalisation.

Im übrigen kommt Felderer dieser Auffassung Weltes sehr nahe, wenn er sagt, die Breite der möglichen Bezugszusammenhänge eines Dinges sei durch seine Natur oder Substanz bestimmt. Die Natur von Brot schließe als solche den Bezug zur eucharistischen Speise aus. Solle Brot zum Leibe Christi werden, so müsse seine Natur verändert werden. Das Brot müsse den in seiner Natur nicht enthaltenen neuen eucharistischen Bezug erhalten. Dadurch aber verliere das Brot seine Natur als Brot und werde zum Leibe Christi. Könnte man aber nicht auch im Sinne Weltes sagen, Gott gebe dem Brot durch die Stiftung des neuen Bezugszusammenhanges des eucharistischen Mahles einen neuen Bezug zum Menschen, wodurch es seine Substanz als Brot verliere? Der Unterschied zwischen der Auffassung Weltes und Felderers bestünde dann nur darin, daß die Bezugszusammenhänge für Welte die Substanz selbst konstituieren, während sie für Felderer nicht die Substanz selbst begründen, sondern aus der (in anderer Weise verstandenen) Substanz resultieren. Und das liegt daran, daß Felderer unter dem Bezugszusammenhang nur eine subjektive, vom Menschen gestiftete Beziehung versteht. Versteht man aber wie Welte den Bezugszusammenhang auch und primär als einen objektiven Bezugszusammenhang, kann dann nicht mit gutem Grund auch die Substanz selbst aus dem Bezugszusammenhang verstanden werden? Und da der Bezugszusammenhang nach Welte stets ein Finalitätsbezug ist und somit alles Seiende als ein "Ding für ..." vom Finis her verstanden wird, läuft diese Frage darauf hinaus, ob die Substanz eines Dinges von seinem "Finis" her verstanden werden könne.

Damit sind wir aber auch schon bei den grundsätzlichen Fragen angelangt, die Weltes Denkmodell aufwirft. Die erste und entscheidende Frage lautet: Kann die Substanz (statt naturphilosophisch als Form) vom "Finis" her verstanden werden?

---

[31] Was genau der Sinn einer profanen Speise bzw. der eucharistischen Speise ist, sagt Welte nicht. Sonnen unterscheidet später zwischen "natürlicher" und "übernatürlicher" Speise, zwischen dem Brot als Nahrung für unser irdisches, leibliches Leben und dem Brot als Nahrung für unser ewiges Leben, "und dieses Brot ist Christus selbst". Siehe S. 147.

Welte führt den Finis, insofern er einen objektiven Finalitätsbezug der Dinge zum Menschen begründet, auf Gott zurück; er versteht ihn als den Sinn, den Gott den Dingen f ü r d e n M e n s c h e n gibt. Die Dinge sind Zuhandensein oder Material für den Menschen. Insofern ist bei Welte auch der objektive von Gott gestiftete Finis und die durch ihn konstituierte Substanz eine "anthropologische" Substanz. Darum lautet die erste Frage im Hinblick auf Weltes Denkmodell genauer : Darf die Substanz als der Sinn (Finis) verstanden werden, den Gott den Dingen für den Menschen gibt?

Auf diese Frage scheinen uns auch die Bedenken hinauszulaufen, die Jorissen [32] gegen Weltes Denkmodell vorbringt. Er sagt :

> "Heidegger gewann seine Bestimmung des materiell Seienden als zuhandenes Zeug aus der Analyse des Daseins, so wie es sich als besorgendes verwirklicht. Daraus folgt, daß sich konsequenterweise jeder Wechsel des je bestimmenden Um-zu-Zusammenhanges und somit des 'Wesens' nur auf die Ebene des b e s o r g e n d e n Daseins beziehen kann. - Nun wird gesagt, daß Brot und Wein in der Eucharistie ihr ursprüngliches Wesen deshalb verlieren, weil jetzt der konstituierende Um-zu-Zusammenhang durch die Funktion der Gegenwart und Selbstgabe des Herrn in seiner Kirche und an seine Kirche bestimmt wird. Hier wird also eine Wirklichkeitsebene vorausgesetzt, die nicht mehr die des besorgenden Daseins ist. ... Für d i e s e Ebene bleibt auch das eucharistische Brot und der eucharistische Wein eben Brot und Wein; sie bleiben für diese Ebene auch weiterhin im Bezugszusammenhang eines gewöhnlichen Mahles : eucharistisches Brot und eucharistischer Wein behalten ja ihre gewöhnliche Nährfähigkeit und alle sonstigen Eigenschaften. Der - im Heideggerschen Sinne - phänomenologisch zu erhebende Um-zu-Zusammenhang bleibt unverändert. ... Hier stellt sich nun die Frage : Werden die Vertreter dieser Neuinterpretation dadurch nicht gezwungen, und zwar g e g e n ihre eigenen philosophischen Voraussetzungen, eine z w e i t e Wirklichkeitsebene anzunehmen, die von eben diesen Voraussetzungen aus als schlechthin nicht-existent betrachtet werden muß? Sagt nämlich der Glaubende : die nur im Glauben an Christi Wort faßbare und deshalb nur vom Glaubenden 'erfahrbare' Wirklichkeit der Eucharistie ... ist jetzt die e i g e n t l i c h e Wirklichkeit, das eigentliche Wesen, das wahre und eigentliche Sein dieser Gaben - was ist dann mit der empirisch-phänomenalen Wirklichkeit, an der sich ja nichts ändert und die folglich eine Seinswirklichkeit ist und bleibt? ... Man ist also entgegen den eigenen philosophischen Voraussetzungen gezwungen, in der Eucharistie zwei Wirklichkeiten anzunehmen, deren eine die im Glauben

---

[32] H. Jorissen, Die Diskussion um die eucharistische Realpräsenz und die Transsubstantiation in der neueren Theologie, in : Beiträge zur Diskussion um das Eucharistieverständnis, Bonn (Collegium Albertinum) 1970, S. 33-57.

> behauptete eigentliche und wahre, deren andere eben die bloß phänomenale ist, die ja unverändert bleibt. Damit würde aber eine gefährliche Bewußtseinsspaltung in die Theologie hineingetragen : die Trennung der 'religiösen Ebene' ... von der 'profanen'; eine unüberbrückbare Kluft zwischen Denken und Glauben wäre die Folge" (54-56).

Jorissen zweifelt prinzipiell an der Möglichkeit einer adäquaten Interpretation der eucharistischen Wandlung im Kontext eines genuin Heideggerschen Denkens. Da in diesem Denken Wirklichkeit und Wesen immer nur auf der Ebene des besorgenden Daseins gesehen würden, sich auf dieser Ebene aber gerade nichts ändere, müsse man annehmen, daß sich die eucharistische Wandlung auf einer anderen Ebene vollziehe, die nicht die des besorgenden Daseins sei. Da sich aber die philosophische Reflexion ex supposito immer nur auf die Ebene des besorgenden Daseins beziehen könne, müsse man weiter annehmen, daß die andere Ebene, auf der sich die eucharistische Wandlung vollziehe, nur im Glauben erfaßbar sei. Das aber führe zu einer bedenklichen Trennung von Philosophie und Theologie, von Glauben und Wissen.

Dagegen wendet Gerken [33] ein :

> "Die Kritik Jorissens zielt also dahin, daß Heideggers Denken, von dem Welte entscheidende Impulse aufnimmt, rein phänomenologisch und nicht ontologisch gemeint sei und sich daher nicht dafür eigne, die eucharistische Verwandlung auszudrücken.
>
> Hier nimmt Jorissen wohl eine vor allem dem späteren Heidegger nicht angemessene Verkürzung vor. ...
>
> Jorissen meint nun, Weltes Aussagen reichten nicht bis zum Wesen, seien also nicht ontologisch zu verstehen, sondern könnten nur im Rahmen des b e s o r g e n d e n Daseins gelten. Hier stellt sich die für die heutigen Ansätze in der Eucharistielehre entscheidende Frage: Ist eine r e l a - t i o n a l e Ontologie denkbar? Ist es denkbar, daß dort, wo Wirklichkeit als b e z o g e n , d.h. als Wirklichkeit f ü r j e m a n d e n gesehen wird, nicht nur eine Dimension angezielt wird, die zum Wesen kategorial hinzukommt, die also das Wesen selbst nicht konstituiert, sondern daß eine Dimension angezielt wird, in der die Wirklichkeit in ihrem eigenen Wesen k o n s t i t u i e r t wird?"

Jorissen spricht jedoch nirgendwo davon, daß Heidegger nicht "ontologisch" denke. Er sagt vielmehr ausdrücklich, daß Heidegger über das vulgäre Verständnis von

---

[33] A. Gerken, Theologie der Eucharistie, München 1973, hier : 192 f.

Phänomen im Sinne von "äußerer Erscheinung" hinausgehe und nach dem Sinn und dem Grund des Seienden, und das heißt doch : nach seinem Wesen im ontologischen Verstande, frage [34].

Er hat also durchaus gesehen, daß der jeweilige Um-zu-Zusammenhang für das besorgende Dasein nach Heidegger das o n t o l o g i s c h e Wesen des Seienden konstituiert, aber er zweifelt daran, daß dieser Heideggersche Wesensbegriff für eine adäquate Aussage der eucharistischen Wandlung geeignet ist. Wesen wird bei Heidegger ja stets im Hinblick auf das besorgende Dasein als "Zuhandensein" oder "Zeug" verstanden. Die eucharistische Selbstgabe Chrisiti vollzieht sich aber als freies Gnadengeschenk Gottes nicht auf der Ebene des besorgenden Daseins im Heideggerschen Sinne und kann daher in ihrem Wesen auch nicht mit den nur dem besorgenden Dasein zuzuordnenden Begriffen Zeug und Zuhandensein beschrieben werden, und darum eignen sich die genuin Heideggerschen Begriffe nach Jorissen nicht für eine adäquate Aussage der eucharistischen Wandlung.

Jorissen sieht freilich auch, daß die Theologie den wesensbestimmenden Um-zu-Zusammenhang (über Heidegger hinausgehend) so weit fassen kann, daß er auch die übernatürliche Dimension der Selbstgabe Christi an die Kirche einschließt, aber dann ist ein Wesensbegriff konzipiert, der sich - vom Heidggerschen Standpunkt aus gesehen - philosophisch nicht mehr ausweisen läßt und so in der Tat auf einer "anderen Ebene" liegt. Jorissen will also gar nicht, wie Gerken argwöhnt [35], dem Theologen verbieten, "Ansätze aus der Philosophie der Zeit aufzunehmen und so zu verwandeln, daß sie zur Aussage von Glaubensinhalten geeignet werden", er will nur darauf aufmerksam machen, daß sich eine solche Aufnahme und Verwandlung im Falle der Heideggerschen Philosophie gegen die eigenen philosophischen Voraussetzungen (nämlich die prinzipielle Beschränkung auf die Ebene des besorgenden Daseins) richtet und in diesem Sinne zu einer "Trennung von Philosophie und Theologie" führt.

Jorissens Bedenken richten sich expressis verbis zwar nur gegen die Verwendung der genuin Heideggerschen Begriffe, sie treffen aber u.E. der Sache nach jede ausschließlich anthropologische Auffassung von Wesen als "Sein für den Menschen", selbst wenn dieses Sein für den Menschen so weit gefaßt wird, daß auch seine über-

---

[34] Vgl. : "Phänomen im Sinne Heideggers ist nicht identisch mit äußerer Erscheinung (im vulgären Sinne), sondern meint das 'Sein des Seienden', wie es sich 'von ihm selbst her' dem b e s o r g e n d e n D a s e i n zeigt; Phänomen ist in diesem Sinne das, 'was gegenüber dem, was sich uns zunächst zeigt, verborgen ist, aber es ist zugleich etwas, was wesenhaft zu dem gehört, was sich zunächst und zumeist zeigt, und zwar so, daß es seinen Sinn, seinen Grund ausmacht' (SuZ., 34 f)" (a.a.O., S. 54).

[35] a.a.O., S. 192; das folgende Zitat dort.

natürliche Dimension eingeschlossen ist, wie es etwa in Weltes Bestimmung der eucharistischen Speise vom Bezugszusammenhang des eucharistischen Mahles her anklingt oder noch deutlicher in Sonnens Bestimmung des eucharistisch gegenwärtigen Christus als "Nahrung für unser ewiges Leben" gesagt wird. Und das nicht nur, weil es - gerade theologisch gesehen - schon fraglich ist, ob die geschaffenen Dinge ausschließlich als Sein für den Menschen verstanden werden dürfen [36], sondern vor allem deshalb, weil eine prinzipiell anthropologische Bestimmung von Wesen dazu führt, daß auch das Wesen des in den eucharistischen Gaben anwesenden Herrn "anthropologisch" verstanden werden muß, wie es z.B. die oben angeführte Formulierung Sonnens mit aller Deutlichkeit zeigt. Darf aber das Sein Christi ausschließlich als Sein für den Menschen verstanden werden? Verneint man diese Frage, so kommt man zwangsläufig zu der von Jorissen vertretenen Ansicht, eine Philosophie, die das Wesen ausschließlich als anthropologisches Zuhandensein verstehe, sei für eine Erklärung der eucharistischen Wirklichkeit nicht geeignet.

Daher zeigt Gerkens Frage, ob eine "relationale Ontologie", für die das Wesen prinzipiell durch seine Beziehung zu anderem konstituiert werde, nicht für die Erklärung der Eucharistie geeignet sei, daß er den Kern der Bedenken Jorissens nicht gesehen hat. Jorissen zieht ja gar nicht die Möglichkeit einer relationalen Ontologie in Zweifel, sondern die Möglichkeit einer rein anthropologischen Ontologie. Er zweifelt m.a.W. nicht dran, ob man das Wesen grundsätzlich von der Beziehung her verstehen könne, sondern daran, ob man es ausschließlich anthropologisch aus der Beziehung zum Menschen erklären könne. Im Hinblick auf die Frage nach dem Sein Christi müßte auch Gerken eine rein anthropologische Ontologie als unzureichend ablehnen, da er das Sein Christi ausdrücklich als "Sein für Gott und für die anderen" [37] bezeichnet und damit nicht nur aus seiner "anthropologischen" Beziehung versteht. Versteht man aber die wesensbestimmende Beziehung auch als ein Sein für Gott, dann ist das ausschließlich anthropologische Denken bereits grundsätzlich verlassen. Ob eine solche Fassung des Substanzbegriffes in Weiterentwicklung der durch den anthropologischen Substanzbegriff gegebenen Anregungen möglich ist, scheint uns die entscheidende Frage im gegenwärtigen Ringen um ein neues Substanzverständnis zu sein. Demgegenüber ist die Frage, ob das genuin Heideggersche Denken mit seiner ausschließlich anthropologischen Fassung des Substanzbegriffes ausreicht, zweitrangig.

All das zeigt, daß das von Welte inaugurierte anthropologische Substanzverständnis noch weiterer Klärung bedarf. Weltes Substanzbegriff gibt ja nicht nur die gerade verhandelte Frage auf, ob die Substanz als göttliche Sinnstiftung für den Menschen verstanden werden könne; die Frage nach seinem Substanzverständnis kompliziert sich auch noch insofern, als die Substanz nach Welte auch von den vom Menschen gestifteten s u b j e k t i v e n Bezugszusammenhängen und Fines abhängt. Denn wenn der Mensch Brot als Speise oder als Untersuchungsobjekt

---

[36] Siehe dazu S. 208 f.

[37] a.a.O., S. 193.

betrachtet und verwendet, ändert sich nach Welte auch das, w a s dieses Seiende i s t : e s i s t "Speise" bzw. ein "Gefüge von Molekülen". Daher erscheint die Substanz bei Welte sowohl durch "objektive" als auch durch "subjektive" Bezugszusammenhänge und Fines konstituiert. Damit aber erhebt sich eine weitere grundsätzliche Frage : Wie verhalten sich objektive und subjektive Bezugszusammenhänge und Fines zueinander hinsichtlich der Bestimmung der Substanz der Dinge? Und da der objektive Bezugszusammenhang eine göttliche, der subjektive Bezugszusammenhang aber eine menschliche Stiftung ist, kann diese Frage auch so formuliert werden: Wie verhalten sich göttliche und menschliche Sinnstiftung zueinander? Sind sie in gleicher Weise konstitutiv für die Substanz im ontologischen Verstande

Welte hat dieses Problem gesehen, wenn er von dem unterschiedlichen Rang und der unterschiedlichen Verbindlichkeit der verschiedenen "konkreten Ausformungen" des transzendentalen Beziehungshorizontes spricht und einem von Gott gestifteten Bezugszusammenhang das größte Gewicht zuerkennt, da ein göttlich gestifteter Bezugszusammenhang als göttlicher s c h l e c h t h i n verbindlich und seinsbestimmend sei, so daß jeder, der sich außerhalb seiner stellte, außerhalb der Seinsordnung schlechthin stünde. Wenn aber Gott die Seinsordnung schlechthin bestimmt, erhebt sich erst recht die Frage, ob eine menschliche Sinnstiftung wirklich konstitutiv für die Substanz im eigentlichen ontologischen Verstande sein könne oder ob diese nicht doch allein auf die göttliche Sinnstiftung zurückgeführt werden müsse. Durch Weltes Denkmodell ist daher die Frage nach der ontologischen Relevanz der menschlichen Sinnstiftungen, auf die wir schon bei Rahner gestoßen sind [38], erneut gestellt. Dadurch, daß Welte diese Frage nicht unmißverständlich klärt, bleibt sein Denkmodell in einem wesentlichen Punkt dunkel, und hierin liegt wohl auch der Grund dafür, daß man seinen Substanzbegriff für eine "Subjektivierung" des Wirklichkeitsverständnisses gehalten hat [39].

---

[38] Siehe S. 42 f.

[39] Eine mögliche Lösung der Frage nach dem Verhältnis zwischen einem vom Menschen und einem von Gott gestifteten Bezugszusammenhang und den durch diese Bezugszusammenhänge konstituierten Substanzen ist bei Welte freilich insofern angedeutet, als er von dem unterschiedlichen Rang und der unterschiedlichen Verbindlichkeit der verschiedenen k o n k r e t e n A u s - f o r m u n g e n des transzendentalen Beziehungshorizontes spricht. Schillebeeckx entwickelt später diesen Ansatz weiter und nennt die durch die menschliche Sinngebung konstituierten Substanzen "konkrete Substanzen". Diese sind nichts anderes als eine "Konkretisierung" und Spezifizierung des allgemeinen anthropologischen Grundsinnes der von Gott für den Menschen geschaffenen Wirklichkeit. Siehe dazu S. 125 f.

Welte hat auch gesehen, daß nicht einmal alle menschlichen Sinnstiftungen dasselbe ontologische Gewicht haben. So sagt er, es sei hinsichtlich dessen, was ein Seiendes eigentlich sei, keineswegs gleichgültig, ob z.B. eine Zeitung als Zeitung oder als Brennmaterial verwendet und verstanden werde. Es muß also nicht schon jeder Bezugszusammenhang und jede menschliche Sinnstiftung w e s e n t l i c h für das Seiende sein. Es gibt m.a.W. auch "akzidentelle" menschliche Sinnstiftungen und Bezugszusammenhänge. Worin der Unterschied zwischen substantiellen und akzidentellen menschlichen Sinnstiftungen und Bezugszusammenhängen besteht, sagt Welte freilich nicht. So lautet eine letzte Frage, die Weltes Denkmodell aufgibt: Wie unterscheiden sich substantielle und akzidentelle Sinnstiftungen und die durch sie begründeten Seinsbestimmungen? [40]

---

[40] Für die Theologie ist diese Frage vor allem dann von Bedeutung, wenn nicht nur die Eucharistie, sondern auch die übrigen Sakramente in Analogie zur menschlichen Sinnstiftung als göttliche Sinnstiftungen verstanden werden. Ohne eine exakte Herausarbeitung des Unterschiedes zwischen substantiellen und akzidentellen Sinnstiftungen (im menschlichen und - analog - göttlichen Bereich) kann der wesentliche Unterschied zwischen der Eucharistie und den übrigen Sakramenten nicht einsichtig gemacht werden. Da dieser Unterschied bei manchen Autoren jedoch nicht hinreichend geklärt wird (siehe S. 96 zu Schoonenberg, S. 107 zu Smits, S. 168 zu Powers), ist es verständlich, wenn von daher grundsätzliche Bedenken gegen den Begriff der Transfinalisation erhoben werden.

So beruht z.B. der Einwand, den Wetter gegen eine Interpretation der eucharistischen Wandlung ausschließlich als Transfinalisation erhebt, u.a. auf der Annahme, bei dieser Interpretation sei kein Unterschied mehr zwischen der Eucharistie und den übrigen Sakramenten gegeben. Daß menschliche Transfinalisationen keine ontologischen Wesensverwandlungen sind, steht für Wetter fest. Aber selbst eine göttliche Transfinalisation bewirke keine ontologische Wesensverwandlung: "Man kann sich auch nicht darauf berufen, daß in unserem Fall Gott selbst die Transfinalisation vornehme, und sagen, wenn Gott einer Sache einen neuen Zweck gebe und einen neuen Sinn verleihe, so werde das Wesen anders. Daß diese Argumentation nicht überzeugt, zeigen die anderen Sakramente. Zweifellos liegt bei ihnen eine von Gott stammende Transsignifikation und Transfinalisation vor, beim Wasser der Taufe zum Beispiel oder beim Salböl der Krankensalbung. Und doch kann niemand behaupten, an Wasser und Öl geschehe eine Wesensverwandlung. ... An diesem Vergleich ist ersichtlich, daß Transfinalisation und Transsignifikation als solche, auch wenn sie von Gott bewirkt werden, noch keine Wesensverwandlung oder Transsubstantiation bedeuten" (F. Wetter, Die eucharistische Gegenwart des Herrn, in: H. Volk - F. Wetter, Geheimnis des Glaubens, Mainz 1968, S. 24 f).

Wetter ist offenbar der Meinung, eine Transfinalisation sei, ganz gleich, ob sie vom Menschen oder von Gott vollzogen werde, stets nur eine akzidentelle Veränderung der Wirklichkeit, weil der "Finis" für ihn nur eine akzidentelle Bestimmung der in anderer Weise zu verstehenden Substanz ist. Und darum sagt er: "Wegen der Wesensverwandlung hat das Brot einen neuen Sinn und einen neuen Zweck oder eine neue Bestimmung. Unsere Beziehung zu diesem Brot ändert sich nicht einfach deshalb, weil ihm ein neuer Sinn und eine neue Bestimmung gegeben werden. Unsere Beziehung zu dem Brote ist vielmehr deshalb verändert, weil der Herr das Brot verwandelt hat" (a.a.O., S.22). Den neuen Interpretationsversuch, gerade die ontologische Substanz aus dem von Gott gesetzten Finis zu begründen, hat Wetter also gar nicht gesehen - ähnlich wie z.B. Felderer (siehe S. 47 ff), Kors (siehe S. 76) und die Enzyklika "Mysterium Fidei" (siehe S. 154), der Wetter sich eng anschließt.

Zur Frage, wie substantielle und akzidentelle Transfinalisationen zu unterscheiden sind, siehe S. 213 ff.

3. Der religiöse Substanzbegriff

Mit dem sog. "religiösen Substanzbegriff" beginnt in den Niederlanden eine neue Phase in der Debatte um die Begriffe Substanz und Transsubstantiation. Dieser Substanzbegriff geht auf die Arbeiten des reformierten Theologen F. Leenhardt [41] zurück. Seine Gedanken haben die katholischen Theologen de Baciocchi und Vanneste aufgegriffen. De Baciocchi legt seine Ansicht in einer Reihe von Abhandlungen vor [42], deren Rahmen sehr weit gespannt ist. Außer der eucharistischen Wandlung behandelt er noch andere Fragen der Eucharistielehre. Vanneste beschränkt sich dagegen auf das Transsubstantiationsproblem. Daher wählen wir seinen Aufsatz zur Darstellung des religiösen Substanzbegriffes [43].

Vanneste geht von den bekannten Schwierigkeiten aus, denen die scholastische Transsubstantiationslehre heute begegnet. Diese Schwierigkeiten seien, so meint Vanneste, gar nicht auf den Konkklikt zwischen den Ergebnissen der modernen Naturwissenschaft und dem aristotelischen Substanzbegriff zurückzuführen, vielmehr reichten ihre Wurzeln tiefer. Heute werde nur endgültig offenbar, daß die scholastische Lehre schon in ihrem Ansatz falsch sei, weil sie ein Glaubensmysterium mit Hilfe philosophischer Begriffe zu lösen versuche. Ihr Grundfehler liege darin, daß sie es nicht verstanden habe, den Substanzbegriff in seiner "religiösen Bedeutung" zu erfassen, sondern mit ihren Überlegungen "auf der gewöhnlichen philosophischen und verstandesmäßigen Ebene" (332) geblieben sei. Der vom Dogma eigentlich gemeinte Substanzbegriff sei aber überhaupt nicht durch philosophische oder wissenschaftliche Betrachtung der Wirklichkeit zu erfassen, sondern nur durch den Glauben zu erreichen. Vanneste möchte daher den Substanzbegriff als einen "religiösen Begriff" allein aus den Glaubensdaten erarbeiten, ohne auf Philosophie und Wissenschaft zurückzugreifen.

Nach Vanneste besteht ein grundlegender Unterschied "zwischen dem, was eine Sache für Gott ist, und dem, was sie für den Menschen, selbst mit den Augen des Verstandes, ist" (334). Die Antwort auf die Frage nach der Substanz wird daher ganz verschieden ausfallen, je nachdem, ob man sie vom Standpunkt Gottes oder vom Standpunkt des Menschen aus stellt.

---

[41] F. J. Leenhardt, Le sacrement de la Sainte Cène, Neuchâtel-Paris 1948; Ceci est mon corps, Neuchâtel-Paris 1955.

[42] J. de Baciocchi, Les sacrements, actes libres du Seigneur, in : NRTh 83 (1951) 681-706; Le mystère eucharistique dans les perspectives de la Bible, in : NRTh 87 (1955) 561-580; Présence eucharistique et transsubstantiation, in : Irénikon 32 (1959) 139-161; L'Eucharistie, Paris 1964.

[43] A. Vanneste, Bedenkingen bij de scholastieke transsubstantiatieleer, in : CollBrug 2 (1956) 322-335.

"Wenn Christus von dem Brot sagt, daß es sein Leib ist, dann drückt er dessen fundamentale religiöse Bedeutung aus; dann bedeutet das, daß das Brot in seinen Augen und denen des Vaters kein Brot mehr ist, sondern sein anbetungswürdiger Leib. ... Es ist nicht eine rein menschliche Benennung dieses Brotes, etwa wie 'dies Brot erinnert euch an meinen Leib'. Die Dinge sind, was Gott will, daß sie es sind. Wenn es in unseren Augen dann noch Brot bleibt, dann können wir nur sagen, daß wir es so sehen auf der Ebene unserer menschlichen Erfahrung, die nicht zu der göttlichen (und einzig wahren) Einsicht durchdringt.

Und hier können wir jetzt den Begriff Substanz anwenden. Wir sagen, daß dieses Brot verändert ist auf der religiösen Ebene, d.h. auf der Ebene seines Verhältnisses zu Gott. Für einen Gläubigen ist nun das Verhältnis, das ein geschaffenes Ding Gott gegenüber einnimmt, sein letztes In-sich, seine tiefste Wirklichkeit, seine 'Substanz'. Ein Gläubiger muß also wirklich von einer religiösen Transsubstantiation des Brotes sprechen" (332).

Gott bestimmt einzig und allein, w a s die Dinge s i n d. Die Substanz der Dinge liegt folglich in der B e d e u t u n g und dem S i n n, den Gott den Dingen gibt. Daher bedeutet Transsubstantiation des Brotes, daß Gott dem Brot die neue "religiöse Bedeutung" gibt, der Leib Christi zu sein. Transsubstantiation ist so für Vanneste, selbst wenn er den Ausdruck nicht gebraucht, T r a n s f i n a l i s a t i o n, d.h. Wandlung der Bedeutung und des Sinnes, den das Brot in den Augen Gottes hat.

Daß das Brot in den Augen Gottes nicht mehr Brot, sondern der Leib Christi ist, kann der Mensch freilich von sich aus nicht erkennen. Für die profane menschliche Erfahrung bleibt Brot auch nach der Konsekration gewöhnliches Brot, denn die menschliche Erfahrung kann nie zu der "göttlichen und einzig wahren Einsicht" durchdringen.

Das gilt nach Vanneste aber nicht nur für die eucharistische Transsubstantiation (was niemand bestreiten wird), sondern auch für die menschliche Erfahrung überhaupt. Die menschliche Erfahrung kann nie zu dem Sinn, den Gott den Dingen gibt, und damit auch nie zur "tiefsten Wirklichkeit", zur ontologischen Substanz der Dinge vorstoßen [44]. Der Mensch sieht die Dinge nämlich nie mit den Augen Gottes, in ihrem Verhältnis zu Gott, sondern nur in sich selbst. Was der Mensch für die Substanz der Dinge hält, ist etwas, das in den Dingen selbst begründet ist. Den Fehler der traditionellen scholastischen Lehre erblickt Vanneste gerade darin, daß sie versucht habe, die eucharistische Wandlung mit Hilfe eines Sub-

---

[44] Das ist bei Leenhardt ganz deutlich gesagt: "Der Glaube allein ist fähig zu erkennen, was die Dinge im Willen Gottes sind, welches ihre Bestimmung, ihr Daseinsgrund ist und daß darin das Wesentliche ihres Seins, ihre letzte Substanz liegt" (Ceci est mon corps, Neuchâtel-Paris 1955, S. 31). – Diese und ähnliche Aussagen Leenhardts (und Vannestes) lassen deutlich den Einfluß der Theologie K. Barths erkennen.

stanzbegriffes zu erklären, welcher der profanen menschlichen Erfahrung entstammt. "Seit Algerus dachte sie an eine aristotelische Substanz, die eine bestimmte Rolle innerhalb des geschaffenen Dinges selbst zu erfüllen hat, ein bestimmtes Prinzip davon ausmacht, das anderen, ebenfalls geschaffenen Prinzipien gegenübersteht" (332). Substanz ist hier der Seinsbestand eines Dinges, der sich bei aller Veränderung des Dinges durchhält. Ein solcher Substanzbegriff mag zwar zur Erklärung der innerweltlichen Veränderungen eines Seienden geeignet sein, zur Erklärung der eucharistischen Wandlung reicht er aber nicht aus. Wollte man die eucharistische Wandlung als Verwandlung einer derartigen innerweltlichen "Substanz" verstehen, dann wäre die Verwandlung von Brot und Wein eine "Veränderung nicht nur gegenüber Gott, sondern in dem Ding selbst, in sich betrachtet : Nicht das ganze Sein des Brotes wird mit allem, was es ist, anders vor Gott, sondern ein bestimmtes Wesensprinzip verändert sich, während das andere in sich gleich bleibt" (333). Eine solche Veränderung des Brotes in sich selbst wäre aber keine echte Transsubstantiation, da das wahre Wesen der Dinge nicht in ihnen selbst, sondern in ihrem Verhältnis zu Gott liegt. Brot wird nicht dadurch zum Leibe Christi, daß eines seiner geschaffenen Wesensprinzipien geändert wird, sondern dadurch, daß Gott ein anderes Verhältnis zu ihm einnimmt und ihm eine andere (religiöse) Bedeutung verleiht.

Mit Begriffen, die der profanen menschlichen Erfahrung entstammen, kann daher die eucharistische Transsubstantiation nicht ausgesagt werden. Solche Begriffe erreichen nämlich nie die religiöse Ebene, sie erfassen die Dinge immer nur in sich selbst, ohne je das Verhältnis der Dinge zu Gott in den Blick zu bekommen, das ihre eigentliche Substanz begründet. Die eigentliche Wirklichkeit im ontologischen Verstande ist daher für die profane menschliche Erfahrung unerreichbar. Erreichen kann der Mensch sie nur im Glauben an Gottes Offenbarungswort, durch das Gott selbst Aufschluß über sein Verhältnis zu den Dingen gibt. Alle Begriffe, die wirklich etwas über Substanz und Transsubstantiation und damit über die ontologische Wirklichkeit aussagen, sind daher "religiöse Begriffe", die allein aus dem G l a u b e n an Gottes Offenbarungswort zu gewinnen sind.

Trotzdem stehen "religiöse" und "philosophische" Wirklichkeit nicht beziehungslos nebeneinander. "Wenn Gott dem Brot ein neues religiöses 'Sein' gibt, dann ist zugleich sein metaphysisches Sein total verändert. M.a.W. : Für einen Gläubigen ist auch philosophisch gesprochen dies Brot kein Brot mehr" (335). Aber eben nur für den Gläubigen, denn die menschliche Erfahrung kann von sich aus nie zum "metaphyschen Sein" der Dinge vorstoßen. In seiner Replik auf Schelfhouts Einwände [45] betont Vanneste noch einmal : Wenn er sage, daß sich durch die Transsubstantiation "für unsere profane Erkenntnis" nichts ändere, so wolle er nicht behaupten, "daß im Grunde alles gleich geblieben ist", sondern

---

[45] O. Schelfhout, Bedenkingen bij een nieuwe transsubstantiatieleer, in : CollBrug 6 (1960) 289-320.

nur, "daß die Veränderung sich nicht auf der Ebene manifestiert, zu welcher wir mit der profanen Wissenschaft durchdringen" [46]. Aus der Analyse der innerweltlichen Veränderungen gewonnen, stamme der menschliche Substanzbegriff aus einer innerweltlichen Betrachtungsweise und könne somit über die wahre Substanz, d.h. über das Verhältnis der Dinge zu Gott, nichts aussagen.

Der Unterschied zwischen der Substanz für Gott und der Substanz für den Menschen ist daher allein durch die Schwäche der menschlichen Erkenntnis bedingt, die nicht zum "letzten In-sich" der Dinge, und das heißt : zu ihrem Verhältnis zu Gott, vorstoßen kann. Daher irrt Schelfhout, wenn er sagt, die scharfe Trennung zwischen religiöser und profaner Ebene zerreiße die ontologische Einheit der Wirklichkeit und führe zur Annahme eines doppelten Seins : des Seins für Gott und des Seins für den Menschen. Er trifft vielmehr genau die Meinung Vannestes, wenn er demgegenüber erklärt, der Unterschied zwischen dem Sein für Gott und dem Sein für den Menschen sei lediglich logischer Natur, d.h. durch die verschiedene Erkenntnis der Dinge durch Gott bzw. den Menschen bedingt. Denn wenn der Mensch die Welt rein in sich betrachte, ohne ihr Geschaffensein durch Gott zu erkennen, bestehe ein Unterschied nur zwischen dem menschlichen und göttlichen Erkennen, aber nicht im Sein selbst [47]. Das sagt aber auch Vanneste. Nur im Hinblick auf die menschliche Erkenntnis unterscheidet er zwischen der religiösen Substanz und dem weltlichen Sein der Dinge. Dieses weltliche Sein nennt er zwar bisweilen Substanz, aber er bringt doch auch klar zum Ausdruck, daß diese "Substanz" nicht das tiefste In-sich der Wirklichkeit, nicht ihre eigentliche Substanz im strengen ontologischen Verstande ist. "Die weltliche Erkenntnis ist nur eine vorläufige, unvollendete, die stets dem Glauben Platz machen muß" [48].

Wir können nun die Konzeption des "religiösen Substanzbegriffes" abschließend so zusammenfassen : Substanz ist der Sinn ("Finis"), den die Dinge für Gott haben. Die profane menschliche Erkenntnis sieht die Dinge jedoch immer nur in sich selbst, aber nicht in ihrem Verhältnis zu Gott, welches ihre eigentliche Substanz konstituiert. Daher gibt jeder durch die profane menschliche Erkenntnis gewonnene "philosophische Substanzbegriff" nur scheinbar die ontologische Substanz der Dinge wieder. Mit einem solchen Substanzbegriff ist folglich die eucharistische Wandlung nicht zu erfassen, weil sie als eine echte Transsubstantiation eine Wandlung der ontologischen Substanz ist. Und da die ontologische Substanz durch das Verhältnis Gottes zu den geschaffenen Dingen begründet wird, bedeutet Transsubstantiation Wandlung des Verhältnisses Gottes zu den Dingen : Gott gibt dem Brot einen neuen Sinn (Finis) und eine neue Bedeutung. Eine solche Transsubstantiation kann aber nur durch Gottes Offenbarung kundgetan und vom Menschen im Glauben angenommen werden, weil die profane menschliche Erfahrung nie das Verhältnis Gottes zu den Dingen erkennt. Substanz und Transsubstantiation sind daher rein "religiöse", d.h. nur im Glauben zu erlangende Begriffe.

---

[46] A. Vanneste, Nog steeds bedenkingen bij de transsubstantiatieleer, in: CollBrug 6 (1960) 321-348; hier : 346.

[47] a.a.O., S. 304.

[48] CollBrug 6 (1960) 321-348; hier : 346.

Es ist kein Wunder, daß die scharfe Trennung von religiöser und profaner Erkenntnis bei den katholischen Theologen auf heftige Kritik gestoßen ist. Schelfhout erblickt in ihr einen typisch protestantischen Gedanken, den er dem Einfluß Leenhardts zuschreibt [49]. Mit Berufung auf Vannestes Formulierung: "Die Dinge sind, was Gott will, daß sie es sind" behauptet Schelfhout, die Ansicht Vannestes impliziere einen nominalistischen Voluntarismus, der den Grund der Dinge in Gottes Willen statt in seinen Verstand verlege und so den Dingen ihre eigene Essenz und rationale Struktur (Erkennbarkeit) abspreche [50]. Demgegenüber erklärt Vanneste in seiner Entgegnung: "Ich sehe nicht ein, warum der Ausdruck 'die Dinge sind, was Gott will, daß sie es sind' so begriffen werden muß, und ebensowenig, warum daraus abgeleitet werden muß, daß die Dinge keine eigene innerliche Essenz haben sollten" (345 f). Wenn man bedenkt, daß die Substanz für Vanneste in dem Sinn liegt, den Gott den Dingen gibt, wird man in der Tat kaum sagen können, die Dinge hätten keine Essenz und keine rationale Struktur. Die Verwendung des Wörtchens "will" in Vannestes Formulierung berechtigt sicher nicht, von einem Voluntarismus zu sprechen. Vanneste spricht den geschaffenen Dingen nicht ein eigenes Wesen ab (dieses liegt vielmehr in dem Sinn, den Gott den Dingen gibt), sondern er behauptet nur, daß dieses Wesen für die profane menschliche Erkenntnis unerreichbar sei.

Die eigentliche Frage, um die es bei der Trennung von religiöser und profaner Ebene geht, lautet daher: Warum kann der Sinn, den Gott den Dingen gibt, durch die profane menschliche Erkenntnis nicht aus den Dingen selbst erschlossen werden? Wenn dieser Sinn die Substanz der Dinge konstituiert, prägt er doch auch die Gestalt oder Erscheinung der Dinge, wie sie unserer Erfahrung begegnen. Warum sollte er dann nicht wenigstens prinzipiell aus den Dingen ablesbar sein?

Das ließe sich philosophisch nur durch eine phänomenalistische Erkenntnistheorie begründen, aber von einer solchen Begründung findet sich bei Vanneste keine Spur. Daher glauben wir, daß sich hier wirklich der Einfluß der reformatorischen Theologie Leenhardts bemerkbar macht: Gott ist der "ganz Andere", den der Mensch nie auf natürliche Weise zu erkennen vermag. Daher kann er auch nie das Verhältnis Gottes zu den Dingen und die Bedeutung, die die Dinge für Gott haben, erkennen. Und da die Substanz der Dinge in ihrem Verhältnis zu Gott gründet, Gott aber nicht auf natürliche Weise erkennbar ist, ist auch die Substanz der Dinge, ihr "letztes In-sich", nicht auf natürliche Weise zu erkennen. Hinter der scharfen Trennung zwischen der Ebene des Glaubens und der Ebene der menschlichen Erfahrung steht daher letztlich die Ablehnung der natürlichen Erkennbarkeit Gottes. Insofern impliziert der religiöse Substanzbegriff in der Tat einen typisch protestantischen Gedanken.

---

[49] a.a.O., S. 319.

[50] a.a.O., S. 305 und 319. - Auch Sala sagt, Leenhardts Glaubensontologie zeige voluntaristische Züge (Transsubstantiation oder Transsignifikation? Gedanken zu einem Dilemma, in: ZKTh 92 (1970) 1-34; hier: 23).

Im übrigen ist auch bei Leenhardt der Grund für die Trennung von Glauben und profaner Erkenntnis in der reformatorischen Ablehnung einer natürlichen Erkennbarkeit Gottes zu suchen und nicht in einem typisch protestantischen Wirklichkeitsverständnis, wie Schillebeeckx glaubt [51]. Schillebeeckx erklärt, Leenhardts Auffassung von Realität unterscheide sich wesentlich von der katholischen. Der Protestantismus "sehe die Realität einseitig als eine b l o ß e   B e z i e h u n g, mit anderen Worten, als eine Beziehung, die keine Gestalt i n der Wirklichkeit, die der Mensch und das Geschöpf sind, annimmt" [52].

Schillebeeckx hat hier wohl den Unterschied vor Augen, den van de Pool mit der Gegenüberstellung von "seinshafter Wirklichkeit" und "Beziehungs-Wirklichkeit" meint [53]. Diese Unterscheidung gilt aber, wie bei van de Pool nachzulesen ist [54], nur für das Verhältnis von Natur und Gnade, nicht aber für das Verhältnis Gottes zu seiner Schöpfung. Für den reformatorischen Christen verbindet sich die Gnade - abgesehen von dem einzigartigen Geheimnis der Menschwerdung - nicht in einer seinshaften Weise mit der Natur, sie gehört nicht zu "unserer Welt": "die Wirklichkeit Gottes und die menschliche Wirklichkeit bleiben ... seinshaft geschieden."[55] Daher kann man allenfalls im Hinblick auf die übernatürliche Realität sagen, sie stehe in einer bloßen Beziehung zur Natur und nehme keine Gestalt in der Natur selbst an. Von dem Verhältnis Gottes zur Natur kann man das aber keinesfalls behaupten. Ist doch die Natur Gott nicht vorgegeben, so daß er nachträglich in eine äußere Beziehung zu ihr treten könnte wie der Mensch zur Welt. Sie ist vielmehr von Gott geschaffen und wird so durch die Beziehung zu Gott überhaupt erst konstituiert. Hier ist die Beziehung zu Gott zwangsläufig eine   i n n e r e   Beziehung, welche das Sein der Natur selbst begründet. Leenhardt versteht wie Vanneste die Beziehung Gottes zur Natur durchaus als eine innere Beziehung, aber er ist der Ansicht, daß diese innere Beziehung und damit das wahre Wesen der Dinge nur im Glauben zu erfassen sei, weil der Mensch nie aus eigener Kraft zur Erkenntnis Gottes und damit auch nicht zur Erkenntnis des nur von Gott her zu verstehenden Wesens der Dinge gelangen könne.

Das ist bekanntlich seit Luther eine der Grundüberzeugungen des Protestantismus. Mit Recht betont van de Pool, "daß diese Überzeugung in keinerlei Hinsicht auf philosophischen oder psychologischen Gründen beruht. Sie stammt nicht aus dem Nominalismus, sie hat nicht Zusammenhang mit einer bestimmten Erkenntnislehre, etwa als wäre Luther ein Vorläufer Kants gewesen; ... diese Überzeugung beruht ausschließlich auf dem Zeugnis des Wortes Gottes, wie Luther es verstand." [56]

---

[51] E. Schillebeeckx, Die eucharistische Gegenwart, Düsseldorf 1967, S. 51 ff.

[52] a.a.O., S. 52.

[53] W. H. van de Pool, Das reformatorische Christentum, Einsiedeln 1956, S. 271.

[54] a.a.O., S. 259-312.

[55] Van de Pool, a.a.O., S. 268.

[56] a.a.O., S. 122.

Sie ist m.a.W. rein "religiös" begründet : der Mensch vermag aus eigener Kraft
nichts; nur im Glaubensgehorsam gegenüber Gottes Offenbarungswort kann er die
Wahrheit über Gott, über sich selbst und über die Welt erfahren [57].

Gewarnt durch die Stimmen, die seine Ansicht als "unkatholisch" bezeichnen, hat
Vanneste in seinem zweiten Artikel erklärt, er wolle nicht die kirchliche Überzeugung in Abrede stellen, nach der es einer "wahren" Philosophie möglich sei,
einigermaßen (!) zum letzten In-sich der Dinge vorzustoßen, obwohl es deshalb
nicht schon jeder philosophischen Betrachtungsweise, die die Dinge auf einer
tieferen Ebene als die der sinnlichen Erfahrung und der positiven Wissenschaften
zu beschreiben suche, auch wirklich gelingen müsse, das Verhältnis der Dinge
zu ihrem unendlichen Seinsgrund zu durchschauen. Auch der scholastische Substanzbegriff dringe nicht bis dorthin vor. Aus der Analyse der natürlichen Veränderungen der Dinge gewonnen, stamme die Unterscheidung von Substanz und
Akzidens aus einer rein innerweltlichen Betrachtungsweise des stofflichen Seins
[58]. Warum sollte sich Gott aber für eine Transsubstantiation, die von total
übernatürlicher Art sei, einer Gliederung in den Dingen bedienen, die wir für
notwendig hielten, um die natürlichen Veränderungen erklären zu können? Man
könne diese Möglichkeit natürlich nicht ausschließen, aber eine solche Hypothese
füge etwas zur Glaubensgegebenheit hinzu und setze diese wegen der Verbindung
mit den unsteten menschlichen Auffassungen nutzlosen Angriffen aus [59]. Hier
lehnt Vanneste nicht mehr grundsätzlich jede philosophische Erkennbarkeit der
Substanz ab, sondern sagt nur noch, daß der traditionelle scholastische Substanzbegriff nicht die wahre Substanz der Dinge erfasse. Zugleich wird auch der tiefere

---

[57] Man könnte gegen das Gesagte einwenden, im Falle der eucharistischen
Wandlung handele es sich doch gerade um eine übernatürliche Wirklichkeit,
so daß die Bemerkung von Schillebeeckx, Leenhardt sehe die (übernatürliche)
Wirklichkeit als bloße Beziehung, die in der irdischen Wirklichkeit keine
Gestalt annehme, durchaus zutreffend sei. Dieser Einwand wäre berechtigt,
wenn Leenhardt die Unerkennbarkeit des metaphysischen Seins nur für die
übernatürliche Wirklichkeit behauptete, denn dann wäre die These, die metaphysische Substanz (der übernatürlichen Wirklichkeit) sei für die menschliche
Erkenntnis unerreichbar, durch den Hinweis auf das typisch protestantische
Verständnis der Wirklichkeit als "Beziehungswirklichkeit" hinreichend erklärt. Leenhardt (und Vanneste) behaupten aber die generelle Unerkennbarkeit der metaphysischen Substanz, nicht nur für die übernatürliche, sondern
auch für die natürliche Wirklichkeit. Das zeigt das Zitat aus Leenhardt S. 64,
Anm. 44 und Vannestes Polemik gegen den aristotelisch-scholastischen Substanzbegriff. Diese generelle Unerkennbarkeit der Substanz läßt sich aber
u.E. nur mit der Ablehnung der natürlichen Erkennbarkeit Gottes erklären.

[58] CollBrug 6 (1960) 321-348; hier : 346.

[59] a.a.O., S. 345.

Grund für seine Ablehnung dieses Substanzbegriffes sichtbar : Es sind die bekannten
Bedenken gegen den physischen Substanzbegriff, der durch seine Verbindung mit
der Naturwissenschaft ständigen Angriffen und dem Zwang zur Anpassung an die
jeweilige Auffassung der Wissenschaft unterworfen ist.

4. Möller: Eucharistie als "instrumentum salutis"

Im selben Jahr wie Welte veröffentlichte Möller einen Aufsatz, der auffallende
Parallelen zu Weltes Denkmodell aufweist [60]. Dieser Aufsatz ist in zwei Teile
gegliedert.

Der erste Teil ist dem Substanzbegriff gewidmet. Hier versucht Möller zu zeigen,
daß die scholastische Transsubstantiationslehre heute nicht mehr vertretbar sei.
Er beginnt mit einer Untersuchung des scholastischen Substanzbegriffes. "Substantia" ist die Übersetzung zweier griechischer Termini : "ousia" und "hypokeimenon". Diese Begriffe bedeuten nicht schlechthin dasselbe. "Ousia" ist das
"eigentliche Sein eines Dinges, dasjenige, was ein Ding in seinem Kern ist" (2).
In diesem ersten (weiteren) Sinne bedeutet Substanz soviel wie "Wesen" (quidditas,
essentia). Als Übersetzung des griechischen "hypokeimenon" hat Substanz aber
auch die zweite Bedeutung von "zelfstandigheid" und "onderstandigheid", d.h. von
Selbständigkeit (in se existens) und Subjektsein für die Akzidenzien. In diesem
Sinne ist die Substanz "das in-sich-selbst-stehende Sein eines Dinges, das sich
uns offenbart und greifbar wird durch die Akzidenzien und ihre Veränderungen" (3).

Das Selbständige bestimmt sich selbst von innen heraus, es besitzt eine innere
Spontaneität [61]. Daher ist es auch eine selbständige "Sinneinheit" [62]. Substanz
ist, als "hypokeimenon" verstanden, also hylemorphistische "Form", das innere
Prinzip, die Natur der Dinge, welche sich in den Akzidenzien verwirklicht und aus
ihnen erkannt werden kann. Für die Scholastik fallen die Begriffe "ousia" und
"hypokeimenon" insofern sachlich zusammen, als das, was die Selbständigkeit
eines Dinges ausmacht, zugleich auch sein Wesen bestimmt.

---

[60] J. Möller, De transsubstantiatie, in : Nederlandse Katholieke Stemmen 56
(1960) 2-14.

[61] Daß Selbständigkeit und Spontaneität (bzw. Selbstbestimmung) nach Möller
einander korrespondieren, erhellt z.B. aus folgendem Text : "Noch geringere Selbständigkeit besitzt die Pflanze. Die geringere Spontaneität,
die die Pflanze im Hinblick auf das Tier hat, liefert sie mehr an Faktoren
aus, die sie von außen bestimmen" (4).

[62] Vgl. : "Der Mensch ist in sich selbst eine Selbständigkeit. Das heißt :
eine selbständige Sinneinheit. Alle Äußerungen und Taten eines Menschen
sind gebunden in die Einheit von Sinn, die dieser Mensch ist und die durch
die Äußerungen erscheint" (5).

Möller wendet sich mit Nachdruck gegen diese scholastische Identifizierung von "ousia" und "hypokeimenon". Der so verstandene Substanzbegriff sei heute nämlich auf Brot und Wein nicht mehr anwendbar. Denn Brot und Wein hätten natürlich ein Wesen - "Nahrung für den sterblichen Menschen" (3) - , aber sie besäßen keine Selbständigkeit im Sinne eines "hypokeimenon". Daher legt Möller Wert auf die Feststellung, daß das 4. Laterankonzil Substanz nur in dem weiteren Sinne als "ousia" (Wesen) verstanden habe [63]. Die scholastische Auffassung, wie sie auch Thomas von Aquin vertrete, gehöre als "eine bestimmte philosophische Auffassung über das eigentliche Sein der Dinge" (3) nicht zum Inhalt des Dogmas.

Der hylemorphistische Substanzbegriff kann nach Möller heute nur noch auf den Menschen und allenfalls noch auf das belebte Sein angewandt werden. Selbständigkeit finde sich nämlich nur in der freien, sich selbst spontan von innen heraus bestimmenden und nicht primär von außen gelenkten Person und vielleicht auch noch in abgeschwächter Form bei Tier und Pflanze, aber keinesfalls in der unbelebten Wirklichkeit [64]. Da aber Brot und Wein zur unbelebten Wirklichkeit gehörten, sehe sich die Theologie vor die Frage gestellt, wie man ihre Substantialität begründen könne, wenn der hylemorphistische Substanzbegriff versage. So versucht Möller einen neuen Substanzbegriff zu entwickeln.

> "Anima est forma corporis. Das gilt im strikten Sinne nur vom menschlischen Leib, der durch die Seele beseelt wird. Im weiteren Sinne dürfen wir das so auslegen, daß der menschliche Geist darauf angelegt ist, allem Stoff Form- und Sinngebung zu verleihen. In der Wirklichkeit, wie sie faktisch ist, sind Stoff und Geist aufeinander angewiesen. ... Der Mensch ist in sich selbst eine Selbständigkeit. Das heißt: eine selbständige Sinneinheit. ... Ein Brett, einen Bücherschrank erleben wir jedoch auch als Substanz, als eine Sinneinheit. Das Brett und der Bücherschrank sind dies jedoch allein im Verhältnis zum Menschen, der zimmern oder seine Bücher verwahren will" (4 f).

Möller beruft sich zur Bekräftigung seiner Aussage auf Thomas von Aquin. Unter Hinweis auf S.c.G., c. 112: "Sola igitur intellectualis natura est propter se quaesita in universo, alia autem omnia propter ipsam" erklärt er:

> "Der Stoff findet zu sich selbst und wird er selbst in und durch den menschlichen Geist, auf den er dann auch wesentlich bezogen ist. Dann kann er jedoch auch nicht bestehen und definiert werden ohne den Menschen, wie

---

[63] a.a.O., S. 2.

[64] Vgl.: "Nun handelt ein freies Wesen, eine Person wirklich selbständig. Sie wird nicht so sehr bewegt, sie ist nicht nur eine Beute des Spiels der Kräfte von außen. ... Noch weniger Selbständigkeit besitzt die Pflanze. ... Es spricht viel dafür zu sagen, daß es innerhalb des Nicht-Lebendigen in sich selbst keine Substanz, keine Selbständigkeit gibt" (4).

das auch für den menschlichen Leib unmöglich ist. ... Der Stoff ist, was er ist, in seiner Bezogenheit auf den menschlichen Geist" (5).

Allerdings habe das ganze Problem für Thomas und für das Mittelalter noch nicht eine solche Bedeutung gehabt wie für uns heute :

"Für Thomas liegen die Dinge noch nicht so schwierig wie für uns. Sicher, auch Thomas sieht, daß das Wort Substanz analog gebraucht wird. Er sah jedoch viel weniger als wir nach Kant und Hegel, daß Brot kein Brot ist ohne den Menschen. ... Das Mittelalter lebte nun einmal in einer Welt von festgelegten Bedeutungen und sah nicht so stark wie der Mensch in unserer Zeit die Bedeutung des Geistes als formgebenden Subjekts hinsichtlich alles Stofflichen" (7 f).

Möller sieht selbst, daß seine Worte im Sinne eines erkenntnistheoretischen Subjektivismus ausgelegt werden können und betont daher ausdrücklich : "Hiermit wird nicht angenommen, daß die stoffliche Welt, wie sie uns erscheint, nur eine subjektive Projektion des Menschen ist" (5).

Mit dem scholastischen Substanzbegriff fällt auch die traditionelle Transsubstantiationsvorstellung :

"Substanz, 'ousia' von Brot und Wein ist etwas anderes als die Substanz des Leibes und Blutes Christi. Die 'ousia' des Leibes und Blutes Christi ist ein 'hypokeimenon' im vollen Sinne des Wortes. ... Die 'ousia' von Brot und Wein ist jedoch ein 'hypokeimenon' für die spontane natürliche Erfahrung nur durch die Form- und Sinngebung, die von uns leiblichgeistigen Wesen stammt" (7).

Wenn aber die Brotsubstanz nicht mehr hylemorphistisch als Form, sondern nur noch von der menschlichen Sinngebung her verstanden werden kann, ist die traditionelle Deutung der Transsubstantiation als Wandlung einer als Form verstandenen Brotsubstanz in die ebenfalls als Form verstandene Substanz Christi nicht mehr möglich.

Man könnte sogar noch einen Schritt weitergehen als Möller und sagen : Wenn die Brotsubstanz nur durch die menschliche Sinngebung und die Substanz Christi n u r durch eine hylemorphistische Form konstituiert sein kann, scheint eine Transsubstantiation überhaupt unmöglich zu sein. Trotzdem redet Möller später wieder von einer Transsubstantiation [65]. Wie reimt sich das zusammen?[66] Auf jeden Fall ist es verständlich, wenn Kors [67], der Möllers Aufsatz einer eingehenden Kritik unterzieht, hierin einen offensichtlichen Widerspruch erblickt und erklärt, Möller

---

[65]   a.a.O., S. 12 und 13.

[66]   Siehe zu dieser Frage S. 77 f.

[67]   J.B. Kors, De transsubstantiatie, in : Nederlandse Katholieke Stemmen 56 (1960) 153-165.

mache die Transsubstantiation zu einem "leeren Wort". Nur eine eingehende Analyse des Möllerschen Substanzbegriffes kann hier Klarheit bringen.

Möller entwickelt seinen Substanzbegriff ausdrücklich nur für den "Stoff". Er leitet die Substanz des Stoffes anthropologisch aus der Beziehung des Stoffes zum Menschen ab. Der Stoff ist Substanz nur in Beziehung zur menschlichen Form- und Sinngebung. Diese versteht Möller als eine Umgestaltung des Stoffes nach menschlichen Zwecken. Die anthropologische Substanz ist daher "Kulturprodukt" (6). Und da alles menschliche Kulturschaffen von Zwecken geleitet wird, wird die anthropologische Substanz durch den Zweck konstituiert, zu dem der Mensch die Kulturprodukte verfertigt hat [68].

Mit diesem anthropologischen Substanzbegriff gibt Möller auf die Frage, ob und wie man die Dinge, die zwar unserer naiven Alltagserfahrung als substantielle Einheiten und Dinge erscheinen, aber in Wahrheit nur lose und akzidentelle Verbände letzter Elementarteilchen und -kräfte sind, gleichwohl als Substanzen ansprechen könne, eine ähnliche Antwort wie Rahner. Seine Antwort sieht sich dann aber ebenfalls dem Einwand ausgesetzt, daß die Kulturprodukte als bloß akzidentelle Veränderungen des Stoffes durch den Menschen keine Substanzen im strengen ontologischen Sinne seien, sondern nur in einem übertragenen Sinne als "uneigentliche Substanzen" oder, wie Kors sagt, als "substantiae per accidens" bezeichnet werden können :

> "Ein Haus ist kein accidens, wohl eine Einheit per accidens. Ein Haus ist etwas ganz anderes als ein willkürlich zusammen geworfener Haufen von Baumaterial. Weil die einzelnen Bestandteile, aus denen es gebaut ist, Substanzen sind, kann auch das Ganze ein substantielles Etwas, ein ens, eine Substanz per accidens genannt werden" (158).

Wenn Möller trotzdem beharrlich von einer anthropologischen Substanz redet, dann auch wohl deshalb, weil er nicht nur die vom Menschen aus dem Stoff gebildeten Kulturprodukte, sondern auch den Stoff selbst, in seinem Sein als "Naturding", als anthropologische Substanz versteht. Auch die Substanz des Stoffes an sich ist Substanz nur in bezug auf die menschliche Form- und Sinngebung. Möller spricht ja nicht nur immer wieder ausdrücklich von der Substanz des "Stoffes", sondern es kann auch manches, was er über den Stoff sagt, sinnvollerweise nur auf den Stoff an sich bezogen werden : Stoff und Geist sind aufeinander angewiesen. Das Stoffliche kommt zur Bedeutung erst durch den menschlichen Geist. Der Stoff findet zu sich selbst und wird er selbst in und durch den menschlichen Geist, auf den er dann auch wesentlich bezogen ist. Dann kann er jedoch auch nicht bestehen und definiert werden ohne den Menschen. Der Stoff ist, was er ist, in seiner Bezogenheit auf den menschlichen Geist (4 f).

---

[68] So versteht Möller "Brot" aus dem menschlichen Zweck des Essens als "Nahrung" (3), ein "Brett" als Material zum "Zimmern" und einen "Bücherschrank" als Mittel zum "Aufbewahren der Bücher" (5).

Die Ableitung der Substanz des Stoffes an sich aus seiner Beziehung zum Menschen kann leicht mißverstanden werden, wenn man nicht sieht, daß Möller eine zweifache Beziehung von Mensch und Stoff zugrundelegt : eine "subjektive" Beziehung des Menschen zum Stoff, durch die er dem Stoff Form- und Sinngebung verleiht, indem er aus ihm die anthropologischen Substanzen der Kulturdinge herstellt, und eine "objektive" Beziehung des Stoffes zum Menschen, durch die dem Stoff an sich eine wesenhafte Ausrichtung auf die menschliche Form- und Sinngebung eignet, welche die ontologische Substanz des Stoffes an sich konstituiert. Versteht man die Beziehung von Mensch und Stoff, durch welche die Substanz des Stoffes konstituiert wird, ausschließlich als eine "subjektive" Beziehung des Menschen zum Stoff, dann muß man die gesamte stoffliche Welt für eine bloße Setzung durch den Menschen halten. In dieser Weise scheint Kors Möller verstanden zu haben, wenn er schreibt:

> "Diese Sinngebung, welche in der intentionalen Sphäre und nicht in der ontologischen liegt, kann aus dem Stoff doch keine ontologische Selbständigkeit machen. Obwohl er (Möller) dann auch sagt, daß er damit nicht zu sagen beabsichtigt, daß die stoffliche Welt nur eine subjektive Projektion des Menschen ist, logisch folgt doch wohl, daß die stoffliche Welt den Charakter von Selbständigkeit nur aus dem menschlichen Geist entlehnen kann und daß folglich ontologisch die stoffliche Außen-Welt nur aus Akzidenzien bestehen soll" (155).

Kors ist offenbar der Meinung, Möller versuche die Substanz des Stoffes an sich aus der menschlichen Sinngebung abzuleiten. Die Substanz des Stoffes wäre dann eine anthropologische Substanz im Sinne einer vom Menschen selbst originär gesetzen Substanz . Kors wendet mit Recht ein, daß die stoffliche Welt dann zu einer bloßen "Projektion" des Menschen würde und folglich ontologisch gesehen nur aus Akzidenzien bestünde. Eine solche Setzung der stofflichen Wirklichkeit durch die menschliche Sinngebung wäre aber wohl nur "erkenntnistheoretisch" zu verstehen, wie Kors denn auch sagt, eine derartige Setzung liege in der "intentionalen Sphäre".

Daß dieser Einwand auf einem Mißverständnis beruht, dürfte aber schon dadurch außer Zweifel stehen, daß Möller die Auffassung, "daß die stoffliche Welt, wie sie uns erscheint, nur eine subjektive Projektion des Menschen ist" (5), ausdrücklich zurückweist. Er will die Substanz des Stoffes an sich offensichtlich nicht als eine Konstitution durch die menschliche Erkenntnis verstanden wissen. Doch selbst wenn Möller eine solche Deutung nicht ausdrücklich zurückgewiesen hätte, wäre schon daraus, daß er den anthropologischen Substanzbegriff nur auf die stoffliche Wirklichkeit bezieht, ersichtlich gewesen, daß er diesen Begriff nicht erkenntnistheoretisch versteht. Denn dann müßte man ihm die abstruse Auffassung zutrauen, daß er die menschliche Erkenntnis nur in bezug auf die stoffliche Wirklichkeit subjektivistisch erkläre, in bezug auf die belebte Wirklichkeit aber realistisch verstehe, da er die Substanz des Lebendigen ja im traditionellen Sinne als Form in den Dingen versteht.

Kors hat eben nicht gesehen, daß Möller nicht nur von einer "subjektiven" Beziehung des Menschen zum Stoff, sondern auch von einer "objektiven" Beziehung des Stoffes zum Menschen spricht. Diese objektive Beziehung des Stoffes zum Menschen liegt aller subjektiven Beziehung des Menschen zum Stoff voraus und macht diese überhaupt erst möglich. Der Stoff hat objektiv und schon vor aller subjektiven Form- und Sinngebung durch den Menschen einen "anthropologischen Bezug", eine Ausrichtung auf den Menschen. Der Stoff ist von seinem ontologischen Wesen her auf die menschliche Form- und Sinngebung angelegt. Daher kann er, wie Möller sagt, auch nicht definiert werden ohne den Menschen. Diese Beziehung des Stoffes zum Menschen ist offenbar eine Seinsbestimmung des Stoffes an sich, unabhängig davon, ob der Mensch dem Stoff auch tatsächlich Form und Sinn verleiht. Leitet man die Substanz des Stoffes an sich aus diesem objektiven anthropologischen Bezug ab, dann ist die Gefahr eines subjektivistischen Verständnisses der Substanz als Setzung durch den Menschen gebannt, und Möller bleibt der Vorwurf eines so eklatanten Widerspruches erspart. Man gelangt vielmehr zu einem Verständnis der stofflichen Substanz, das sehr wohl als echtes ontologisches Substanzverständnis gelten kann. Die Substanz des Stoffes an sich wird dann durch ihren anthropologischen Bezug konstituiert: sie liegt in dem Sinn ("Finis"), den der Stoff als M a t e r i a l für die menschliche Form- und Sinngebung hat. Dann ist zwar auch die Substanz des Stoffes an sich eine anthropologische Substanz, aber sie ist keine "subjektive", d.h. von der menschlichen Form- und Sinngebung gesetzte, sondern eine "objektive", der menschlichen Form- und Sinngebung vorgegebene Substanz. Ist aber die Substanz des Stoffes an sich eine anthropologische Substanz, ausgerichtet auf die menschliche Form- und Sinngebung, dann ist die tatsächliche Form- und Sinngebung durch den Menschen wirklich die Erfüllung ihres Wesenssinnes. Und so kann Möller mit Recht sagen: "In der Wirklichkeit sind Stoff und Geist aufeinander angewiesen" (4). "Der Stoff findet zu sich selbst und wird er selbst in und durch den menschlichen Geist" (5). Die Konstitution der anthropologischen Substanz der Kulturprodukte durch den Menschen ist so die Vollendung und Wesenserfüllung der anthropologischen Substanz des Stoffes an sich.

Die Verwandtschaft der Möllerschen Konzeption mit derjenigen, die Welte in seinem "Denkmodell" entwickelt hat, ist nicht zu übersehen [69]. Substanz wird "anthropologisch" aus dem Bezugszusammenhang von Mensch und Stoff verstanden. Dieser Bezugszusammenhang impliziert die "subjektive" Beziehung des

---

[69] Weisen schon die gedanklichen Parallelen zu Weltes Denkmodell darauf hin, daß die Heideggersche Philosophie auch die Quelle für Möllers Substanzbegriff ist, so erklärt er in seiner Entgegenung auf Kors' Einwände ausdrücklich, daß seine Interpretation aus dem "existenzialistischen Denken" erwachsen sei. Vgl. J.Möller, Existentiaal en categoriaal denken, in: Nederlandse Katholieke Stemmen 56 (1960) 166-171.

Menschen zum Stoff, durch die der Mensch den Stoff zu Kulturdingen gestaltet, und die "objektive" Beziehung des Stoffes zum Menschen, kraft deren dem Stoff als Material für den Menschen eine ursprüngliche Ausrichtung auf die menschliche Form- und Sinngebung eignet. Die Gestaltung des Stoffes durch die menschliche Form- und Sinngebung bezeichnet Möller wie Welte - ebenfalls unter Berufung auf Thomas von Aquin - als ein Zu-sich-selber-Kommen des Stoffes im menschlichen Geist.

Möllers Substanzverständnis wirft daher dieselben Fragen auf wie Weltes Substanbegriff [70]. Da nach Möller sowohl durch die "subjektiven" als auch durch die "objektiven" Bezüge zwischen Mensch und Stoff "Substanzen" konstituiert werden, erhebt sich zunächst wieder die Frage : Wie verhalten sich die subjektiven und objektiven Bezüge zueinander hinsichtlich der Bestimmung dessen, was im strikten ontologischen Sinne als die eigentliche Substanz der Wirklichkeit bezeichnet werden muß ? Oder auch : Wie verhalten sich menschliche und göttliche Sinngebung zueinander?

Denn es kann doch keinem Zweifel unterliegen, daß Möller die objektie Beziehung des Stoffes zum Menschen und die durch sie konstituierte Substanz des Stoffes an sich wie den Stoff selbst für eine göttliche Schöpfung hält. Dann aber versteht Möller die Substanz des Stoffes an sich von dem "Finis" her, den Gott dem Stoff als "Zuhandensein" oder als Material für die menschliche Form- und Sinngebung gegeben hat.

Damit erhebt sich natürlich wieder die Frage, ob mit der Bestimmung als Zuhandensein für den Menschen die ontologische Substanz des Stoffes wirklich erfaßt sei. Kors lehnt jedenfalls eine solche Bestimmung der ontologischen Substanz ab:

"Umgekehrt ist die Bezogenheit der stofflichen Wirklichkeit auf den geistigen Menschen ein reines Finalitätsverhältnis, aber keine Frage des Seinsgrundes des Stofflichen. ... Daher kann das stoffliche Sein sehr wohl definiert werden ohne die menschliche Sinngebung, da das Akzidentelle (= Objektsein des menschlichen Geistes und Nutzbarkeit für den Menschen) nicht zur Wesensbestimmung der bestimmten stofflichen Dinge gehört" (156).

Der Materialcharakter des Stoffes ist für Kors nur eine akzidentelle Bestimmung, so daß die Substanz des Stoffes durch ihn nicht erklärt werden kann. Diese muß in anderer Weise - etwa als "Form" - verstanden werden [71]. Hier stehen wir wieder vor einer der Grundfragen, die durch den anthropologischen Substanzbegriff aufgeworfen sind: Darf die ontologische Substanz als "anthropologischer Finis" verstanden werden ? [72]

---

[70] Siehe S. 59 f.
[71] Diesen Einwand trägt Felderer auch gegen Welte vor. Siehe S. 47 ff.
[72] Siehe S. 203 ff.

Vom Grundsätzlichen her stellt sich aber auch die Frage, wieweit der Umfang des neuen Substanzbegriffes gefaßt werden soll. Möller versteht nur die Substanz des Stoffes vom Finis her. Das ist zwar verständlich, weil er, bedingt durch die Themenstellung, primär stoffliche Dinge wie Brot und Wein im Auge hat. Er versteht sie als Kulturprodukte und entwickelt nur für die den Kulturprodukten zugrundeliegenden stofflichen Naturdinge seinen anthropologischen Substanzbegriff. Aus diesem Ansatz folgt indessen keineswegs, daß allein die Substanz des Stoffes anthropologisch als Material für den Menschen zu verstehen ist. Der Mensch stellt doch auch aus dem belebten Sein (Tier und Pflanze) eine Art von "Kulturprodukten" her, wenn er durch sein Eingreifen in die Natur diese (zumindest im anthropologischen Sinne) wesentlich verändert, indem er z.B. ganz neue Rassen züchtet. Daher kann auch die belebte Natur genausogut wie der leblose Stoff als Material für den Menschen definiert werden. Wenn man schon die Substanz des Stoffes an sich wegen seines Materialcharakters für den Menschen als anthropologische Substanz versteht, wäre es sachlich gesehen konsequenter, diesen Substanzbegriff auf alles untermenschliche Sein anzuwenden, das als Material für den Menschen verstanden werden kann.

Man kann sogar die Frage stellen, ob es nicht in der Konsequenz des einmal eingeschlagenen Weges liegt, wenn man schon die Substanz der untermenschlichen Wirklichkeit vom Finis her versteht, diesen Substanzbegriff auch auf alles, was ist (den Menschen und selbst Gott miteinbezogen), anzuwenden und damit transzendental zu fassen.

In diesem Zusammenhang verdient ein Aufsatz Gutwengers [73] Beachtung. Gutwenger geht davon aus, daß für Transsubstantiation oft "das einfache Wort Wandlung oder auch Wesensverwandlung" (195) verwendet wird. "Wesensverwandlung ist dort gegeben, wo einer Sache ein neuer Sinn vermittelt wird. Wesen und Sinn, Wesen und Sinngestalt sind auswechselbare Begriffe" (195 f).

Gutwenger setzt hier Wesen und Sinn gleich, jedoch ohne diesen Sinn als "Sinn für den Menschen" zu bestimmen. Das mag Zufall sein, aber mit der generellen Gleichsetzung von Wesen (Substanz) und Sinn (Finis) erhält der Substanzbegriff im Unterschied zum anthropologischen Substanzbegriff einen solchen Umfang, daß er transzendental auf alles Sein angewendet werden kann.

Daß auch Möller wenigstens der Sache nach genötigt ist, seinen Substanzbegriff nicht nur auf den Stoff anzuwenden, zeigt seine Bestimmung der eucharistischen Wandlung als "Transsubstantiation". Für ihn ist ja die Deutung der eucharistischen Wandlung als Transsubstantiation nur dann unmöglich, wenn die Substanz als "Form" verstanden wird. Denn seiner Meinung nach kann nur noch die Substanz Christi als Form begriffen werden, während die Substanz des Brotes allein vom Finis her zu verstehen ist. Als "Transformatio" kann die Transsubstantiation dann freilich nicht mehr gedacht werden. Wie aber kann sie dann noch gedacht werden - und Möller nennt die eucharistische Wandlung ja weiterhin eine Transsubstantiation - , wenn man es für unmöglich hält, daß so disparate Substanzen,

---

[73] E. Gutwenger, Das Geheimnis der Gegenwart Christi in der Eucharistie, in: ZKTh 88 (1966) 185-197.

wie Finis und Form es sind, ineinander umgewandelt werden? Doch nur so, daß die Substanz Christi vom Finis her verstanden wird. Transsubstantiation ist dann Transfinalisation. Möllers Beibehaltung der Transsubstantiationsvorstellung kann daher nur unter der Voraussetzung einsichtig gemacht werden, daß auch die Substanz Christi vom Finis her verstanden wird. Eine solche Deutung liegt aber der Sache nach als Möglichkeit zweifellos in Möllers Denkansatz beschlossen, und andere Autoren ziehen auch diesen Schluß. Einen Widerspruch zwischen Ablehnung und gleichzeitiger Beibehaltung der Transsubstantiationsvorstellung kann man allenfalls in Möllers Aufsatz konstatieren, dem anthropologischen Denken darf man diesen Widerspruch jedoch nicht vorwerfen. Daß Kors diesen Vorwurf erhebt, ist allerdings begreiflich, denn Möllers Konzeption ist sicher noch nicht genügend und bis in alle Konsequenzen hinein durchdacht.

Das zeigt sich nicht nur in der Frage nach dem Umfang des neuen Substanzbegriffes, sondern auch in der Frage nach dem Verhältnis von "Form" und "Finis". Wenn wir annehmen, daß Möller wenigstens implizit die Deutung der Substanz Christi als Finis voraussetzt, ist zwar der Widerspruch zwischen Ablehnung und Annahme der Transsubstantiationsvorstellung beseitigt, aber es tut sich sogleich eine neue Schwierigkeit auf. Möller erklärt doch ausdrücklich, daß die Substanz Christi als Form verstanden werden könne. Kann also die Substanz Christi als Form u n d als Finis verstanden werden? Diese Frage stellt sich übrigens ähnlich für Möllers Substanzauffassung allgemein. Er interpretiert ja nur die Substanz des Stoffes vom Finis her, während er die Substanz des Lebendigen weiterhin als Form versteht. Gibt es in der Wirklichkeit also zwei verschiedene Arten von ontologischen Substanzen? Hinzu kommt, daß Möller den Formgedanken ausdrücklich nur für die Kulturprodukte ablehnt, während er die Möglichkeit, die Elemente des Stoffes (z.B. die Moleküle) als hylemorphistische Substanzen zu verstehen, keineswegs ausschließt [74]. Es gibt für ihn ja auch keinen triftigen Grund, den Formgedanken für den Stoff abzulehnen, wenn er ihn für das Lebendige wegen der ihm eigenen Spontaneität (und damit grundsätzlich) akzeptiert. Hat doch die Quantenphysik gezeigt, daß es in der mikrophysikalischen Welt durchaus Spontaneität und damit Form gibt. Kann also auch die Substanz des Stoffes als Form u n d als Finis verstanden werden? Und wenn wir oben sagten, es liege in der Konsequenz des einmal eingeschlagenen Weges, auch die Substanz des Lebendigen wegen seines Materialcharakters für den Menschen vom Finis her zu verstehen, dann ist die Doppelfassung von Substanz als Form und Finis perfekt.

Damit aber erhebt sich die Frage, ob die Definition der Substanz vom Finis her eine Definition der Substanz als Form ausschließe und umgekehrt. Hier stehen wir wieder vor einer der grundsätzlichen Fragen, welche der neue Substanzbegriff aufgibt.

---

[74] Vgl.: "Doch selbst wenn man meinen sollte, daß zum Beispiel Moleküle in sich Substanzen mit Akzidenzien sind, dann kann man bei einem Kulturprodukt wie Brot doch schwerlich eine derartige Struktur als innere ontologische Zusammensetzung verteidigen" (6).

Mit der neuen Deutung der Substanz ist auch eine neue Deutung des Akzidens verbunden. Das Akzidens ist für die Scholastik die äußere Erscheinung und Gestalt ("species"), welche von der als innerer Form ("Natur") verstandenen Substanz in ihrem Selbstvollzug gesetzt wird. Nur da, wo Form, d.h. (nach Möller) innere Spontaneität und Selbständigkeit, vorliegt, kann man in diesem Sinne von Substanz und Akzidens reden. Das ist nach Möller zwar beim Menschen der Fall - " Darum gibt es im Menschen einen inneren Unterschied zwischen seinem substantiellen Sein, seiner substantiellen Freiheit, und deren Äußerungen" (6) -, aber bei Kulturprodukten gibt es eine solche Substanz nicht und folglich auch kein entsprechendes Akzidens.

Legt man jedoch statt des hylemorphistischen Substanzbegriffes den anthropologischen Substanzbegriff zugrunde, dann kann man trotzdem (wenngleich in einem anderen Sinne) auch bei Kulturprodukten Substanz und Akzidens unterscheiden:

> "Man kann jedoch von der Selbständigkeit von Brot sprechen, insofern Brot eine Sinneinheit für die natürliche Erfahrung ist... In einer ähnlichen Weise kann man auch von dem Unterschied zwischen Subjektsein und Akzidenzien von Brot sprechen. Brot hat für den Menschen einen bestimmten Sinn. Es ist eßbar usw. Nun verändert Brot sich fortwährend: es wird älter, härter und trockener. Diese Veränderungen erleben wir als akzidentell, weil sie den Sinn, den Brot für uns hat, nicht fundamental verändern. Es bleibt eßbare Nahrung. Wenn die Veränderungen jedoch so weit gehen, daß der Sinn von 'Brot' angetastet wird, es nicht mehr eßbar ist, der Geschmack widerwärtig wird, dann ist es für uns kein Brot mehr und die Veränderung kommt uns substantiell vor" (7).

Die Substanz ist, wie wir bereits sahen, der Sinn, den ein Kulturding (z.B. Brot als Nahrung) für den Menschen hat. Als Akzidens bezeichnet Möller Härte, Geschmack usw., also alle jene Eigenschaften, die die sinnlich wahrnehmbare Erscheinung, die empirisch-positiv gegebene Wirklichkeit eines Dinges ausmachen. Das Akzidens ist daher bei Möller die "äußere Gestalt" der Wirklichkeit. Der Unterschied zur alten Auffassung liegt nur darin, daß Möller diese Gestalt nicht mehr als Selbstentfaltung einer als innere Form verstandenen Substanz begreift.

Substanz und Akzidens, Sinn und Gestalt, sind jedoch aufs innigste miteinander verbunden, bilden sie doch die Einheit eines einzigen Seienden. Das zeigt sich deutlich in dem, was Möller über den Unterschied zwischen substantiellen und akzidentellen Veränderungen sagt. Substantielle Änderungen liegen dann vor, wenn ein Ding seine Substanz, d.h. seinen Sinn, verliert, z.B. wenn Brot nicht mehr Nahrung sein kann, weil es verdorben ist. Eine solche substantielle Änderung fällt stets mit einer tiefgreifenden Wandlung der Gestalt (des Akzidens) zusammen. So wird das Brot, das seinen Sinn als Nahrung und somit seine Substanz verliert, auch in seiner Gestalt völlig anders: es wird schimmelig, verfault und zerfällt schließlich ganz. Die substantielle Änderung kann daher stets an der Gestalt abgelesen werden. Jede Substanz erfordert nämlich eine bestimmte Gestalt, weil zur Verwirklichung eines bestimmten Sinnes eine entsprechende Gestalt vonnöten ist. So kann Brot als Nahrung nicht aus Eisen sein, wohl aber aus Mehl, Hefe usw. Es gibt jedoch eine gewisse Breite von Möglichkeiten in der konkreten Form der Gestalt: Brot kann als Nahrung zwar nicht aus Eisen, wohl aber aus Weizen oder Roggen sein. Bleiben die Veränderungen in dem Rahmen der Möglichkeiten, der durch die Substanz, d.h. den bestimmten Sinn, gesteckt ist, so daß der Sinn des betreffenden Dinges nicht verloren geht, dann sind sie nur akzidenteller Natur. Möller unterscheidet substantielle und akzidentelle Veränderungen daher von der Gestalt her. Radikaler Gestaltwandel, der den Sinn eines Dinges zerstört, ist eine substantielle Veränderung, während ein weniger tiefgreifender Gestaltwandel, der den Sinn des Dinges nicht aufhebt, nur eine akzidentelle Veränderung darstellt [75].

Nach Möller gibt die Gestalt Auskunft über die substantiellen und akzidentellen Änderungen und damit über das Wesen und die Substanz der Dinge. Die Gestalt ist nämlich als sinnlich wahrnehmbare Erscheinung das Ersterkannte. Die Substanz, der Sinn, kann nur aus ihr erschlossen werden. Können aber Substanz und Sinn der Dinge nur an der Gestalt abgelesen werden, dann darf die Gestalt in diesem prägnanten Sinne als Erkenntnismittel der Substanz Z e i c h e n , oder wie Möller sagt, "Species" der Substanz genannt werden [76].

Nachdem Möller im ersten Teil seines Aufsatzes zu zeigen versucht hat, daß die traditionelle Transsubstantiationsvorstellung heute nicht mehr vertretbar sei, entwirft er im zweiten Teil eine neue Deutung der eucharistischen Wandlung "aus der Heilsbedeutsamkeit des Sakramentes der Eucharistie" (2).

Da die Eucharistie eines der sieben Sakramente der Kirche ist, muß eine methodisch richtige Deutung die eucharistische Wandlung mit Hilfe allgemeiner sakramentaler Kategorien erklären. Möller legt das von Schillebeeckx entwickelte Sakramentenverständnis zugrunde: Sakramente sind realisierende Zeichen, d.h. Zeichen und Instrumente der Gnade in einem. So versteht er die Sakramente als "instrumenta salutis" in Analogie zu den menschlichen Instrumenten und erläutert zunächst den Begriff des Instruments anhand des menschlichen Werkzeuggebrauchs.

Durch den Gebrauch von Instrumenten gewinnt der Mensch eine Fähigkeit zur Weltgestaltung, die weit über die biologischen Möglichkeiten seines Leibes hinausgeht und den Aufbau einer Kulturwelt ermöglicht [77]. Das Instrument ist gleichsam ein "Verlängerungsstück des menschlichen Leibes" (9), denn "wenn ein Instrument ergriffen wird, beginnt es zur Ordnung dieses lebendigen Leibes zu gehören, wird es subjektiviert" (9).

---

[75] Damit leistet Möller einen bedeutenden Beitrag zu der bei der Besprechung Weltes aufgeworfenen Frage, wie in einem anthropologischen Denkrahmen zwischen substantiellen und akzidentellen Veränderungen unterschieden werden könne. Siehe zu dieser Frage S. 213 ff.

[76] Siehe S. 84 f.

[77] a.a.O., S. 8.

Faßt man die Sakramente analog als "instrumenta salutis" auf, so bedeutet dies, "daß in den Sakramenten das Sichtbare und Tastbare, das sinnlich Wahrnehmbare ... durch die verherrlichte Leiblichkeit Christi aufgenommen, subjektiviert wird"(9). So stellen die Sakramente eine Erweiterung der Möglichkeiten der verherrlichten Leiblichkeit Christi dar. Obwohl der verherrlichte Christus nicht mehr unserer irdischen Ordnung angehört, vermag er dennoch durch die irdischen Instrumente der Sakramente weiterhin auf irdische Weise zu wirken.

Unter den Sakramenten nimmt die Eucharistie eine Sonderstellung ein. "In den übrigen Sakramenten wirkt die Kraft Christi, im Sakrament des Altares s c h e n k t [78] er sich selbst, seinen Leib und sein Blut"(9). So ist die Eucharistie ein "göttliches Geschenk". Geschenke sind nämlich "eine bestimmte Art von Instrumenten" (10). Damit mündet die Überlegung in den Vergleich zwischen göttlichem und menschlichem Schenken ein, der in der holländischen Eucharistiediskussion eine so große Rolle spielt.

Ein Geschenk ist für Möller ein Instrument der Selbstgabe : "Was in einem Geschenk gegeben wird, ist nicht in erster Linie das materielle Ding, das überreicht wird; in dem materiellen Ding und durch es will der Schenkende durch das Schenken sich selbst geben" (10). Diesen Sinn allen Schenkens, nämlich die wirkliche Selbstgabe, kann der Mensch in seinem Schenken nie vollkommen erfüllen :

> "Als leibliche Wesen können wir unser eigentliches Selbst, unsere Freiheit nur geben durch das Stoffliche, Leibliche. ... Das Geschenk ist etwas außerhalb des Leibes, das wir überreichen. Es ist ein Instrument. Durch das Überreichen legen wir etwas von uns selbst hinein : wir verlängern uns selbst, subjektivieren das Geschenk, um durch das Geschenk uns selbst dem anderen zu geben" (10).

Beim menschlichen Schenken bleibt so die Gabe, das überreichte Ding, immer vom eigentlichen Geschenk, dem sich selbst schenkenden Menschen, verschieden. Gabe und Geber bleiben m.a.W. zwei voneinander getrennte und unterschiedene Wirklichkeiten, und deshalb ist jedes menschliche Schenken unvollkommen, weil es die wahre Intention allen Schenkens, nämlich die wirkliche und substantielle Einheit von Geber und Gabe, nie erreicht.

Gerade dadurch unterscheidet sich aber das göttliche Schenken wesentlich vom menschlichen Schenken. Christus kann sich nämlich so mit der Gabe von Brot und Wein identifizieren, daß sie wirklich er selbst, sein Leib und sein Blut wird :

> "Durch die Macht des verherrlichten Herrn ist bei der Eucharistie möglich, was bei keinem einzigen anderen Instrument oder Geschenk geschieht. Kein einziges Instrument wird so subjektiviert, daß es wirklich im vollen Sinne des Wortes der subjektivierende Leib ist. ... Menschliche Geschenke sind immer Geschenke einer klaren Ohnmacht. Bei jedem Geschenk geben wir uns selbst und doch schließlich wieder nicht. Der verherrlichte Herr kann

---

[78] Sperrung von uns.

uns jedoch ein vollkommenes Geschenk geben. Sein Geschenk ist kein Geschenk der Ohnmacht. In der Kraft seiner verherrlichten Leiblichkeit kann Er Brot und Wein so aufnehmen, so subjektivieren, daß sie dadurch wirklich Er selbst, sein Leib und sein Blut 'werden' " (11).

In der Eucharistie sind daher Geber und Gabe identisch, nicht mehr zwei getrennte Wirklichkeiten, sondern eine einzige Wirklichkeit : der Geber selbst. Hier reicht die Subjektivierung so tief, daß die Gabe nicht nur eine Verlängerung des Leibes, sondern der Leib und durch ihn der Geber selbst wird.

So erklärt Möller die eucharistische Wandlung - er selbst sagt Transsubstantiation - als eine vollkommene Subjektivierung von Brot und Wein, die so tief reicht, daß sie den Sinn allen Schenkens vollkommen erfüllt : das Einswerden von Geber und Gabe.

"Wir müssen uns die Transsubstantiation folglich vorstellen als eine Subjektivierung von Brot und Wein durch den verherrlichten Christus, eine Subjektivierung so intensiv, daß die Absicht, die in jedem Geschenk liegt, hier vollkommen verwirklicht wird, während wir in unserer Ohnmacht diese Absicht durch das Schenken nur unvollkommen verwirklichen können" (12).

Möller legt größten Wert auf diesen Unterschied zwischen göttlichem und menschlichem Schenken. Wenn man die Instrumentalität des göttlichen Geschenks in der gleichen Weise verstehe wie die eines menschlichen Geschenks, so komme man zu der dogmatisch unhaltbaren Impanationstheorie. Bei den menschlichen Instrumenten handele es sich nämlich immer um ein "Zusammenwirken von selbständigen Ursachen, z.B. von Schreiber und Stift, mit dem geschrieben wird. ... Es bleibt jedoch in diesem Fall eine Trennung und es wird nicht ein Diese-Leiblichkeit-Sein im vollen Sinne des Wortes, weil allezeit ein Abstand zwischen dem Stift und der Hand bleibt, und die Hand in ihrer Ohnmacht den Stift nicht vollständig subjektivieren kann" (12). Der Stift und der, welcher ihn zum Schreiben gebraucht, bleiben zwei selbständige Wirklichkeiten, und der Stift wird dadurch, daß er als Instrument zum Schreiben verwendet wird, nicht wesentlich, sondern nur akzidentell berührt. Hier findet m.a.W. keine Transsubstantiation, sondern nur eine akzidentelle Veränderung statt. Faßt man die göttlichen Instrumente von Brot und Wein in der gleichen Weise auf wie das menschliche Instrument eines Stiftes, so gelangt man in Wahrheit nicht einmal zur Impanationstheorie, wie Möller glaubt; denn die Impanationstheorie nimmt in Analogie zur hypostatischen Union doch immer noch an, daß die Substanz des Brotes und die Substanz des Leibes Christi zu der neuen und höheren Einheit eines "Brot-Christus" werden, wie Gottheit und Menschheit zur Einheit des "Gott-Menschen" verbunden sind. Die Gleichsetzung von göttlichen und menschlichen Instrumenten führt vielmehr geradewegs zur Konsubstantiationslehre, der Annahme einer bloß akzidentellen Verbindung zweier Substanzen wie Stift und Schreiber.

Daher müssen die göttlichen Instrumente in der Eucharistie ganz anders verstanden werden : "Wenn jedoch Christus, um sich uns selbst zu geben, Brot und Wein aufnimmt, werden das Brot und der Wein durch die verherrlichte Leiblichkeit Christi vollständig subjektiviert. Sie 'werden' seine Leiblichkeit, sein Leib und sein Blut. Das bedeutet Transsubstantiation" (12). Hier sind das Instrument und der, welcher es gebraucht, nicht mehr zwei selbständige und unabhängig voneinander existierende Wirklichkeiten wie Stift und Schreiber, sondern eine einzige Wirklichkeit, wie der Leib als Instrument der Seele mit dieser zusammen die Wirklichkeit des einen Menschen bildet. So arbeitet Möller deutlich heraus, daß Christus mit den Instrumenten seiner Selbstgabe, Brot und Wein, in einer substantiellen Einheit verbunden ist.

Brot und Wein sind aber nicht nur Instrumente, sondern auch "Zeichen" der Selbstgabe Christi. Möller gelangt zum Zeichenbegriff, indem er fragt, was nach der Konsekration von Brot und Wein "übrigbleibt". Nach der Konsekration dürfen Brot und Wein ja nicht gänzlich verschwinden, denn dann ließe sich nicht mehr von der Selbstgabe Christi durch ein Instrument reden : "Nach der Konsekration muß etwas von dem Brot und dem Wein übrigbleiben. ... Das Instrument bleibt anwesend als dasjenige, durch dessen Vermittlung man etwas tut" (13). Was nach der Konsekration als Mittel übrigbleibt, kann jedoch nicht mehr die Substanz von Brot und Wein sein. Diese ist ja durch die vollkommene Subjektivierung von Brot und Wein in der Konsekration zu Christi Leib und Blut geworden. Was übrigbleibt, sind nur noch die "species" von Brot und Wein.

> "Der Begriff 'species' ist nahe verwandt mit dem Begriff Zeichen. Eine 'species' hat eine verweisende Funktion; ... 'species panis et vini' heißt dann nicht : Akzidenzien von Brot und Wein, sondern es heißt, daß nach der Konsekration das Brot und der Wein nur noch als 'species' anwesend sind, als verweisend auf etwas, nämlich auf den Leib und das Blut Christi" (13).

Die "Species" werden von Möller in diesem Zusammenhang nur in ihrer Funktion betrachtet : sie sind Zeichen des Leibes und Blutes Christi. Brot und Wein bleiben also nach der Konsekration nur noch als Zeichen des Leibes und Blutes Christi anwesend.

Möller entwickelt den Begriff des Zeichens aus dem Begriff des Instruments. Gemäß der Schillebeeckxschen Konzeption des realisierenden Zeichens sind die vom Menschen verwendeten Dinge ja nicht nur die Instrumente zur Verwirklichung seiner Intentionen, sondern zugleich auch die Zeichen, die diese Intentionen für andere sichtbar werden lassen. So ist ein Geschenk nicht nur ein Instrument, durch das wir unsere Sympathie verwirklichen, sondern zugleich ein Zeichen, das unsere Sympathie kundtut.

Das gilt mutatis mutandis auch von den eucharistischen Zeichen von Brot und Wein. Daher erläutert Möller das eucharistische Zeichen von Brot und Wein wieder in Analogie zum menschlichen Zeichen eines Geschenks. Dabei darf auch hier der w e s e n t l i c h e Unterschied zwischen einem göttlichen und einem menschlichen Zeichen nicht übersehen werden. "Wenn wir jemandem ein Geschenk geben, ist dies Geschenk ein Zeichen, eine 'species' unserer Sympathie. Daneben behält das Geschenk seine eigene 'ousia'. Der Blumenstrauß ist ein Blumenstrauß und das Zeichen von Sympathie" (13). Bei einem menschlichen Geschenk ist die Zeichenfunktion stets etwas nur Akzidentelles, das zur Substanz der Gabe hinzu-

kommt. Ein Blumenstrauß ist ein Blumenstrauß u n d ein Zeichen von Sympathie.
Seine Substanz als Blumenstrauß besteht bereits vor und unabhängig von seiner
Zeichenfunktion als Geschenk. Die Zeichenfunktion kommt erst nachträgträglich
als eine nur akzidentelle Relation hinzu. Hier sind Zeichen und Bezeichnetes zwei
real voneinander verschiedene und selbständige Wirklichkeiten : ein Blumenstrauß
und ein Zeichen von Sympathie. Sie sind allein durch die intentionale Zeichenrelation "äußerlich" miteinander verbunden.

In der Eucharistie verliert jedoch die Gabe von Brot und Wein ihre alte "ousia"
und wird zu einem r e i n e n Zeichen.

> "Durch die Subjektivierung, die in der Eucharistie stattfindet, ist das Brot
> jedoch kein Brot mehr. Was vom Brot übrigbleibt, geht ganz in der Funktion
> auf, dem 'Speciessein', dem Zeichensein, das auf den Leib und das Blut
> des Herrn verweist. Wenn eine Subjektivierung so vollkommen wird, daß
> sie eine Transsubstantiation ist - und das ist allein bei der Eucharistie
> der Fall - wird das Instrument dadurch ipso facto zu nichts mehr als zu
> einer 'species', einem verweisenden Zeichen" (13).

In der Eucharistie ist das Zeichen nicht mehr ein Ding (wie der Blumenstrauß),
das auf etwas außerhalb seiner selbst als auf das Bezeichnete (die Sympathie)
hinweist. Das Zeichen bildet vielmehr auch ontologisch gesehen mit dem Bezeichneten zusammen eine einzige Wirklichkeit.

Um das zu begreifen, muß man sich klar machen, was das, was nach der Konsekration von Brot und Wein übrigbleibt und zum Zeichen für Christi Leib und
Blut wird, eigentlich ist. Möller nennt es die "species" und bestimmt die "species"
dann als Zeichen. Damit ist das, was von Brot und Wein übrigbleibt, zwar in
seiner Funktion bestimmt, aber nicht in dem, was es in sich selbst ist. M.a.W. :
Es wird nur gesagt, wozu das, was von Brot und Wein übrigbleibt, d i e n t ,
aber nicht, was es i s t . Allerdings kann man aus der negativen Aussage, daß
die "species" nicht als Akzidenzien aufzufassen seien, unschwer entnehmen,
was Möller unter den "species", die von Brot und Wein übrigbleiben, versteht:
Sie sind die Wirklichkeit, die in der scholastischen Philosophie als Akzidens
bestimmt wird, d.h. die empirisch-positiv gegebene Wirklichkeit, die sichtbare
Seite, die "äußere Gestalt" der Wirklichkeit.

Wir sahen bereits, daß die äußere Gestalt (species) Zeichen der Substanz genannt
werden kann, insofern aus ihr der Sinn (die Substanz) einer Wirklichkeit erkennbar ist [79]. Die Gestalt "zeigt" uns gleichsam den Sinn der Wirklichkeit. Möller
nennt die Gestalt zwar auch Akzidens, aber dieser Ausdruck darf dann nicht mehr
im traditionellen Sinne verstanden werden. Wenn die Substanz nicht mehr Form
ist, dann kann das Akzidens nicht mehr die mit dem Selbstvollzug der Substanz
gesetzte sichtbare Entfaltung der Substanz sein. Weil der Terminus Akzidens

---

[79] Siehe S. 80.

meist in diesem Sinne verstanden wird, steht Möller ihm reserviert gegenüber. Er gibt dem Ausdruck Species den Vorzug, da dieser die Gestalt in der Bedeutung beschreibt, die sie bei ihm allein hat : Zeichen der Substanz, Zeichen des Sinnes einer Wirklichkeit.

Das Zeichensein der Gestalt (species) für den Sinn (Substanz) unterscheidet sich aber w e s e n t l i c h von dem Zeichensein des Blumenstraußes für die Sympathie. Die Gestalt ist nämlich nicht etwas neben dem Sinn, wie der Blumenstrauß ein Ding neben der menschlichen Sympathie ist; sie ist vielmehr die sichtbare Seite des Sinnes, sozusagen der Sinn in Sichtbarkeit. Gestalt (species) und Sinn (Substanz) sind gleichsam die zwei Seiten oder Komponenten der einen Wirklichkeit, die in sich selbst doppelt strukturiert ist. Da Sinn und Gestalt zusammen die eine Wirklichkeit konstituieren, sind sie als die konstitutiven Prinzipien einer einzigen Wirklichkeit durch eine substantielle Seinsrelation miteinander verbunden. Sie erfordern sich gegenseitig zu ihrem Sein, so daß das eine nicht ohne das andere existieren kann. Versteht man die Gestalt als Zeichen der Substanz und demgemäß die Substanz als das Bezeichnete, dann stehen hier Zeichen und Bezeichnetes offenbar in einer "ontologischen" Zeichenrelation. Zeichen und Bezeichnetes gehören hier auch in ihrem Sein wesentlich zusammen, sie sind nicht zwei selbständige und unabhängig voneinander existierende Wirklichkeiten, die nur nachträglich durch die Hinweisfunktion der einen auf die andere bloß "intentional" miteinander verbunden werden.

In der Eucharistie liegt daher zweifellos eine andere Art von Zeichen vor als bei einem Blumenstrauß. Das bringt Möller dadurch zum Ausdruck, daß er beim eucharistischen Zeichen von einem "reinen" Zeichen spricht. Möller kennt demnach eine doppelte Form von Zeichen : das "reine" Zeichen und (so könnte man sagen) das "nicht-reine" Zeichen. Der Unterschied zwischen beiden besteht darin, daß die Relation von Zeichen und Bezeichnetem jeweils verschieden ist. Beim "nicht-reinen" Zeichen sind Zeichen und Bezeichnetes zwei ontologisch selbständige Wirklichkeiten, die nur durch eine äußere Zeichenrelation intentional miteinander verbunden sind. Beim "reinen" Zeichen sind Zeichen und Bezeichnetes dagegen als Gestalt und Sinn die zwei Seiten oder Komponenten ein und derselben Wirklichkeit, so daß die Relation von Zeichen und Bezeichneten nicht zwischen zwei selbständigen Wirklichkeiten, sondern innerhalb derselben Wirklichkeit besteht. Die Relation von Gestalt und Sinn ist in erster Linie eine ontologische Relation zwischen den zwei Komponenten einer in sich selbst doppelt strukturierten Wirklichkeit; erst in zweiter Linie ist sie auch eine intentionale Relation, insofern die äußere Gestalt der Wirklichkeit zur Erkenntnis des inneren Sinnes der Wirklichkeit führt und insofern "Zeichen" des Sinnes genannt werden kann. Beim "nicht-reinen" Zeichen sind Zeichen und Bezeichnetes dagegen als zwei selbständige Wirklichkeiten ontologisch gesehen voneinander unabhängig und allein durch eine intentionale Relation miteinander verbunden.

Übersieht man diese doppelte Fassung des Zeichenbegriffes, dann kann man Möllers Ausführungen freilich als "Symbolismus" mißverstehen. So wendet Kors ein :

> "Wie wird Christi Leib auf dem Altar gegenwärtig, wenn die Konsekration nichts anderes zuwege bringt, als daß das Brot eine andere Funktion bekommt, nämlich Zeichen zu sein, das auf Christi Leib verweist, und die ganze Veränderung in der intentionalen Ordnung liegt?" (163)

Kors hat das eucharistische Zeichen, von dem Möller hier spricht, offenbar als "nicht-reines" Zeichen verstanden. Dieses liegt in der Tat in der "intentionalen Ordnung". Hier legt der Mensch einem Ding (z.B. einem Blumenstrauß), dessen Substanz als solche unverändert bleibt, nur eine akzidentelle Zeichenfunktion bei (Geschenksein). Versteht man das eucharistische Zeichen so, dann bleibt Brot freilich Brot und wird nicht zum Leibe Christi; es erhält nur die akzidentelle Hinweisfunktion auf den Leib Christi. Das wäre in der Tat Symbolismus.

Kors hat aber nicht beachtet, was Möller wirklich sagt. Denn Möller sagt gar nicht, daß das B r o t eine andere Funktion bekommt, sondern daß das, was vom Brot nach der Konsekration ü b r i g b l e i b t, d.h. aber die äußere Gestalt des Brotes, die Funktion erhält, Zeichen für Christi Leib zu sein. Möller spricht von der Gestalt als dem Zeichen der Substanz und setzt damit voraus, daß die Substanz des Brotes in die Substanz des Leibes und Blutes Christi verwandelt worden ist. Daher setzt Möller auch keineswegs den Zeichencharakter der eucharistischen Species mit dem Zeichencharakter eines menschlichen Geschenks gleich, wie Kors argwöhnt [80], denn menschliche Geschenke sind immer "nicht-reine" Zeichen. Das menschliche Schenken wird lediglich zum Vergleich mit dem göttlichen Schenken herangezogen, wobei sich dann zeigt, daß sich das göttliche Geschenk der Eucharistie wesentlich von einem menschlichen Geschenk unterscheidet.

Möllers Interpretation des eucharistischen Zeichens erinnert an das "realisierende Zeichen", das wir bei Schillebeeckx kennengelernt haben. Hier wie dort sind Zeichen und Bezeichnetes nicht mehr zwei getrennte und selbständige Wirklichkeiten, sondern die Komponenten einer einzigen Wirklichkeit und so in einer substantiellen Einheit verbunden. Trotzdem darf ein wesentlicher Unterschied nicht übersehen werden.

Schillebeeckx entwickelt seinen Zeichenbegriff aus der Analyse der menschlichen Zeichenhandlung, als deren notwendige Komponenten er Intention und Ausdruck erweist. Möller geht zwar auch von der menschlichen Handlung aus, aber er entwickelt den Zeichenbegriff nicht aus der Struktur der menschlichen Handlung, sondern aus der Struktur der vom Menschen verwendeten und dadurch in anthropologische Substanzen verwandelten Dinge. Die Doppelstruktur von Innen und Außen, die nach Schillebeeckx konstitutiv für die menschliche Zeichenhandlung ist, wird so auch in den vom Menschen verwendeten und gestalteten Dingen aufgewiesen. Wie die menschliche Handlung, so ist auch der vom Menschen gestaltete Stoff durch den in ihm inkarnierten Sinn "Zeichen" einer menschlichen Intention. Die vom Menschen gestifteten anthropologischen Substanzen besitzen die Doppelstruktur von anthropologischem Sinn und stofflicher Gestalt. Anthropologischer Sinn

---

[80] a.a.O., S. 161 f.

und stoffliche Gestalt verhalten sich aber wie Substanz und Species, und da der anthropologische Sinn aus der von ihm geprägten stofflichen Gestalt wieder abgelesen werden kann, ist die stoffliche Gestalt Zeichen des Sinnes, Zeichen der Substanz.

Natürlich kann man nur in einem anthropologischen Denkrahmen sagen, der dem Stoff vom Menschen verliehene Sinn bilde die Substanz des Stoffes, während der gesamte Stoff nur die Species dieser Substanz sei. Überträgt man die anthropologischen Begriffe jedoch analog auf die ontologische Wirklichkeit der göttlichen Schöpfung, dann kann man sehr wohl sagen, der göttliche Sinn konstituiere die Substanz der Wirklichkeit, während ihre äußere Gestalt nur die Species dieser Substanz sei.

Mit der Bestimmung des eucharistischen Zeichens als der "Species" von Brot und Wein und des von ihm Bezeichneten als der "Substanz" des Leibes und Blutes Christi trifft Möller genau die Tridentiner Definition der eucharistischen Wandlung. Der einzige Unterschied liegt darin, daß er die Substanz von Brot und Wein nicht mehr als hylemorphistische Form und ihre Species nicht mehr als die mit dem Selbstvollzug dieser Substanz notwendig gesetzten Akzidenzien interpretiert. Im Hinblick auf die vielen Versuche, das eucharistische Zeichen in Analogie zu einem vom Menschen gesetzten "anthropologischen" Zeichen zu verstehen, ist Möllers Ableitung des Zeichenbegriffes aus der vom Menschen gestifteten anthropologischen Substanz von nicht zu unterschätzendem Wert. Denn mit dem Aufweis der Species als Zeichen der Substanz gelangt man zu einem Zeichen, das wirklich Zeichen einer substantiellen Wirklichkeit ist, wie es eine angemessene Erklärung der Eucharistie erfordert.

5. Schoonenberg : Eucharistische Gegenwart als personale Gegenwart

In den Jahren 1958 und 1959 veröffentlichte Schoonenberg eine Reihe von Aufsätzen zum Thema der göttlichen Gegenwart, in denen er die göttliche Gegenwart in Analogie zur menschlichen Gegenwart zu verstehen versucht. Diese beschreibt er im Unterschied zur räumlichen Gegenwart als personale Gegenwart. Personale Gegenwart ist die Gegenwart der geistigen Person in materiellen Zeichen. In diesem Zusammenhang kommt Schoonenberg auf die Gegenwart des verherrlichten Christus in den Sakramenten im allgemeinen [81] und in der Eucharistie im besonderen [82] zu sprechen.

---

[81] P. Schoonenberg, De tegenwoordigheid van Christus, in : Verbum 26 (1959) 148-157.

[82] Ders., Een terugblik : Ruimtelijke, persoonlijke en eucharistische tegenwoordigheid, in : Verbum 26 (1959) 314-327; Eucharistie en tegenwoordigheid, in: Heraut 89 (1959) 106-111. - Auf den Gedanken Schoonenbergs fußt die Darstellung von P. de Haes, Praesentia realis, in : Collectanea Michliniensia 49 (1964) 133-150, so daß wir auf sie nicht näher einzugehen brauchen.

Schoonenberg ist bemüht, die Eigenart der eucharistischen Gegenwart hervorzuheben. Er bestimmt sie als eine "auf ganz einzigartige Weise verleiblichte personale Gegenwart" [83], die sich sowohl von der menschlichen personalen Gegenwart in materiellen Zeichen als auch von der Gegenwart Christi in den anderen Sakramenten unterscheidet. Er vergleicht die Gabe von Christi Leib und Blut in der Eucharistie mit der Hingabe des Leibes in der Ehe: in beiden Fällen vollzieht sich die personale Hingabe durch das Medium der Leiblichkeit [84].

> "Doch bei all dem ist eine große Scheu am Platz, denn dieser Vergleich kann erst durch den vollzogen werden, der den ehelichen Akt als eine Gemeinschaftstat von Personen zu sehen vermag, und auch dann übertrifft die Eucharistie ihn noch auf göttliche Weise. Wir bleiben in diesem Erdenleben schließlich im Leib doch außerhalb voneinander; es ist ein Kontakt von Körperteilen, am innigsten in der ehelichen Gemeinschaft, die die Ganzhingabe des Menschen symbolisiert. Nie jedoch geht der ganze Leib in den des anderen Menschen ein und nie ist der Leib als ganzer Ausdruck und Mittel der personalen Gemeinschaft. Das geschieht jedoch, wenn der Herr seinen Leib in der heiligen Eucharistie gibt. Dann ist die Linie überschritten, der sich die Ehe immer mehr annähert, die sie aber nie erreicht: Der Leib ist ganz als Gabe der Person gegenwärtig, die personale Gemeinschaft wird nicht nur in einer Gebärde oder in einem Körperteil, sondern im ganzen Leib ausgedrückt und mitgeteilt. Gerade aus der Tatsache, daß die Ehe unendlich überstiegen wird, ist auch zu verstehen, daß der Herr seinen Leib unter dem Zeichen von Speise und sein Blut unter dem Zeichen von Trank gibt, da uns, wie wir schon bemerkten, gerade Essen und Trinken auf der Ebene der Leiblichkeit die vollkommenste Verbindung und Einigung suggerieren" (325 f).

Von daher wird auch der Unterschied zwischen der Eucharistie und den übrigen Sakramenten deutlich: Die Sakramente "geben eine bestimmte Gnade, die Eucharistie die Gnade ganz" (327).

Der Grundgedanke dieses Vergleichs leutet: Der Mensch kann seinen Leib und durch ihn sich selbst einem anderen nicht wirklich geben; er kann seine Hingabe nur in einer Gebärde symbolisch zum Ausdruck bringen. Christus vermag uns hingegen seinen Leib wirklich zu schenken, so daß er nicht nur symbolisch, sondern in seiner ganzen leibhaftigen Realität gegenwärtig wird.

Damit ist zwar deutlich gesagt, daß es zur wirklichen Selbstgabe Christi in der Eucharistie keine Parallele in der menschlichen Wirklichkeit gibt, aber es bleibt ungeklärt, w i e diese einzigartige Weise der realen Selbstgabe Christi näherhin zu verstehen ist. So wird nur der Glaube der Kirche schlicht (wenn auch richtig)

---

[83] Een terugblik, S. 322.

[84] Een terugblik, S. 325 ff; die im Text folgenden, in Klammern gesetzten Zahlen beziehen sich ebenfalls auf diesen Artikel.

ausgesagt, auf eine theologische Erklärung wird jedoch verzichtet. Desgleichen müßte die zur Unterscheidung von sakramentaler und eucharistischer Gegenwart vorgetragene Unterscheidung zwischen einer "bestimmten Gnade" und der "ganzen Gnade" genauer erläutert werden. Durch Schoonenbergs Darstellung werden daher mehr Fragen aufgeworfen als Antworten gegeben.

Daher hat Schoonenberg, durch zahlreiche Mißverständnisse und Bedenken veranlaßt, seine Gedanken in einer zweiten Reihe von Aufsätzen erneut dargelegt. Die beste Zusammenfassung seiner Anschauungen bietet ein Artikel in der Zeitschrift "Verbum" [85].

Schoonenberg beginnt mit einer allgemeinen Beschreibung des Phänomens der Gegenwart (397-410). Gegenwart bedeutet in all ihren Formen "Kommunikation" (399). Das gilt bereits für den toten Stoff. Denn auch hier liegt mehr vor als ein räumliches Nebeneinander, es herrscht vielmehr eine gegenseitige Wechselwirkung und ein Einfluß des einen auf das andere. Erst recht ist personale Gegenwart interpersonale Kommunikation. Diese ist keine sachliche Mitteilung, sondern "Mitteilung der Person selbst, der Lebenseinsichten, die ihren Geist unausrottbar geformt haben, und vor allem der Lebenshaltungen, durch die sie ihr tiefstes Sein aufgebaut hat" (404). Personale Gegenwart wird immer durch den Leib vermittelt. Der Leib wird so zum Zeichen der Person (405). Aber auch Dinge, wie "ein Brief, ein Andenken, ein Geschenk" (407), können zu Zeichen der Person werden.

Nach einer kurzen Beschreibung der Gegenwart Gottes in Christus (410-413) geht Schoonenberg zur eucharistischen Gegenwart über (413-415). Die eucharistische Gegenwart gehört "zur Kategorie der personalen Gegenwart. Sie ist immer interpersonal : Die Hostie vermittelt zwischen dem Herrn ... und mir " (414). So wird sie zum Zeichen seiner Selbstgabe. "Auch in der personalen Gegenwart unter Menschen tritt solch eine Gegenwart in Zeichen auf... . Sie ist, wie uns vor allem durch Möller gezeigt worden ist, die Gegenwart des Gebers im Geschenk. Wenn dieses Geschenk eine Speise ist, dann stehen wir vor einer Analogie mit der Gegenwart Christi im Zeichen von Brot. Aber wohlgemerkt : vor nichts mehr als vor einer Analogie" (414). Denn Christi Selbstgabe in der Eucharistie unterscheidet sich von jedem menschlichen Schenken. Christi Selbstgabe ist in höchster Weise Selbstgabe. "Jedes menschliche Geschenk bleibt in der Vereinigung zwischen Geber und Empfänger nur Abbild der Vereinigung Christi mit uns" (414). Allein Christus kann die personale Gegenwart voll und ganz verwirklichen. Seine Gegenwart ist daher eine "verwirklichende Gegenwart" im vollen Sinne des Wortes. "Diese verwirklichende Gegenwart entsteht dadurch, daß Brot und Wein Z e i c h e n   w e r d e n . . . . Was geschieht,

[85] P. Schoonenberg, Tegenwoordigheid, in : Verbum 31 (1964) 395-415; die im Text folgenden, in Klammern gesetzten Zahlen beziehen sich auf diesen Artikel Kürzere Artikel : Eucharistische tegenwoordigheid, in : Heraut 95 (1964) 333-336; Nogmaals : Eucharistische tegenwoordigheid, in : Heraut 96 (1965) 48-50.

ist eine Zeichenwandlung. Die Transsubstantiation ist eine Transfinalisation oder Transsignifikation, aber dann in der Tiefe, die allein Christus in seiner vollkommenen Selbstagabe erreicht. Brot und Wein ... werden die Zeichen, die diese tiefste Selbstgabe verwirklichen"(414 f).

Die Bestimmung der eucharistischen Wandlung als "Zeichenwandlung" oder "Transsignifikation", in der "Brot und Wein zu Zeichen werden", kann leicht als Symbolismus mißverstanden werden. Schoonenberg spricht zwar von Zeichen, die die Selbstgabe Christi "verwirklichen" und nennt die eucharistische Wandlung auch eine "Transfinalisation", aber aus seinen Ausführungen geht weder deutlich hervor, was ein "verwirklichendes Zeichen" genau ist, noch was Transfinalisation bedeutet und in welchem Verhältnis sie zur Transsignifikation steht. So kann es nicht verwundern, wenn man immer wieder fragt, "was der Autor unter 'Zeichen' versteht" [86]. Denn das Zeichensein wird nur allzu leicht als eine bloß akzidentelle Bestimmung aufgefaßt [87], und der "Finis" ist für die, welche die Substanz als hylemophistische Form verstehen, nur eine akzidentelle Bestimmung der Substanz [88].

Über die Transfinalisation und ihr Verhältnis zur Transsignifikation hat Schoonenberg sich nie geäußert, nur zum Begriff des Zeichens (und damit indirekt auch zur Transsignifikation) hat er noch einmal Stellung genommen. Nach dem Erscheinen der Enzyklika "Mysterium Fidei", die u.a. vor einer symbolistischen Verflüchtigung der eucharistischen Gegenwart warnte, ist er in einem weiteren Artikel dieser Frage nachgegangen [89].

Schoonenberg unterscheidet zwei Arten von Zeichenhandlungen, die zwei verschiedene Arten von Zeichen begründen: das "informierende" und das "gemeinschaftsbildene" Zeichen.

> "Es gibt Zeichenhandlungen, die etwas z u r K e n n t n i s b r i n g e n, was der Belehrung, dem Erwecken von Gefühlen oder der Übermittlung einer Instruktion oder eines Befehls dient (man denke an die Verkehrssignale). Es gibt aber auch Zeichen - und hierbei ist vor allem die Zeichenh a n d l u n g das Primäre - bei welchen das zur Kenntnis Gebrachte zugleich mitgeteilt oder wenigstens angeboten wird. Der Inhalt dieser zweiten Art von Zeichen ist immer eine Form der Liebe oder der Gemeinschaft: man denke hier an Händedruck, Kuß, usw. Diese zweite Art kann voll und ganz mit dem Namen 'wirkendes Zeichen' genannt werden, obwohl

---

[86] J. Delmotte, "Mysterium Fidei". Recente publikaties over de Eucharistie, in: CollBrug 12 (1966) 3-25, hier: 9.

[87] Siehe z.B. die Kritik von Kors an Möller S. 85 f.

[88] Siehe die Kritik von Kors S. 76. Auf diesem Standpunkt steht auch die Enzyklika "Mysterium Fidei"; siehe S. 154.

[89] P. Schoonenberg, Inwieweit ist die Lehre von der Transsubstantiation historisch bestimmt?, in: Concilium 3 (1967) 305-311; die im Text folgenden, in Klammern gesetzten Zahlen beziehen sich hierauf.

auch die erste Art wirksam ist, zunächst durch Mitteilung einer Erkenntnis, und auch indem man auch in ihnen untereinander in Gemeinschaft tritt, wenngleich in sehr indirekter Weise. Wir könnten so einerseits von i n f o r m i e r e n d e n und andererseits von g e m e i n s c h a f t s b i l d e n d e n (communicerend) Zeichen sprechen. Diese beiden Arten von Zeichenhandlungen müssen sehr deutlich voneinander getrennt werden, obwohl natürlich darin Übergangsformen bestehen" (310).

Da die Enzyklika Zeichen offenbar als "informierendes Zeichen" verstehe, könne sie die These entwickeln: "die Eucharistie ist Symbol (Nr. 40-43), a u ß e r d e m a b e r ist sie wirklich Fleisch und Blut Christi (Nr. 44 f); daher ist die eucharistische Wandlung eine Transsignifikation, a b e r a u ß e r d e m eine ontologische Transsubstantiation" (310). Die Annahme einer Transsubstantiation als Grundlage der Transsignifikation sei bei einem solchen Verständnis von Symbol (Zeichen) natürlich nötig, wenn man die Wirklichkeit der Verwandlung von Brot und Wein wahren wolle. "Wird jedoch 'Symbol' als gemeinschaftsbildendes Zeichen verstanden, dann ist diese Wirklichkeit bereits darin inbegriffen" (310). In dieser Weise verstehen aber, so meint Schoonenberg, alle neueren Theologen das eucharistische Zeichen. "Deshalb brauchen sie nicht erst noch eine realis praesentia dem eucharistischen Zeichen h i n z u z u f ü g e n , wie die Enzyklika immer sagt. Sie haben diese in die Eucharistie als gemeinschaftsbildendes und realisierendes Zeichen schon mit eingeschlossen" (310 f).

Schoonenberg ist also der Meinung, bei einem Verständnis des eucharistischen Zeichens als gemeinschaftsbildenden und realisierenden Zeichens sei sowohl die substantielle Realpräsenz Christi als auch eine Transsubstantiation der als Zeichen fungierenden Wirklichkeiten von Brot und Wein vorausgesetzt. Somit hängt alles an dem Begriff des gemeinschaftsbildenden und realisierenden Zeichens.

Das gemeinschaftsbildende Zeichen hat seinen Platz in der interpersonalen Kommunikation. Es dient nicht der sachlichen Mitteilung über etwas, sondern der Selbstmitteilung der Person. Es übermittelt "immer eine Form der Liebe oder der Gemeinschaft". Daher ist es im buchstäblichen Sinne ein "gemeinschaftsbildendes" Zeichen, weil es stets personale Gemeinschaft stiftet oder doch stiften will. Und weil es menschliche Gemeinschaft stiftet, darf es "voll und ganz mit dem Namen 'wirkendes' Zeichen genannt werden". Schoonenbergs Unterscheidung zwischen informierenden und gemeinschaftsbildenden Zeichen ist daher eine Unterscheidung vom Inhalt her: ob der Mitteilende durch das Zeichen etwas anderes mitteilt oder sich selbst. Daher ist es begreiflich, daß Schoonenberg von einem gleitenden Übergang zwischen beiden Zeichenarten spricht. Denn auch eine sachliche Mitteilung sagt etwas über die Person des Mitteilenden aus, und eine persönliche Selbstmitteilung enthält auch sachliche Momente. Je nachdem, ob in einem Zeichen die sachliche oder die persönliche Mitteilung intendiert ist und überwiegt, ist es der Gattung des informierenden oder des gemeinschaftsbildenden Zeichens zuzuweisen. Das gemeinschaftsbildende Zeichen ist zugleich ein realisierendes Zeichen, weil es die Selbstmitteilung der Person und dadurch die personale Gemeinschaft verwirklicht.

Trotzdem fällt Schoonenbergs Unterscheidung von gemeinschaftsbildenden und informierenden Zeichen nicht mit der Schillebeeckxschen Unterscheidung zwischen realisierenden und nicht realisierenden Zeichen zusammen, wie Gerken anzunehmen scheint [90]. Schoonenberg erklärt nämlich ausdrücklich, daß auch das informierende Zeichen ein realisierendes Zeichen ist, "wenngleich in sehr indirekter Weise". Das ist durchaus verständlich, wenn man bedenkt, daß das realisierende Zeichen bei Schillebeeckx das zur Realisierung einer menschlichen Intention notwendige materielle Ausdrucksmittel ist. Zielt die Intention eines Menschen nur auf eine sachliche Information ab, so ist das hierzu verwendete Ausdrucksmittel - z.B. ein Verkehrszeichen - ein informierendes Zeichen, weil es eine sachliche Information zum richtigen Verhalten im Verkehr vermittelt, es ist aber auch ein realisierenden Zeichen, weil es der Realisierung der menschlichen Intention, den Verkehr zu regeln, dient. Realisierende Zeichen sind die gemeinschaftsbildenden und die informierenden Zeichen in gleicher Weise, weil beide der Realisierung einer menschlichen Intention dienen, sie unterscheiden sich nur dadurch, daß die Intention das eine Mal auf die Selbstmitteilung der Person, das andere Mal aber auf eine rein sachliche Mitteilung über einen personfremden Gegenstand abzielt.

Der Wert der Bestimmung des eucharistischen Zeichens als gemeinschaftsbildenden Zeichens liegt darin, daß die Eucharistie dadurch als ein personales Geschehen zwischen Christus und den Gläubigen und so die eucharistische Gegenwart primär als eine personale Gegenwart gesehen wird : in der Eucharistie geht es um die personale Kommunikation mit Christus. Gleichwohl erhebt sich die Frage, ob das eucharistische Zeichen mit der Bestimmung als realisierendem und gemeinschaftsbildendem Zeichen schon hinreichend beschrieben ist. Ist denn mit diesem Begriff als solchem die substantielle Realpräsenz und damit die Transsubstantiation von Brot und Wein immer schon vorausgesetzt, wie Schoonenberg meint? Schoonenberg subsummiert doch auch die Zeichen in der interpersonalen Kommunikation unter Menschen unter den Begriff des realisierenden und gemeinschaftsbildenden Zeichens. Im menschlichen Bereich gibt es aber, wie Schoonenberg selbst sieht, keine wahre und substantielle Selbstgabe im Zeichen, ganz gleich, ob diese durch Zeichendinge oder durch den Leib als Zeichen vollzogen wird. Das erklärt er ausdrücklich sowohl im Hinblick auf den Vergleich zwischen Eucharistie und Ehe als auch - unter Berufung auf Möller - im Hinblick auf den Vergleich der Eucharistie mit einem menschlichen Geschenk, und daher spricht er auch nur von einer entfernten "Analogie" zwischen göttlicher und menschlicher Selbstgabe. Was aber leistet diese Analogie dann für das theologische Verständnis der Eucharistie? Sie macht doch nur deutlich, daß die Eucharistie ein personales Ereignis ist, aber w i e sich dieses personale Ereignis in den Z e i c h e n von Brot und Wein vollzieht, wird dadurch keineswegs einsichtig, auch dann nicht, wenn man erklärt, es geschehe in einer anderen und höheren Weise, als es unter Menschen möglich sei. Schoonenberg verzichtet daher letztlich auf eine theologische Erklärung des eucharistischen Zeichens.

---

[90] A. Gerken, Theologie der Eucharistie, München 1973, S. 177.

Daher sagt Jorissen mit Recht: "...diese Deutung vermag die i n n e r e
M ö g l i c h k e i t nicht einsichtig zu machen, wie ein materiell Seiendes
o n t i s c h , t o t a l und b l e i b e n d als Ausdruck personaler Selbstschenkung bestimmt werden kann, so daß es nun in seinem Sein, d.h. in sich
selbst, n u r n o c h Ausdruck dieser Selbstgabe und so mit der schenkenden
Person identisch ist. ... Gewiß bleibt die eucharistische Verwandlung, wie
immer man sie erklären mag, ein mysterium stricte dictum... . Muß nicht aber
doch auch in der Wirklichkeitsstruktur eines Seienden selbst die i n n e r e
M ö g l i c h k e i t für eine solche das Sein dieses Seienden radikal betreffende Verwandlung angelegt und aufweisbar bzw. angebbar sein, damit der Glaube
eine fides rationi consentanea bleibt?" [91]

Wenn Gerken Jorissen entgegenhält, in der Tat Christi sei die innere Möglichkeit für seine Identifikation mit den Zeichen von Brot und Wein gegeben, und damit
letztlich auf die Allmacht Gottes rekurriert [92], dann hat er Jorissens Einwand
völlig mißverstanden. Die Frage ist doch nicht, ob Christus Brot und Wein zu
Zeichen seiner selbst machen kann, sondern wie Dinge wie Brot und Wein zu Zeichen der s u b s t a n t i e l l e n Gegenwart und Selbstgabe eines anderen werden können [93].

Das aber kann mit der bloßen Erklärung, das eucharistische Zeichen sei ein realisierendes und gemeinschaftsbildendes Zeichen, nicht einsichtig gemacht werden.
Denn realisierende und gemeinschaftsbildende Zeichen sind auch die menschlichen
Zeichen und, wie Schillebeeckx gezeigt hat, selbst die sakramentalen Zeichen in
den übrigen Sakramenten. In allen diesen Fällen kann aber von einer wahren und
wirklichen substantiellen Gegenwart oder Selbstgabe nicht die Rede sein, so daß
das eucharistische Zeichen mit der bloßen Bestimmung als realisierendem und

---

[91] a.a.O., S. 47.

[92] a.a.O., S. 182 f.

[93] Das geht schon daraus hervor, daß Jorissen von der i n n e r e n Möglichkeit spricht. Der Ausdruck "innere Möglichkeit" wird in der scholastischen
Terminologie ja in einem ganz bestimmten Sinne gebraucht und der "äußeren
Möglichkeit" gegenübergestellt: " I n n e r e Möglichkeit kommt allem
zu, was nicht widerspruchsvoll ist... . Ä u ß e r e Möglichkeit kommt
dem zu, was durch eine Ursache bewirkt werden kann" (W. Brugger, Art.
"Möglichkeit", in: W. Brugger, Philosophisches Wörterbuch, Freiburg
^{5}1953, S. 197). Die Allmacht Gottes kann daher nur zur Erklärung der
äußeren Möglichkeit der Identifizierung Christi mit den eucharistischen
Gaben herangezogen werden. Der Aufweis der inneren Möglichkeit dieser
Identifizierung müßte dagegen einsichtig machen, daß ohne Widerspruch
gesagt werden kann, die eucharistischen Gaben seien, obwohl sie noch wie
Brot und Wein aussehen und auch noch alle Eigenschaften von Brot und
Wein besitzen, in ihrem Wesen trotzdem nicht mehr Brot und Wein, sondern
der Leib und das Blut Christi.

gemeinschaftsbildendem Zeichen weder von den menschlichen Zeichen noch von den übrigen sakramentalen Zeichen hinlänglich unterschieden ist. Man kann dann nur sagen, die Zeichenkraft des eucharistischen Zeichens übersteige sowohl die Zeichenkraft jedes menschlichen Zeichens als auch die Zeichenkraft der übrigen sakramentalen Zeichen, aber die entscheidende Frage, w i e das zu verstehen sei, ist damit noch nicht beantwortet [94]. So wird nicht nur auf eine theologische Erklärung verzichtet, sondern auch die Gefahr heraufbeschworen, daß das eucharistische Zeichen - trotz aller Hinweise auf den bloß analogen Charakter des Vergleichs - schließlich doch nach Art eines menschlichen Geschenks oder ähnlich wie die übrigen sakramentalen Zeichen verstanden wird.

Hinzu kommt, daß Schoonenbergs Formulierung, die eucharistische Wandlung sei eine Zeichenwandlung, in der Brot und Wein zu realisierenden Z e i c h e n der Selbstgabe Christi w e r d e n , leicht als Symbolismus ausgelegt werden kann, obgleich Schoonenberg das sicher nicht will und auch wohl glaubt, sich unmißverständlich ausgedrückt zu haben. Denn Brot und Wein werden nach dem Glauben der Kirche doch gerade nicht Z e i c h e n für Christus, sondern C h r i s t u s   s e l b s t . Daher hat Möller sich ohne Zweifel exakter ausgedrückt, wenn er sagt: "Was von Brot und Wein übrigbleibt", nämlich ihre "Species", wird zum Zeichen für Christus. Diese Formulierung setzt aber ein anderes Zeichenverständnis voraus, als Schoonenberg es zugrunde legt. Möller unterscheidet zwei wesentlich verschiedene Zeichenarten, das "reine" und das "nicht-reine" Zeichen. Beim ersten ist n u r die "äußere Gestalt" der Wirklichkeit Zeichen, und zwar für den inneren Sinn, die Substanz dieser Wirklichkeit, während beim zweiten die ganze Wirklichkeit, Gestalt (Species) und Sinn (Substanz) umfassend, Zeichen ist, und zwar für eine andere Wirklichkeit als sie selbst. So ist z.B. die Gestalt eines Blumenstraußes ein "reines" Zeichen für seinen Sinn als Blumenstrauß, während der Blumenstrauß als ganzer (mit Gestalt und Sinn) ein "nicht-reines" Zeichen für etwas anderes ist, nämlich für die Sympathie des Menschen, der ihn als Geschenk überreicht. Diese Unterscheidung Möllers betrifft wirklich das Zeichen als solches, d.h. das, was jeweils als Zeichen fungiert, nämlich die Species allein oder das ganze Ding, bestehend aus Species und Substanz. Schoonenbergs Unterscheidung zwischen gemeinschaftsbildenden realisierenden Zeichen und informierenden realisierenden Zeichen ist demgegenüber nur eine Unterscheidung im Hinblick auf den Inhalt, der durch die Zeichen mitgeteilt wird: ob es ein personaler oder ein rein sachlicher Inhalt ist. Seine Unterscheidung betrifft m.a.W. nicht das Zeichen, sondern das Bezeichnete. Eine solche Unterscheidung reicht aber für die Bestimmung des eucharistischen Zeichens nicht aus. Denn personale Inhalte kann man auch in "nicht-reinen" Zeichen mitteilen, wie man z.B. die Sympathie durch das Überreichen eines Blumenstraußes zum Ausdruck bringen kann. Und umgekehrt können auch "reine" Zeichen sachliche Inhalte bezeichnen wie die Gestalt eines Blumenstraußes seinen Sinn als Blumenstrauß.

---

[94] Vgl. Delmotte, a.a.O., S. 9: "Es gibt nämlich viele Arten von Zeichen. Bei dem einen ist die bezeichnete Einheit zwischen der Innerlichkeit und der Äußerlichkeit enger als bei dem anderen. Worin liegt der Unterschied in der Zeichenkraft, z.B. zwischen der Eucharistie und den anderen sechs Sakramenten?"

In den übrigen sakramentalen Zeichen wird ebenso ein personaler Inhalt mitgeteilt wie im eucharistischen Zeichen. Der Unterschied zwischen den Zeichen in den übrigen Sakramenten und dem Zeichen in der Eucharistie kann daher nicht von der Verschiedenartigkeit des bezeichneten Inhalts (personaler - sachlicher Inhalt) her gewonnen werden, wie Schoonenberg es versucht, sondern nur von der Verschiedenartigkeit der als Zeichen fungierenden Wirklichkeiten her.

Schoonenberg glaubt wohl deshalb, mit einer Unterscheidung der Zeichen nach dem durch sie bezeichneten Inhalt auskommen zu können, weil in dem Begriff des realisierenden Zeichens ja gerade vorausgesetzt wird, daß das durch das Zeichen Bezeichnete auch verwirklicht wird. Erklärt man also, das von einem Zeichen Bezeichnete sei die wahre und wirkliche Selbstgabe, so hat man die Realität dieser Selbstgabe eben schon ausgesagt. Das ist ohne Zweifel richtig, aber andererseits ist damit nur die Tatsache der Selbstgabe behauptet, das "Wie" dieser Selbstgabe aber noch keineswegs erklärt. Und um dieses "Wie" geht es doch gerade bei einer Erklärung des eucharistischen Zeichens. Daher bleibt es dabei : Mit der bloßen Bestimmung des eucharistischen Zeichens als realisierenden und gemeinschaftsbildenden Zeichens kann der Sondercharakter des eucharistischen Zeichens nicht e r k l ä r t werden. Will man die eucharistische Transsignifikation von allen Transsignifikationen sowohl im menschlichen Bereich als auch in den übrigen Sakramenten abgrenzen, so muß der Unterschied im Zeichen selbst gesucht werden, wie Möller es tut. Dann kann man sagen : Während bei einem menschlichen Geschenk und auch in den übrigen Sakramenten immer "vollständige Dinge" Zeichen sind, werden in der Eucharistie nicht Brot und Wein als "Dinge" zu Zeichen Christi, sondern es wird nur das, "was von Brot und Wein übrigbleibt", und das ist nur ihre "Gestalt", ihre Species, zum Zeichen für Christus, während das, was Brot und Wein als "Dinge" sind, nämlich ihr Sinn, ihre Substanz, in Christi Leib und Blut verwandelt wird. Geht man von diesem Zeichenverständnis aus, dann kann nicht nur der Sondercharakter des eucharistischen Zeichens als Species-Zeichen - im Unterschied zum Ding-Zeichen - eindeutig bestimmt werden, es wird vielmehr auch wirklich einsichtig, daß bei diesem Verständnis des eucharistischen Zeichens eine Transsubstantiation vorausgesetzt ist. Denn wenn die Species immer Zeichen der Substanz sind, setzt eine Wandlung ihres Zeichenseins (Transsignifikation) notwendig eine Wandlung ihrer Substanz (Transsubstantiation) voraus. Von der "Phänomenologie des Geschenks" führt durchaus ein Weg zu einem angemessenen Verständnis der eucharistischen Wandlung, wenn man nur den wesentlichen Unterschied zu einem menschlichen Geschenk deutlich herausarbeitet, wie Möller es getan hat.

Das setzt freilich auch eine klare Unterscheidung zwischen Substanz und Species voraus. Schoonenberg hat den Substanzbegriff jedoch überhaupt nicht in seine Überlegungen miteinbezogen [95]. Ist es dann verwunderlich, daß er die eucharistische Transsubstantiation nicht befriedigend zu erklären vermag ? Er spricht

---

[95] Derselbe Mangel findet sich noch pointierter bei Gerken; siehe S. 190.

zwar auch von einer Transfinalisation, aber auch hier wird ähnlich wie bei der Transsignifikation der Sondercharakter der eucharistischen Transfinalisation nicht klar herausgearbeitet.

Schoonenberg nennt die eucharistische Wandlung eine Transsignifikation oder Transfinalisation. Nun setzt zwar jede Transsignifikation insofern eine Transfinalisation voraus, als die Dinge, die zu Zeichen gemacht werden, eine bestimmte Bedeutung, eben einen Zeichensinn erhalten, aber eine solche Transfinalisation erfährt auch ein menschliches Geschenk und die Materie in den übrigen Sakramenten. Darum lautet auch hier die entscheidende Frage : Wodurch unterscheidet sich die Transfinalisation in der Eucharistie von den anderen Transfinalisationen? Eine befriedigende Antwort auf diese Frage ist nur möglich, wenn der Unterschied zwischen substantiellen und akzidentellen Transfinalisationen klar herausgearbeitet wird [96]. Das ist aber bei Schoonenberg, obwohl er einmal sagt, daß "die Finalität und die Bedeutung selbst als 'substantiell' gesehen" [97] werden müssen, keineswegs geschehen, und daher wird bei ihm der Sondercharakter der eucharistischen Transfinalisation ebensowenig deutlich wie der Sondercharakter der eucharistischen Transsignifikation. Im Hinblick auf Schoonenbergs Darstellung sagt Delmotte daher mit Recht : "Die Termini Transfinalisation und Transsignifikation lassen die Frage nach dem 'Wie' in seiner Tiefe unbeantwortet" [98].

Der entscheidende Mangel der Schoonenbergschen Darstellung liegt also darin, daß er den Sondercharakter der Eucharistie im Unterschied zu den übrigen Sakramenten und allem menschlichen Schenken nicht deutlich genug herausgearbeitet hat. Das aber ist die Folge einer noch nicht hinreichend durchdachten Übertragung der Schillebeeckxschen Sakramententheologie auf die Eucharistie. Schillebeeckx deutet die Sakramente in Analogie zur personalen Begegnung unter Menschen, in der sich die personale Kommunikation in einer Symbolhandlung vollzieht, in der der Mensch von ihm verschiedene Dinge zu Zeichen seiner personalen Zuwendung macht [99]. Dieser Ansatz ist ohne wesentliche Modifizierung aber nur zur Erklärung der übrigen Sakramente geeignet, denn dort nur findet wie in der personalen Begegnung unter Menschen keine Transsubstantiation der als Zeichen ver-

---

[96] Auf die grundlegende Bedeutung dieser Frage haben wir bereits bei der Besprechung Weltes hingewiesen, siehe S. 61. Wir werden später eine Antwort auf diese Frage versuchen, siehe S. 213 ff.

[97] Concilium 3 (1967) 305-311; hier: 311.

[98] a.a.O., S. 9.

[99] Schillebeeckx hat übrigens gegen Monden deutlich herausgestellt, daß das sakramentale Zeichen nur in Analogie zu den vom Menschen als Zeichen verwendeten Dingen, nicht aber in Analogie zum Zeichen des menschlichen Leibes und der durch ihn vollzogenen Gebärden gedeutet werden kann (siehe S. 25 f). Das hat Schoonenberg in seinem ersten Artikel, in dem er die Eucharistie mit der Hingabe des Leibes in der Ehe vergleicht, nicht beachtet. Christus wird ja nicht im Zeichen seines Leibes, sondern im

wendeten Dinge statt, diese erhalten nur die zusätzliche akzidentelle Bestimmung, Zeichen der personalen Zuwendung zu sein. In der Eucharistie werden Brot und Wein aber nicht nur zu Zeichen Christi, sondern zu Christi Leib und Blut. Etwas Vergleichbares ist in der personalen Begegnung unter Menschen nicht möglich, und daher kann die personale Begegnung mit Christus in der Eucharistie nicht allein mit den Kategorien der personalen Begegnung unter Menschen ausgedrückt werden. Das hat Möller deutlich gesehen, wenn er das eucharistische Zeichen nicht aus der menschlichen Symbolhandlung, sondern aus der Struktur der vom Menschen als Zeichen verwendeten Dinge ableitet, und das heißt: aus ihrer Konstitution aus Sinn (Substanz) und Gestalt (Species). Die "innere Möglichkeit", wie ein Ding zum bloßen Ausdruck der Selbstgabe eines anderen werden kann, ist nur einsichtig zu machen, wenn neben dem Zeichenbegriff auch der Substanzbegriff in die Überlegung miteinbezogen wird. Das Schillebeeckxsche Sakramentenverständnis kann daher nicht, wie Schoonenberg es tut, unverändert auf die Eucharistie angewendet werden; es bedarf vielmehr einer entscheidenden Erweiterung: der Einführung eines Zeichens, das wirklich Zeichen der substantiellen Wirklichkeit des Bezeichneten ist, und dazu bietet sich nach allem nur der Species-Zeichenbegriff als Pendant des Substanzbegriffes an.

Damit soll natürlich nicht gesagt werden, daß der von Schoonenberg beschrittene Weg, die Eucharistie in der Weise der Schillebeeckxschen Sakramententheologie von der in einer Symbolhandlung sich vollziehenden personalen Begegnung her zu verstehen, nicht gangbar sei. Die damit gegebene personale Betrachtung der Eucharistie ist vielmehr ein echter Gewinn für ein angemessenes Eucharistieverständnis. Aber man kann die Eucharistie nicht ohne Unterschied in derselben Weise beschreiben, wie Schillebeeckx die Sakramente im allgemeinen beschrieben hat [100].

Zeichen von Dingen, Brot und Wein, gegenwärtig, so daß das Zeichen des menschlichen Leibes sich nicht als Analogon eignet. Das ist auch schon deshalb nicht möglich, weil der Leib von seinem Wesen her zur menschlichen Person gehört und so stets mit ihr verbunden ist, während Brot und Wein durchaus ein selbständiges Sein besitzen und erst nachträglich durch die eucharistische Wandlung mit Christus verbunden werden. So bleibt allein das Zeichen eines Dinges als möglicher Ansatzpunkt für eine Erklärung des eucharistischen Zeichens.

[100] Das hat Schillebeeckx übrigens selbst gesehen, wenn er den Substanzbegriff und die Transsubstantiation in den Mittelpunkt seiner Deutung der eucharistischen Wandlung stellt. Siehe S. 110 ff.

6. Smits : Die Eucharistie als Geschenk des Gott-Menschen an uns

Ähnlich wie für Möller und Schoonenberg bildet auch für Smits das Paradigma des menschlichen Schenkens die Grundlage für die Interpretation der Eucharistie [101]. Er erläutert das menschliche Schenken an dem Beispiel einer Frau, die ihren Gästen zum Willkommen "thee met een koekje" anbietet.

> "Wenn wir irgendwohin auf Besuch gehen, wird die Gastgeberin ihr Willkommen durch das Anbieten von Tee mit Keks ausdrücken, also in dem allgemein menschlichen Symbol von Speise und Trank. Bis dahin hatten dieser Keks und dieser Tee nur die Bedeutung eines Mittels zum Unterhalt leiblicher Funktionen. In dem Augenblick jedoch, in dem der Tee und der Keks als Gaben verwendet werden, verändern sie sich : sie sind Zeichen von Freundschaft geworden" (51).
>
> "So bilden diese Gaben eine verlängerte Leiblichkeit, eine Art mystischer Leib. Genauso wie sich das Willkommen im Wort inkarniert, das der eigene Leib spricht, genauso und noch besser inkarniert sich das Willkommen in der Gabe, die ich durch das Mittel meines Leibes anbiete; Speise und Trank übernehmen die Funktion des eigenen Leibes. ... Dasjenige, was ich erst nur Nahrung nennen konnte in der stofflich-biologischen Bedeutung des Wortes, darf ich jetzt nicht mehr mit dem Namen Nahrung bezeichnen, denn es besitzt jetzt keine Funktion mehr in einem biologischen, sondern in einem personalen Zusammenhang. ... Ich brauche nicht zu schließen von dem Tee als einem Zeichen, das außerhalb seiner selbst verweist auf die Gefühle des Willkommens bei der Gastgeberin, die anderswo wären : der Tee ist kein Signal. Der Tee ist das inkarnierte Willkommen, das ich in einem intuitiven Griff zusammen erfasse. Das Zeichen ist die Inkarnation des Bezeichneten : im ganzen Tee ist das ganze Willkommen der Frau zu einem untrennbaren Ganzen vereinigt" (52).

Tee und Keks werden durch ihre Verwendung als Willkommensgabe "verändert". Das Sein der Dinge wird folglich durch ihre Verwendung, ihre Funktion (ihren "Finis") bestimmt. Diese seinsbestimmende Funktion ist bei Smits aber nicht

---

[101] Eine umfassende und systematische Darstellung seiner Gedanken bietet das Büchlein : Vragen rondom de Eucharistie, Roermond-Maaseik 1965. Unsere Darstellung fußt auf diesem Buch; alle Zitate beziehen sich hierauf. Kürzere Artikel : Nieuw zicht op de werkelijke tegenwoordigheid van Christus in de Eucharistie, in : De Bazuin 48 (1964/65) 3-4; Beantwoording van vragen en opmerkingen aan L. Smits, in : De Bazuin, a.a.O., S. 4-6; Van oude naar nieuwe transsubstantiatieleer, in : Heraut 95 (1964) 337-340.

eine o b j e k t i v e Funktion, die den Dingen "an sich" und unabhängig von der
Verwendung durch den Menschen eignet, sondern die s u b j e k t i v e Funktion,
die der Mensch den Dingen "für sich" gibt, wenn er sie für seine Zwecke verwendet. Wäre nämlich die objektive Funktion der Dinge "an sich" für das Sein der
Dinge ausschlaggebend, dann könnte Smits nicht sagen, Tee und Keks besäßen
keine Funktion mehr im biologischen Zusammenhang, wenn sie als Freundschaftszeichen verwendet werden. Denn es unterliegt doch keinem Zweifel, daß Tee und
Keks auch bei ihrer Verwendung als Freundschaftszeichen noch die biologische
Funktion von Nahrung besitzen : sie nähren in derselben Weise, ganz gleich, ob
sie als Freundschaftszeichen oder als bloße Sättigungsmittel genossen werden,
und es macht keinen Unterschied aus, in welcher Absicht der Mensch sie zu sich
nimmt. Wenn aber die subjektive Funktion, die der Mensch den Dingen "für sich"
beimißt, das Sein der Dinge bestimmt, kann Smits mit Recht sagen, es sei ein
Unterschied, ob der Mensch etwas als bloßes Sättigungsmittel oder als Freundschaftszeichen betrachte. Im Hinblick auf die subjektive Funktion sind Tee und
Keks, wenn der Mensch sie als Willkommensgabe präsentiert, sicher etwas
anderes, als wenn er sie als bloße Sättigungsmittel versteht. Smits' Ausführungen
sind daher nur dann verständlich, wenn er der Meinung ist, das Sein eines Dinges
werde durch die menschliche Verwendung bestimmt.

Das Zeichensein von Tee und Keks versteht Smits ganz im Sinne des Schillebeeckxschen realisierenden Zeichens. Tee und Keks sind das "inkarnierte Willkommen".
Sie sind daher kein "Signal", d.h. kein Zeichen, das auf etwas "außerhalb seiner
selbst" als auf das Bezeichnete verweist, vielmehr bilden Tee und Keks zusammen mit dem Willkommen ein "untrennbares Ganzes". Tee und Keks sind m.a.W.
die zwei Komponenten der einen Zeichenhandlung, mit der die Gastgeberin ihre
Gäste willkommen heißt. Tee und Keks sind die realisierenden Zeichen des Willkommens, der notwendige Ausdruck, den die Intention der Gastgeberin, ihre
Gäste willkommen zu heißen, verlangt, wenn diese Intention ihr Ziel, das Willkommenheißen der Gäste, wirklich erreichen soll.

Die eucharistische Wandlung beschreibt Smits in Parallele zu der Verwandlung,
die Tee und Keks bei ihrer Verwendung als Willkommensgabe erfahren.

> "Was geschieht nun, wenn der Herr seine Liebe ausdrückt im Anbieten von
> Brot und Wein? Insofern der Herr wahrhaftig Mensch ist, geschieht dasselbe wie in unserem Beispiel. Er inkarniert darin seine menschliche Liebe.
> ... Der Herr ist jedoch mehr als ein Mensch. Er darf nicht nur Mensch
> genannt werden, denn er ist Gottes Sohn. Als Gottes Sohn drückt er in
> seiner Menschheit für uns aus, was Gott selbst im Hinblick auf uns 'beabsichtigt'. Jesu Wort drückt folglich nicht nur aus, was in seinem menschlichen Inneren vorgeht, sondern was in Gottes Innerem vorgeht. In den Gaben inkarniert sich nicht nur die Liebe eines Menschen, sondern des Gottmenschen: Gottes Liebe wird 'prüfbar'. Auch hier brauche ich nicht zu
> schließen und einen Sprung zu machen von den Gaben als Signal-Zeichen
> nach einem Geschehen anderswo: nein, das Geschehen vollzieht sich in
> dem Zeichen. Das Zeichen ist die inkarnierte Liebe des Gottmenschen.
> ... In dem Augenblick findet eine Identifizierung statt: die Gaben bilden
> eine Einheit mit dem Leib und beide bilden eine Einheit mit dem

Inneren des Gottmenschen, worin er seine Selbstgabe an mich so ausdrückt, daß er mit seiner ganzen Person darin gegenwärtig ist " (53 f).

Wenn Christus in den Gaben von Brot und Wein seine Liebe anbietet, geschieht dasselbe wie in dem Beispiel der Frau, die Tee und Keks zum Willkommen präsentiert. Der einzige Unterschied zwischen Tee und Keks und Christi Gaben von Brot und Wein besteht darin, daß Christi Gaben nicht nur der Ausdruck der Liebe eines Menschen, sondern der Liebe des Gottmenschen sind. Christi Gabe ist mehr als ein menschliches Geschenk, weil Christus mehr als ein Mensch ist. Weil Christus kraft der hypostatischen Union Gott und Mensch zugleich ist, ist auch seine Gabe eine menschliche und eine göttliche Gabe zugleich.

Für Smits besteht so ein innerer Zusammenhang zwischen der "unio hypostatica" und der eucharistischen Transsubstantiation:

> "Die Transsubstantiation hängt von der unio hypostatica ab. Die Transsubstantiation ist eine Folge der unio hypostatica. Die Transsubstantiation ist nur ein Aspekt des einen Mysteriums, das unio hypostatica heißt. ... Die unio hypostatica ist selbst eine Art Transsubstantiation. Auf die Frage, wer ist Jesus Christus, wen habe ich jetzt vor mir, darf ich nicht mehr antworten: einen Menschen. ... Obwohl Jesus nichts Menschliches fremd ist, darf ich ihn allein Gottes Sohn nennen. Etwas ähnliches findet auch auf einer niedrigeren Ebene statt. Eine Pflanze bewahrt all das, was dem Stoff eigen ist. Doch darf ich auf die Frage, was das für eine Substanz ist, was mir da entgegen tritt, nicht mehr mit dem Wort 'Stoff' antworten. Es ist ja eine andere Substanz entstanden: die Pflanze. Die Evolution bewirkte eine Transsubstantiation, durch die all das, was die frühere 'Substanz' enthielt, erhalten bleibt, aber in seiner Ganzheit aufgenommen wird in eine höhere Substanz: Das Stoffliche wird aufgenommen in das Pflanzliche. Eine gleiche Transsubstantiation geschieht, wenn das Pflanzliche in das Tierische und dieses darauf in das Menschliche aufgenommen wird. ... In dieser Transsubstantiation geht nichts von der früheren Substanz verloren, sondern die ganze frühere Substanz bleibt bei der Aufnahme in eine höhere Seinseinheit erhalten"(57).

> "Die unio hypostatica zerstört nichts von der Menschheit, sondern setzt sie gerade voraus und erhöht sie. Das ist die Anwendung des allgemeinen und typisch christlichen Axioms, daß die Gnade die Natur nie zerstört, sondern voraussetzt und erhöht. Die unio hypostatica nimmt nicht den Kern, die Substanz aus Jesu Menschheit fort, um die Substanz seiner Gottheit an die Stelle zu setzen; die unio hypostatica setzt gerade eine vollständige Menschheit voraus und führt diese zu ihrer höchsten Entfaltung" (58).

> "Wir sagen, daß für eine wirkliche unio hypostatica von Jesu Menschheit in die Person des Logos die Ganzheit der Menschheit eine Voraussetzung war. Wird nicht auch für die Transsubstantiation von Brot und Wein in die Menschheit des Logos die Ganzheit und die Vollständigkeit von Brot und Wein eine Voraussetzung sein können? Müssen wir nicht auch hier sagen, daß alles, was Brot und Wein eigen ist, bleibt, aber daß dies in seiner Ganzheit

aufgenommen wird in eine höhere Seinsdimension? Müssen wir nicht auch hier sagen, daß die Gnade die innerweltlichen Werte nicht zerstört, sondern gerade nötig hat? Gerade weil Brot und Wein rein natürlich und innerweltlich gesehen gleich bleiben, können sie aufgenommen und tiefgreifend verändert werden. Obwohl alles Frühere bleibt, ist doch eine ganz neue Substanz entstanden. Auf die Frage, was da vorliegt, darf ich nimmermehr antworten : Brot und Wein. Ich würde dann das 'Wesentliche' in meiner Antwort vernachlässigen. Ebensowenig wie ich Jesus nur 'Mensch' nennen darf, darf ich die Eucharistie nur 'Brot' und 'Wein' nennen" (59).

Smits bringt die eucharistische Transsubstantiation mit der hypostatischen Union und diese wiederum mit der "Transsubstantiation" zusammen, die der Stoff erfährt, wenn er im Laufe der Evolution in der Pflanze und im Tier zum lebendigen und dann im Menschen zum geistigen Sein emporgeführt wird.

Das könnte leicht mißverstanden werden, wenn man den Begriff Transsubstantiation in allen Fällen gleichsinnig versteht. Die Gleichsetzung von eucharistischer Transsubstantiation und hypostatischer Union führte zu der dogmatisch unhaltbaren Impanationstheorie, und auch die Verbindung der zwei Naturen in der einen Person des Logos darf nicht nach Art der Verbindung von Stoff und Leben in der einen Substanz der Pflanze oder des Tieres verstanden werden. Das tut Smits auch nicht. So weist er die Impanationstheorie ausdrücklich zurück [102] und nennt die unio hypostatica nur "eine Art Transsubstantiation".

Smits hat nur einen Vergleich im Sinne. Er vergleicht einmal das Verhältnis von Menschheit und Gottheit in der hypostatischen Union mit dem Verhältnis von Stoff und Leben in der Pflanze und zum anderen das Verhältnis von Menschheit und Gottheit in der hypostatischen Union mit dem Verhältnis von Brot und Christi Leib in der Eucharistie. In den genannten Fällen handelt es sich stets um die Verbindung eines "Niederen" mit einem "Höheren", nämlich um die Verbindung von Menschheit mit Gottheit, von Stoff mit Leben und von Brot mit dem Leibe Christi. Den gemeinsamen Vergleichspunkt bildet hierbei die "Ganzheit und Vollständigkeit", die das Niedere bei seiner Aufnahme in das Höhere nicht verliert. So bleibt die Menschheit bei ihrer Vereinigung mit der Gottheit "ganz und vollständig" erhalten, ähnlich wie der Stoff bei seiner Verbindung mit dem Leben. Ebenso will Smits mit seinem Vergleich von unio hypostatica und eucharistischer Transsubstantiation sagen, daß Brot und Wein in der eucharistischen Transsubstantiation "rein natürlich und innerweltlich gesehen" ganz und vollständig erhalten bleiben, obwohl eine "ganz neue Substanz" entstanden ist [103].

---

[102] Vgl. : "Es ist natürlich nicht so, daß Gott Brot wird. Gott ist nur Mensch geworden" (53). "Brot und Wein sind die Verlängerung des Leib-Subjektes geworden, folglich nicht der Leib selbst (jede Furcht vor der Impanationstheorie ist natürlich unbegründet)" (78).

[103] Vgl. : "Die Aufnahme in die hypostatische Vereinigung ist nicht dasselbe wie die Aufnahme in die Transsubstantiation, aber die eine Aufnahme fließt wohl unmittelbar aus der anderen und in beiden Fällen greift eine tiefgreifende Veränderung Platz" (78).

Diese natürliche und innerweltliche Ganzheit und Vollständigkeit von Brot und Wein auch nach der Transsubstantiation bedeutet für Smits: "Es bleiben nicht nur die Akzidenzien, sondern auch die Substanz. Das einzige, was sich ändert, ist, daß das Brot eine neue Funktion bekommt. Es wird ein Zeichen" (66). Vor allem durch die Annahme, daß auch die Substanz von Brot erhalten bleibt, unterscheidet sich nach Smits die neue von der alten Transsubstantiationslehre.

Die These, nach der Konsekration bleibe die Substanz des Brotes erhalten, wirkt überraschend, da Smits doch zuvor die Verwendung von Brot und Wein durch Christus als Transsubstantiation bezeichnet hat. Wird diese Transsubstantiation nun widerrufen oder muß man nun gar eine Konsubstantiation annehmen? Die Schwierigkeit löst sich jedoch, wenn man bedenkt, in welchem Sinne Smits jeweils den Begriff "Substanz" versteht. Die "Substanz", die sich ändert, ist die "Funktion" des Brotes. Die "Substanz", die erhalten bleibt, kann daher nur eine Bestimmung der Dinge "an sich" sein, unabhängig von der Funktion, die ein handelndes Subjekt ihnen zulegt. Es ist die Substanz, wie sie die alte Transsubstantiationslehre verstand, von der Smits hier seine neue Transsubstantiationslehre abgrenzt. Die "Substanz", die bleibt, wird somit als eine objektive Bestimmung der Dinge, als eine Substanz "in den Dingen" verstanden, so wie die Substanz in der alten Lehre als die innere Form in den Dingen interpretiert wurde. Vom Standpunkt des handelnden Subjektes aus gesehen ist eine solche, als objektive Bestimmung der Dinge verstandene Substanz aber gar nicht die wirkliche Substanz. Hier ist die Substanz vielmehr in der Funktion, in dem Sinn, zu suchen, den das handelnde Subjekt den Dingen beimißt. Die als Form verstandene Substanz gehört in dieser Sicht wie alle objektiven Bestimmungen auf die Seite des Mittels, mit dem das handelnde Subjekt seine Intentionen "inkarniert". Daß bei einer Sinn- und Funktionsänderung durch das handelnde Subjekt die objektiven Bestimmungen der Dinge und damit auch eine als solche verstandene Form-Substanz unverändert bleiben, unterliegt keinem Zweifel. Smits' Ausführungen sind daher zwar in sich widerspruchsfrei, aber sie sind deshalb mißverständlich, weil er auch die Substanz der alten Auffassung weiterhin Substanz nennt, obwohl er sie von seinen Voraussetzungen her gar nicht mehr Substanz nennen dürfte [104].

---

[104] Gerade solche unscharfen und mißverständlichen Formulierungen haben viel dazu beigetragen, die neuen Interpretationen in Verruf zu bringen. Vgl. dazu H. Fortmann, Enkele notities bij nieuwere visies op transsubstantiatie en eucharistische presentie, in: Theologie en Zielzorg 61 (1965) 89-91:
"E i n i g e Verfechter der neueren Sicht geben durch weniger glückliche Formulierungen doch wohl einigen Anlaß dazu, daß die Rechtgläubigkeit ihrer Ausführungen durch einige bezweifelt wird. Ich könnte hier eine ganze Reihe von Zitaten vorlegen, die alle mehr oder weniger sagen, daß d i e S u b s t a n z v o n B r o t u n d W e i n n a c h d e r K o n s e k r a t i o n b e s t e h e n b l e i b t. Aus dem Zusammenhang geht dann aber hervor, daß man e i g e n t l i c h sagen will, daß d a s j e n i g e, w a s i n d e r f r ü h e r e n A u f f a s s u n g a l s S u b s t a n z b e t r a c h t e t w u r d e, durch die Konsekration u n v e r ä n d e r t

Smits bringt Transsubstantiation und unio hypostatica aber nicht nur in Zusammenhang, um zu zeigen, daß Brot und Wein "in sich betrachtet" auch nach der Konsekration unverändert bleiben, sondern vor allem, um die unio hypostatica als die notwendige Grundlage der eucharistischen Transsubstantiation zu erweisen :

> "Durch die unio hypostatica ist Gottes Sohn in den Besitz einer Menschheit, eines Geistes in einem Leib, gelangt. Sobald Er dies Menschliche besitzt, ist Er auch in der Lage, sich in diesem Menschlichen uns gegenüber auszudrücken. ...
> Wenn Christus Brot zur Hand nimmt, dann verlängert Er in dieser Brotgabe die Ausdrucksmöglichkeit seiner eigenen Leiblichkeit. Er drückt seine Selbstgabe nicht nur in Worten aus, sondern in einer Gabe von Brot. ...
> Das Brot, das erst nur Nahrung war und keine andere Funktion besaß, ist Zeichen menschlicher Freundschaft geworden, nämlich des Menschen Jesus. Dies menschliche Freundschaftszeichen ist jedoch transsubstantiiert, weil dieser Mensch hypostatisch mit Gottes Sohn vereinigt ist. Dies menschliche Freundschaftszeichen ist Freundschaftszeichen von Gottes Sohn geworden. In diesem Zeichen ist Gottes Liebe selbst präsent" (60 f).

> "Das Geheimnis für den Glauben beginnt da, wo das Brot, das von Christus als Mensch in die Hand genommen und an mich ausgeteilt wird als Ausdruck der Selbstgabe, nicht nur Ausdruck der Selbstgabe eines Menschen, sondern von Gottes Sohn selbst ist. Dieses wahrhaftige menschliche Geschehen wird 'aufgenommen' von Gottes Sohn : es ist eine unio hypostatica, durch die dieses Menschliche zu einem Ausdruck der Gottheit wird, und es ist eine Transsubstantiation, durch die diese menschliche Gabe zu einem Ausdruck der göttlichen Selbstgabe wird" (68).

Die eucharistischen Gaben Christi sind wie jede Gabe Ausdruck der Selbstgabe desjenigen, der sich durch sie einem anderen schenken will, aber sie sind nicht nur Ausdruck der Selbstgabe eines Menschen, sondern Ausdruck der göttlichen Selbstgabe, weil Christus Mensch u n d Gott ist. Hier ist die menschliche Gabe "transsubstantiiert" in eine göttliche Gabe. Die eucharistische Transsubstantiation versteht Smits daher als Umwandlung eines menschlichen Geschenks in ein göttliches Geschenk und so auch als Umwandlung eines Zeichens menschlicher Selbstgabe in ein Zeichen göttlicher Selbstgabe.

> bestehen bleibt. Aber die Weise, wie man das formuliert, ist inkonsequent, weil man selbst erst von einem neuen Begriff dessen, was als die 'Substanz' von etwas betrachtet werden muß, ausgegangen ist und dann später das Wort Substanz in der alten Bedeutung verwendet, nämlich wie es in der gängigen Theologie aufgefaßt wird. Durch derartige Formulierungen wird allerlei Mißverständnissen Vorschub geleistet und es wird vielen unnötig schwer gemacht, die neuere Sicht nachzuvollziehen oder wenigstens Verständnis dafür aufzubringen" (a.a.O., S. 90).

Diese göttliche Selbstgabe kann nur in Analogie zur menschlichen Selbstgabe richtig verstanden werden. Daher lautet die entscheidende Frage: "Wie gibt ein Mensch sich einem anderen durch Worte? Wie verstärkt er diese Selbstgabe durch Anbieten eines 'Geschenks'?" (61 f)

> "Wir können darin zwei Aspekte unterscheiden, nämlich den äußeren Kontakt und den inneren Kontakt. Der eine braucht nicht mit dem anderen zusammenzugehen. Ich kann mit einem anderen leiblich Kontakt haben, obwohl wir doch mit unserer Innerlichkeit einander fremd bleiben und keinen Kontakt bekommen können. Der leibliche Kontakt, das Beieinandersein der Leiber, bringt nicht notwendig einen wirklichen Kontakt mit dem Menschen als Menschen mit sich, d.h. mit unserer Innerlichkeit, unserem Denken, Wollen und Fühlen. Wohl ist der leibliche Kontakt Voraussetzung für den inneren Kontakt. ...
> Es geht im Christentum um einen Kontakt mit dem Menschen Jesus, mit seinen Worten und seinen Gaben. Der leibliche Kontakt ist eine Voraussetzung für den geistigen Kontakt. Überdies bleibt der leibliche Kontakt die Weise, in der der geistige Kontakt sich vollzieht. Dadurch trete ich in die Seinsmitte dieses Juden ein und bin in der Lage, stets besser und tiefer die Welt zu erleben und zu erfahren, wie Er es tut. Dieser Jude lebt immer noch und Er spricht zu mir sein Wort durch die Verkündigung und schenkt mir seine Gabe durch die Eucharistiefeier. Dieser leibliche Kontakt ist zwar ein indirekter Kontakt, aber er läßt nicht weniger wirklich einen unmittelbaren geistigen Kontakt zu. Ich trete in die Seinsmitte des Herrn ein, die mir nicht nur eine menschliche Innerlichkeit offenbart, sondern darin die Innerlichkeit von Gottes Sohn selbst" (62 f).

In Parallele zur menschlichen Selbstgabe beschreibt Smits die Selbstgabe Christi in der Eucharistie als Teilgabe an seiner Innerlichkeit. Da Christus aber Gott und Mensch zugleich ist, bedeutet diese Teilgabe Teilnahme an einer göttlich-menschlichen Innerlichkeit. So vermitteln die Gaben von Brot und Wein eine innige Verbindung zwischen den Gläubigen, die sie genießen, und dem Gottmenschen Jesus Christus, der sie als Zeichen seiner Selbstgabe reicht. In diesen Gaben gibt Christus den Gläubigen Anteil an seiner Innerlichkeit, an seinem Denken, Wollen und Fühlen und wird so für sie gegenwärtig.

Den Unterschied zwischen der Gegenwart Christi in der Eucharistie und in den anderen Sakramenten beschreibt Smits folgendermaßen:

> "Bei den anderen Sakramenten ist Christus gegenwärtig in der Handlung, welche der Spender in seinem Namen vollzieht. ... In der Eucharistie ist jedoch eine andere und längere Gegenwart des Herrn. Die Eucharistie ist nie eine vorübergehende Handlung, sondern eine Gabe, die bleibt, auch nachdem das Geben abgeschlossen ist" (71).

Fassen wir die Grundgedanken kurz zusammen:

Smits bestimmt die Eucharistie als göttliches Geschenk in Parallele zum menschlichen Schenken. Beim Schenken überreichen wir ein Ding (das "Geschenk") zum Zeichen unserer Selbstgabe. Dadurch wird das überreichte Ding zwar nicht "an sich" verändert, aber es erhält die neue Funktion, Zeichen unserer Selbstgabe zu sein, und damit ist es "für uns" dennoch etwas anderes geworden. Selbstgabe aber bedeutet Teilgabe an unserer Innerlichkeit, an unserem Denken, Wollen und Fühlen.

Genauso schenkt Christus in der Eucharistie Brot und Wein als Zeichen seiner Selbstgabe. Auch Brot und Wein werden dadurch nicht "an sich" verändert, sondern sie erhalten nur die neue Funktion, Zeichen der Selbstgabe Christi zu sein; "für uns" sind sie dadurch dennoch wesentlich verändert. Der Unterschied zwischen dem menschlichen und dem göttlichen Schenken besteht darin, daß sich in den eucharistischen Gaben von Brot und Wein nicht nur ein Mensch, sondern der Gottmensch Jesus Christus schenkt, so daß Brot und Wein zu Zeichen einer göttlichmenschlichen Selbstgabe werden. Daher vermitteln sie nicht nur die Teilnahme an einer menschlichen, sondern auch an einer göttlichen Innerlichkeit. Durch sie nehmen wir teil am Denken, Wollen und Fühlen Gottes.

Diese Interpretation der eucharistischen Wandlung hat eine lebhafte, wenn auch nicht immer sachliche Kritik hervorgerufen. Das einprägsame Beispiel von der Hausfrau, die ihren Gästen zum Willkommen Tee und Keks anbietet, ist allgemein bekannt und für viele geradezu zum Musterbeispiel für die Unzulänglichkeit der "neuen" Interpretationsversuche geworden. Als "Tee bei der Tante" hat man dieses Eucharistieverständnis verspottet, obwohl Smits bei seinem Beispiel doch nur einen Vergleich und keine Gleichsetzung im Sinne hat [105]. Doch selbst wenn dieses Beispiel nur als Analogie verstanden wird, bleiben noch viele Fragen offen. So sagt Delmotte:

"Das gewählte Beispiel von der Frau und der Tasse Tee läßt den Einwand aufkommen, ob Christus denn nicht mehr und realer in den eucharistischen Gaben gegenwärtig ist als das Wohlwollen der Frau, das heißt als die Frau selbst, in dem, was sie anbietet. Es wird wohl die Absicht des Autors sein, daß der Leser dieses Bild überschreitet und auf die volle Identität des Herrn mit den heiligen Gaben schließt. Aber wir wären bei dem schwierigen und entscheidenden Schritt gerne unterstützt worden." [106]

---

[105] Vgl. O.H. Pesch, Wirkliche Gegenwart Christi, in: Wort und Antwort 8 (1967) 78-83; hier: 82, und H. Fortmann, a.a.O., S. 90.

[106] a.a.O., S. 14.

Hier ist die entscheidende Frage, welche die Interpretation von Smits aufwirft, klar erkannt : Es wird zwar gesehen, daß das gewählte Beispiel nur eine Analogie ist, aber worin genau der Unterschied zur Eucharistie besteht, bleibt unklar. Die entscheidende Frage an Smits lautet daher : Welcher w e s e n t l i c h e Unterschied besteht zwischen der Willkommensgabe von Tee und Keks, welche die Hausfrau anbietet, und Christi Gaben von Brot und Wein? Diese Frage stellt sich sowohl im Hinblick auf die Sinn- und Funktionsänderung (Transfinalisation) als auch im Hinblick auf den Zeichencharakter der Gaben (Transsignifikation).

Smits vergleicht die eucharistische Wandlung von Brot und Wein mit der Wandlung, die Tee und Keks bei ihrer Verwendung als Willkommensgabe erfahren. Ähnlich wie Tee und Keks, wenn sie als Willkommensgabe überreicht werden, nicht mehr in einem biologischen Zusammenhang die Funktion von Nahrung besitzen, sondern in einem personalen Zusammenhang die Funktion von Freundschaftszeichen erhalten, so sind auch Brot und Wein, wenn Christus sie zur Hand nimmt, nicht mehr vom biologischen Zusammenhang her als Nahrung zu verstehen, sondern von der neuen Funktion her, die sie in dem personalen Zusammenhang zwischen Christus und den Seinen erfüllen : sie werden zu Zeichen seiner Selbstgabe. In der Eucharistie, so sagt Smits ausdrücklich, geschieht "dasselbe" wie in dem Beispiel von der Hausfrau, der einzige Unterschied besteht darin, daß Tee und Keks Zeichen einer bloß menschlichen Liebe, Brot und Wein aber Zeichen einer gott-menschlichen Liebe sind. Der Unterschied zwischen der Transfinalisation von Brot und Wein und der Transfinalisation von Tee und Keks wird also in der unterschiedlichen Intention gesehen, die sich jeweils in den Gaben inkarniert : Brot und Wein sind Ausdruck einer gott-menschlichen Intention, während Tee und Keks Zeichen einer bloß menschlichen Intention sind.

Diese Unterscheidung zwischen einer gott-menschlichen und einer rein menschlichen Transfinalisation gibt aber keine Auskunft darüber, welcher Unterschied im Sein der jeweils transfinalisierten Gaben - Brot und Wein bzw. Tee und Keks - besteht; sie betrifft nur die Intention der transfinalisierenden Subjekte. Es wird m.a.W. nur gesagt, daß sich die Intention Christi von der Intention der Hausfrau unterscheidet, aber welcher Unterschied als Folge dieser grundverschiedenen Intentionen im Sein der verwendeten Dinge selbst bewirkt wird, erfahren wir nicht. Die im Hinblick auf die Einzigartigkeit der eucharistischen Wandlung entscheidende Frage zielt aber nicht auf die verschiedene Intention der handelnden Subjekte, sondern auf die verschiedene Konsequenz, welche die Realisation einer gott-menschlichen bzw. einer rein menschlichen Intention für das Sein der hierbei verwendeten Dinge hat. Die entscheidende Frage lautet doch : Was geschieht mit Brot und Wein bei der Transfinalisation durch Christus im Unterschied zu Tee und Keks bei der Transfinalisation durch die Hausfrau?

Auf diese Frage gibt Smits jedoch keine eindeutige Antwort. So geht aus seiner Darstellung schon nicht klar hervor, welches ontologische Gewicht einer menschlichen Funktionsänderung zukommt, wie sie bei der Verwendung von Tee und Keks als Willkommensgabe stattfindet. Er sagt nur, daß die Dinge durch sie "verändert werden". Betrifft diese Veränderung aber die Substanz der Dinge, selbst wenn diese nur eine vom Menschen gestiftete Substanz ist, oder ist sie nur eine akzidentelle Veränderung, wie Möller es für das gleichartige Beispiel des Blumenstraußes annimmt, der als Zeichen der Sympathie dient? Die Verwendung von Brot und Wein durch Christus bezeichnet Smits hingegen ausdrücklich als Tanssubstantiation. Doch selbst wenn wir heraus schließen, daß Smits die Transfinalisation von Tee und Keks nur als akzidentelle Veränderung ansieht, bleibt im Hinblick auf die Unterscheidung zwischen gott-menschlicher und rein menschlicher Transfinalisation immer noch die Frage unbeantwortet, worin der Unterschied zwischen einer substantiellen und einer akzidentellen Transfinalisation besteht. Diese entscheidende Frage ist von Smits nicht einmal gestellt, geschweige denn beantwortet worden, und daher bleibt auch unklar, worin der wesentliche Unterschied zwischen den transfinalisierten Dingen Brot und Wein und den transfinalisierten Dingen Tee und Keks besteht. So bleibt der entscheidende Unterschied zwischen der gott-menschlichen Transfinalisation von Brot und Wein und der bloß menschlichen Transfinalisation von Tee und Keks im dunkeln.

Damit zeigt sich wieder einmal, wie wichtig es bei der Verwendung des Begriffes Transfinalisation ist, exakt zwischen substantieller und akzidenteller Transfinalisation zu unterscheiden. Eine solche Unterscheidung setzt freilich eine genaue Klärung des Substanzbegriffes voraus. Diese Klärung fehlt aber bei Smits. Das zeigt sich sowohl darin, daß er das ontologische Gewicht der menschlichen Funktionsänderungen nicht eindeutig bestimmt, als auch darin, daß er den Terminus Substanz mehrdeutig verwendet.

Hätte Smits sich eingehender mit dem Substanzbegriff befaßt, dann würde er auch wohl kaum die eucharistische Transfinalisation als "Zeichenwandlung" bestimmt haben: Brot und Wein werden zu "Zeichen" der Selbstgabe Christi. Versteht man diese Formulierung nicht aus dem Zusammenhang des Smitsschen Denkens, dann könnte man sie mit Recht als symbolistisch bezeichnen. Denn Brot und Wein werden ja nicht Zeichen für Christus, sondern Christus selbst. Eine göttliche Transfinalisation betrifft den substantiellen Sinn, und daher wird durch sie die Substanz von Brot und Wein verwandelt. Zeichen kann dann nicht mehr das Brot selbst sein, sondern nur das, was vom Brot "übrigbleibt", wie Möller sagt. Nur bei einer menschlichen Transfinalisation werden die Dinge wie Tee und Keks selbst zu Zeichen, weil eine menschliche Transfinalisation nicht den substantiellen Sinn verändert, sondern diesem nur einen neuen akzidentellen Sinn hinzufügt [107]. Wenn Smits daher sagt, die göttliche Transfinalisation bewirke, daß Brot und Wein zu Zeichen der Selbstgabe Christi werden, wird wieder einmal deutlich, daß er den Unterschied zwischen einer substantiellen göttlichen Transfinalisation und einer bloß akzidentellen menschlichen Transfinalisation nicht klar herausgearbeitet hat.

---

[107] Vgl. dazu die Ausführungen Beinerts (siehe S. 183) und unsere Überlegungen S. 224 f.

Bei dieser unzureichenden Erklärung der eucharistischen Transfinalisation kann es nicht ausbleiben, daß auch die von Smits versuchte Bestimmung des eucharistischen Zeichens nicht befriedigt. Die entscheidende Frage lautet hier: Worin besteht der Unterschied zwischen den Zeichen von Tee und Keks und den Zeichen von Brot und Wein? Smits sagt, Tee und Keks seien Zeichen einer bloß menschlichen Selbstgabe, Brot und Wein aber Zeichen einer gott-menschlichen Selbstgabe. Dieser Unterschied ist aber kein Unterschied im Zeichen, sondern nur im Bezeichneten. Es wird m.a. W. nur gesagt, daß Tee und Keks als Zeichen einer bloß menschlichen Selbstgabe etwas wesentlich anderes bezeichnen als Brot und Wein als Zeichen einer gott-menschlichen Selbstgabe, aber wodurch sich die Zeichen einer bloß menschlichen Selbstgabe als Zeichen von den Zeichen der gott-menschlichen Selbstgabe unterscheiden, wird nicht gesagt [108].

Smits sagt zwar, daß Brot und Wein, wenn Christus sie zur Hand nimmt und zu Zeichen seiner Selbstgabe macht, eine Transsubstantiation erfahren, aber was im Unterschied dazu mit Tee und Keks geschieht, wenn die Gastgeberin sie zum Willkommen reicht, sagt er nicht.

Trotzdem dürfte Smits wohl kaum der Meinung sein, daß auch Tee und Keks in derselben Weise eine Transsubstantiation erfahren wie Brot und Wein, denn dann müßte er konsequenterweise annehmen, daß auch die Verwendung der sakramentalen Materie in den übrigen Sakramenten eine Transsubstantiation zur Folge habe, weil dann jede Verwendung von Dingen als Zeichen eine Transsubstantiation implizierte. Wie aber könnte dann noch zwischen dem eucharistischen Zeichen und den Zeichen in den übrigen Sakramenten unterschieden werden? Glaubt Smits aber, die Verwendung von Tee und Keks als Willkommensgabe bewirke keine Transsubstantiation, dann kann das Zeichen von Tee und Keks gar nichts zur Erklärung des eucharistischen Zeichens beitragen. Tee und Keks sind dann nämlich als ganze Dinge, mit Einschluß ihrer natürlichen Substanz, Zeichen des Willkommens der Gastgeberin. Das hat schon Möller gezeigt: Ein Blumenstrauß ist ein Blumenstrauß und ein Zeichen von Sympathie. Bei der Verwendung von Dingen als Zeichen bleibt die Substanz der Dinge erhalten, die Dinge bekommen nur die zusätzliche akzidentelle Funktion, Zeichen zu sein.

Das ist aber bei der Transsubstantiation von Brot und Wein gerade nicht der Fall. Denn das eucharistische Zeichen darf doch nicht als ein vollständiges Ding, als Substanz, verstanden werden, weil dann von einer Transsubstantiation keine Rede mehr sein kann; man käme allenfalls zu einer Konsubstantiation. Wenn das eucharistische Zeichen aber kein Ding, keine Substanz ist, was ist es dann? Darüber sagt Smits nichts, und so ist es kein Wunder, wenn man glaubt, Smits verstehe das eucharistische Zeichen in derselben Weise wie die Zeichen von Tee und Keks. Hier hat Möller wieder das Richtige gesehen: In der Eucharistie sind nicht die Dinge Brot und Wein mit Einschluß ihrer Substanz Zeichen für Christus, denn die Substanz von Brot und Wein ist ja durch die Transsubstantiation in die

---

[108] Wir haben schon bei der Besprechung Schoonenbergs gesehen, daß eine Unterscheidung der Zeichen allein vom Inhalt des durch sie Bezeichneten her nicht ausreicht, um die Zeichen als Zeichen voneinander zu unterscheiden. Siehe S. 94 f.

Substanz des Leibes und Blutes Christi verwandelt worden. Zeichen für Christus ist vielmehr nur das, was von Brot und Wein "übrigbleibt", und das sind nur die "Species" von Brot und Wein. Versteht man das eucharistische Zeichen als Species-Zeichen, dann kann der Unterschied zwischen den Zeichen der bloß menschlichen und der gott-menschlichen Selbstgabe nicht nur im Hinblick auf das durch sie Bezeichnete, sondern auch im Zeichen selbst aufgewiesen werden : Zeichen einer bloß menschlichen Selbstgabe ist immer ein vollständiges Ding mit Einschluß seiner Substanz, Zeichen der gott-menschlichen Selbstgabe in der Eucharistie sind aber nur die Species von Brot und Wein, während ihre Substanz in die Substanz Christi verwandelt worden ist.

Eine solche Deutung des eucharistischen Zeichens setzt freilich einen anderen Zeichenbegriff voraus, als Smits ihn zugrunde legt. Smits bestimmt die Zeichen von Brot und Wein in Analogie zu den Zeichen von Tee und Keks als "realisierende Zeichen". Brot und Wein sind die realisierenden Zeichen des Selbstgabe Christi, wie Tee und Keks die realisierenden Zeichen des Willkommens der Gastgeberin sind. Daß die bloße Bestimmung des eucharistischen Zeichens als realisierenden Zeichens für ein angemessenes Verständnis des Sondercharakters des eucharistischen Zeichens allein nicht ausreicht, haben wir aber schon bei der Besprechung Schoonenbergs gesehen [109]. Realisierende Zeichen sind nämlich auch die menschlichen Zeichen wie Tee und Keks, und auch die Zeichen in den übrigen Sakramenten sind realisierende Zeichen. Daher hilft uns die Smitssche Unterscheidung zwischen Signal-Zeichen und realisierenden Zeichen ebensowenig weiter wie die Schoonenbergsche Unterscheidung zwischen informierenden und gemeinschaftsbildenden realisierenden Zeichen [110].

So ist es gar nicht verwunderlich, daß Smits die Unterscheidung zwischen dem eucharistischen Zeichen und den sakramentalen Zeichen in den übrigen Sakramenten nicht recht gelingen will. In den anderen Sakramenten, sagt er, ist Christus nur in der vorübergehenden Handlung des Spenders gegenwärtig, in der Eucharistie aber liegt eine andere und längere Gegenwart vor, weil sie sich nicht in der vorübergehenden Handlung erschöpft, sondern eine Gabe ist, die bleibt, auch wenn die Handlung abgeschlossen ist. - Mit dem Hinweis auf die längere Dauer der eucharistischen Gegenwart kann aber kein w e s e n t l i c h e r , sondern nur ein akzidenteller Unterschied begründet werden. Denn im Hinblick auf die Dauer der Handlung ist Christus auch in einer feierlichen Taufe länger gegenwärtig als in einer kurzen Nottaufe, ohne daß dadurch eine wesentlich andere Gegenwart Christi zustandekommt. Der Hinweis auf die "andere" Gegenwart Christi, nämlich die Gegenwart in der Gabe, sagt solange nichts, als seine Gegenwart in Brot und Wein nicht deutlich von der "anderen" Gegenwart in den übrigen sakramentalen

---

[109] Siehe S. 93 f.

[110] Daß der Zeichenbegriff von Smits nicht ausreicht, hat schon Delmotte gesehen : "Was versteht man unter Zeichen ? Negativ gesagt ist es kein Signal. Aber was ist wohl die positive Tragweite des Wortes ? Es gibt nämlich viele Arten von Zeichen und nicht alle sind auf die Eucharistie anwendbar" (a.a.O., S. 14).

Zeichen unterschieden wird. Das aber kann mit dem Begriff des realisierenden Zeichens allein nicht einsichtig gemacht werden. Nur wenn man den Species-Zeichenbegriff zugrunde legt, kann das eucharistische Zeichen als Species-Zeichen klar von den Zeichendingen in den übrigen Sakramenten abgegrenzt werden. Der Sondercharakter des eucharistischen Zeichens ist daher bei Smits ebensowenig deutlich herausgearbeitet wie bei Schoonenberg.

Fassen wir zusammen. Obwohl Smits die eucharistischen Gaben keineswegs genauso verstanden wissen will wie die Willkommensgabe von Tee und Keks, hat er nicht einleuchtend und unmißverständlich dargetan, worin der wesentliche Unterschied zwischen den Gaben des Gottmenschen und den Gaben besteht, die die Hausfrau ihren Gästen zum Willkommen reicht. Es wird weder deutlich gesagt, wodurch sich die Transfinalisation von Brot und Wein von der Transfinalisation von Tee und Keks unterscheidet, noch, worin der Sondercharakter der eucharistischen Zeichen von Brot und Wein im Unterschied zu den Zeichen von Tee und Keks besteht. Die bloße Bestimmung des eucharistischen Zeichens als realisierenden Zeichens kann dazu ebensowenig beitragen wie die Unterscheidung zwischen Signal-Zeichen und realisierendem Zeichen. Eine überzeugende Abgrenzung des eucharistischen Zeichens von dem menschlichen Zeichen eines Geschenks und den sakramentalen Zeichen in den übrigen Sakramenten ist daher nicht gelungen, wie auch die Bestimmung der eucharistischen Wandlung als Wandlung von Brot und Wein in die "Zeichen" der Selbstgabe Christi zeigt.

Daß Smits den einzigartigen Sondercharakter der Eucharistie nicht deutlich genug hat herausstellen können, liegt wie bei Schoonenberg daran, daß er das Schillebeeckxsche Sakramentenverständnis einfach auf die Eucharistie übertragen hat, ohne zu bedenken, daß man zwar die anderen Sakramente nach Art einer menschlichen Symbolhandlung deuten kann, daß sich die Eucharistie aber wegen der wirklichen und wahren Transsubstantiation von Brot und Wein wesentlich von jeder menschlichen Symbolhandlung und auch von allen anderen sakramentalen Zeichenhandlungen unterscheidet.

7. Schillebeeckx : Die Eucharistie als menschliche und göttliche Sinnstiftung

Schillebeeckx' Studie zur eucharitischen Gegenwart [111] ist einer der am meisten beachteten und diskutierten Beiträge zu unserem Thema. Der erste Teil der Studie

---

[111] E. Schillebeeckx, Christus' tegenwoordigheid in de Eucharistie, in: Tijdschrift voor Theologie 5 (1965) 136-173; De eucharistische wijze van Christus' werkelijke tegenwoordigheid, in : Tijdschrift voor Theologie 6 (1966) 359-394. Beide Aufsätze in deutscher Übersetzung : E. Schillebeeckx, Die eucharistische Gegenwart, Düsseldorf 1967. Weitere Artikel von Schillebeeckx zu unserem Thema: Transubstantiation, Transfinalization, Transfiguration, in: Worship 40 (1966) 324-338; Una questa attuale di teologia eucaristica : Transustanziazione, Transfinalisazione, Transignificazione, in : Revista di pastorale liturgica Queriniana 16 (1966) 227-248.

ist der Frage nach dem verbindlichen Inhalt der Tridentiner Definition gewidmet. Schillebeeckx ist der Auffassung, das Konzil habe nur die Tatsache der Wesensverwandlung (Transsubstantiation) definiert, ohne dabei die Frage, was nun genau unter Wesen oder Substanz zu verstehen sei, definitiv zu entscheiden. Daher sei der Versuch, die Transsubstantiation von Brot und Wein mit Hilfe neuer Begriffe auszusagen, theologisch legitim. So versucht Schillebeeckx im zweiten Teil seiner Studie auf der Basis des "phänomenologischen Denkens" eine neue Deutung der eucharitischen Wandlung.

Schillebeeckx beginnt mit einer Darstellung des Verhältnisses von Wirklichkeit und menschlicher Sinngebung (84-87). Er erklärt unmißverständlich, daß die menschliche Sinngebung, so sehr sie auch unser Verhältnis zur Wirklichkeit bestimmen mag, keineswegs der metaphysische Grund der Wirklichkeit ist: "Wir stehen der Welt zwar sinn-gebend gegenüber, aber diese ist nicht unser Gemächte [112]: ... Der Mensch ist zwar eine dem Wesen nach interpretierende Existenz, ... aber seine Sinngebungen werden von einer Wirklichkeit beherrscht, die (nicht chronologisch, sondern in metaphysischer Priorität) zuerst von Gott stammt und dann erst vom Menschen selbst" (85 f). Das ist eine deutliche Absage an alle jene, die glauben, "die modernen Theologen" machten die Wirklichkeit schlechthin zu einem "bloß psychologischen Phänomen" und damit die eucharistische Gegenwart zu einer bloß "symbolischen Gegenwart" [113]. Die Wirklichkeit ist für Schillebeeckx vielmehr Gottes Schöpfung.

Gleichwohl hat diese Schöpfung einen anthropologischen Charakter: "Sie wird uns von Gott als u n s e r e Welt geschenkt" (86). Ihr eignet ein "fundamentaler Sinn für mich" (86), so daß die Dinge "für den Menschen da sind: Gottes Gaben an den Menschen" (85). Oder anders gewendet: Die von Gott geschaffene Wirklichkeit hat einen "anthropologischen Sinn". Deshalb dürfen wir sagen, für Schillebeeckx liegt die ontologische Substanz in dem Sinn ("Finis"), den Gott den Dingen für den Menschen gegeben hat. Daher ist sie eine "anthropologische Substanz", eine Substanz f ü r den Menschen.

Als Gottes Schöpfung für den Menschen sind die Dinge "Gottesoffenbarung" (85) und Zeichen seiner Liebe zum Menschen. "Gottes Schöpfertätigkeit begründet somit eine persönliche Gegenwart Gottes in allen Dingen. ... Für das Auge des Gläubigen ist die Z e i c h e n funktion der weltlichen Dinge tief mit ihrem k o n k r e t e n S e i n verwoben" (85). Allerdings sind die Dinge nur eine recht unvollkommene Offenbarung Gottes, "enthüllend und verhüllend zugleich" (85). "Das 'Dinghafte' verbirgt uns ... immer eine personale Beziehung" (86), und

---

[112] Der Terminus "Gemächte" findet sich in ähnlicher Bedeutung bei Heidegger, Die Frage nach der Technik, in: Vorträge und Aufsätze, Pfullingen 1954, S. 13-44; hier: 26.

[113] R. Masi, Osservatore Romano, 4.11.1965, S. 5.

da die "persönliche Gegenwart Gottes die tiefste Beziehung" (86) in allem ist, bleibt das tiefste Wesen der Wirklichkeit uns immer unerreichbares Mysterium. Das hat zur Folge, daß die "sinn-nehmende und sinn-gebende Erkenntnis" (86) des Menschen stets unvollkommen bleibt. Wir können die Wahrheit nur "einigermaßen aufleuchten" (86) lassen. "Das tiefste Wesen von Personen und Dingen entzieht sich uns daher immer. ... All unsere ausdrücklichen Bewußtseinsinhalte haben deshalb nur hinweisenden Charakter, sie weisen nämlich auf das Mysterium hin. Wir kennen die Wirklichkeit nur in Zeichen" (86), "...denn ihr tiefster Sinn selbst, ihr metaphysischer Sinn, ist für menschliches Begreifen und Eingreifen unerreichbar" (87). Es wird im folgenden noch deutlicher werden, was Schillebeeckx unter der Kenntnis der Wirklichkeit allein in Zeichen versteht und wie er diese Beschränktheit unserer Erkenntnis näherhin begründet. Auch die Bestimmung der menschlichen Erkenntnis als sinn-nehmend und sinn-gebend zugleich wird dann eine Erklärung finden [114].

Die von Gott geschaffene Wirklichkeit bildet dank ihrem anthorpologischen Sinn die Grundlage für jegliche menschliche Sinnstiftung. "Auf der Grundlage dieses fundamentalen Sinnes für mich kann ich zu mancherlei Sinn-Stiftungen übergehen, die bestimmen, was die Dinge auf Grund dessen, was sie selbst sind, konkret für mich bedeuten werden" (86 f). Durch seine Sinnstiftungen bestimmt der Mensch, was die Dinge je konkret für ihn   s i n d .   Insofern wird die Bestimmung dessen, was der Mensch "konkret" als die Substanz der Dinge versteht,   a u c h   auf die menschliche Sinnstiftung zurückgeführt. So kennt Schillebeeckx (ähnlich wie Welte und Möller) die doppelte Konstitution der Substanz durch göttliche   u n d   menschliche Sinnstiftung. Damit stellt sich aber auch hier wieder die Frage: Wie verhalten sich göttliche und menschliche Sinnstiftung bzw. die durch sie konstituierten Substanzen zueinander? Wir werden auf diese Frage noch zurückkommen [115]. Einstweilen sei nur darauf hingewiesen, daß Schillebeeckx (im Unterschied zu Welte und Möller) im Hinblick auf die vom Menschen konstituierten Substanzen von "konkreten" Substanzen spricht, während er die von Gott geschaffene Substanz einfach "Substanz" nennt und so terminologisch einen deutlichen Unterschied zwischen beiden Substanzen macht.

Wenn der von Gott geschaffene Sinn der Wirklichkeit die Grundlage für die menschliche Sinnstiftung bildet, dann ist diese (selbst wenn Schillebeeckx den Gedanken nicht ausführt) die Vollendung und Erfüllung des Wesenssinnes der Wirklichkeit. Auch für Schillebeeckx gilt dann, daß das Seiende "im menschlichen Verstehen (in der anima) zu sich kommt" (Welte), und daß "der Stoff zu sich selbst findet und er selbst wird in und durch den menschlichen Geist" (Möller). Schillebeeckx betont aber (im Unterschied zu Welte und Möller), daß der Mensch bei seinen Sinn-

---

[114] Siehe dazu S.125.

[115] Siehe S. 125 f.

stiftungen nicht "willkürlich vorgehen" kann, sondern "mit an die gegebene Wirklichkeit gebunden" (87) [116] ist.

Nachdem Schillebeeckx die von Gott geschaffene Wirklichkeit als Grundlage der menschlichen Sinngebung aufgewiesen hat, wendet er sich der Wirklichkeit zu, die der Mensch durch seine Sinngebung selbst stiftet.

"In diesem Sinn sind Brot und Wein menschliche Kulturprodukte, Ergebnis sinngebender Tätigkeit, und zwar zum Nutzen d e s   M e n s c h e n . Aber die menschliche Sinngebung kann noch weiter gehen und geht auch weiter. Brot und Wein, als biologische Nahrung schon nützlich, erhalten außerdem eine Funktion im menschlichen Umgang, erhalten einen symbolischen Sinn; Brot wird zum Symbol des Lebens, Wein zum Symbol der Lebensfreude. Menschliche Kulturprodukte können somit mancherlei relative Bedeutungen auf verschiedenen Ebenen erhalten" (87).

"In den interpersonalen Beziehungen erhält Brot einen ganz anderen Sinn, als es z.B. für den Physiker oder Metaphysiker hat. Während es physisch bleibt, was es ist, kann es in einen anderen Bedeutungsbereich aufgenommen werden als den rein biologischen. Und dann   i s t   das Brot auch anders, denn die bestimmte Beziehung zum Menschen ist mitbestimmend für die Wirklichkeit, von der jetzt genau die Rede ist. Natürlicherweise lebt der Mensch faktisch von ständigen 'Transsignifikationen': Er   v e r m e n s c h -
l i c h t   die Welt. Und solche Sinnveränderungen sind tiefer einschneidend als rein physische Veränderungen" (88).

Schillebeeckx erklärt die "konkrete" Substanz (ähnlich wie Welte) aus dem Bezugszusammenhang von Mensch und Welt. Diese Beziehung ist ein Finalitätsbezug. Der Mensch nimmt die Dinge in einen bestimmten "Bedeutungsbereich" auf und gibt ihnen damit einen bestimmten menschlichen Sinn. Die Bedeutung und der Sinn, den der Mensch den Dingen gibt, entscheidet darüber, was die Dinge "konkret" für den Menschen sind. Ihre "konkrete Substanz" liegt folglich für den Menschen in der Bedeutung und in dem Sinn (Finis), den er den Dingen für sich beimißt. Wenn Schillebeeckx erklärt, die wechselnde Beziehung des Menschen zum Brot verändere dessen Substanz, so folgt daraus, daß für ihn (wie für Welte) die Substanz auch durch die jeweilige Einstellung des Menschen zu den Dingen konstituiert wird. Schillebeeckx hält die Aufnahme des Brotes "in einen anderen Bedeutungsbereich" für ebenso wesensbestimmend wie Welte die Betrachtung des Brotes in einem anderen "Verständnishorizont". Und wie Welte sagt, Brot sei, je nach dem Verständnishorizont, in dem es betrachtet werde, bald "Speise" und bald ein "Gefüge

---

[116] Das " m i t - bestimmend" ist wohl als Hinweis darauf zu verstehen, daß der Mensch in seinen Sinngebungen an die Möglichkeiten der Wirklichkeit gebunden ist, so daß die konkrete Ausgestaltung des menschlichen Sinnes auch von den Eigenschaften der Wirklichkeit, in der der Mensch seinen Sinn realisiert, abhängt und so auch durch sie mitbestimmt wird.

von Molekülen", so sagt Schillebeeckx, Brot sei "in den interpersonalen Beziehungen", d.h. als Symbol verwendet, etwas wesentlich anderes als "für den Physiker oder Metaphysiker", d.h. als Gegenstand einer wissenschaftlichen Untersuchung.

Die durch menschliche Sinnstiftung bewirkten Veränderungen in der menschlichen Welt nennt Schillebeeckx "Transsignifikationen". Man könnte diese Transsignifikationen auch Transsubstantiationen der konkreten Substanz durch eine neue menschliche Sinnstiftung nennen. Schillebeeckx behält aber den Terminus Transsubstantiation der Wandlung der ontologischen Substanz durch Gott vor.

Die anthropologische Wirklichkeit, welche der Mensch durch seine Sinnstiftungen aufbaut, besitzt für Schillebeeckx einen echten Wirklichkeitscharakter. "Die Sinn-Stiftung ist mehr als eine psychische Intentionalität" (88). Sie "vollzieht sich gerade in der v e r m e n s c h l i c h t e n Welt, und in dieser ist sie substantiell" (88). Die menschlichen Sinnstiftungen begründen daher für den Menschen echte Substanzen und Dinge. Aber wohlgemerkt : f ü r d e n M e n s c h e n , in der v e r m e n s c h l i c h t e n Welt. Daher ist man sogleich geneigt zu fragen : Und was sind sie "an sich", in der von Gott geschaffenen Wirklichkeit? Denn Schillebeeckx spricht doch auch von der von Gott geschaffenen Wirklichkeit. Ist - so könnte man fragen - die vermenschlichte Welt nicht nur eine akzidentelle Veränderung dieser Wirklichkeit? Darf man dann aber die menschlichen Sinnstiftungen, die die vermenschlichte Welt aufbauen, als S u b s t a n z e n bezeichnen? Damit stehen wir erneut vor der Frage nach dem ontologischen Gewicht von göttlicher und menschlicher Sinnstiftung und dem Verhältnis zwischen der von Gott und der vom Menschen konstituierten Substanz [117].

Die menschliche Welt kann man nach Schillebeeckx nur dann richtig verstehen, wenn man die Dinge von ihrer Beziehung zum Menschen her versteht. Solange man die Beziehung zum Menschen nicht berücksichtige, sei Brot nur ein Gemisch von Wasser, Hefe, Mehl usw. Erst wenn man es in seiner Beziehung zum Menschen sehe, werde es als Brot, als Speise oder Symbol des Lebens sichtbar. "Wer also die eigentliche Wirklichkeit einer bestimmten menschlichen Gegebenheit beschreiben will, darf nicht von der einen auf die andere Ebene überspringen" (89). Daher könne der Physiker über die Substanz von Brot nichts aussagen, da er auf der Ebene seiner Betrachtung die Beziehung der Dinge zum Menschen, welche die Substanz des Brotes als Brot (Speise) konstituiere, gar nicht in den Blick bekomme. Könne so ein Physiker schon auf die Frage, was gewöhnliches Brot i s t , keine Antwort geben, so dürfe man erst recht von ihm keine Auskunft über die Substanz des konsekrierten Brotes erwarten. Denn auch die eucharistische Wandlung sei nur in bezug auf den Menschen zu verstehen : "Die eucharistische Transsubstantiation kann man nicht isoliert von dem Bereich der Sinngebung in sakramentalen

---

[117] Siehe dazu S. 125 f.

Zeichen sehen. ... Die Ebene des Physischen und Natur-Ontologischen kann also außer Betracht bleiben" (89 f).

Bevor Schillebeeckx daran geht, die eucharistische Wandlung genauer zu erklären, gibt er zunächst eine kurze Darstellung der menschlichen Erkenntnis. Da er sich dabei auf Merleau-Ponty beruft, scheint es geraten, in einem Exkurs zunächst einmal die Gedanken dieses Autors ausführlicher darzulegen [118].

Exkurs : Merleau-Pontys Phänomenologie der Wahrnehmung

"Der Ansatz Merleau-Pontys ist derjenige einer Unmittelbarkeitsphilosophie, in welcher der Versuch gemacht wird, eine Sphäre unmittelbaren Einsehens aufgrund unseres Seins zur Welt zu etablieren, von der dann die intellektuellen Synthesen in Abhängigkeit gesetzt werden."[119] Merleau-Ponty selbst bezeichnet seine Methode als einen "phänomenologischen Positivismus"(14), der von der ursprünglichen Welterfahrung ausgeht, die noch vor aller Gegenstandserfahrung des theoretischen Bewußtseins liegt. Die Polemik gegen ein als "Intellektualismus" gebrandmarktes gegenständliches Denken zieht sich wie ein roter Faden durch sein ganzes Werk. Dieser Ansatz ist sowohl von dem in Husserls Spätwerk explizierten Begriff der Lebenswelt als auch von Heideggers Analyse der Faktizität des Daseins in "Sein und Zeit" beeinflußt [120], "aber ... die Bedeutung von Existenz wird mehr im genuinen Bereich der Phänomenologie selbst gefunden. Grob gesagt : sie wird nicht primär als ein Modus der Innerlichkeit, als Sorge, Entschlossenheit, Einsatz begriffen, sondern zunächst auf dem Boden des 'Seins zur Welt' erscheinender Gestalten und des Handelns verstanden. ... Ein existentieller Sinn wird in dem schlichten Geschehen des Wahrnehmens aufgesucht und gefunden : in einem Bereich also, der vom Denken der entschlossenen Existenz her uninteressant sein mußte, weil er ein Paktieren des Subjekts mit der 'äußeren' Welt zu sein schien"[121].

Geht die Überlegung von der Wahrnehmung aus, so erscheint die menschliche Existenz primär als l e i b l i c h e Existenz. Der Leib wird so zum "Leitfaden" der Analyse von Mensch und Welt. Durch den Leib ist der Mensch stets "der Welt zugeeignet" (7). Durch den Leib hat er stets einen bestimmten Standpunkt zur Welt und übernimmt die ihm gemäße Perspektive und Orientierung. Mein Leib ist "mein Gesichtspunkt für die Welt" (95), durch den ich alles unter einer bestimmten Perspektive sehe:

---

[118] Unsere Darstellung fußt auf Merleau-Pontys Hauptwerk : Phénoménologie de la Perception, Paris 1945 ; deutsch : Phänomenologie der Wahrnehmung, Berlin 1966.

[119] F.Kaulbach, Rezension zu Merleau-Pontys Phänomenologie der Wahrnehmung, in : ThRv 64 (1968) 85-94; hier : 92 f.

[120] Kaulbach, a.a.O., S. 85 f.

[121] Kaulbach, a.a.O., S. 86.

> "So sehe ich etwa das Haus gegenüber unter einem bestimmten Gesichtswinkel, anders sähe man es vom rechten Ufer der Seine, anders wieder von innen, und noch anders wieder von einem Flugzeug aus; das Haus s e l b s t ist nicht eine dieser Erscheinungen, es ist, wie Leibniz sagte, das Geometral dieser und aller möglichen Perspektiven, d.h. der nichtperspektive Term, von dem alle Perspektiven abzuleiten wären..." (91).
> "... das Haus selbst ist ... das von überallher gesehene Haus". Der vollkommene Gegenstand ist gänzlich durchsichtig, allseitig durchdrungen von einer aktuellen Unendlichkeit von Blicken, die sich in seinem Innersten überschneiden und nichts an ihm verborgen lassen" (93).

Ein solch umfassender und erschöpfender Blick ist freilich dem Menschen nie möglich:

> "... stets s e t z t mein menschlicher Blick vom Gegenstand nur eine Seite. ... Erdenke ich, nach dem Vorbild des meinen, Blicke, die das Haus von allen Seiten durchforschen und es selbst definieren, so habe ich zunächst nur eine zusammenstimmende unendlich offene Reihe von Ansichten des Gegenstandes, noch nicht aber den Gegenstand in seiner Fülle. ... Durch diese Offenheit verfließt die Substantialität des Gegenstandes. Sollte er eine vollkommene Dichtigkeit gewinnen, sollte es also einen absoluten Gegenstand geben, so bedürfte es der Konzentration einer Unendlichkeit mannigfaltiger Perspektiven in einer strengen Koexistenz, müßte in tausend Blicken der Gegenstand als ein einziger Anblick gegeben sein" (93 f).

Sprechen wir trotzdem von einem Gegenstand an sich, so gehen wir über das in der Erfahrung wirklich Gegebene und durch sie Ausgewiesene hinaus und begeben uns in die Sphäre der rein verstandesmäßigen Setzung, ein Weg, der nach Merleau-Ponty letztlich zur idealistischen Position führt:

> "Ich löse mich von meiner Erfahrung und vollziehe den Übergang zur I d e e. Diese behauptet als Gegenstand ein und dieselbe für jedermann, gültig für alle Zeit und für jeden Ort zu sein, und die Individuation des Gegenstandes an einem Punkte der objektiven Zeit und des objektiven Raumes stellt sich schließlich als Ausdruck eines universalen Setzungsvermögens dar. ... So bildet sich ein 'objektives' Denken (im Sinne Kierkegaards) aus..., in dem wir endlich jede Berührung mit der perzeptiven Erfahrung verlieren, deren Resultat und natürliche Folge jenes Denken gleichwohl ist und bleibt" (95 f).

Nach Merleau-Ponty scheitert der transzendentale Idealismus an dem Problem des anderen und der Welt. Dieses ist nur zu lösen durch eine radikalere Reflexion als die des Idealismus, wobei "Reflexion radikal nur ist als Bewußtsein der Abhängigkeit ihrer selbst von dem unreflektierten Leben, in dem sie erstlich, ständig und letztlich sich situiert" (11).

Eine radikale Reflexion ist nur möglich durch den Rückgang auf die Wahrnehmung und damit auf den Leib samt seinen Perspektiven. Eine der grundlegenden Perspektiven des Leibes ist der Raum. Dieser ist nicht ein System objektiver Bezüge, sondern "eine im Vollzug des Verhaltens in der Welt 'erfahrene' Struktur,

die ich am Leitfaden meines Leibes verstehe : dieser seinerseits schafft sich in
der Welt Orientierung und Verankerung und Anhalt" [122]. Oben, Unten, Links
und Rechts sowie Nähe und Ferne werden " 'motiviert' durch meine leibliche
Perspektive, die wiederum die subjektiven Bedingungen für mein 'Sein zur Welt'
und mein Verhalten den Dingen gegenüber abgibt" [123].

Aber nicht nur der sinnlichen Wahrnehmung, sondern auch der Sicht des Geistes
eignet sich eine bestimmte Perspektive. Diese ist die Zeit.

"Die Zeit ist also kein realer Prozeß, keine tatsächliche Folge, die ich
bloß zu registrieren hätte. Sie entspringt   m e i n e m   Verhältnis zu den
Dingen. In den Dingen selbst sind Zukunft und Vergangenheit nur in Gestalt
einer Art ewigen Präexistenz und ewigen Überlebens; das Wasser, das
morgen vorüberfließen wird, i s t in diesem Augenblick an seiner Quelle,
das eben vorübergeflossene Wasser i s t jetzt ein wenig tiefer im Tal.
Was für mich vergangen oder künftig ist, ist in der Welt gegenwärtig.
... Löst man die objektive Welt von den Perspektiven ab, in denen sie sich
erschließt, und setzt man sie an sich, so kann man überall in ihr nur
'Jetzte' finden. Mehr noch, da diese Jetzte für niemanden gegenwärtige sind,
haben sie überhaupt keinen zeitlichen Charakter und vermögen nicht einander zu folgen" (468).

"Nicht also i s t das Vergangene vergangen, noch das Künftige künftig.
Beide existieren nur, sofern eine Subjektivität die Fülle des An-sich-seins
durchbricht, eine Perspektive darin aufreißt und das Nichtsein hinein-
trägt" (478).

"Wir müssen die Zeit als Subjekt, das Subjekt als Zeit begreifen. ... Wir
kommen nicht umhin, ein 'primäres Bewußtsein zu fassen, das hinter sich
kein Bewußtsein mehr hat, in dem es bewußt wäre' [124], das folglich keine
Ausbreitung in der Zeit mehr hat" (480).

"Doch dieses letzte Bewußtsein ist kein ewiges Subjekt, das seiner selbst
in absoluter Durchsichtigkeit gewahr würde, denn ein solches Subjekt wäre
auch schon für immer unfähig, je in die Zeit herabzusteigen, und hätte also
mit unserer Erfahrung nichts gemein; jenes letzte Bewußtsein ist vielmehr
das Bewußtsein der Gegenwart. In der Gegenwart, in der Wahrnehmung,
sind mein Sein und mein Bewußtsein gänzlich eins..." (482).

"Diese These stimmt mit der Point-de-vue-Theorie sehr gut überein, insofern
die Gegenwart der zeitliche Standpunkt ist, von dem aus die Geschichte eines

---

[122] Kaulbach, a.a.O., S. 89.

[123] Kaulbach, a.a.O., S. 90.

[124] Husserl, Vorlesungen zur Phänomenologie des inneren Zeitbewußtseins,
in : Jb. Philos. phänomenol. Forsch. 9 (1928) 367-496; hier : 442.

Lebens von mir verstanden wird. Wir bleiben ständig in der Gegenwart 'zentriert' "
[125]. Perspektivität der Zeit bedeutet, daß wir alles von der Gegenwart aus
sehen, auf die Vergangenheit und Zukunft bezogen werden.

Die Einsicht in die Perspektivität all unseres Erkennens ist grundlegend für
Merleau-Pontys Philosophie. Diese erweist sich somit als "eine transzendentale Phänomenologie des Gesichtspunktes, des Horizonts und der Perspektive"
[126] und damit als eine "Philosophie der Endlichkeit" [127]. Nie wird es uns gelingen, die ganze Fülle und Tiefe der Wirklichkeit auszuloten; das tiefste Wesen,
das Ding an sich (verstanden als das vollkommen erkannte Ding) wird uns immer
verborgen bleiben. Was wir erkennen, ist immer nur die "Erscheinung" der
Wirklichkeit. "... die Wahrnehmungs-'synthese' ist eine notwendig unvollendete,
... es ist schlechterdings notwendig, daß ein Ding, wenn es anders ein Ding sein
soll, mir verborgene Seiten behält, und so hat die Unterscheidung von Erscheinung
und Wirklichkeit in der Wahrnehmungs-'synthese' ihren rechtmäßigsten Ort" (430).

Die Unterscheidung von Erscheinung und Wirklichkeit bedeutet für Merleau-Ponty
nicht, daß wir die objektive Wirklichkeit selbst nicht zu erkennen vermöchten,
sondern nur, daß wir sie nie vollkommen erfassen. Alle Erkenntnis ist "unvollendet" und jedes erkannte Ding behält "mir verborgene Seiten". Die Unterscheidung von Erscheinung und Wirklichkeit ist daher die Unterscheidung zwischen
dem vom Menschen erkannten Ausschnitt und der ganzen Fülle der Wirklichkeit.
Die Erscheinung ist der begrenzte Teil der Wirklichkeit, der uns in der jeweiligen Perspektive eröffnet wird und so in ihr "erscheint", d.h. für uns sichtbar
wird. So hat die Perspektivität unserer Erkenntnis zwar eine gewisse Subjektivität der Erkenntnis zur Folge, die aber gleichwohl eine objektive Erkenntnis nicht
ausschließt: wir erfassen zwar die objektive Wirklichkeit, aber nur in dem begrenzten Ausschnitt, der durch unsere subjektive Perspektive jeweils eröffnet
wird. Die "Subjektivität" unserer Erkenntnis ist daher nichts anderes als die
"Perspektivität" unserer Erkenntnis.

In der Perspektive wird die jeweils "lebensmäßige Bedeutung" der Wirklichkeit
erfaßt. Die Wirklichkeit erscheint dem Menschen in der konkreten Lebenssituation als Aufforderung, ein bestimmtes Verhalten oder Tun zu aktualisieren.

So ist schon die Empfindung nicht einfach ein Feststellen einer bestimmten, vom
Menschen unabhängigen Qualität der Wirklichkeit, sondern ein bestimmtes Verhalten unseres Leibes, durch das ein von der Wirklichkeit angebotenes Verhalten
von uns angenommen wird. Auf den "Vorschlag" der Wirklichkeit hin gleiten wir
in eine "uns nahegelegte Weise des Existierens" und beziehen uns auf ein äußeres
Sein, sich ihm uns erschließend oder verschließend:

---

[125] Kaulbach, a.a.O., S. 92.

[126] R. Boehm, Vorrede des Übersetzers, Phänomenologie der Wahrnehmung,
Berlin 1966, S. V.

[127] Boehm, a.a.O., S. VII.

"Indem die induktive Psychologie nachweist, daß Empfindung weder ein Zustand, noch eine Qualität, noch auch das Bewußtsein eines Zustandes oder einer Qualität ist, weist sie uns den Weg, ihr eine neue Bestimmung zu geben. In der Tat gilt für alle angeblichen Qualitäten - das Rot, das Blau, die Farbe, den Ton -, daß sie ihrerseits gewissen Verhaltungen zugehören" (245 f).

"Man weiß seit langem, daß Empfindungen ihre 'motorischen Begleiterscheinungen' haben, daß Reize 'Bewegungsansätze' auslösen, die sich den Empfindungen bzw. Qualitäten assoziieren und sie mit einem Hof umgeben, daß die perzeptive und die motorische 'Seite' des Verhaltens miteinander kommunizieren. ... Die motorische Bedeutung der Farben bleibt unverständlich, es sei denn wir begreifen, daß sie nicht in sich geschlossene Zustände oder einem denkenden Subjekt nur zur Konstatierung sich darbietende unbeschreibliche Qualitäten sind, sondern in uns ein bestimmtes Grundgefüge berühren, durch das wir der Welt angepaßt sind, daß sie auf diese Weise uns zu einer besonderen Weise des Schätzens auffordern..."(247).

"Intentional ist die Empfindung, insofern im Sinnlichen der Vorschlag zu einem gewissen Rhythmus der Existenz uns begegnet - der Abduktion oder Adduktion [128] - und wir, diesem Vorschlag Folge leistend, in die also uns nahegelegte Weise des Existierens gleiten und auf ein äußeres Sein uns beziehen, sei es uns ihm erschließend, sei es uns ihm verschließend. Von den Qualitäten selber strahlt eine je bestimmte Weise des Existierens aus, es eignet ihnen ein Vermögen der Bezauberung von gleichsam sakramentaler Bedeutung [129] ..., weil das empfindende Subjekt sie nicht als Gegenstände setzt, sondern mit ihnen sympathisiert, sie sich zu eigen macht und in ihnen sein Gesetz des Augenblickes findet. Genauer gesprochen : Empfindender und empfundenes Sinnliches sind nicht zwei äußerlich einander gegenüber stehende Terme, und die Empfindung nicht die Invasion des Sinnlichen in den Empfindenden. Die Farbe lehnt sich an an meinen Blick, die Form des Gegenstandes an die Bewegung meiner Hand, oder vielmehr mein Blick

---

[123] Gemeint sind Abduktion und Adduktion z.B. des Armes als Reaktion auf bestimmte Farbempfindungen. Vgl. a.a.O., S. 246.

[129] Merleau-Ponty vergleicht die Empfindung mit dem Wirken der Gnade in der Eucharistie : "So wie das Sakrament das Wirken der Gnade nicht in sinnlicher Gestalt symbolisiert, sondern darüber hinaus die wirkliche Gegenwart Gottes ist, diese einem Stück des Raumes einwohnen läßt und denen vermittelt, die das geweihte Brot essen, wenn sie innerlich darauf bereitet sind, ebenso hat das Sinnliche nicht allein motorische und lebensmäßige Bedeutung, sondern i s t es nichts anderes als eine je bestimmte Weise des Zur-Welt-seins, die sich von einem Punkte des Raumes her sich uns anbietet und die unser Leib annimmt und übernimmt, wenn er dessen fähig ist : Empfindung ist buchstäblich eine Kommunion" (249).

paart sich mit der Farbe, meine Hand mit dem Harten und Weichen, und in
diesem Austausch zwischen Empfindungssubjekt und Sinnlichem ist keine
Rede davon, daß das eine wirkte, das andere litte, das eine dem anderen
seinen Sinn gäbe" (251).

Kurz : Die Empfindung ist "als ursprüngliche Seinsberührung, als Übernahme
einer vom Sinnlichen selbst angezeigten Weise des Existierens durch das empfindende Subjekt, als Koexistenz von Empfindendem und sinnlich Empfundenem"
(259) zu verstehen.

Kommunikation zwischen Subjekt und Welt, d.h. zwischen Aufnehmen und Anbieten
einer bestimmten Weise des Existierens, ist auch die Struktur unseres geistigen
Lebens. Das zeigt Merleau-Pontys Erörterung der menschlichen Freiheit. Menschliches Handeln bedeutet Aufnahme einer bestimmten "Rolle", welche die Welt
durch eine bestimmte geschichtliche Situation dem Menschen nahelegt :

> "Wohl geben wir der Geschichte ihren Sinn, doch nicht, ohne daß sie ihn
> selber uns nahelegte. Die Sinngebung ist keine bloß zentrifugale, und daher
> ist das Subjekt der Geschichte nicht das Individuum. Zwischen verallgemei-
> nerter Existenz und individueller Existenz vollzieht sich ein Austausch,
> beide geben und beide nehmen. So gibt es Augenblicke, in denen ein im Man
> sich anzeigender Sinn, der aber vorerst nur inkonsistente, von der Kon-
> tingenz der Geschichte in Frage gestellte Möglichkeit ist, von einem In-
> dividuum sich übernommen findet. Dann kann es geschehen, daß dieser
> Einzelne, der die Geschichte erfaßt hat, sie zumindest für eine Zeitlang
> weit über das hinaus führt, was vormals ihr Sinn zu sein schien, und sie
> in eine neue Dialektik engagiert - wie als der Konsul Bonaparte sich
> zum Kaiser und Eroberer aufwarf. Nicht behaupten wir, die Geschichte habe
> von Anfang bis Ende nur einen einzigen Sinn, so wenig wie wir das vom
> Leben des Individuums meinen. Wir wollen sagen, daß jedenfalls die Frei-
> heit diesen Sinn nur modifiziert, indem sie denjenigen übernimmt, den die
> Geschichte in dem fraglichen Augenblick d a r b i e t e t - in einer Art
> von gleitendem Übergang" (510 f).

Ist unser Verhältnis zur Welt durch die Kommunikation zwischen uns und der Welt,
zwischen Angebot und Antwort, charakterisiert, dann wird verständlich, daß wir
der Wirklichkeit nie zu begegnen vermögen, wie sie unabhängig von uns und rein
"an sich" ist, sondern nur in ihrer "lebensmäßigen Bedeutung" für uns, in ihrem
"anthropologischen" Sein :

> "... suchen wir das Reale zu beschreiben, so wie es uns in der Wahrneh-
> mungserfahrung erscheint, so finden wir es immer schon mit anthropolo-
> gischen Prädikaten versehen. Indem die Bezüge zwischen den Dingen wie
> zwischen den verschiedenen Aspekten des Dinges je schon durch unseren
> Leib vermittelt sind, bietet sich die Natur als ganze als Inszenierung
> unseres eigenen Lebens dar, oder gleichsam als unser Partner in einem
> Gespräch. ... Nie ist das Ding von einem es Wahrnehmenden zu trennen,
> nie kann es wirklich ganz an sich sein, denn all seine Artikulationen sind

eben die unserer eigenen Existenz; es ist gesetzt als Ziel unseres Blickes und unserer sinnlichen Erforschung seiner, worin wir es mit Menschlichem bekleiden" (370).

"Was gegeben ist, ist nicht das Ding für sich allein, sondern die Erfahrung des Dinges, eine Transzendenz in den Spuren der Subjektivität..." (376).

S u b j e k t i v ist unsere Erkenntnis, insofern nur das erkannt wird, was für das Subjekt von Bedeutung ist. Dadurch ist all unsere Erkenntnis p e r s p e k - t i v i s c h , weil wir die Wirklichkeit nur unter der Perspektive ihrer anthropologischen Bedeutsamkeit sehen. Was in der jeweiligen Perspektive e r s c h e i n t , ist daher der anthropologisch bedeutsame Ausschnitt der Wirklichkeit. E n d l i c h ist unsere Erkenntnis schließlich, insofern wir immer nur das erkennen, was anthropologisch bedeutsam ist (wobei keineswegs gesagt ist, daß sich das gesamte Sein der Wirklichkeit in ihrer anthropologischen Bedeutung erschöpft). Die charakteristischen Merkmale der Erkenntnisinterpretation Merleau-Pontys - Subjektivität, Perspektivität, Restriktion auf die Erscheinung und Endlichkeit der Erkenntnis - gründen daher letztlich in einer "Anthropologisierung" der Erkenntnis, d.h. in einer Restriktion der Erkenntnis auf den anthropologisch bedeutsamen Teil der Wirklichkeit: Wirklichkeit ist für uns immer "anthropologische Wirklichkeit", und das nicht in einem "subjektivistischen" Sinne verstanden, als ob wir die Wirklichkeit nur so betrachteten, während sie in Wahrheit etwas anderes wäre, sondern in einem "objektiven" Sinne, insofern die Wirklichkeit an sich (und unabhängig von unserer Betrachtung) eine anthropologische Wirklichkeit ist. Der anthropologische Charakter gehört mithin zum "An-sich" der Wirklichkeit selbst - ähnlich wie für Heidegger das Zuhandensein das An-sich der Dinge konstituiert. Merleau-Pontys Erkenntnisinterpretation ist daher weder subjektivistisch (als würden die Erkenntnisinhalte durch den Menschen "gesetzt") noch objektivistisch (als wären die Erkenntnisinhalte ein g e t r e u e s Abbild der Wirklichkeit), sondern sie versucht, diesen beiden Standpunkten in einer höheren Synthese zu ihrem Recht zu verhelfen : Wir erkennen zwar objektive Züge der Wirklichkeit, aber in subjektiver Auswahl und Färbung. Damit ist die "Alternative von Realismus und Idealismus" (489) überwunden [130]. Die Über-

---

[130] Merleau-Ponty bezeichnet die beiden Standpunkte, die wir "Subjektivismus" und "Objektivismus" nennen, als "Idealismus" und "Realismus". Wir geben jedoch zur Kennzeichnung dieser beiden Standpunkte den Termini Subjektivismus und Objektivismus den Vorzug, weil wir nicht nur die extreme Erkenntnisauffassung, die eine g e t r e u e Wiedergabe der Wirklichkeit behauptet, als Realismus bezeichnen, sondern jede Erkenntnisinterpretation, die prinzipiell eine (wenn auch beschränkte) Erkenntnis der objektiven Wirklichkeit für möglich hält, so daß wir auch Merleau-Pontys eigenen Standpunkt als Realismus bezeichnen möchten.

windung von Realismus (Objektivismus) und Idealismus (Subjektivismus) sieht Merleau-Ponty darin gegeben, daß die Analyse der menschlichen Erkenntnis "Subjekt und Objekt als zwei abstrakte Momente einer einzigen Struktur zur Erscheinung bringt" (489). Subjekt und Objekt bilden ein einziges "Erfahrungssystem", "in dem mein Leib und die Phänomene aufs strengste aneinander gebunden sind" (352). Das Subjekt trägt in seinem Innersten "einen Gesamtentwurf oder eine Logik der Welt ..., den alle empirische Wahrnehmung näher bestimmt, nicht aber zu erzeugen vermag" (461) [131] - ein Gedanke, der an Plato gemahnt, auf den Merleau-Ponty auch ausdrücklich verweist [132].

Schillebeeckx' Untersuchung der menschlichen Erkenntnis geht, dem Ansatz von Merleau-Ponty entsprechend, von der Wahrnehmung aus. Wahrnehmung ist immer nur aus dem Bezugszusammenhang von wahrnehmendem Subjekt und wahrgenommenem Objekt zu verstehen : "Das Wahrgenommene steht nicht isoliert vom wahrnehmenden Subjekt" (98). Folglich ist das Wahrgenommene "keine objektive Qualität der Wirklichkeit", da es nicht "unabhängig von der Reaktion eines Subjekts" ist, aber auch "kein bloßer Bewußtseinszustand", da es "nicht unabhängig von der appellierenden Umwelt" (98) ist. Daher wendet sich Schillebeeckx sowohl gegen eine realistische Interpretation der Wahrnehmung (als ob das Wahrgenommene eine getreue Wiedergabe der Wirklichkeit an sich wäre) als auch gegen eine idealistische Auffassung (als ob das Wahrgenommene eine reine Setzung durch das erkennende Subjekt wäre) [133]. Das Wahrgenommene ist vielmehr ein

[131] Vgl.: "Selbst die Erfahrung transzendenter Dinge wäre nicht möglich, trüge und fände ich nicht schon ihren Entwurf in mir (421). ... Wenn ich sie zu erkennen weiß, so weil die Begegnung mit einem jeden Ding in mir ein ursprüngliches und vorgängiges Wissen von allen Dingen erweckt, und weil eine jede meiner endlich-bestimmten Wahrnehmungen partielle Äußerung meines - als Vermögen - die Welt im Ganzen umfassenden und sie im Ganzen entfaltenden Erkenntnisvermögens ist (422). ... Legte das Denken nicht selbst in die Dinge hinein, was es je in ihnen zu finden vermag, es wäre ohne Zugang zu den Dingen, es vermöchte sie nicht zu denken..." (423).
"Die Welt ist unabtrennbar vom Subjekt, von einem Subjekt jedoch, das selbst nichts anderes ist als Entwurf der Welt, und das Subjekt ist untrennbar von der Welt, doch von einer Welt, die es selbst entwirft. ... In der Welt also, als der Wiege aller Bedeutung, dem Sinn aller Sinne und dem Boden aller Gedanken, entdeckten wir das Mittel zur Überwindung der Alternative von Realismus und Idealismus..." (489).

[132] a.a.O., S. 423.

[133] Die Termini "Realismus" und "Idealismus" werden von Schillebeeckx in derselben Weise gebraucht, wie Merleau-Ponty sie versteht. Unsere Bedenken gegen die Definition von Realismus (siehe S. 121, Anm. 130) gelten daher auch hier.

Produkt aus objektiven und subjektiven Faktoren, und daher ist die menschliche Wahrnehmung objektiv und subjektiv in einem : "die Einheit eines geistigen Aktes ... mit dem sinnlich Wahrgenommenen" (98).

Hinter dieser Darstellung steht zweifellos Merleau-Pontys Vorstellung von "Subjekt und Objekt als zwei abstrakten Momenten einer einzigen Struktur" bzw. eines einzigen "Erfahrungssystems", in dem Subjekt und Objekt aufs strengste aneinander gebunden sind, insofern das Objekt "als appellierende Umwelt" (Schillebeeckx) eine "bestimmte Weise des Existierens nahelegt" (Merleau-Ponty) und das Subjekt in seiner "Reaktion" (Schillebeeckx) diese Weise des Existierens "aufnimmt und in sie gleitet" (Merleau-Ponty). Daher ist das "Wahrgenommene", insofern es "durch die Reaktion des Subjektes" bestimmt ist, "keine objektive Qualität der Wirklichkeit" und, insofern es "von der appellierenden Umwelt" abhängt, ebenso "kein bloßer Bewußtseinszustand" (Schillebeeckx und Merleau-Ponty).

Merleau-Pontys Einfluß zeigt sich auch darin, wie Schillebeeckx die objektive und die subjektive Komponente im Ganzen der Wahrnehmung versteht : "Die Wahrnehmung, die als solche allein dem biologischen Nutzen dient, wird so (mitsamt ihrem Inhalt) in die Wirklichkeitsausrichtung des menschlichen Geistes ... aufgenommen" (98). Schillebeeckx erklärt, daß die Wahrnehmung als solche allein dem biologischen Nutzen dient. Das heißt : Das wahrnehmende Subjekt nimmt die Wirklichkeit nur unter dem Aspekt des biologischen Nutzens wahr. Was biologisch gesehen bedeutungslos ist, wird erst gar nicht wahrgenommen. Daher erfaßt die Wahrnehmung von der Wirklichkeit nur das, was unter dem Aspekt des biologischen Nutzens für das Subjekt von Belang ist. Trotzdem gibt die Wahrnehmung auch objektive Eigenschaften der Wirklichkeit wieder. Denn wie könnte die Wahrnehmung dem biologischen Nutzen dienen, wenn sie die Wirklichkeit nicht wenigstens in dieser Hinsicht grundsätzlich richtig erfassen könnte ? Daher können wir den subjektiven und den objektiven Anteil der Wahrnehmung so bestimmen : Die Wahrnehmung ist subjektiv, insofern nur das, was als biologisch nützlich subjektiv bedeutsam ist, erfaßt wird; sie ist objektiv, insofern das als subjektiv bedeutsam Erfaßte wirklich eine objektive Eigenschaft der Wirklichkeit ist.

So ist auch für Schillebeeckx wie für Merleau-Ponty die "Subjektivität" der Wahrnehmung in ihrer "Perspektivität" begründet, und diese wiederum darin, daß wir alles unter dem Aspekt "des biologischen Nutzens" (Schillebeeckx) bzw. der "lebensmäßigen Bedeutung" (Merleau-Ponty) wahrnehmen. Und wie für Merleau-Ponty, so schließt auch für Schillebeeckx diese Subjektivität der Wahrnehmung keineswegs eine Erkenntnis objektiver Eigenschaften der Wirklichkeit grundsätzlich aus. Das zeigt sich im folgenden noch deutlicher, wenn Schillebeeckx die spezifisch menschliche Erkenntnis untersucht.

Was Schillebeeckx von der menschlichen Wahrnehmung sagt, gilt mutatis mutandis auch für die menschliche Erkenntnis überhaupt : "Zum Teil auf Grund der sinnlichen Wahrnehmung macht sich der Mensch offen für das Mysterium der Wirklichkeit, für das metaphysische Sein, das dem ontologischen Sinn des Menschen vorgegeben ist, d.h. seinem Logos, der das Sein in E r s c h e i n u n g b r i n g t und auf diese Weise S i n n   s t i f t e t " (99).

Der Grund dafür, daß die menschliche Erkenntnis das Sein nur in Erscheinung bringt, liegt im Menschen selbst: "Wie die Wirklichkeit   e r s c h e i n t , wird aber mitbestimmt durch die Verfassung des Menschen : durch seine Sinnlichkeit, Begrifflichkeit und seinen konkreten Umgang mit den Dingen" (99). Der Mensch begegnet der Wirklichkeit aufgrund seiner Verfassung (Sinnlichkeit, Begrifflichkeit, Umgang) stets in einer bestimmten subjektiven Perspektive. Daß die Sinnlichkeit eine subjektive Einstellung des Menschen zur Wirklichkeit impliziert, haben wir soeben gesehen : Sinnliche Wahrnehmung erfaßt die Wirklichkeit stets in der Perspektive des biologischen Nutzens. Das hat zur Folge, daß der Mensch die Wirklichkeit nicht wahrnimmt, wie sie ist, sondern nur, wie sie ihm in dieser subjektiven Perspektive "erscheint". Die Bestimmung der Wahrnehmung als Zuwendung des Menschen zur Wirklichkeit unter der Perspektive des Nutzens weitet Schillebeeckx jetzt auf die gesamte menschliche Erkenntnis aus. Neben der Sinnlichkeit prägt der "konkrete Umgang mit den Dingen" unsere Erkenntnis. Der Terminus "Umgang" ist uns von Heidegger und Welte her geläufig. Umgang des Menschen mit der Welt bedeutet Verwendung der Welt nach menschlichen Zwecken. Wenn Schillebeeckx sagt, die Erkenntnis des Menschen von den Dingen werde durch seinen Umgang mit den Dingen bestimmt, dann heißt das, der Mensch erkenne die Dinge nur im Hinblick auf ihre Verwendbarkeit für seine Zwecke. So dürfen wir auch den dritten Faktor, der nach Schillebeeckx die menschliche Erkenntnis bestimmt, nämlich die "Begrifflichkeit", im Sinne von Weltes "Verständnishorizont" interpretieren : Die menschliche Begrifflichkeit ist auf dem Umgang bezogen und somit auf die Verwendbarkeit der Dinge für den Menschen ausgerichtet. Daher geben die menschlichen Begriffe (wie die Wahrnehmung) die Wirklichkeit nicht so wieder, wie sie ist, sondern nur so, wie sie dem Menschen unter dem Aspekt ihrer Verwendbarkeit "erscheint" : "Daraus ergibt sich ein gewisser Unterschied zwischen der Wirklichkeit selbst und dem Phänomenalen" (99).

Der Unterschied zwischen dem Sein, wie es an sich ist (der Wirklichkeit selbst), und dem Sein, wie es sich in der menschlichen Erkenntnis darstellt und also in Erscheinung tritt (dem Phänomenalen), ist folglich durch die Perspektivität des menschlichen Erkennens und Handelns bedingt. Weil der Mensch die Wirklichkeit stets unter dem Aspekt ihrer Verwendbarkeit betrachtet und angeht, erkennt er nur einen Ausschnitt der Wirklichkeit; er sieht nur, was die Wirklichkeit in der jeweiligen Situation für ihn konkret bedeutet, aber nicht, was sie als ganze ist. Was wir für wesentlich oder unwesentlich halten, e r s c h e i n t uns nur unter dem Aspekt der jeweiligen Verwertbarkeit als solches, aber damit ist noch keineswegs gesagt, daß wir damit auch schon das ganze Wesen der Wirklichkeit erfaßt haben. Daher ist das, was dem Menschen als Wirklichkeit erscheint, "gerade als solches auch durch die komplexe Art und Weise gefärbt, wie der Mensch die Wirklichkeit angeht" (100), nämlich unter dem Aspekt ihrer Verwendbarkeit. So ist es nur konsequent, wenn Schillebeeckx sagt : "Daß es einen gewissen Unterschied zwischen dem Phänomenalen und der Wirklichkeit gibt, geht also auf die Inadäquatheit unserer Wirklichkeitserkenntnis zurück" (100).

Trotzdem sind unsere Erkenntnisinhalte keine rein subjektiven Erkenntnisprodukte, denn "die Wirklichkeit selbst tritt in Erscheinung" (99). Schillebeeckx betont ausdrücklich, daß die menschliche Erkenntnis durch die Verfassung des Menschen nur m i t - bestimmt wird. Denn wenn der Mensch die Wirklichkeit unter dem Aspekt ihrer Verwendbarkeit betrachtet, erkennt er in eben dieser Verwendbarkeit doch eine objektive Eigenschaft der Wirklichkeit selbst. Was wir oben von der menschlichen Wahrnehmung gesagt haben, gilt für die menschliche Erkenntnis allgemein: Sie ist eine untrennbare Einheit von subjektiven u n d objektiven Faktoren. Sie ist subjektiv, insofern der Mensch nur das von der Wirklichkeit erkennt, was für ihn Wert und Bedeutung hat. Sie ist objektiv, insofern das, was für den Menschen Wert und Bedeutung hat, gleichwohl eine objektive Eigenschaft der Wirklichkeit ist.

Nun kann auch der Unterschied zwischen "Erscheinung und Wirklichkeit" exakt erfaßt werden. Wenn Schillebeeckx sagt, der menschliche Logos bringe das Sein nur "in Erscheinung", dann bedeutet das nicht, daß diese Erscheinung von der Wirklichkeit verschieden und in diesem Sinne gerade nicht "objektiv" wäre, sondern nur, daß der Mensch immer nur einen begrenzten Ausschnitt aus der Fülle der objektiven Wirklichkeit erfaßt. Darum kann Schillebeeckx mit Recht sagen: "die Wirklichkeit selbst tritt in Erscheinung" (99).

Wenn Schillebeeckx eingangs sagte, daß wir die Wirklichkeit nur "in Zeichen kennen", dann können wir das jetzt so verstehen, daß wir uns die Wirklichkeit immer nur in Teilaspekten zur Erscheinung bringen, die dann als Zeichen stellvertretend für das Ganze stehen. Und wenn er unsere Erkenntnis als "sinn-nehmend und sinn-gebend zugleich" bestimmte, dann ist das so zu verstehen, daß unsere Erkenntnis sinn-nehmend ist, insofern wir stets einen Ausschnitt des Sinnes der objektiven Wirklichkeit erfassen und so "aufnehmen", aber sinn-gebend, insofern wir subjektiv bestimmen, welcher Ausschnitt des Sinnes der Wirklichkeit jeweils für uns "Zeichen" für die ganze Wirklichkeit ist. "Sinngebung" umfaßt bei Schillebeeckx sowohl die bloße Erkenntnis (die freilich von vorneherein auf den Umgang mit den Dingen ausgerichtet ist) als auch den im Lichte dieser Erkenntnis praktizierten Umgang, angefangen von der symbolischen Verwendung der Dinge bis hin zur Herstellung von Kulturprodukten.

Das richtige Verständnis der Schillebeeckxschen Unterscheidung von "Erscheinung und Wirklichkeit" setzt uns nun auch in die Lage, eine Antwort auf die oben gestellte Frage zu geben, wie sich die von Gott geschaffene Wirklichkeit zu der "vermenschlichten Welt" verhält, in welchem Verhältnis die vom Menschen gestiftete "konkrete" Substanz zu der von Gott geschaffenen Substanz steht [134].

Die von Gott geschaffene Substanz ist, so sahen wir, der Sinn, den Gott der Wirklichkeit für den Menschen gegeben hat [135]. Die vom Menschen gestiftete

---

[134] Siehe S. 112 und S. 114.
[135] Siehe S. 111.

konkrete Substanz liegt hingegen in dem Sinn und in der Bedeutung, die der Mensch der Wirklichkeit in einer bestimmten und konkreten Situation seines Lebens - Welte würde sagen : "im täglichen oder im geschichtlichen Leben der Menschen und ihres Umgangs mit den Dingen der Welt" [136] - beimißt. Daher sagt Schillebeeckx, Brot sei etwas anderes in den interpersonalen Beziehungen, z.B. als Symbol, und etwas anderes für den Physiker und Metaphysiker, d.h. als Untersuchungsobjekt [137]. Schillebeeckx sieht aber auch, daß der Mensch bei seinen Sinnstiftungen nicht willkürlich vorgehen kann, sondern mit an die gegebene Wirklichkeit gebunden ist, daß er nur im Rahmen der Möglichkeiten, welche die Wirklichkeit bietet, Sinn stiften kann [138]. Daher ist der Sinn, der bestimmt, w a s die Dinge "konkret" für den Menschen s i n d und bedeuten, derjenige Ausschnitt aus der Fülle des objektiven Sinnes der Wirklichkeit, den der Mensch bei seiner Betrachtung der Wirklichkeit erkennt und im Umgang mit ihr nutzt. M.a.W.: Die vom Menschen gestiftete "konkrete" Substanz ist derjenige Teil des objektiven Sinnes der Wirklichkeit, den der Mensch sich in der jeweiligen Situation seines Lebens "zur Erscheinung bringt". Daher entspricht die Unterscheidung zwischen der von Gott geschaffenen Wirklichkeit und der vermenschlichten Welt, zwischen der von Gott geschaffenen Substanz und der vom Menschen gestifteten konkreten Substanz, der Unterscheidung zwischen der "Wirklichkeit selbst" und ihrer "Erscheinung". Der Unterschied zwischen der von Gott geschaffenen Wirklichkeit und Substanz und der vermenschlichten Welt mit ihren konkreten Substanzen ist also kein Unterschied zwischen zwei verschiedenen "Wirklichkeiten" und "Substanzen", sondern nur ein Unterschied zwischen dem "Ganzen" und dem "Teil" ein und derselben Wirklichkeit und Substanz. Göttliche und menschliche Realität unterscheiden sich nicht dem Inhalt, sondern nur dem Umfang nach. Es ist derselbe Sinn, der in der von Gott geschaffenen Wirklichkeit und in der vermenschlichten Welt waltet und ihre Substanz bestimmt, freilich mit dem Unterschied, daß er f ü r d e n M e n s c h e n erst in der konkreten menschlichen Sinnstiftung sichtbar und verfügbar wird. Die menschliche Sinnstiftung ist daher nichts anderes als eine "Konkretisierung" oder "Spezifizierung" des allgemeinen anthropologischen Grundsinnes der von Gott geschaffenen Wirklichkeit. Darum nennt Schillebeeckx die vom Menschen gestiftete Substanz eine "konkrete Substanz", während er die von Gott geschaffene Substanz der Wirklichkeit einfach "Substanz" nennt [139].

---

[136] a.a.O., S. 192.

[137] Siehe S. 113 f.

[138] Siehe S. 112 f.

[139] Damit ist das Verhältnis von göttlicher und menschlicher Sinnstiftung, von objektivem und subjektivem Bezugszusammenhang zwischen Mensch und Welt bei Schillebeeckx jedenfalls genauer bestimmt als bei Welte und Möller.

Als Konkretisierung des allgemeinen anthropologischen Grundsinnes der Wirklichkeit ist die menschliche Sinnstiftung keine o r i g i n ä r e Sinnstiftung eines wirklich "neuen" Sinnes, sondern nur die tatsächliche Erfassung und Nutzung des Sinnes, der als Möglichkeit bereits vor aller aktuellen menschlichen Sinnstiftung in der von Gott geschaffenen Wirklichkeit vorliegt [140]. Der Mensch bestimmt nur, was die Wirklichkeit in der jeweiligen Sitation "konkret" für ihn bedeutet, aber er bestimmt nicht den originären Sinn der Wirklichkeit selbst. Damit aber stellt sich erneut die Frage, ob diese menschlichen Sinnstiftungen im strikten ontologischen Sinne als eigentliche Substanzen bezeichnet werden können.

Übersieht man die inhaltliche Übereinstimmung zwischen dem Sinn der von Gott geschaffenen "Wirklichkeit" und der vom Menschen gestifteten Welt der "Erscheinung", dann kann man Schillebeeckx leicht "subjektivistisch" mißverstehen. Die vom Menschen gestiftete Welt der Erscheinung wäre dann gerade nicht als eine (wenn auch nur beschränkte und so unvollkommene) Wiedergabe der Wirklichkeit, sondern als eine bloße Setzung durch den Menschen zu verstehen, so daß Wirklichkeit und Erscheinung gerade nicht (wenn auch nur "teilweise") übereinstimmten.

In diesem Sinne hat Sala [141] Schillebeeckx verstanden. Er glaubt, "daß sich die Unterscheidung zwischen Wirklichkeit und Erscheinung von einem kritischen Gesichtspunkt aus nicht vertreten läßt" (29). In dieser Unterscheidung sei Schillebeeckx von Kant beeinflußt. "Mehr als eine Äußerung von Schillebeeckx über die Sinneserkenntnis könnte sehr wohl wörtlich aus der 'Transzendentalen Ästhetik' stammen: z.B. daß 'das sinnlich Wahrgenommene nicht als eine objektive Eigenschaft der Wirklichkeit gesehen werden kann, die unabhängig von unserer Wahrnehmung ist', oder auch daß 'alles, was für die sinnliche Wahrnehmung Sinn hat, diesen Sinn getrennt von dieser Wahrnehmung verliert' " (29). Bei Schillebeeckx finde sich derselbe Fehler wie bei Kant. "Der Irrtum beider Autoren besteht darin, daß sie ... von Erscheinung in Gegenüberstellung zur 'wahren' Realität sprechen"(30). Aber: "In der menschlichen Erkenntnis handelt es sich niemals um den Übergang von den Erscheinungen zur Wirklichkeit" (30). Sala glaubt, es gebe zwar "unbegrenzt viele Weisen, die Realität zu verstehen", nämlich "je nach den verschiedenen Schemata der Erfahrung, in denen der Mensch lebt (als da sind: das praktische, dramatische, interpersonale, ästhetische, mystische usw. Schema)" (30).

---

[140] Powers spricht daher von der Wirklichkeit als dem "Potential", das durch das Handeln des Menschen "aktualisiert" wird (siehe S. 158 f), und Sonnen spricht von der "Möglichkeit, welche die Dinge dem Menschen bieten, um so mit ihnen umzugehen" (siehe S. 146). Ähnlich bestimmt Sala das Verhältnis von "Natur" und "Sinn" als ein Materie-Form-Verhältnis (siehe S. 173).

[141] G.B. Sala, Transsubstantiation oder Transsignifikation? Gedanken zu einem Dilemma, in: ZKTh 92 (1970) 1-34; hier: 28-31.

Im Hinblick auf diese vielen Verstehensweisen von Realität könne man dann allerdings von Erscheinung reden : "Wenn man will, kann man als Erscheinung die Realität bezeichnen, die vom Menschen in diesem oder jenem Schema interpretiert wird" (30). - Genau das ist aber auch die wirkliche Meinung von Schillebeeckx! Ist doch auch für Schillebeeckx die Erscheinung der Teil der Wirklichkeit, den der Mensch in der jeweiligen Lebenssituation erfaßt, oder um es mit Salas Worten zu sagen, den er "in diesem oder jenem Schema interpretiert". Schillebeeckx versteht die Erscheinung keineswegs "in Gegenüberstellung zur 'wahren' Wirklichkeit", wie Sala argwöhnt, vielmehr sind Erscheinung und "wahre" Realität inhaltlich dasselbe, sie unterscheiden sich nur dem Umfange nach, insofern die Erscheinung immer nur einen Teil der "wahren" Realität wiedergibt.

Salas Mißverständnis ist angesichts der knappen Darstellung Schillebeeckx' zwar begreiflich, in Kenntnis der Quelle seines Denkens aber a limine ausgeschlossen. Denn Schillebeeckx' Unterscheidung von Erscheinung und Wirklichkeit als dem vom Menschen erfaßten Teil und der ganzen Wirklichkeit ist genau Merleau-Pontys Unterscheidung zwischen Erscheinung und Wirklichkeit. In dieser Unterscheidung eine Affinität zu Kant zu sehen, ist schon angesichts der fortwährenden Polemik Merleau-Pontys gegen den transzendentalen Idealismus abwegig. Die Subjektivität der menschlichen Erkenntnis liegt für Merleau-Ponty und für Schillebeeckx vielmehr in der "anthropologisch" bedingten Perspektivität, insofern der Mensch immer nur die "lebensmäßige Bedeutung" der Wirklichkeit erfaßt, und daher ist all unsere Erkenntnis "endlich".

War d i e s e Endlichkeit gemeint, als Schillebeeckx eingangs sagte, der Mensch vermöchte "die Wahrheit nur einigermaßen aufleuchten" zu lassen, so daß "das tiefste Wesen von Personen und Dingen" sich uns immer entzieht und "ihr tiefster Sinn, ihr metaphysischer Sinn, für menschliches Begreifen und Eingreifen unerreichbar ist" ? [142]

Die Endlichkeit der Erkenntnis stellt sich bei Merleau-Ponty jedenfalls insofern anders dar als bei Schillebeeckx, als Merleau-Ponty die anthropologische Bedeutung zwar als eine objektive Eigenschaft der Wirklichkeit versteht, aber keineswegs behauptet (oder es zumindest offenläßt), daß sich in ihr das ganze Sein der Wirklichkeit erschöpft oder daß durch sie gar das metaphysische Wesen der Wirklichkeit konstituiert ist, wie Schillebeeckx es annimmt, wenn er das metaphysische Wesen der Wirklichkeit als "anthropologische" Substanz bestimmt. Versteht man die Wirklichkeit in ihrem Wesen anthropologisch als "Wirklichkeit für den Menschen" dann ist die durch die Restriktion der Erkenntnis auf die anthropologische Bedeutung der Wirklichkeit begründete Endlichkeit der menschlichen Erkenntnis nicht mehr als eine p r i n z i p i e l l e , sondern allenfalls noch als eine f a k t i s c h e zu begreifen, so daß man zu fragen berechtigt ist, ob Schillebeeckx wirklich hätte

---

[142] Siehe S. 112.

sagen sollen, das tiefste Wesen, der metaphysische Sinn der Wirklichkeit sei uns unerreichbar. Denn wenn das metaphysische Wesen der Wirklichkeit ein Sein für den Menschen ist, dann bedeutet die anthropologische Betrachtung und Nutzung der Wirklichkeit durch den Menschen doch gerade eine Erfassung ihres metaphysichen Wesens. Endlich kann die Erfassung dieses Wesens dann nur insofern sein, als der Mensch in concreto immer nur einen Teil dieses Wesens erfaßt, obwohl eine vollständige Erfassung nicht prinzipiell auszuschließen ist. Nur wenn die anthropologische Bedeutung selbst bloß einen Teil des metaphysischen Wesens der Wirklichkeit ausmacht, impliziert die Restriktion der menschlichen Erkenntnis auf das anthropologisch Bedeutsame eine prinzipielle Endlichkeit unserer Erkenntnis.

Schillebeeckx begründet die Endlichkeit unserer Erkenntnis freilich auch damit, daß das "Dinghafte" die personale Beziehung der Gegenwart Gottes in der Welt verdecke. Hier ist dann aber zu fragen, woher wir denn überhaupt wissen, daß die Dinge "Gottes Gaben an den Menschen" sind. Können wir das "erkennen" oder wissen wir es nur "aus dem Glauben"? Diese Frage läuft letztlich darauf hinaus, ob das Verdecken der Gegenwart Gottes durch das Dinghafte bloß faktischer oder prinzipieller Natur sei. Sich für das letztere entscheiden hieße, die natürliche Erkennbarkeit Gottes aus der Welt prinzipiell leugnen, eine theologisch mehr als bedenkliche These. So wird man auch hier sagen müssen, das Dinghafte verberge uns nur faktisch die Gegenwart Gottes in der Welt.

Angesichts dieser Überlegungen erscheint aber auch die Unterscheidung zwischen Erscheinung und Wirklichkeit bei Schillebeeckx in einem ganz anderen Licht als bei Merleau-Ponty. Konstituiert die anthropologische Bedeutung das g a n z e Wesen der Wirklichkeit, dann ist auch die Unterscheidung zwischen Erscheinung und Wirklichkeit nur faktischer, nicht aber prinzipieller Natur, insofern der Mensch faktisch immer nur den konkreten Teil der Wirklichkeit erfaßt, der in einer bestimmten Lebenssituation für ihn von Bedeutung ist, obwohl eine allmähliche Erfassung aller möglichen Bedeutungen für den Menschen und damit des ganzen metaphysischen Wesens der Wirklichkeit prinzipiell nicht auszuschließen ist. Dann aber ist die Endlichkeit der menschlichen Erkenntnis nur eine faktische oder gar vorläufige Endlichkeit. Wird die anthropologische Bedeutung hingegen zwar als objektive Bestimmung, aber nicht als die erschöpfende Wesensbestimmung der Wirklichkeit verstanden, dann unterscheiden sich Erscheinung und Wirklichkeit nicht nur faktisch hinsichtlich des konkreten Umgangs des Menschen mit der Wirklichkeit, sondern auch prinzipiell hinsichtlich der Möglichkeit einer Erfassung der Wirklichkeit als ganzer, weil der Mensch das, was die Wirklichkeit über die anthropologische Bedeutung hinaus in ihrem Wesen auch noch ist, nie erkennen kann. Dann kann der Mensch das ganze metaphysische Wesen der Wirklichkeit nie erfassen, und damit ist seine Erkenntnis prinzipiell endlich. Das ist die Meinung von Merleau-Ponty. Dadurch, daß Schillebeeckx die anthropologische Bedeutung der Wirklichkeit mit dem metaphysischen Wesen der Wirklichkeit gleichsetzt, hebt er diese prinzipielle Endlichkeit auf und macht sie zu einer bloß faktischen. So erfährt die phänomenologische Erkenntnisinterpretation

Merleau-Pontys in ihrer Verbindung mit Schillebeeckx' metaphysisch-theologischer Konzeption eine deutliche Modifizierung, die sie noch stärker als erkenntnistheoretischen Realismus erscheinen läßt [143].

Nur auf dem Hintergrund dieser Erkenntnisdeutung kann Schillebeeckx' Interpretation der eucharistischen Wandlung richtig verstanden werden. Schillebeeckx beschreibt die eucharistische Wandlung unter dem Doppelaspekt von Transsubstantiation und Transsignifikation:

> "Wenn Wirklichkeit (in dem starken Sinn von 'was wirklich ist') kein menschliches Gemächte ist und sich nicht auf eine menschliche Sinn-Stiftung zurückführen läßt, sondern nur auf Gottes Schöpfungsgabe, ... dann ist es für den katholischen Theologen klar, daß die eucharistische Transsignifikation nicht mit der Transsubstantiation identisch ist, aber innerlich mit ihr zusammenhängt. ... In der Eucharistie hängen Transsubstantiation ('conversio entis', was i s t die vorhandene Wirklichkeit? Christi Leib) und Transsignifikation (neue Sinn-Stiftung oder Zeichen-Wert) unlöslich zusammen, aber man kann sie n i c h t   s c h l e c h t h i n identifizieren" (100 f).

Die eucharistische Wandlung ist für Schillebeeckx eine Transsubstantiation u n d eine Transsignifikation. Sie ist eine Transsubstantiation, insofern sie eine "conversio entis" ist; sie ist eine Transsignifikation, insofern sie auch eine menschliche Sinnstiftung beinhaltet.

Die Transsubstantiation ist als "conversio entis" eine Wandlung der Wirklichkeit, die kein "Gemächte" des Menschen, sondern Gottes Schöpfung ist. Da Gott allein über diese Wirklichkeit verfügt, kann die Transsubstantiation nur eine Tat Gottes sein. So führt Schillebeeckx sie denn auch auf "die neuschaffende Tätigkeit des Heiligen Geistes" (102) zurück und erklärt, daß "kraft des schöpferischen Geistes die Realität sich gewandelt hat" (101). Die eucharistische Transsubstantiation ist daher eine Wandlung der ontologischen Wirklichkeit von Brot und Wein durch Gott selbst. Brot und Wein werden objektiv und an sich, unabhängig von der subjektiven Einstellung des Menschen zu ihnen, etwas anderes.

Die Transsignifikation ist als solche zunächst eine "neue Sinnstiftung" in der menschlichen Welt und daher eine Tat des gläubigen Menschen [144]: "In diese Transsignifikation des Phänomenalen ist der gläubige Mensch wesensgemäß

---

[143] Die Identifizierung der anthropologischen Bedeutung der Wirklichkeit mit ihrem metaphysischen Wesen wirft freilich wieder die Frage auf, die wir bereits bei der Besprechung von Weltes Denkmodell stellten: Darf die ontologische Substanz wirklich ausschließlich als "anthropologische" Substanz verstanden werden? (Siehe S. 58 f). Vgl. zu dieser Frage auch S. 208 f.

[144] Inwiefern die Transsignifikation trotzdem auch von der Tat Gottes (also der Transsubstantiation) abhängt, wird weiter unten erklärt werden. Siehe S. 131 f.

einbezogen" (101). Sie ist eine "aktiv-glaubende Sinn-Stiftung der Kirche und mit ihr des einzelnen Gläubigen" (101). Wir haben bereits gesehen, daß Schillebeeckx den Terminus "Transsignifikation" für die Veränderungen innerhalb der "menschlichen Welt" verwendet, durch die der Mensch der Wirklichkeit an sich in einer neuen Sinngebung eine andere Bedeutung und einen anderen Sinn für sich verleiht, z.B. wenn Brot, je nach dem Bedeutungsbereich, in den es aufgenommen wird, für den Menschen bald Symbol des Lebens, bald wissenschaftliches Untersuchungsobjekt ist [145]. Als Transsignifikation ist die eucharistische Wandlung daher eine Wandlung in der "vermenschlichten Welt". Der gläubige Mensch ändert seine Einstellung Brot und Wein gegenüber. Brot und Wein erhalten jetzt für ihn den neuen Sinn, mehr als nur gewöhnliche Speise zu sein, nämlich der Leib und das Blut Christi.

Es ist unschwer einzusehen, daß Transsubstantiation und Transsignifikation zusammengehören, wenn im Sakrament der Eucharistie wirklich eine reale Begegnung von Gott und Mensch zustande kommen soll. Wäre die eucharistische Wandlung nur eine Transsubstantiation, d.h. eine Wandlung der ontologischen Wirklichkeit von Brot und Wein durch Gott, ohne daß der Mensch diesem Brot und diesem Wein auch in einer Transsignifikation den neuen Sinn und die neue Bedeutung gäbe, der Leib und das Blut Christi zu sein, dann wäre die ontologische Transsubstantiation für den Menschen bedeutungslos. Obwohl Brot und Wein sich real verwandelt hätten, nähme der Mensch diese Veränderung nicht zur Kenntnis, so daß von seiten des Menschen eine sakramentale Begegnung mit dem real gegenwärtigen Christus nicht zustande kommen könnte. Wäre die eucharistische Wandlung hingegen nur eine Transsignifikation, dann wäre sie lediglich eine neue menschliche Sinngebung, ohne daß sich in der Realität etwas geändert hätte. Nicht Brot und Wein hätten sich geändert, sondern nur die subjektive Einstellung des Menschen zu ihnen. Dann aber wäre die Aussage des Dogmas nicht eingeholt, die ja gerade eine Wandlung der ontologischen Wirklichkeit von Brot und Wein verlangt. Als bloße Transsignifikation verstanden, wäre die eucharistische Wandlung in der Tat nur "eine Wandlung im Glauben", ein "bloß psychologisches Phänomen", eine Änderung nur im Bewußtsein des Menschen statt in der Realität selbst. Der Mensch glaubte nur, Christus in den Gestalten von Brot und Wein real zu begegnen, während in Wahrheit eine solche Begegnung nicht zustande käme. Daher kann Schillebeeckx sich nicht "mit einer b l o ß phänomenologischen Interpretation ohne metaphysische Dichte zufriedengeben" (102). Für ihn ist "Realismus wesentlich für den christlichen Glauben" (102). Daher kommt man nicht "mit einer Berufung auf allein menschliche S i n n - S t i f t u n g , auch nicht, wenn man diese in den Glauben verlegt" (102), aus. Zur Transsignifikation muß die Transsubstantiation vielmehr hinzugenommen werden, wenn man die eucharistische Wirklichkeit voll und ganz erfassen will.

Transsubstantiation und Transsignifikation stehen jedoch nicht einfach nebeneinander, sie "hängen innerlich zusammen". Die Transsignifikation wird "getragen und hervorgerufen durch die neuschaffende Tätigkeit des Heiligen Geistes" (102).

---

[145] Siehe S. 114.

Darum sagt Schillebeeckx : "Die Bedeutung der phänomenalen Gestalten Brot und Wein wandelt sich, w e i l kraft des schöpferischen Geistes die Realität sich gewandelt hat, auf die das Phänomenale hinweist : ... Weil sich das, was mittels des Phänomenalen signifiziert wird, objektiv gewandelt hat, hat sich das Signifizieren des Phänomenalen selbst mitgewandelt" (101). Die Transsignifikation "bringt die Realpräsenz aber nicht zustande, sondern setzt sie voraus, und zwar als solche, die eine metaphysische Priorität hat" (102). Die subjektive Einstellung des Menschen Brot und Wein gegenüber ändert sich, weil Brot und Wein sich objektiv und an sich geändert haben. Der Mensch gibt Brot und Wein nur deshalb in einer neuen Sinnstiftung die Bedeutung, Leib und Blut Christi zu sein, weil sie z u v o r von Gott real in diese verwandelt worden sind. Daher ist die menschliche Transsignifikation (neue Sinn-Stiftung oder Zeichen-Wert) eine Folge der göttlichen Transsubstantiation (conversio entis). Oder auch umgekehrt : Die Transsubstantiation ist die Ursache der Transsignifikation, und insofern ist die Transsignifikation nicht allein eine Tat des Menschen.

Durch diese Abhängigkeit von der göttlichen Transsubstantiation unterscheidet sich die menschliche Transsignifikation in der Eucharistie aber wesentlich von allen menschlichen Transsignifikationen und Sinnstiftungen im profanen Bereich. Im profanen Bereich bedeutet Transsignifikation ja gerade, daß der Mensch sich die Wirklichkeit nur in einer von seiner subjektiven Erkenntnisperspektive bestimmten Weise neu "zur Erscheinung bringt", ohne daß sich die Wirklichkeit selbst gewandelt hat. Die Wirklichkeit ist vielmehr nur f ü r d e n M e n s c h e n etwas anderes geworden, weil er sie jetzt im Hinblick auf eine andere Verwendung in einen neuen Bedeutungsbereich aufgenommen und ihr so eine neue Bedeutung und einen neuen Sinn "für sich" beigelegt hat. Daher hat sich nur die Beziehung und Einstellung des Menschen zur Wirklichkeit gewandelt, nicht aber die Wirklichkeit selbst. Alle Veränderung liegt hier allein auf seiten des Menschen. Die Substanz ist in diesem Fall nur deshalb für den Menschen eine andere geworden, weil ihm im Hinblick auf eine andere Verwendung der Wirklichkeit jetzt eine andere Seite der Wirklichkeit als substantiell erscheint, während die ontologische Substanz der Wirklichkeit an sich unverändert geblieben ist. Solche Transsignifikationen sind m.a.W. nur Wandlungen der Wirklichkeit "für uns", nicht der Wirklichkeit "an sich". Sie sind n u r Transsignifikationen, denen keine Transsubstantion entspricht.

In der Eucharistie entspricht der menschlichen Transsignifikation aber nicht nur eine göttliche Transsubstantiation, die göttliche Transsubstantiation ist darüber hinaus die Ursache der menschlichen Transsignifikation. Wenn der Mensch in der Eucharistie Brot und Wein den neuen Sinn gibt, Leib und Blut Christi zu sein, dann ist hier nicht nur die Realität von Brot und Wein wahrhaft in Christi Leib und Blut verwandelt, sondern der Mensch gibt auch Brot und Wein nur deshalb den neuen Sinn, Leib und Blut Christi zu sein, weil Brot und Wein wahrhaft Leib und Blut Christi geworden sind. Hier ist die Wirklichkeit nicht deshalb für den Menschen eine andere, weil er ihr nur im Hinblick auf ihre Verwendung einen neuen Sinn gibt, sondern weil die Wirklichkeit objektiv und an sich eine andere geworden ist. Und nur weil die Wirklichkeit an sich eine andere geworden ist, ist sie auch für den Menschen eine andere. Hier hat sich nicht nur das, was der Mensch im Hinblick auf seine Verwendung der Wirklichkeit für substantiell hält, gewandelt, sondern die Substanz der Wirklichkeit selbst ist eine andere geworden.

In der Eucharistie fallen daher im Unterschied zu allen Transsignifikationen im profanen Bereich conversio entis und menschliche Sinnstiftung zusammen. Hier erfaßt der Logos des Menschen eine Wandlung im Sein selbst und bringt sich nicht nur in einer gewandelten subjektiven Erkenntnisperspektive eine neue Seite des Seins zur Erscheinung, ohne daß das Sein selbst sich geändert hätte.

Schillebeeckx betont immer wieder, daß die menschliche Sinnstiftung in der Eucharistie ein Akt des Glaubens ist. Die eucharistische Transsignifikation ist eine "aktiv-glaubende Sinn-Stiftung der Kirche und mit ihr des einzelnen Gläubigen . . . . Man kann dem eucharistisch real gegenwärtigen Christus denn auch nur dadurch näherkommen, daß man in einem projektiven Glaubensakt, der ein E l e m e n t d e s Glaubens und i m Glauben an Christi eucharistische Gegenwart ist, die phänomenal erfahrene Brots- und Weinsgestalt auf diese Gegenwart ... h i n w e i s e n l ä ß t" (101 f). Die Transsignifikation wird von Schillebeeckx daher als die gläubige Annahme der von Gott geoffenbarten Transsubstantiation verstanden. Die Transsignifikation ist sozusagen die im Glauben angenommene und erfaßte Transsubstantiation. In dieser Transsignifikation bringt sich der Glaubende die Transsubstantiation zwar auch zur Erscheinung, wie sich der Mensch in jeder Erkenntnis die Wirklichkeit zur Erscheinung bringt, aber dieses Sich-zur-Erscheinung-Bringen ist nicht mehr ein bloßes Betrachten der in sich unveränderten Wirklichkeit unter einem anderen Aspekt, sondern das Erfassen einer veränderten Wirklichkeit. Hier erscheint die Wirklichkeit nicht nur subjektiv dem Menschen anders, sie ist auch objektiv anders geworden.

Nun können wir Schillebeeckx' Interpretation der eucharitischen Wandlung kurz zusammenfassen : Die eucharistische Wandlung ist eine Transsubstantiation und eine Transsignifikation, eine Tat Gottes und eine Tat des Menschen. Als Transsubstantiation ist sie eine Wandlung der ontologischen Substanz von Brot und Wein durch Gott. Die Realität der eucharistischen Wandlung, wie sie das Dogma lehrt, ist daher bei Schillebeeckx voll und ganz gewahrt. Als Transsignifikation ist die eucharistische Wandlung die Erkenntnis dieser göttlichen Wandlung (Transsubstantiation) durch den glaubenden Menschen. Die subjektive Einstellung des gläubigen Menschen zu den gewandelten Gaben ändert sich, nicht weil der Mensch sie v o n s i c h a u s in einer anderen Perspektive so sieht, sondern weil er im Glauben die von Gott bewirkte ontologische Wandlung erfaßt. Weil Gott Brot und Wein "transsubstantiiert" hat, "transsignifiziert" der Mensch sie - und nicht umgekehrt. Daher ist die Transsubstantiation Ursache der Transsignifikation.

Das Verhältnis von Transsubstantiation und Transsignifikation beschreibt Schillebeeckx in derselben Weise wie die Enzyklika "Mysterium Fidei".

"Nach der Wesensverwandlung haben die Gestalten des Brotes und Weines ohne Zweifel eine neue Bedeutung und einen neuen Zweck..., aber sie bekommen d e s h a l b eine neue Bedeutung und einen neuen Zweck, weil sie eine neue 'Wirklichkeit' oder Realität enthalten, die wir mit Recht ontologisch nennen" [146].

Trotzdem sind die philosophischen Voraussetzungen, von denen die Enzyklika bzw. Schillebeeckx ausgehen, völlig verschieden. Das gilt für das Verständnis sowohl der Transsubstantiation als auch der Transsignifikation.

Für die Enzyklika konstituieren Zweck und Bedeutung des Brotes nicht die Substanz des Brotes, sie sind nur Relationen der in anderer Weise zu verstehenden Brotsubstanz zum Menschen, und als solche sind sie nur akzidentelle Bestimmungen des Brotes. Eine Wandlung der Substanz kann freilich auch eine Wandlung ihrer akzidentellen Bestimmungen zur Folge haben, weil diese neue Substanz aufgrund ihres andersartigen Seins auch einen neuen Zweck und eine neue Bedeutung für den Menschen bekommen kann. Mit einer Wandlung der Substanz können sich eben auch die aus dieser Substanz resultierenden akzidentellen Bestimmungen wandeln. Die Abhängigkeit der Transsignifikation von der Transsubstantiation wird von der Enzyklika daher letztlich als Abhängigkeit der akzidentellen Bestimmungen von der Substanz verstanden. Substanz und akzidentelle Bestimmungen sind beide objektive Bestimmungen der Wirklichkeit, unabhängig von der Einstellung des Menschen zur Wirklichkeit. Transsubstantiation und Transsignifikation vollziehen sich daher für die Enzyklika in der vom Menschen unabhängigen Wirklichkeit.

Für Schillebeeckx sind aber weder Zweck und Bedeutung bloß akzidentelle Bestimmungen der Wirklichkeit, noch ist die Transsignifikation als solche eine Veränderung in der Wirklichkeit an sich.

Schillebeeckx versteht die Substanz, welche in der eucharitischen Transsubstantiation durch Gott gewandelt wird, vom "Finis" her. Sie ist der Sinn, den Gott den Dingen (für den Menschen) gegeben hat. Zweck und Bedeutung für den Menschen sind daher keine akzidentellen Bestimmungen einer in anderer Weise zu verstehenden Substanz, sondern konstituieren gerade die Substanz. Die eucharistische Transsubstantiation kann von Schillebeeckx daher nur als eine Wandlung des anthropologischen Sinnes von Brot und Wein verstanden werden. So ist die eucharistische Wandlung auch für Schillebeeckx der Sache nach eine T r a n s f i n a l i s a t i o n, selbst wenn er diesen Terminus nicht verwendet, sondern weiterhin Transsubstantiation sagt [147].

---

[146] Mysterium Fidei. Litterae encyclicae de doctrina et cultu ss. Eucharistiae, in : AAS 57 (1965) 753-774; zitiert nach der Übersetzung in : Kirchlicher Anzeiger für die Erzdiözese Köln 105 (1965) 478-491; hier : 486.

[147] Daß die Beibehaltung dieses Terminus zu Mißverständnissen führen kann, werden wir sehen, wenn wir die Kritik Salas an Schillebeeckx behandeln werden. Siehe S. 136 f.
[Fortsetzung S. 135]

Im Unterschied zur Enzyklika ist für Schillebeeckx nur die Transsubstantiation (oder Transfinalisation) der ontologischen Substanz von Brot und Wein durch Gott eine Wandlung in der Wirklichkeit an sich. Die Transsignifikation ist als solche hingegen – als die gläubige Annahme dieser von Gott gewirkten ontologischen Transsubstantiation – nur eine Wandlung der menschlichen Sinngebung. Als solche besagt Transsignifikation ja nur, daß der Mensch Brot und Wein einen neuen Sinn gibt, aber nicht, daß Brot und Wein wirklich einen neuen Sinn bekommen haben. Freilich gibt der Mensch Brot und Wein nur deshalb einen neuen Sinn, weil sie zuvor von Gott diesen neuen Sinn erhalten haben. Insofern ist in der Eucharistie die göttliche Transsubstantiation Ursache der menschlichen Transsignifikation. Die Abhängigkeit der eucharistischen Transsignifikation von der göttlichen Transsubstantiation wird daher von Schillebeeckx als Abhängigkeit der menschlichen Sinngebung von der Wirklichkeit verstanden und nicht als Abhängigkeit der Akzidenzien von der Substanz, wie die Enzyklika es tut.

Schillebeeckx' Interpretation der eucharistischen Wandlung hat immer wieder Kritik hervorgerufen. So schreibt Scheffczyk, daß der Wirklichkeitsbegriff Schillebeeckx' "aus einer bestimmten philosophischen Richtung stammt, die ... dem phänomenologischen und existentialen Denken nahesteht. Dieses Denken ist seinerseits von der sogenannten transzendentalen Philosophie beeinflußt, für die das Wirkliche immer nur in bezug auf das Ich des Menschen existiert. ... Es scheint, daß mit diesem Ansatz der Wirklichkeitsbegriff einseitig anthropologisiert und spiritualisiert wird. Das muß zu einer gewissen Entwirklichung der materiellen Natur führen, die für ein integrales Eucharistieverständnis eine große Bedeutung hat." [148]

Man kann Schillebeeckx' Wirklichkeitsverständnis zwar als "Anthropologisierung", aber wohl kaum als "Spiritualisierung" der Wirklichkeit bezeichnen. "Spiritualisierung" klingt doch zu sehr nach "Subjektivierung", als ob die Wirklichkeit eine menschliche "Setzung" wäre [149]. Es dürfte aber klar geworden sein, daß Schillebeeckx' Anthropologisierung der Wirklichkeit nicht als Subjektivismus verstanden werden darf, denn die Wirklichkeit ist nach Schillebeeckx gerade kein "Gemächte des Menschen", sondern "Gottes Schöpfung". Die Wirklichkeit kann bei

---

Im übrigen ist auch eine Transsignifikation in der "vermenschlichten Welt" der Sache nach eine Transfinalisation. Denn wenn die vom Menschen gestiftete "konkrete" Substanz in dem Sinn ("Finis") liegt, den der Mensch der Wirklichkeit im Hinblick auf ihre konkrete Verwendung verleiht, dann kann eine Wandlung dieser Substanz nur als Änderung des Sinnes (Finis) durch den Menschen und somit als Transfinalisation gedeutet werden.

[148] L. Scheffczyk, Die eucharistische Gegenwart Christi, in: Christ in der Gegenwart 20 (1968) 61 f, hier: 62.

[149] Auf dieses Mißverständnis haben wir bereits bei der Besprechung Weltes (siehe S. 46 f) und Möllers (siehe S. 74) aufmerksam gemacht.

Schillebeeckx nur deshalb als "anthropologische Wirklichkeit" bezeichnet werden, weil Gott sie f ü r d e n M e n s c h e n geschaffen hat [150].

Die anthropologische Deutung der Wirklichkeit als "Sein für den Menschen" ist freilich nicht immer deutlich genug gesehen worden. So spricht Ratzinger von "dem Zwielicht, in dem das Verhältnis von Phänomenologie und Ontologie stehenbleibt" [151], und auch Sala scheint sich über die Deutung der Wirklichkeit bei Schillebeeckx nicht im klaren zu sein, wenn er sagt: "Schillebeeckx sehe sich ... schließlich gezwungen, den Ausdruck Transsubstantiation wieder aufzunehmen und folgerichtig auch den naturphilosophischen Kontext, der ihn definiert" [152]. In einer Anmerkung hierzu [153] gesteht er zwar, daß Schillebeeckx wohl mit dem "folgerichtig" nicht einverstanden sei, da er "gegenüber jener Auffassung von der Substanz, die er als die aristotelische ansieht, nicht mit Kritik spart" und glaubt, " ' daß eine naturontologische Interpretation der Eucharistie unhaltbar sei' ". Für Sala kann die Substanz, die nach Schillebeeckx in der Transsubstantiation verwandelt wird, nur eine naturphilosophische Substanz sein. Er gesteht, nicht zu sehen, "welches der Kontext ist, der für Schillebeeckx den Terminus Substanz definiert, wenn er am Ende seiner Studie behauptet, der katholische Glaube verlange eine Aufrechterhaltung der Lehre von der Transsubstantiation". Sala sieht demnach zwar einerseits, daß Schillebeeckx die Substanz, die in der Transsubstantiation durch Gott verwandelt wird, schwerlich als naturphilosophische Substanz versteht, weil er diesen Substanzbegriff ablehnt, aber er sieht andererseits nicht, wie diese Substanz von Schillebeeckx verstanden werden könnte außer als naturphilosophische Substanz.

Wir glauben jedoch, in der vorstehenden Analyse eine Lösung für diese Schwierigkeit gefunden zu haben. Die Substanz, über deren Eigenart Sala sich nicht klar geworden zu sein scheint, ist bei Schillebeeckx der Sinn, den Gott den Dingen für den Menschen gegeben hat. Schillebeeckx versteht die Substanz eindeutig vom Sinn her und keineswegs als naturphilosophische Substanz im aristotelisch-hylemorphistischen Verstande. Die Transsubstantiation ist daher für ihn der Sache

---

[150] Daß angesichts dieses Wirklichkeitsverständnisses die Frage berechtigt ist, ob eine ausschließlich anthropologische Wesensbestimmung der Wirklichkeit als Sein für den Menschen wirklich eine erschöpfende Wesensbestimmung der Wirklichkeit ist, haben wir bereits mehrfach betont. (Siehe S. 58 f und S. 130, Anm. 143).

[151] J. Ratzinger, Rezension zu E. Schillebeeckx, Die eucharistische Gegenwart, Düsseldorf 1967, in: ThQ 147 (1967) 493-496; hier: 494.

[152] G.B. Sala, Transsubstantiation oder Transsignifikation? Gedanken zu einem Dilemma, in: ZKTh 92 (1970) 1-34; hier: 27.

[153] a.a.O., S. 27 f, Anm. 57.

nach eine Transfinalisation. Wenn Schillebeeckx das deutlich gesagt und nicht nur
implizit vorausgesetzt hätte, hätte sich die von Sala konstatierte Schwierigkeit
erst gar nicht eingestellt. Sala hätte dann auch erkennen können, daß seine eigene
Auffassung, die eucharistische Transsubstantiation sei eine Transsignifikation
oder Transfinalisation durch Gott [154], von Schillebeeckx geteilt wird. So aber
glaubt er, der Satz Schillebeeckx' "Die Bedeutung der phänomenalen Gestalten
Brot und Wein wandelt sich, w e i l kraft des schöpferischen Geistes die Realität sich gewandelt hat, auf die das Phänomenale hinweist" müsse umgekehrt werden : "... weil sich der Sinn dieser Wirklichkeit gewandelt hat, deswegen hat
sich die Wirklichkeit gewandelt. Kraft der Konsekrationshandlung erhält die
Natur des Brotes und Weines einen neuen Sinn : die Intention Christi, sich dem
Menschen zu schenken" [155]. Die göttliche Transsubstantiation der ontologischen
Wirklichkeit von Brot und Wein könnte Schillebeeckx aber genauso beschreiben,
wie Sala es hier tut. Der von Sala zitierte Satz bezieht sich nicht auf die göttliche
Transsubstantiation, sondern auf die ihr folgende menschliche Transsignifikation,
in welcher der Mensch die göttliche Transsubstantiation im Glauben erfaßt. Hier
ist nicht von der Wandlung des Sinnes der Wirklichkeit durch Gott die Rede, sondern von der menschlichen Sinnstiftung, welche der göttlichen Sinnstiftung auf
seiten des Menschen folgt, wenn er im Glauben die neue Sinnstiftung Gottes erfaßt und einholt, indem er auch seinerseits den gewandelten Gaben einen neuen
Sinn verleiht.

Transsignifikation ist für Sala jedoch, wie wir noch sehen werden, etwas ganz
anderes, nämlich eine Tat Gottes und nicht des Menschen. In diesem Sinne wird
die Transsignifikation auch von anderen Autoren verstanden [156]. Die so verstandene Transsignifikation fällt freilich mit der Transfinalisation oder Transsubstantiation zusammen. Die Verwendung des Terminus Transsignifikation für
die gläubige Annahme der göttlichen Transsubstantiation durch den Menschen
findet sich nur bei Schillebeeckx.

Übersieht man diese Bedeutung des Terminus Transsignifikation bei Schillebeeckx,
dann kann man seine Gedanken freilich für in sich unstimmig und brüchig halten.
So sagt Gerken, Schillebeeckx komme "in einem seltsam schwankenden Denken
zu einem Nebeneinander von Transsubstantiation und Transsignifikation". Diese
vage Aussage bleibe unbefriedigend, "weil der angedeutete Zusammenhang zwischen
beiden Begriffen nicht geklärt wird. ... Es ist aber wohl nicht möglich, in zwei
voneinander im Grundansatz verschiedenen Denkformen zugleich zu denken, wenn
sie nicht in Über- oder Unterordnung oder sonstwie vermittelt und damit zu einer
Einheit werden" [157].

---

[154] Siehe S. 178 ff.

[155] a.a.O., S. 32.

[156] So vor allem von Schoonenberg (siehe S. 89 f) und dann auch von den
Autoren, die von ihm abhängen.

[157] A.Gerken, Theologie der Eucharistie, München 1973, S. 198 f.

Von zwei im Grundansatz verschiedenen Denkformen und folglich von einem fehlenden Zusammenhang oder einer fehlenden Einheit zwischen Transsubstantiation und Transsignifikation kann man aber nur reden, wenn man die Bedeutung des Begriffes Transsignifikation bei Schillebeeckx nicht kennt und diesen Begriff wie die übrigen Autoren versteht. Versteht man Schillebeeckx jedoch von seinen philosophischen Voraussetzungen (Merleau-Ponty) her, dann zeigt sich, daß seine Konzeption durchaus in sich stimmig und widerspruchsfrei ist.

8. Trooster : Substanz als Zuhandensein

Nachdem Trooster [158] die bekannten Schwierigkeiten, denen sich die aristotelisch-scholastische Transsubstantiationslehre heute ausgesetzt sieht, vorgetragen hat, kommt er nach einem kurzen Überblick über die Entwicklung der kirchlichen Eucharistielehre zu dem Schluß, alle begrifflichen Formulierungen der eucharistischen Wandlung wollten nichts anderes sein als Auslegungen des einen Satzes "Brot und Wein w e r d e n Leib und Blut unseres Herrn" (740), so daß jede Formulierung, die den Sinn dieses Satzes wirklich wiedergebe, theologisch legitim sei. Damit, so glaubt er, sei der Weg frei für eine neue und, wie er meint, dem "modernen Lebensgefühl bezüglich der stofflichen Dinge" (741) angemessenere Deutung der eucharistischen Wandlung. Diese bestimmt er im Anschluß an Schoonenberg [159] als "Transfinalisation" und beruft sich zur Begründung des dabei zugrundezulegenden Substanzbegriffes ausdrücklich auf Heidegger [160].

> "Das eigentliche Sein der stofflichen Dinge, so behauptet dieser in seinem Buch 'Sein und Zeit', ist ihr 'Zuhanden-sein', d.h. Dienstbarsein für, Verwendbarsein für den Menschen. Das ist unmittelbar einleuchtend bei allen Produkten der menschlichen Vernunft und Arbeit. ... Die Dinge sind wesentlich 'Werkzeug' für den Menschen ('Zeug' sagt Heidegger). Das gilt selbst für die stoffliche Wirklichkeit, die ich 'Natur' nenne. ...

> Wir können das 'Sein' der Dinge kaum noch als 'Selbständigkeit' verstehen, in dem Sinn von 'Wirklichkeit, die ganz in und aus sich besteht'. Im Gegenteil, die stoffliche Wirklichkeit zeigt sich stets im Ganzen eines kosmischen Zusammenhanges, in dem der Mensch zentral steht. Das Produkt der menschlichen Kultur und Technik verweist z.B. auf die Grundstoffe, die übrigens oft selbst unermüdliche Arbeit des Menschen voraus-

---

[158] S. Trooster, Transsubstantiatie, in : Streven 18 (1965) 737-744.

[159] a.a.O., S. 740.

[160] a.a.O., S. 741 ff. - Den Weg zu Heidegger scheint Trooster über Rahner gefunden zu haben, auf dessen anthropologischen Substanzbegriff er als einziger der neueren Autoren ausdrücklich verweist (a.a.O., S. 738, Anm.3).

setzen, die aber ferner durch allerlei Relationen mit der ganzen stofflichen Welt verbunden sind, oft bis in eine beinahe unermeßlich weite Vergangenheit hinein (Steinkohle, Öl, Erdgas). Aber zuallererst ist die stoffliche Wirklichkeit, was sie ist, durch die 'Bestimmung', die der Mensch ihr gegeben hat, die 'Funktion', die sie erfüllt in der Selbstverwirklichung des Menschen, in ihrem 'Zuhanden-sein'.

Natürlich haben die stofflichen Dinge auch ein eigenes Sein, 'Vorhanden-sein' sagt Heidegger. ...

Selbstverständlich kann ich das 'Vorhanden-sein' der Dinge zum Objekt wissenschaftlicher Untersuchung machen. Aber in demselben Augenblick verbirgt sich ihr eigentliches Sein, das 'Zuhanden-sein'. Ich arbeite dann mehr oder weniger mit Abstraktionen. ... Nein, das eigentliche 'Sein' der stofflichen Wirklichkeit ist mit der 'Funktion' gegeben, die sie in der Selbstverwirklichung des Menschen erfüllt, mit der 'Bestimmung', die ich, der Mensch, ihr gegeben habe, mit der 'Bedeutung' und dem 'Sinn', die sie für mich darstellt. Und das in dem Zusammenhang der ganzen irdischen Wirklichkeit, worin sie als 'zuhanden' auftritt.

Es ist nicht schwer, diesen Gedankengang auf 'Brot' anzuwenden. Brot ist ja ein Produkt menschlicher Arbeit, darum wird sein eigentliches 'Sein' bestimmt durch sein 'Zuhanden-sein', die 'Funktion', die 'Bestimmung', die 'Bedeutung', die es für mich, den Menschen, im ganzen Zusammenhang der irdischen Wirklichkeit hat, worin es für mich tägliche Nahrung ist, erste Lebensnotwendigkeit, oder wie man es denn sonst noch näher umschreiben will" (741 f).

Trooster versteht die "stofflichen Dinge" als "Zuhanden-sein", als "Dienstbarsein" und "Verwendbarsein für den Menschen". Ihr "eigentliches Sein", ihre Substanz, liegt in der "Bestimmung", der "Funktion", der "Bedeutung" und dem "Sinn" für den Menschen. Sie Substanz wird daher "anthropologisch" vom Zweck (Finis) für den Menschen her verstanden.

Diesen anthropologischen Substanzbegriff wendet Trooster auf die durch die "menschliche Vernunft und Arbeit" verfertigten Kulturprodukte ebenso an wie auf die "stoffliche Wirklichkeit, die ich 'Natur' nenne". Anthropologische Substanzen sind daher sowohl die Kultur- als auch die Naturdinge.

Es fällt jedoch schwer, in Troosters Darstellung eine klare und deutliche Unterscheidung zwischen dem anthropologischen Charakter der Kulturdinge und dem der Naturdinge zu entdecken. Denn überall da, wo er von Bestimmung, Funktion, Bedeutung und Sinn und somit von der Substanz der stofflichen Wirklichkeit spricht, führt er diese auch auf die m e n s c h l i c h e   Zwecksetzung zurück. Und das nicht nur hinsichtlich der Kulturprodukte, bei denen das, wie er selbst sagt, "unmittelbar einleuchtend" ist, sondern auch im Hinblick auf die Naturdinge, die "Grundstoffe" aller "menschlichen Kultur und Technik". Denn der Satz "Zuallererst ist die stoffliche Wirklichkeit, was sie ist, durch die 'Bestimmung', die der Mensch ihr   g e g e b e n   hat", ist ebenso auch im Hinblick auf die Naturdinge (Grundstoffe) gesagt wie der Satz "Das eigentliche 'Sein' der stofflichen Wirklichkeit ist mit der 'Funktion' gegeben, die sie in der Selbstverwirklichung des Menschen erfüllt, mit der 'Bestimmung', die ich, der Mensch, ihr g e g e b e n habe". Konstituiert also der Mensch auch die anthropologische Substanz der Naturdinge?

Man täte Trooster sicherlich Unrecht, wollte man dies als seine Meinung ausgeben. Denn zeigen nicht schon die von Trooster übernommenen Heideggerschen Termini - Zuhandensein, Dienstbar- und Verwendbarsein für den Menschen -, zumal wenn man sie in ihrem ursprünglichen Sinne nimmt, daß der anthropologische Charakter der Wirklichkeit gerade nicht als ein vom Menschen konstituierter, eben nicht "als bloßer Auffassungscharakter", sondern als "die ontologisch-kategoriale Bestimmung von Seidendem, wie es 'an sich' ist" (SuZ 71), zu verstehen ist? Und lassen sich nicht selbst manche Formulierungen Troosters - so die Wesensbestimmung der stofflichen Wirklichkeit als "Bedeutung und Sinn, die sie für mich darstellt" - auch im Sinne einer "objektiven" anthropologischen Bestimmung der Wirklichkeit als Material für den Menschen auslegen?

Wer die Gedanken der Neueren kennt, wird die Ausführungen Troosters sicher so interpretieren, daß die Naturdinge anthropologische Substanzen sind, weil sie von Gott für den Menschen geschaffen sind. Doch auch dann wird man zumindest noch sagen müssen, daß Trooster weder deutlich genug zwischen der vom Menschen gestifteten anthropologischen Substanz der Kulturdinge und der von Gott für den Menschen geschaffenen anthropologischen Substanz der Naturdinge unterscheidet noch das Verhältnis beider Substanzen zueinander erörtert. Angesichts so unklarer Formulierungen werden dann freilich auch die Bedenken mancher Kritiker verständlich, die "Anthropologisierung" des Substanz- und Wirklichkeitsverständnisses laufe auf eine "Subjektivierung" hinaus. Vor allem aber rächt sich die unzureichende Unterscheidung zwischen der von Gott geschaffenen und der vom Menschen gestifteten anthropologischen Realität in Troosters Erklärung der eucharistischen Wandlung.

In der Eucharistiefeier nimmt Christus das Brot und spricht über es sein machtvolles Wort:

> "Damit löst Er selbst ... in der Konsekration das Brot aus d i e s e m - rein irdischen - Zusammenhang, um ihm in einem ganz neuen Zusammenhang die 'Bestimmung' zu geben, 'Zeichen' seiner tastbaren Gegenwart unter uns in der Selbstgabe an seine Kirche zu sein. Radikale und dennoch unmerkliche, unwiderrufliche 'Veränderung der Bestimmung' (Transfinalisation), da das Brot dem bloßen Zusammenhang dieser vergänglichen Welt entzogen wird, um eine F u n k t i o n zu erhalten in dem Zusammenhang des Geheimnisses der fortwährenden Gegenwart des verherrlichten Herrn in seiner Kirche. ... Damit ist das Brot dann nicht mehr länger Brot in der Wirklichkeit, ... in der für uns irdische Menschen Brot Brot ist" (742 f).

Trooster versteht die eucharistische Wandlung als Transfinalisation, d.h. als "Veränderung der Bestimmung" oder der "Funktion" des Brotes. Das Brot erhält durch Christus eine neue Bestimmung und eine neue Funktion, sein Sinn liegt nicht mehr im "Zusammenhang dieser vergänglichen Welt", sondern "in dem Zusammenhang des Geheimnisses der fortwährenden Gegenwart des verherrlichten Herrn in seiner Kirche". Es wird m.a.W. dem natürlichen Zusammenhang entzogen und in einen übernatürlichen Zusammenhang gestellt; sein Sinn ist nicht mehr ein natürlicher, sondern ein übernatürlicher, und da die Substanz des Brotes in seinem Sinn besteht, ist das Brot jetzt keine natürliche Wirklichkeit, kein gewöhnliches Brot mehr, sondern eine übernatürliche Wirklichkeit, sozusagen ein "übernatürliches Brot". Seine Substanz ist verwandelt worden [161]. Versteht man die Substanz des Brotes von seinem Sinn (Finis) her, dann ist eine Transfinalisation in der Tat eine Transsubstantiation, eine Wesensverwandlung.

Trooster erklärt auch ausdrücklich, daß diese Wesensverwandlung nicht vom Glauben des Menschen abhängt, sondern durch die Tat Christi bewirkt wird:

> "Die 'Transfinalisation' (bzw. 'Transsignifikation') von Brot und Wein ist schließlich nicht vom Glauben der Menschen abhängig, sondern wird einzig und allein vollzogen durch das schaffende Wort des Herrn der Kirche und des Kosmos, das diese irdischen Wirklichkeiten mit seinem verherrlichten Sein verbindet, um sie zum Zeichen seiner fortwährenden Gegenwart unter uns in seiner Selbstgabe an seine Kirche zu machen" (743).

Die inhaltliche Bestimmung des neuen Wesens der gewandelten Gaben - Brot und Wein werden Z e i c h e n der Gegenwart und Selbstgabe des Herrn - könnte leicht als Symbolismus ausgelegt werden. Denn wenn, wie Trooster ausdrücklich sagt, die "Bestimmung" (oder der Sinn und die Funktion) das Wesen des Seienden

---

[161] Ähnlich sagt Mulders, "daß das Brot an dem eucharistischen Tisch des Herrn ganz seinem normalen Sinn und gewöhnlichen menschlichen Gebrauch entzogen und ganz durch Christus selbst - lebend in seiner Kirche - verändert wird in d a s B r o t , d a s E r s e l b s t f ü r u n s i s t . . . .
Das Brot wird erweitert und entfaltet innerhalb einer viel größeren und bleibenden Welt: der neuen Welt und der neuen Menschheit Christi. In dieser Welt und in dieser Wirklichkeit, für die wir alle eigentlich bestimmt sind, ist Christus selbst die einzige Speise, aus der wir leben. E r i s t Brot, w e i l Er Leben ist" (G. Mulders, Eucharistie, in: Verbum 32 (1965) 122-129; hier: 126 f).

Auch Sonnen bestimmt die eucharistische Wandlung als "Übergang von Brot als Nahrung für unser rein irdisches leibliches Leben zu einem Brot als Nahrung für unser ewiges Leben, und dieses letztere Brot ist Christus selbst" (I.R. Sonnen, Neubesinnung auf die Eucharistie als Sakrament, in: KatBl 90 (1965) 490-501; hier: 494).

begründet, dann folgt doch, wenn Brot und Wein die neue Bestimmung erhalten, Zeichen der Gegenwart und Selbstgabe des Herrn zu sein, daß das Wesen von Brot und Wein nach der Konsekration darin besteht, Zeichen für Christus zu sein. Die Kirche lehrt aber, daß die gewandelten Gaben in ihrem Wesen Christi Leib und Blut und nicht nur ein Zeichen hierfür sind. Und kann man überhaupt sagen, es habe eine wirkliche Transsubstantiation von Brot und Wein stattgefunden, wenn Brot und Wein als Zeichen für Christus bestimmt werden? Denn wenn Brot und Wein als solche Zeichen sein sollen, müssen sie doch gerade in ihrem Wesen als Brot und Wein erhalten bleiben.

Es dürfte aber keinem Zweifel unterliegen, daß Trooster eine wirkliche Transsubstantiation von Brot und Wein in Christi Leib und Blut aussagen will, aber es ist doch fraglich, ob ihm das auch wirklich gelungen ist. Hätte er nicht viel deutlicher sagen müssen, daß die neue Bedeutung, der neue Sinn und die neue Funktion von Brot und Wein darin bestehen, Christi Leib und Blut und nicht nur Zeichen hierfür zu sein? [162] Der Grund für diese unzureichende Bestimmung der eucharistischen Wandlung liegt wohl darin, daß Trooster nicht deutlich genug zwischen einer göttlichen und einer menschlichen Sinnstiftung unterschieden hat. Alle menschliche Sinnstiftung bewirkt ontologisch gesehen nur eine akzidentelle Veränderung. Wenn daher der Mensch ein Ding zum Zeichen seiner Selbstgabe macht, bliebt die Substanz des Dinges erhalten, es bekommt nur zusätzlich die akzidentelle Bestimmung, Zeichen der Selbstgabe zu sein, und so bewirkt eine menschliche Transfinalisation in der Tat nur eine Zeichenwerdung. Gott kann hingegen die Dinge nicht nur zu Zeichen seiner Selbstgabe, sondern zu seiner wahren und wirklichen Selbstgabe mache, indem er ihre Substanz aufhebt und in Christi Leib und Blut verwandelt. Dann sind aber nicht mehr die Dinge als Dinge vorhanden, es bleibt nur ihre äußere Gestalt, ihre "Species". Daher bewirkt eine göttliche Transfinalisation wirklich eine Transsubstantiation. Ist aber die Substanz der Dinge verwandelt, dann können nicht mehr die Dinge als solche Zeichen für Christus sein, sondern nur noch das, was von ihnen übrigbleibt, nämlich ihre Species. Daher werden nicht Brot und Wein Zeichen für Christus, wie Trooster sagt, sondern nur ihre "Species", denn Brot und Wein sind als solche ja gar nicht mehr vorhanden. Wenn Trooster Brot und Wein bloß als Zeichen für Christus bestimmt, hat er die göttliche Transfinalisation (ähnlich wie Schoonenberg und Smits) zu sehr nach Art einer menschlichen Transfianlisation interpretiert. Eine wirkliche und wahre Transsubstantiation kann man diese Transfinalisation dann aber nicht mehr nennen. Der Mangel der Troosterschen Darstellung liegt also darin, daß er weder den Substanz- noch den Zeichenbegriff so gefaßt hat, daß er eine angemessene Bestimmung der eucharistischen Wandlung gestattet.

---

[162] Das ist in den Formulierungen Mulders und Sonnens - die konsekrierten Gaben sind C h r i s t u s als Brot für uns - im Unterschied zu Trooster eindeutig gesagt. (Siehe S. 141, Anm. 161).

Eine ähnlich unzureichende Bestimmung der eucharistischen Wandlung findet sich auch in dem bereits erwähnten Aufsatz Gutwengers [163], in dem er "Wesen" und "Sinn" gleichsetzt. Denn das Wesen der gewandelten Gaben bestimmt er so :

> "Die dynamische Komponente im Hingabewillen des Kyrios entzieht das konsekrierte Brot der profanen Sphäre und gestaltet es zum Symbol seiner sich hinschenkenden Gegenwart. Das konsekrierte Brot hat nicht mehr den Sinn, natürliche Nahrung zu sein. Seine Sinngestalt erschöpft sich darin, Symbol und Zeichen zu sein, Symbol der pneumatischen personalen Gegenwart des erhöhten Kyrios, der sich als geistige Speise anbietet" (196).

Auch hier muß eingewendet werden : Wenn Gutwenger die neue Sinngestalt (und damit das neue Wesen) als Symbol und Zeichen für die Gegenwart des erhöhten Kyrios bestimmt, könnte man folgern, das konsekrierte Brot sei in seinem Wesen nur ein Zeichen für Christus und nicht, wie es das Dogma lehrt, Christus selbst.

Gutwenger hat diesen Einwand allerdings vorausgesehen, wenn er schreibt :

> "Man könnte vielleicht einwenden, der Umstand, daß das konsekrierte Brot als Christus angesprochen wird ('Das ist mein Leib'), schließe unsere Deutung aus. Das stimmt aber nicht. Ein Symbol ist die Ausdrücklichkeit der im Symbol zugleich erscheinenden und sich verhüllenden Wirklichkeit. Das konsekrierte Brot ist die sakramentale Erscheinungsform Christi, weshalb es durchaus angebracht ist, Symbol und Wirklichkeit, sakramentale Erscheinungsform und Christus als Einheit zu sehen, und das konsekrierte Brot als Christus anzusprechen" (197).

Gutwenger erklärt, Brot und Wein seien eine Einheit von Symbol und Wirklichkeit, von sakramentaler Erscheinungsform Christi und Christus selbst. Er ist also durchaus der Meinung, daß das konsekrierte Brot in seinem Wesen "Christus selbst" ist. Aber müssen wir dann nicht folgern, das konsekrierte Brot sei in seinem Wesen Christus u n d Zeichen für Christus, so daß wir zu einer Art "Konsubstantiation" gelangen? Diese Folgerung ist in der Tat unvermeidlich, wenn beide Aussagen, wie Gutwengers Formulierungen es immerhin nahelegen [164], auf die Sinngestalt und damit auf das W e s e n von Brot und Wein bezogen werden. Eine solche Folgerung wäre sicher nicht im Sinne Gutwengers, aber um diesem Mißverständnis vorzubeugen, hätte er sich exakter ausdrücken müssen. Er hätte das Symbol- und Zeichensein nicht auf die neue Sinngestalt

---

[163] E. Gutwenger, Das Geheimnis der Gegenwart Christi in der Eucharistie, in : ZKTh 88 (1966) 185-197, hier : 196 f.

[164] Vgl. auch : "Durch das Stiftungswort wird das Brot zum Ort der Anwesenheit Christi und zum Symbol des sich als geistige Nahrung verschenkenden Christus. Daß die frühere Sinngestaltung des Brotes, natürliche Nahrung zu sein, aufgehoben ist, ergibt sich zwanglos aus der Gegenwart des göttlichen Gastgebers. Daß dem Brot durch die neue Bestimmung, Ort der Anwesenheit

und damit (gemäß seiner Definition der Substanz) auf das neue Wesen des konsekrierten Brotes, sondern nur auf dessen "Gestalt" oder "Species" [165] beziehen dürfen.

Gutwenger hat also ähnlich wie Trooster nicht gesehen, daß bei einer wahren und wirklichen Transfinalisation nicht mehr Brot und Wein als solche Zeichen sein können, wie bei einem menschlichen Zeichen immer Dinge Zeichen sind, sondern daß hier nur dasjenige Zeichen sein kann, was von Brot und Wein nach der Konsekration übrigbleibt, nämlich die äußere Gestalt, die Species. Denn Brot und Wein sind als solche nicht mehr vorhanden, wenn ihre Substanz in der Transsubstantiation in die Substanz Christi verwandelt worden ist. Die in der Eucharistie zweifellos vorliegende Einheit von Symbol und Wirklichkeit, von sakramentaler Erscheinungsform Christi und Christus selbst, läßt sich nur dann exakt formulieren, wenn in Brot und Wein zwei real voneinander verschiedene Ebenen unterschieden werden, deren eine zum Symbol und zur sakramentalen Erscheinungsform Christi, deren andere zur Wirklichkeit der Gegenwart Christi selbst wird, und dazu bietet sich noch immer die klassische Unterscheidung zwischen Species und Substanz als die beste Lösung an.

Christi zu sein, ein ganz neuer Sinn eingestiftet wurde, und daß es in ein übernatürliches Bezugssystem eingeordnet wurde, liegt auch auf der Hand.

Darüber hinaus ist das Brot (und selbstverständlich auch der Wein) sakramentales Symbol Christi. Durch die Bestimmung, Symbol zu sein, ist sein früherer Sinngehalt umgewandelt in den neuen, den als geistige Speise sich schenkenden Kyrios anzuzeigen und zu künden. Das Wesen und die Sinngestalt des Brotes wird durch die Konsekration radikal geändert" (196 f).

Gutwenger unterscheidet hier zwischen der Bestimmung des Brotes, Ort der Anwesenheit Christi zu sein, und der Bestimmung, Symbol des sich schenkenden Kyrios zu sein, bezieht aber beides ohne Unterschied auf den neuen Sinn des gewandelten Brotes.

[165] Die Gleichsetzung des eucharistischen Zeichens mit den Species klingt in Gutwengers Bestimmung dieses Zeichens als "sakramentaler E r s c h e i - n u n g s f o r m   Christi" zwar an, ist aber in seiner Terminologie nicht konsequent zum Ausdruck gebracht, und daher sind seine Formulierungen mißverständlich.

9. Sonnen : Substanz, Sein für den Menschen

Sonnen [166] geht davon aus, daß das Dogma der Transsubstantiation den Unterschied "zwischen Wesen und Gestalt, oder zwischen 'Substanz' und 'Spezies' " (490) voraussetzt. Die Gestalt "umfaßt alles, was wir mit unseren Sinnen wahrnehmen können" (490). Sie ist "Phänomen", "Erscheinungsform", "Weise des Erscheinens" (491). Sie bildet das Objekt der Naturwissenschaften. Daher können die Naturwissenschaften nichts über die Transsubstantiation aussagen, weil sie sich nicht auf der Ebene der Gestalt vollzieht.

Substanz wird im Unterschied zur Erscheinung als Wesen bestimmt:

> "Bei der Substanz von Brot und Wein geht es nicht um die Weise, wie Brot und Wein in Erscheinung treten, sondern um die Frage, was denn Brot und Wein i s t . Die Substanz betrifft nicht das P h ä n o m e n , sondern das W e s e n " (491).

Trotz des Unterschiedes von Substanz und Species darf die Einheit beider nicht übersehen werden:

> "Substanz und Gestalt sind Wesen und Erscheinung desselben Brotes. Sie sind aufs innigste miteinander verbunden. Denn was in der Gestalt erscheint, ist gerade das Wesen. Die Gestalt ist die Weise, in der sich die Substanz an unsere Sinne wendet. Die Gestalt ist darum nicht eine Art Umhüllung der Substanz, als ob die Substanz sich im Inneren befände. ... Man kann sagen: Die Gestalt ist das Brot unter einem naturwissenschaftlichen und sinnfälligen Aspekt. Die Substanz ist dasselbe Brot, aber jetzt unter einem vollmenschlichen Aspekt, nicht wie es aussieht, sondern was es für uns ist" (491).

Die Substanz bleibt unerkennbar, solange man sich nur der Seite der Wirklichkeit zuwendet, die als Gestalt bezeichnet wird. Man kann sie nur "unter einem vollmenschlichen Aspekt" in den Blick bekommen, nur wenn man fragt, was etwas "für uns" ist:

> "Diese Frage ist nur zu beantworten, wenn wir ein Ding nicht ausschließlich in sich betrachten, isoliert vom Menschen. Stellen wir uns die Dinge ohne den Menschen vor, können wir allein etwas aussagen über das, was wir als 'Gestalt' umschrieben haben. Wenn wir uns fragen, was die Dinge eigentlich s i n d , müssen wir sie im Zusammenhang der ganzen Schöpfung betrachten. Gott hat die Dinge f ü r d e n M e n s c h e n geschaffen. Das Sein der Dinge besteht darin, daß sie auf den Menschen ausgerichtet sind, für ihn da sind. ... Die Möglichkeit, welche die Dinge dem Menschen bieten, um so mit ihnen umzugehen, ist das eigentliche Sein der Dinge.

---

[166] I.R. Sonnen, Transsubstantiatie, in: School en Godsdienst 19 (1965) 200-215; deutsch: Neubesinnung auf die Eucharistie als Sakrament, in KatBl 90 (1965) 490-501; wir zitieren nach dieser Übersetzung.

Wenn wir nun weiter fragen, worin die Dinge sich voneinander in ihrem Sein unterscheiden, mit anderen Worten, worin das W e s e n des einen Dinges sich unterscheidet vom Wesen eines anderen, dann kann die Antwort nur lauten, daß das eine Ding anders auf den Menschen bezogen ist als das andere. Das Sein der Dinge ist ihr Sein für den Menschen, der Menschbezug. Ihr Wesen ist : W i e sie auf den Menschen bezogen sind, w a s sie für ihn sind" (491 f).

Auf das Brot angewendet bedeutet das : "Das Wesen, die Substanz des Brotes besteht darin, daß sie Nahrung ist für den Menschen" (492).

Sonnen versteht den Substanzbegriff "anthropologisch", d.h. aus der Beziehung der Dinge zum Menschen. Diese Beziehung wird vornehmlich als eine "objektive" Beziehung gesehen. Die Dinge sind anthropologische Substanzen, weil Gott sie für den Menschen geschaffen hat. Ihre Substanz liegt in der "Möglichkeit, welche die Dinge dem Menschen bieten, um so mit ihnen umzugehen", d.h. in ihrem Materialcharakter, in ihrem Verwendbarsein für den Menschen. So bestimmt Sonnen die Substanz vom Sinn her, den Gott den Dingen für den Menschen gegeben hat. Er spricht zwar auch vom Umgang des Menschen mit den Dingen, aber im Unterschied zu den meisten anderen Autoren erwähnt er mit keinem Wort, daß durch diesen Umgang in irgendeiner Weise eine S u b s t a n z konstituiert wird. Die Gefahr, die "Anthropologisierung" des Substanzbegriffes als "Subjektivierung" (miß)-zuverstehen, ist damit bei Sonnen zwar ausgeschlossen, aber es stellt sich statt dessen eine andere Schwierigkeit ein. Brot und Wein sind doch als solche nicht von Gott geschaffene Dinge, sondern vom Menschen aus den von Gott geschaffenen Naturdingen verfertigte Kulturprodukte. Wie können Brot und Wein dann aber noch als "Substanzen" bezeichnet werden, wenn allein die von Gott für den Menschen geschaffenen Naturdinge als Substanzen verstanden werden? Ohne den Begriff der vom Menschen konstituierten anthropologischen Substanz kommt keine Interpretation der eucharistischen Wandlung aus [167]. Dann aber ist es zweifellos ein Mangel, wenn Sonnen diesen Substanzbegriff nicht in seine Überlegungen einbezieht.

Sonnen stellt als einziger von allen Autoren die Frage, wie sich bei einem Verständnis der Substanz vom Sinn her verschiedene Substanzen unterscheiden lassen, eine Frage, die bei einer anthropologischen Interpretation der Substanz ebenso dringend ist wie bei einer naturphilosophischen. Die Frage nach der Unterscheid-

---

[167] Siehe dazu unsere Überlegungen zum terminus a quo der eucharistischen Wandlung S. 230 . - Daß Sonnen die vom Menschen konstituierte Substanz nicht erwähnt, braucht natürlich nicht Absicht zu sein. Es könnte aber auch sein, daß er sie deshalb nicht erwähnt, weil er glaubt, die eucharistische Wandlung könne als Wandlung der Brot und Wein zugrunde liegenden Naturdinge verstanden werden, und dann wäre es durchaus verständlich, daß er die vom Menschen konstituierte Substanz nicht erwähnt.

barkeit verschiedener Substanzen gehört zu den Grundfragen, welche der neue Substanzbegriff aufgibt [168].

Legt man den neuen Substanzbegriff zugrunde, so wird die eucharistische Transsubstantiation zur Transfinalisation : Gott gibt Brot und Wein einen neuen Sinn. Das bedeutet, daß "das Brot keine Nahrung mehr ist für unser biologisches Leben, für das Leben des Leibes" (492). Es wird vielmehr zu einer Nahrung für "unser Glaubensleben, unser Gnadenleben" (493). "Was in der Eucharistiefeier geschieht ..., ist also ein Übergang von Brot als Nahrung für unser rein irdisches leibliches Leben zu einem Brot als Nahrung für unser ewiges Leben, und dieses letztere Brot ist Christus selbst" (494). Die eucharistische Transfinalisation ist für Sonnen die Wandlung des natürlichen Sinnes von Brot (Nahrung für unser irdisches Leben) in einen übernatürlichen Sinn (Nahrung für unser ewiges Leben), und da er diese übernatürliche Nahrung mit Christus identifiziert, kann er mit Recht sagen, in der Eucharistie sei Christus selbst als Nahrung für unser ewiges Leben gegenwärtig. Damit ist der neue Sinn und die neue Substanz der gewandelten Gaben so bestimmt, daß eine wahre Wesensverwandlung von Brot und Wein in Christi Leib und Blut ausgesagt ist, selbst wenn die Bezeichnung Christi als "Nahrung für unser ewiges Leben" nicht gerade glücklich ist, aber sie ergibt sich nun einmal aus der Bezeichnung des natürlichen Brotes als "Nahrung für unser irdisches Leben".

Hat eine solche Bezeichnung nicht sogar den Vorteil, daß sie nicht nur die reale Gegenwart des Herrn in der Eucharistie aussagt, sondern darüber hinaus angibt, weshalb er in ihr gegenwärtig wird? So liegt z.B. nach Semmelroth [169] der Wert der Begriffe Transfinalisation und Transsignifikation gerade darin, daß sie zu der im Begriff der Transsubstantiation enthaltenen Aussage, daß tatsächlich eine Wesensverwandlung stattgefunden hat, den Grund für diese Tatsache hinzufügen, indem sie angeben, zu welchem Zweck diese Wesensverwandlung erfolgt ist : nur um des Menschen und um seines Heiles willen wird Christus auf dem Altare gegenwärtig :

> Die eucharistische Wandlung wird "durch den Begriff Transsubstantiation zunächst nur als ein ontologischer Sachverhalt gekennzeichnet. Es wird gesagt, daß hier etwas in seinem Sein verändert worden ist. Daß dies aber nun nicht um des objektiven Seins willen geschieht, sondern mit Bezug auf den Menschen, um dessen Einbeziehung in den Heilsbereich willen dieses ganze Geheimnis ja doch gestiftet worden ist, bedarf einer eigenen Aussage, die im Begriff Transsubstantiation noch nicht ausdrücklich gemacht ist. ...
>
> Das aber leisten die beiden Begriffe Transsignifikation und Transfinalisation. Sie bekunden, daß die Transsubstantiation der eucharistischen Gaben nicht um ihrer selbst, sondern um des Menschen und um seines Heils willen geschehen ist. Die verwandelten Gaben haben für den Menschen eine neue B e d e u t u n g und einen neuen Z w e c k " (100).

---

[168] Siehe dazu S. 210.
[169] O. Semmelroth, Eucharistische Wandlung, in : GuL 40 (1967) 93-106.

Damit sei die "Ergänzung und Vertiefung", welche die Enzyklika "Mysterium Fidei" den Begriffen Transfinalisation und Transsignifikation im Hinblick auf die Transsubstantiation zugesteht, deutlicher umrissen [170].

Es ist sicher von Vorteil, wenn die eucharistische Wandlung nicht nur als Tatsache ausgesagt, sondern auch in ihrer Bedeutung für das Heil der Menschen beschrieben wird, aber es geht bei der Frage nach dem neuen Sinn der gewandelten Gaben von Brot und Wein doch nicht bloß um eine Bestimmung der Bedeutung der eucharistischen Gegenwart Christi für die Menschen, sondern um die Bestimmung der Substanz Christi, weil diese nach dem Glauben der Kirche unter Brot und Wein gegenwärtig wird. Und da ist es doch sehr fraglich, ob mit der bloßen Beschreibung der Bedeutung, die Christi Gegenwart in der Eucharistie für die Menschen hat, die Substanz Christi hinreichend bestimmt ist. Wenn das Sein Christi als Gottmensch ein "Sein für Gott und für die anderen" [171] ist, dann gehört das "Sein für die Menschen" sicherlich untrennbar zum Wesen des Gottmenschen hinzu, aber es macht nicht sein g a n z e s Wesen aus. Ist es schon fraglich, ob eine rein anthropologische Bestimmung der Substanz für eine adäquate Wesensbestimmung der geschaffenen Dinge ausreicht, so ist es erst recht zweifelhaft, ob sie für eine Wesensbestimmung Christi genügt. So zeigt sich bei der Frage

---

[170] Das bisher Gesagte könnte den Eindruck erwecken, Semmelroth sei der Meinung, die Begriffe Transfinalisation und Transsignifikation reichten für eine angemessene Bestimmung der eucharistischen Wandlung allein nicht aus, sondern müßten durch den Begriff der Transsubstantiation ergänzt werden. Wenn er jedoch im folgenden der These "Weil Brot und Wein einen neuen Sinn und einen neuen Zweck für den Menschen bekommen haben, hat sich auch ihre Substanz gewandelt" beipflichtet, wird deutlich, daß auch er eine Gleichsetzung von Substanz und anthropologischem Sinn für möglich hält und damit anders als die Enzyklika die sachliche Übereinstimmung der Begriffe Transsubstantiation, Transfinalisation und Transsignifikation vertritt. Vgl.: "Kann man den Satz der Enzyklika 'Mysterium Fidei' : 'Die Gestalten bekommen deshalb eine neue Bedeutung und einen neuen Zweck, weil sie eine neue Wirklichkeit oder Realität enthalten', nicht auch umkehren und sagen : Dadurch, daß die Gaben aufgrund des priesterlichen, im Namen und in der Vollmacht Christi gesprochenen Wandlungswortes einen neuen Sinn und einen neuen Zweck für den Menschen bekommen haben, sind sie in ihrer ganzen Substanz zu einer neuen Realität geworden? Kann nicht, wenigstens im Bereich des allmächtig göttlichen Wirkens, eine neue Bestimmung, die einer Sache für den Menschen gegeben wird, deren ganze Substanz metaphysisch ändern, selbst wenn sie in dem Bereich, den die Erfahrungswissenschaft zu beobachten hat, die 'Substanz' bleibt, die sie vorher war?" (101).

[171] A. Gerken, Theologie der Eucharistie, München 1973, S. 193.

nach der Substanz Christi deutlich, daß ein ausschließlich anthropologisches Verständnis des wesensbestimmenden Finis zur Bildung eines adäquaten ontologischen Substanzbegriffes kaum ausreicht. Damit ist freilich über die Möglichkeit einer Definition der Substanz vom Finis her noch nichts entschieden, es wird vielmehr nur die Möglichkeit eines ausschließlich anthropologischen Verständnisses dieses Finis in Zweifel gezogen [172].

Nach der Erörterung der Transsubstantiation wendet Sonnen sich dem sakramentalen und ekklesiologischen Charakter der Eucharistie zu. Für unser Thema ist dabei von Interesse, was er über das eucharistische Zeichen sagt. Er bestimmt es im Sinne der Schillebeeckxschen Sakramententheologie als "realisierendes Zeichen". "Das sakramentale Zeichen und die Gnade, die durch dieses Zeichen angezeigt wird, sind ein Ineinander. Das Zeichen zeigt nicht eine Gnade an außerhalb des Zeichens. Die Gnade wird im Zeichen selbst gegeben" (494). In der Anwendung auf die Eucharistie folgt daraus, "daß wir in den Gestalten von Brot und Wein Christi Fleisch und Blut essen" (494).

> "Die Gestalt von Brot ist also sowohl Schein wie Erscheinung. Spricht man nur über den Schein des Brotes, sagt man nur die halbe Wahrheit. Die Gestalt ist Schein, insofern sie vermuten läßt, daß wir es hier mit einem gewöhnlichen Brot zu tun haben, das der Erhaltung unseres biologischen Lebens dient. Aber sie ist kein Schein, insofern sie offenbart, daß Christus hier als Nahrung zu uns kommt. Sie ist wirklich E r s c h e i n u n g . Christus erscheint als Nahrung, läßt sich als Nahrung sehen. Was immer in der Gestalt erscheint, ist gerade die Substanz, und diese ist hier Christus. Die Gestalt offenbart, daß Christus Nahrung für uns i s t " (493).

Sonnen identifiziert das eucharistische Zeichen mit den G e s t a l t e n von Brot und Wein. Damit hat er sich zweifellos exakter ausgedrückt als manch einer der anderen Autoren, die das eucharistische Zeichen einfach mit "Brot und Wein" gleichsetzen. Diese exakte Formulierung ist sicher darauf zurückzuführen, daß Sonnen bewußt von der Tridentiner Formulierung ausgeht, welche den Unterschied zwischen Substanz und Species oder zwischen Wesen und Gestalt voraussetzt. Sonnen beschäftigt sich daher nicht nur mit dem Substanzbegriff, sondern auch eingehender mit dem Begriff der Species, der bei den übrigen Autoren meist etwas zu kurz kommt. Bei Sonnen wird auch besonders deutlich, wie dieser Begriff in einem anthropologischen Denkrahmen zu verstehen ist. Species meint die "Gestalt", d.h. "alles, was wir mit unseren Sinnen wahrnehmen können". Gestalt ist die sichtbare Seite der Wirklichkeit, das Raum-Zeitliche, positiv Feststellbare, das als solches den Gegenstand der empirischen Wissenschaft bildet. Sonnen nennt diese Seite der Wirklichkeit zwar auch "Erscheinung" oder "Phänomen", aber dieser Ausdruck darf nicht darüber hinwegtäuschen, daß die sichtbare Wirklichkeit für ihn nicht mehr die "äußere" Erscheinung einer als "innerer"

---

[172] Siehe dazu S. 58 f und S. 208 f.

Form verstandenen Substanz im aristotelisch-scholastischen Sinne ist. Diese Auffassung lehnt Sonnen ausdrücklich ab : Die Substanz befindet sich nicht im "Inneren", als ob die Gestalt "eine Art Umhüllung der Substanz" wäre. Natürlich sind auch für die scholastische Naturphilosophie die Species keine Art Umhüllung der als Form verstandenen Substanz. Doch selbst wenn man in Rechnung stellt, daß Sonnen die scholastische Auffassung nicht adäquat wiedergibt, wird dennoch das Anliegen der Neueren sichtbar : Es gibt keine als inneres Prinzip oder als Form zu verstehende Substanz. Substanz ist vielmehr der Sinn, den die Dinge für den Menschen haben. "Erscheinung" und "Phänomen" können wir die Gestalt freilich auch dann noch nennen, insofern in ihr der Sinn "erscheint". Den inneren Sinn der Wirklichkeit können wir ja aus ihrer äußeren Gestalt erschließen. Daher führt uns die Gestalt zur Erkenntnis des Sinnes. So ist sie "Erscheinung" und "Zeichen" der Substanz. In dieser Zeichenfunktion der Gestalt erschöpft sich für Sonnen der Begriff der Species. Wenn Sonnen das eucharistische Zeichen in dieser Weise als Gestalt oder Species von Brot und Wein bestimmt, versteht er es ähnlich wie Möller [173].

Wie nahe Sonnen dem Gedankengang Möllers kommt, zeigen auch seine Ausführungen zur "Phänomenologie des Geschenks" :

"In der Eucharistie gebraucht Christus das Zeichen eines Geschenkes, aber was er uns in der Eucharistie gibt, ist nicht ein Geschenk, etwas von ihm, sondern ganz und gar er selbst : 'Das ist mein Leib'. Er muß nun einmal eine irdische Gestalt gebrauchen, weil er eine verklärte Existenzweise hat und wir eine irdische. Und dann ist die Gestalt des Geschenkes sehr geeignet, um die Erscheinung seiner Selbst-Gabe an uns zu sein, weil es sich sowohl beim Geschenk wie bei der Selbst-Gabe um ein Geben handelt.

Die Substanz des Geschenkes wird verwandelt : Es ist nicht mehr Geschenk im gewöhnlichen Sinne des Wortes, sondern es ist der auferstandene Herr, der sich selbst gibt. Wohl bleibt die äußere Form, die Gestalt, die eines Geschenkes : Die heilige Hostie wird uns als eine Gabe angeboten. Christus erscheint hier als Gabe. Die heilige Hostie ist also Christus selbst, nicht nur ein Ausdruck seiner Liebe für uns. Jesus gibt sich uns hier totaler als zwei Menschen, die miteinander in eine Ehe eingehen, sich gegenseitig geben, und erst recht mehr als ein Mensch, der einem anderen ein Geschenk macht. ...

Die Eucharistie ist von einer höheren Ordnung als menschliches Schenken, weil dieses Geschenk eine Transsubstantiation erfahren hat. ... So kann man nach der Transsubstantiation zwar noch von einem Geschenk sprechen, aber dann in einem anderen Sinne, in einer höheren Bedeutung : Geschenk als Selbst-Gabe des Auferstandenen" (497 f).

---

[173] Siehe S. 80 und 84 f.

Sonnen hat wie Möller klar erkannt, daß die eucharistischen Gaben kein Geschenk "im gewöhnlichen Sinne des Wortes" sind, denn "die Substanz des Geschenkes wird verwandelt", was bei keinem gewöhnlichen Geschenk von Menschen geschieht. Darum können auch nicht mehr die überreichten Dinge (Brot und Wein) als Dinge Zeichen sein wie bei einem menschlichen Geschenk, sondern nur noch "die äußere Form, die Gestalt" (Species) der Gaben. Als Species-Zeichen unterscheidet sich das eucharistische Zeichen wesentlich von dem Ding-Zeichen eines menschlichen Geschenks.

Es sei an dieser Stelle der "Holländische Katechismus" erwähnt, dessen Darstellung der eucharistischen Wandlung in vielem an Sonnens Ausführungen erinnert [174].

Substanz - der Katechismus sagt dazu "das Eigentliche, das Wesentliche der Dinge" (385) - wird als anthropologische Substanz verstanden. Substanz ist, was die Dinge "für den Menschen sind und bedeuten" (385). Die eucharistische Wandlung wird als Transsubstantiation beschrieben: das "Wesentliche" wird "etwas ganz anderes" (385). Ist das natürliche Brot "irdische Nahrung für den Menschen" (385), so wird es in der Konsekration "Jesu Leib als Nahrung für das ewige Leben" (385), und da Leib im Hebräischen die ganze Person bedeutet, heißt das: "Das Brot ist also für uns zur Person Jesu geworden" (386).

Die Bestimmung der Substanz von Brot als "irdische Nahrung für den Menschen" und der Substanz Christi als "Nahrung für das ewige Leben" entspricht der Bestimmung, die Sonnen gibt. Wird die Substanz Christi vom Sinn (für den Menschen) her verstanden, dann wird die eucharistische Wandlung der Sache nach als Transfinalisation bestimmt, selbst wenn der Katechismus dieses Wort vermeidet.

10. Die Enzyklika "Mysterium Fidei" und das Lehrschreiben der deutschen Bischöfe

Für unsere Fragestellung ist das von Interesse, was die Enzyklika [175] über das eucharistische Zeichen und die Begriffe Transfinalisation und Transsignifikation sagt.

1. Die Enzyklika sieht in dem Zeichenverständnis der Neueren die Gefahr des Symbolismus. Man dürfe "das sakramentale Zeichen nicht so pressen, als ob die Symbolbedeutung, die nach der Meinung aller in der heiligen Eucharistie vorhanden ist, die Gegenwart Christi in diesem Sakrament

---

[174] De nieuwe catechismus, Utrecht 1966; deutsch: Glaubensverkündigung für Erwachsene, Freiburg 1969; alle Zitate nach dieser Übersetzung.

[175] Papst Paul VI., Mysterium Fidei. Litterae encyclicae de doctrina et cultu ss. Eucharistiae, in: AAS 57 (1965) 753-774.

erschöpfend zum Ausdruck bringen würde" (479) [176]. Die "eucharistische Symbolik" erkläre "nicht das Wesen des Sakramentes, wodurch es sich von anderen unterscheidet" (485). Daher dürfe man die eucharistische Gegenwart nicht "in den Grenzen eines Symbols" einengen, "als ob dieses erhabenste Sakrament aus nichts anderem bestünde als einem wirksamen Zeichen" (485). Die Enzyklika ist sich durchaus bewußt, "daß es nicht nur eine einzige Weise gibt, unter der Christus seiner Kirchen gegenwärtig ist" (484). Auch im Gebet der Kirche, in ihren Werken der Barmherzigkeit, in ihrer Predigt, in der Regierung und Führung der Gläubigen, im heiligen Meßopfer und in der Spendung der Sakramente sei Christus real gegenwärtig. Im Unterschied zu diesen Gegenwartsweisen Christi sei seine eucharistische Gegenwart aber "substantiell", weil sie "die Gegenwart des ganzen und vollständigen Christus, des Gottmenschen, mit sich bringt" (485).

Diese Kritik ist nur zu verstehen, wenn man sieht, was die Enzyklika unter Zeichen versteht. Schoonenberg hat ganz richtig gesehen, daß die Enzyklika Zeichen im Sinne des "informierenden Zeichens" versteht [177]. Sie versteht das Zeichen m.a.W. als eine selbständige Wirklichkeit, die mit dem Bezeichneten lediglich durch eine intentionale Zeichenrelation verbunden ist. Bei diesem Zeichenverständnis wären, wenn man die eucharistische Wandlung als Transsignifikation bestimmt, in der Brot zum Zeichen für Christus wird, Brot und Christus zwei getrennte und selbständige Wirklichkeiten, zwei Substanzen, so daß man unter der Voraussetzung eines solchen Zeichenverständnisses in der Tat nur zu einer symbolischen Gegenwart Christi und höchstens zu einer Konsubstantiation gelangte. Auch der Unterschied zwischen dem sakramentalen Zeichen in der Eucharistie und den Zeichen in den anderen Sakramenten könnte dann nicht deutlich gemacht werden.

Von i h r e n Voraussetzungen aus ist die Kritik der Enzyklika daher durchaus berechtigt, nur trifft sie nicht die Anschauungen der Neueren, denn diese gehen von ganz a n d e r e n Voraussetzungen aus. Sie verstehen das eucharistische Zeichen gerade nicht als eine Wirklichkeit, die nur durch eine Zeichenrelation mit der von ihr bezeichneten Wirklichkeit verbunden ist. Zeichen ist für sie immer "realisierendes Zeichen" im Schillebeeckxschen Sinne, und das heißt für sie, daß Zeichen und Bezeichnetes eine Einheit bilden, weil das Zeichen die Verwirklichung oder Inkarnation des Bezeichneten ist. Daher ist es verständlich, wenn die Neueren, wie Schoonenberg sagt [178], der Ansicht sind, bei einem solchen Verständnis des eucharistischen Zeichens sei die Transsubstantiation von Brot und Wein immer schon vorausgesetzt.

---

[176] Zitierung der Enzyklika nach der Übersetzung in: Kirchlicher Anzeiger für die Erzdiözese Köln 105 (1965) 478-491.

[177] P. Schoonenberg, Inwieweit ist die Lehre von der Transsubstantiation historisch bestimmt?, in: Concilium 3 (1967) 305-311; hier: 310.

[178] a.a.O., S. 311.

Es ist natürlich eine ganz andere Frage, inwieweit das bei der verschiedenen Auslegung des realisierenden Zeichens (als Ding-Zeichen oder als Species-Zeichen) bei den einzelnen Autoren auch wirklich gewährleistet ist. Wir haben ja bereits bei der Besprechung der Arbeiten von Schoonenberg und Smits zu zeigen versucht, daß die bloße Bestimmung des eucharistischen Zeichens als realisierenden Zeichens für eine adäquate Bestimmung des Sondercharakters des eucharistischen Zeichens nicht genügt. Eine sachgemäße Kritik an den neuen Interpretationsversuchen müßte dann aber an dem Begriff des realisierenden Zeichens ansetzen und zeigen, daß die im Begriff des realisierenden Zeichens vorausgesetzte Einheit von Zeichen und Bezeichnetem als solche nur eine intentionale Einheit ist [179]. Da die Enzyklika aber den Zeichenbegriff der Neueren nicht erkannt hat, kann ihre Kritik auch nicht deren Anschauungen treffen.

2. Von der Transsignifikations- und Transfinaisationslehre befürchtet die Enzyklika eine Aushöhlung der echten ontologischen Transsubstantiationsvorstellung : "Gleichfalls ist es nicht gestattet, über das Geheimnis der Transsubstantiation zu sprechen, ohne die wunderbare Verwandlung der ganzen Substanz des Brotes in den Leib und der ganzen Substanz des Weines in das Blut Christi zu erwähnen, von der das Konzil von Trient spricht, so daß sie sich nur, wie sie sagen, auf die 'Transsignification' oder 'Transfinalisation' beschränken" (479). Die Enzyklika lehnt die Transsignifikations- und Transfinalisationslehre nicht vollkommen ab, sondern erklärt nur, daß sie zur ausschließlichen Erklärung der eucharistischen Wandlung nicht ausreiche. Die Transsubstantiation müsse stets zur Transsignifikation und Transfinalisation hinzugenommen werden. Der Wert der Begriffe Transsignifikation und Transfinalisation liege darin, daß sie den Begriff der Transsubstantiation ergänzen und vertiefen könnten. "Nach der Wesensverwandlung haben die Gestalten des Brotes und Weines ohne Zweifel eine neue Bedeutung und einen neuen Zweck, da sie nicht weiter gewöhnliches Brot und gewöhnlicher Trank sind, sondern Zeichen einer heiligen Sache und Zeichen geistlicher Speise, aber sie bekommen d e s h a l b eine neue Bedeutung und einen neuen Zweck, weil sie eine neue 'Wirklichkeit' oder Realität enthalten, die wir mit Recht ontologisch nennen, denn unter den vorhingenannten Gestalten ist nicht mehr das verborgen, was vorher war, sondern etwas ganz Neues; und zwar nicht nur auf Grund des Urteils des Glaubens der Kirche, sondern durch die objektive Realität" (486). Transsignifikation und Transfinalisation sind nach Meinung der Enzyklika nicht mit Transsubstantiation identisch, vielmehr sind die Transsignifikation und die Transfinalisation eine F o l g e der Transsubstantiation.

---

[179] Siehe dazu unsere grundsätzlichen Überlegungen zum Begriff des realisierenden Zeichens S. 219 ff.

Bedeutung und Zweck werden von der Enzyklika offenbar als akzidentelle Bestimmungen einer in sich in anderer Weise bestimmten Substanz verstanden und dann ist es natürlich richtig, wenn man eine Transsubstantiation als Grundlage und Ursache der Transsignifikation und Transfinalisation fordert. Doch auch hier argumentiert die Enzyklika wieder von ganz anderen Voraussetzungen aus, als sie die Neueren annehmen. Für diese konstituiert ja gerade der Zweck (Finis) die Substanz, und daher sind für sie in der Tat Transfinalisation und Transsubstantiation identisch.

Die entscheidende Frage, um die es bei einer Beurteilung der neuen Auffassungen geht, leutet daher: Wie ist der Begriff der Substanz zu verstehen? Die Enzyklika läßt diese Frage offen. Damit begibt sie sich aber der Möglichkeit, in eine sachgemäße Diskussion mit den Neueren einzutreten. In dieser Diskussion müßte die Frage erörtert werden, ob die Substanz, wie es in den neuen Interpretationsversuchen geschieht, vom Finis her verstanden werden könne.

Die Enzyklika hat auch nicht gesehen, worin die Eigenart der Transsignifikation besteht und wie sie sich von der Transfinalisation unterscheidet. Sie sagt, in der Transsignifikation erhielten Brot und Wein eine "neue Bedeutung". Transsignifikation besagt aber gar nicht, daß Brot und Wein eine neue Bedeutung (einen neuen Sinn, einen neuen Zweck, eine neue Funktion) bekommen; das wird vielmehr durch den Begriff Transfinalisation gesagt. Transsignifikation bedeutet, daß Brot und Wein zu Zeichen werden. Transsignifikation und Transfinalisation hängen zwar insofern zusammen, als etwas gerade dadurch zum Zeichen wird, daß es einen Zeichensinn, d.h. die Hinweisfunktion auf etwas anderes, erhält, aber dann sind Transsignifikation und Transfinalisation trotzdem nicht einfach dasselbe. Die Transsignifikation hängt vielmehr von der Transfinalisation ab, weil etwas nur dadurch zum Zeichen wird, daß es einen Zeichensinn erhält. Die Transsignifikation wird m.a.W. durch die Transfinalisation bewirkt. Daher ist die Transfinalisation das "ontologisch Frühere".

Das "Schreiben der deutschen Bischöfe an alle, die von der Kirche mit der Glaubensverkündigung beauftragt sind" [180] wiederholt im wesentlichen die Lehren der Enzyklika "Mysterium Fidei".

Da der Begriff der Substanz, wie er dem Begriff der Transsubstantiation zugrunde liege, in seinem rechten Verständnis heute nicht mehr geläufig sei, ja oft abgelehnt werde, sei es notwendig, die Lehre von der Transsubstantiation genau zu erklären, um sie gegen Mißverständnisse abzugrenzen. Dabei sei es durchaus möglich, den Begriff der Transsubstantiation zu ergänzen und auch andere Aspekte zur Beschreibung dieses Heilsgeheimnisses heranzuziehen. Die Begriffe Transsignifikation und Transfinalisation könnten den Begriff Transsubstantiation nicht ersetzen, doch zu einem tieferen Verständnis der Transsubstantiation beitragen: "Die Zeichen dieses Sakramentes

---

[180] Schreiben der deutschen Bischöfe an alle, die von der Kirche mit der Glaubensverkündigung beauftragt sind. Sonderdruck, herausgegeben vom Sekretariat der Deutschen Bischofskonferenz, o.J. (1967).

weisen darauf hin, daß es nicht schon mit seinem Dasein seinen ganzen Sinn erfüllt; durch das Zeichen von Speise und Trank für die verborgene Realität dieses Sakramentes wird vielmehr deutlich, daß es 'als geistliche Speise der Gläubigen' (Mysterium Fidei; AAS 57, 762) gegeben ist " (25). Der Wert der neuen Begriffe wird hier darin gesehen, daß sie Sinn und Zweck der eucharistischen Gegenwart des Herrn ausdrücklich betonen und hervorheben: Christus wird f ü r die Gläubigen gegenwärtig. Die Verfasser des Lehrschreibens sind jedoch der Ansicht, durch den neuen Sinn der gewandelten Gaben werde nicht ihre Substanz konstituiert, sondern nur eine neue akzidentelle Relation zwischen den gewandelten Gaben und den Gläubigen begründet, und daher wird mit Recht gesagt: "Darum kann Transsubstantiation durch Transfinalisation verdeutlicht, aber nicht ersetzt werden" (25). Daß mit der Bestimmung der Transfinalisation als einer bloß akzidentellen Veränderung von Brot und Wein die wahre Lehre der Neueren nicht getroffen ist, brauchen wir nach allem nicht mehr eigens zu betonen.

Bezeichnend für das Mißverstehen der neuen Gedanken ist auch die Erklärung von Transsignifikation und Transfinalisation in diesem Text: "Durch die neue Zeichenhaftigkeit ('Transsignifikation') wird aus dem natürlichen Brot die geistliche Speise, durch die neue Bestimmung ('Transfinalisation') wird die neue Speise zur Speise für das ewige Leben" (25). Was hier als Transsignifikation bezeichnet wird - aus dem natürlichen Brot wird die geistliche Speise - ist in Wahrheit eine Bestimmung der Transfinalisation, und zwar in der Weise, wie Sonnen sie gibt. Was Transfinalisation genannt wird - die neue Speise wird zur Speise für das ewige Leben - ist zwar eine Bestimmung der Transfinalisation, aber sie wiederholt mit anderen Worten nur, was soeben als Bestimmung der Transsignifikation vorgetragen wurde. Die Verfasser des Lehrschreibens haben also wie die Enzyklika weder die Eigenart der Transsignifikation erkannt noch gesehen, wie sie sich von der Transfinalisation unterscheidet [181].

---

[181] Dasselbe Mißverständnis findet sich auch bei Wetter: "Transsignifikation heißt Bedeutungswandel. ... Transfinalisation besagt Zweckveränderung" (a.a.O., S. 20).

11. Powers : Die Eucharistie als göttliche Symbolhandlung

Powers versucht in seiner Studie "Eucharistic Theology" [182] vor allem den geschichtlichen und gedanklichen Hintergrund der gegenwärtigen Bemühungen um ein neues Eucharistieverständnis aufzuzeigen. Er erklärt, die zeitgenössischen Auffassungen von Realpräsenz, Transsubstantiation und Transsignifikation hätten ihren Ursprung in einem neuen Sakramentenverständnis, welches sich die Gedanken der existentialistischen Philosophie zunutze gemacht habe [183] und versuche, die Sakramente in Analogie zur menschlichen Symbolhandlung als "göttliche Symbolhandlungen" zu deuten. Die Eucharistie dürfe nie isoliert gesehen werden, sondern sei stets in dem umfassenderen Rahmen der sakramentalen Symbolhandlung zu interpretieren.

Powers versucht zunächst, das Wesen der menschlichen Symbolhandlung darzustellen, welche als Analogon für das Verständnis der göttlichen Symbolhandlung in den Sakramenten dient. Seine Darstellung der menschlichen Symbolhandlung fußt nach seinen eigenen Worten auf dem "existentialistischen Denken".

> "Das existentialistische Denken ... betonte, daß Mensch und Welt als solche aufeinander bezogen seien. Für das existentialistische Denken gibt es in der Welt keinen unüberbrückbaren Gegensatz zwischen dem Bewußtsein und dem Seienden. Der Mensch ist vielmehr zu seiner Verwirklichung auf die Welt ausgerichtet. ... Nach existentialistischer Auffassung befindet der Mensch sich in einer 'symbolischen' Situation. Zum Personsein gehört die personale Selbstaussage gegenüber der Welt, das heißt also, daß die innere Wirklichkeit sich in den körperlichen Zeichen, in Sprache und Bewegung ausdrücken muß. Die materielle Welt wird durch die körperliche Dimension der Existenz in die Funktion und Entwicklung der Person miteinbezogen. In dieser Hereinnahme wird die materielle Welt in eine personale Realität umgewandelt, die in ihr ausgesagt wird " (88).

> "Das Organ der Selbstaussage des Menschen ist seine Leiblichkeit. Durch dieses Organ fließen jedoch eine Unzahl anderer materieller Objekte in den Prozeß der Selbstaussage mit ein. Man schickt sich Blumen, schenkt sich

---

[182] J. Powers, Eucharistic Theology, New York 1967; deutsch : Eucharistie in neuer Sicht, Freiburg i.B. 1968; wir zitieren nach dieser Übersetzung. Ähnlich in Zielsetzung und Aussage ist das Büchlein von J.P. de Jong, De Eucharistie, symbolische Werekelijkheid. Sacramentum unitatis, Hilversum 1966; erweiterte deutsche Ausgabe : Die eucharistische Symbolwirklichkeit, Regensburg 1969. Wir werden auf die für unser Thema relevanten Ausführungen de Jongs in den Anmerkungen verweisen.

[183] a.a.O., S. 87 ff und 188 ff.

Ringe, gibt ein Essen, schreibt einen Brief und tut tausend Dinge, bei denen etwas Materielles teilweise oder völlig zum Träger menschlicher Personalität wird" (91).

"All das ist wichtig für das Verständnis von 'Sinnhaftigkeit'. Damit ist offensichtlich nicht nur ein Wert gemeint, den der Verstand den Elementen einer Situation zuschreibt, sondern vielmehr die Grundlage der Wechselbeziehung zwischen dem Menschen und seiner Welt. Es ist der Grundwert, den die Welt für den Menschen und der Mensch für die Welt besitzt. Der Mensch kann diesen Wert nicht selbst schaffen, denn er ist bereits ein vorgegebenes Element seines Menschseins in seiner Welt. Der Mensch kann zwar den Wert seiner symbolhaften Äußerungen bestimmen, nicht aber die Werte, die ihm in seiner Welt begegnen; sie sind vorgegeben. ...

Anderseits gibt es außerhalb der menschlichen Vernunft keinen Sinn in der Welt, denn die gottgegebenen Werte in der Welt stellen ein Potential dar, das erst durch das personale Handeln des Menschen in der Welt aktualisiert wird. Erst im Personsein des Menschen, in der Selbstaussage und -hingabe an die Welt, kommt die objektiv mögliche Realisierung des Sinngehaltes in der Welt existentiell zum Tragen" (90).

Hier wird die Welt aus ihrem "Bezugszusammenhang" mit dem Menschen verstanden. Dieser Bezugszusammenhang impliziert eine doppelte Relation: eine subjektive, insofern der Mensch der Welt in seinem Handeln einen spezifisch menschlichen Sinn gibt, und eine objektive, insofern die Welt das "Potential" für diese menschliche Sinnstiftung darstellt. Wenn der Mensch der Welt in seinem Handeln einen Sinn und eine Bedeutung für sein Leben gibt, wandelt er die Welt in eine "personale Realität" um. Das ist dem Menschen jedoch nur möglich, weil die Welt "an sich" schon einen "anthropologischen Sinn", eine Ausrichtung auf den Menschen besitzt. Die Welt ist von Gott für den Menschen geschaffen, und daher ist auch ihr ontologisches Sein ein "anthropologisches" Sein. Die Welt ist m.a.W. in ihrem Wesen Material für den Menschen. Deshalb erfüllt sich erst im aktuellen menschlichen Sinnstiften der objektive Sinn der Welt. So wird auch verständlich, inwiefern der Mensch einen Wert für die Welt besitzt: Da die Welt wesenhaft auf den Menschen hin angelegt ist, bedarf sie des Menschen zu ihrer Wesenserfüllung und -vollendung. Und umgekehrt besitzt die Welt einen Wert für den Menschen, weil der Mensch ihrer zu seiner "Selbstverwirklichung" bedarf.

Die Überlegungen Powers' zur menschlichen Symbolhandlung beruhen auf derselben Vorstellung, welche auch die Grundlage für den anthropologischen Substanzbegriff bildet: der menschlichen Sinnstiftung im Material der Welt, durch die der Mensch eine anthropologische Wirklichkeit aufbaut. Betrachtet man die anthropologische Wirklichkeit nicht in sich, sondern in bezug zu ihrem Urheber, dem Menschen, so kann sie als Symbol oder Zeichen des Menschen verstanden werden, weil sich in ihr die menschliche Person manifestiert. Durch den Sinn hindurch wird die menschliche Person selbst sichtbar. Die menschliche Sinnstiftung offenbart die Person, wie jedes Werk etwas über seinen Urheber offenbart. Daher kann das menschliche Sinnstiften durchaus auch als Symbolhandlung, d.h. als Symbol- und Zeichensetzung, verstanden werden.

Betrachtet man die durch die menschliche Sinnstiftung konstituierte anthropologische Wirklichkeit in sich, so gelangt man zum anthropologischen Substanzbegriff. Über den Substanzbegriff hat Powers sich ausführlicher in einem kleinen Aufsatz geäußert, in dem er die neuen Begriffe Transfinalisation und Transsignifikation vor Fehldeutungen in Schutz nimmt [184].

Die Konstitution einer Substanz durch den Menschen dürfe nicht so verstanden werden, als ob der Mensch durch seine Sinnstiftung den Wesenssinn der Dinge an sich bestimmte. Wollte man die eucharistische Wandlung von einem solchen Substanzbegriff her verstehen, dann machte man sie unweigerlich zu einer bloßen Wandlung im menschlichen Bewußtsein und leugnete so ihre ontologische Realität. Demgegenüber betont Powers immer wieder, daß die eucharistische Wandlung eine Tat Gottes und nicht des Menschen ist [185]. Die menschliche Sinnstiftung konstituiert nicht den originären Sinn der Wirklichkeit, sondern nimmt nur einen in der Wirklichkeit bereits vorliegenden Sinn auf:

> "Bedeutung ist nicht bloß eine psychische Realität; sie ist im Grunde eine ontische Realität. Bedeutung ist nach allem nicht bloß die Schöpfung des menschlichen Geistes. Bedeutung ist der Wert, den wir in den Menschen und Dingen sehen, welche die uns umgebende Welt ausmachen. ... Bedeutung ist mit anderen Worten nicht nur ein abstrakter Wert, den wir eigenmächtig Personen und Dingen zulegen können, Bedeutung ist ein realer Wert in den Personen und Dingen, den wir erkennen müssen. ... Allein der Mensch kann Bedeutung wahrnehmen, aber die Bedeutung ist keine Schöpfung des Menschen, sein Geist wird geleitet durch die wirkliche 'Gegebenheit' der uns umgebenden Welt" (21).

Trotzdem ist die menschliche Sinnstiftung nicht nur rezeptiv, sie ist auch produktiv:

> "Der Mensch kann seiner Welt eine neue Bedeutung geben. Das ist nicht einfach eine Frage einer andersartigen Betrachtung der Dinge. Es ist das Schaffen einer neuen Substanz durch menschliche Kunst und Tätigkeit, aber diese Kunst und Tätigkeit wird geleitet von einer zentralen Bedeutung, die der Mensch in das Material der gegebenen Wirklichkeit einführt" (22).

Durch sein Sinnstiften konstituiert der Mensch in der Welt neue "Substanzen". Unter diesen versteht Powers die "Kulturdinge". Ihre Substanz liegt in der "zentralen Bedeutung", d.h. in dem Zweck, zu dem der Mensch diese Dinge verfertigt hat. Powers sieht freilich, daß der Mensch diese Substanzen nur im Rahmen der Möglichkeiten schaffen kann, die die "gegebene Wirklichkeit" ihm bietet. Durch das Schaffen von Kulturdingen "transsignifiziert" der Mensch die objektive Wirklichkeit. "Aber diese 'transsignifizierende' Macht des Menschen wird begrenzt

---

[184] J. Powers, "Mysterium Fidei" and the Theology of the Eucharist, in: Worship 40 (1966) 17-35. Die Zitate im folgenden, wenn nicht anders angegeben, hier.

[185] a.a.O., S. 22; vgl. auch: Eucharistie in neuer Sicht, S. 186 u.ö.

durch die objektive Möglichkeit, die die Welt als Bedeutung und Sinn für den Menschen hat" (22). In den Kulturdingen realisiert der Mensch also nur einen Sinn, der als Möglichkeit bereits in den Naturdingen gegeben ist, und daher sagt Powers auch, die gottgegebenen Werte in der Welt stellten ein Potential dar, das erst durch den Menschen aktualisiert werde [186]. Aktualisiert die menschliche Sinnstiftung aber nur einen Sinn, der ihr als Potenz bereits in der Welt vorgegeben ist, dann stellt sich natürlich auch hier wieder die Frage, ob die vom Menschen gestifteten "Substanzen" wirklich Substanzen im strikten ontologischen Sinne sind.

Jede menschliche Sinnstiftung ist, so sahen wir, zugleich eine Symbolhandlung des Menschen, weil jede menschliche Sinnstiftung in der Welt den sinngebenden Menschen anzeigt und offenbart. Ist aber das symbolhafte Handeln des Menschen mit seinem sinnstiftenden Handeln identisch, dann wird verständlich, weshalb sich das hiermit gegebene Symbolverständnis wesentlich unterscheidet von dem "auf den gnostischen (sic!) Bereich" eingeengten Zeichenbegriff derjenigen, welche "die Zeichen als eine vorgegebene physische Wirklichkeit betrachten, dem (sic!) der Verstand eine andere, abstrakte 'Bedeutung' zuschreibt: in dem Sinne, daß der Anblick eines Dinges die Erkenntnis eines anderen vermittelt" (182 f) [187]. Für das "anthropologische Verständnis zeichenhafter Wirklichkeit" gilt jedoch, "daß es sich beim Zeichen nicht um etwas 'Dinghaftes' handelt. Im Zeichen vollzieht sich ein Handeln, und die Zeichenwirklichkeit kann nur von der Totalität des zeichenhaften Handelns her verstanden werden. Inhalt des zeichenhaften Handelns ist die Personalität, die in ihm sich aussagt und mitteilt. Zeichenhaftes Handeln ist im wesentlichen Selbstaussage und -mitteilung gegenüber anderen" (183). Das anthropologische Zeichen vermittelt zwar auch eine Erkenntnis wie das "dinghafte Zeichen", aber darüber hinaus dient es der "Verkörperung der Person".

> "Es ist nicht ganz unrichtig, das zeichenhafte Handeln auf die Ebene der Erkenntnis zu stellen und es als Instrument der Mitteilung von Ideen zu sehen. Diese Sicht ignoriert jedoch die umfassendere Wirkkraft des zeichenhaften Handelns, wie es im existentialistischen Begriff der symbolischen Situation begriffen wird. ... Im zeichenhaften Handeln ist nicht nur die Idee der Liebe oder des Hasses verkörpert, sondern diese selbst. ... Die Wirkmächtigkeit der Zeichen geht weit über den Bereich der Ideen hinaus ..., im Zeichen verkörpert sich die Person" (92 f).

Powers unterscheidet zwischen dem "dinghaften Zeichen" und dem "menschlichen Symbol". Das dinghafte Zeichen ist ein Ding, das die Erkenntnis eines anderen vermittelt. Zeichen und Bezeichnetes sind hier zwei selbständige und getrennte

---

[186] Ähnlich bestimmt auch Schillebeeckx das Verhältnis zwischen der menschlichen Sinnstiftung und dem Sinn, den Gott der Welt für den Menschen gegeben hat. Siehe S. 126.

[187] Dieses und die folgenden Zitate wieder in: Eucharistie in neuer Sicht.

Wirklichkeiten, die nur durch die Hinweisfunktion der einen auf die andere akzidentell miteinander verbunden sind. Beim menschlichen Symbol sind Zeichen und Bezeichnetes jedoch nicht mehr zwei getrennte und selbständige Wirklichkeiten, sie bilden vielmehr als die Komponenten des einen zeichenhaften Handelns eine Einheit. Ist das Zeichen doch die "Verkörperung" des Bezeichneten, so daß das Bezeichnete im Zeichen wirklich gegeben und gegenwärtig ist. Das menschliche Symbol ist ein "realisierendes Zeichen". In einem realisierenden Zeichen bilden aber, wie wir von Schillebeeckx wissen, Ausdruck und Intention eine Einheit. In diesem Sinne sagt Powers, im zeichenhaften Handeln sei nicht nur die Idee der Liebe verkörpert, sondern diese selbst, aber nicht nur die Liebe, sondern durch sie auch die Person.

Nun kann man zwar sagen, in einer Zeichenhandlung wolle die Person ihre Liebe und damit sich selbst verkörpern, aber ist damit schon bewiesen, daß die Person und ihre Liebe auch in den als Zeichen dienenden Wirklichkeiten als solchen verkörpert und enthalten sind? Hier hätte Powers deutlicher unterscheiden müssen zwischen einer Zeichenhandlung, die die Person durch leibliche Gesten vollzieht, und einer Zeichenhandlung, in der sie sich von ihr verschiedener Dinge als Zeichen bedient [188]. Denn man kann doch nur im Hinblick auf die durch eine leibliche Geste vollzogene Zeichenhandlung sagen, im Zeichen der Geste sei nicht nur die Idee der Liebe, sondern diese selbst verkörpert, weil sich jede innere Regung des Menschen, auch die, die gar kein Zeichen setzen will, in einer leiblichen Weise äußert, wie z.B. der Schmerz im unwillkürlichen Aufschrei. Jede menschliche Handlung weist nämlich entsprechend der leiblich-geistigen Doppelstruktur des Menschen eine leibliche und eine geistige Komponente auf. Daher ist bei einer leiblichen Geste die Einheit von Ausdruck und Intention unabhängig von ihrer intentionalen Einheit als Zeichen und Bezeichnetem eine reale Einheit, die als solche im Wesen der menschlichen Handlung und damit im Wesen des Menschen selbst begründet ist. Nur weil die leibliche Geste und die Liebe auch unabhängig von ihrer Einheit als Zeichen und Bezeichnetem schon eine reale Einheit bilden, bilden sie auch als Zeichen und Bezeichnetes eine reale (und nicht nur intentionale) Einheit.

Verwendet der Mensch aber ein Ding als Zeichen, dann kann man nicht mehr sagen, im Zeichen sei nicht nur die Idee der Liebe, sondern diese selbst verkörpert. Die Liebe ist nämlich als eine menschliche Intention eine akzidentelle Äußerung des Menschen und als solche gerade nicht "im" Ding, sondern "im" Menschen. Im Ding ist lediglich die "Idee" der Liebe verkörpert als der Zeichensinn, den der Mensch diesem Ding gegeben hat. Durch ein Zeichending wird zwar die Liebe selbst erkennbar, aber nur durch die Vermittlung ihrer "Idee". Daher ist ein Zeichending nur ein "indirektes" Zeichen der Liebe.

---

[188] Siehe zum folgenden auch S. 220 f.

Ähnliches gilt auch für Powers' Behauptung, im Zeichen verkörpere sich die Person. Bei einer durch den Leib vollzogenen Handlung kann man das insofern sagen, als sich in der Handlung die Person selbst realisiert (wie jede Substanz in ihren Akzidenzien). In einem Zeichending ist aber nicht unmittelbar die Person verkörpert, sondern nur der von ihr intendierte Sinn, so daß man hier allenfalls von einer "indirekten Verkörperung" der Person reden könnte.

Diese Überlegungen werden von Powers nicht angestellt, obwohl sie hinsichtlich der Frage, ob und wie man das eucharistische Zeichen in Analogie zu einem menschlichen Zeichen verstehen könne, von entscheidender Bedeutung sind. Die genannten Unterscheidungen können freilich nur getroffen werden, wenn das, was in der Zeichenhandlung als Zeichen und Bezeichnetes eine intentionale Einheit bildet, daraufhin untersucht wird, ob es auch unabhängig von seiner intentionalen Einheit als Zeichen und Bezeichnetes in der Wirklichkeit selbst eine reale Einheit bildet. Diese Untersuchung führt aber zwangsläufig zu einer ontologischen Betrachtung, da sie die als Zeichen und Bezeichnetes fungierenden Wirklichkeiten nicht in ihrem Zeichensein, sondern in ihrem Sein selbst untersuchen muß. Ohne eine ontologische Betrachtung der menschlichen Wirklichkeit kommt man nun einmal nicht aus, wenn man die anthropologischen Begriffe in der Theologie verwenden will. Der ontologische Gesichtspunkt ist aber bei Powers in der Bestimmung des menschlichen Symbols zu kurz gekommen [189].

Das zeigt sich auch deutlich, wenn Powers nach der "physischen Realität" der vom Menschen als Instrumente und Zeichen verwendeten Dinge fragt.

---

[189] De Jongs Erörterung der menschlichen Symbolwirklichkeit bewegt sich auf derselben gedanklichen Ebene wie Powers Darstellung. Daher bestehen auch hier dieselben Bedenken, die wir gegenüber Powers geltend gemacht haben.

Wie Powers zwischen "dinghaftem Zeichen" und "menschlichem Symbol", so unterscheidet de Jong zwischen "Zeichen" und "Symbol" : "Das Zeichen weist auf eine Wirklichkeit außerhalb seiner selbst, das Symbol trägt die Wirklichkeit in sich selbst" (80). Bei einem "Zeichen" sind Zeichen und Bezeichnetes zwei getrennte und selbständige Wirklichkeiten, die nur durch die Hinweisfunktion der einen auf die andere verbunden sind. Ein Zeichen ist "eine bestimmte Sache, die gerade nicht dasjenige ist, was angedeutet wird: ein Zeichen, das auf eine bestimmte Wirklichkeit hinweist, die aber faktisch gerade außerhalb des Zeichens selbst liegt" (15). Im Unterschied zum Symbol "weist gerade das Zeichen auf eine Wirklichkeit a u ß e r h a l b   s e i n e r   s e l b s t " (62). Der Begriff des "Symbols" impliziert dagegen die Einheit von Zeichen und Bezeichnetem. "Das Symbol als   B e g r i f f besteht ... aus zwei Teilen, wovon nur ein Teil mit den Sinnen wahrnehmbar ist. Der andere Teil ist unstofflich, fällt aber mit der stofflichen Hälfte zusammen und offenbart sich uns durch den Stoff, mit dem er zu einer harmonischen Einheit verbunden ist" (63). "Symbolische Wirklichkeit ist eben eine gegenseitige Implikation des Zeichens und des Bezeichneten. Das Bezeichnete ist undenkbar ohne das Zeichen, und das Zeichen ruft das Bezeichnete

> "Materielle Objekte verlieren ihre physische Individualität dadurch, daß sie im symbolhaften Handeln des Menschen aufgehen und von seiner Personalität geprägt werden. Das Gewehr im Schaufenster verkörpert eine vollkommen statische, physische Realität; in den Händen eines Mörders verleiht es jedoch effektiv dessen Furcht, Haß oder Gier Ausdruck. Leinwand und Ölfarben, Zeichenstift und Papier, Papier und Tinte, sie alle verlieren ihre physische Realität, wenn sie in den Dienst der Vermittlung von Einsicht, Erkenntnis und Empfindung zwischen den Personen gestellt werden. Rein physisch ändert sich zwar nichts, und bei einer Untersuchung würden Papier, Leinwand und Ölfarbe als solche identifiziert werden. Dem zeichenhaften Handeln des Menschen dienen sie jedoch als symbolisches Instrument zur buchstäblichen und tatsächlichen Verkörperung der menschlichen Personalität" (91 f).

Denselben Gedanken entfaltet Powers am Beispiel eines Verlobungs- oder Hochzeitsringes, den ein Mann einer Frau während der Verlobungs-bzw. Hochzeitsfeier an den Finger steckt [190]. "Unter dem Aspekt der physischen Realität" sei der Ring nichts als "eine bestimmte Menge Metall" und die Worte und Gesten beim Anstecken nichts als "Muskelbewegungen". Diese Art der Betrachtung lasse jedoch einen großen Teil der Wirklichkeit außer Betracht:

> "Denn diese Art der Analyse läßt die eine Wirklichkeit außer acht, die die treibende Kraft hinter diesen physischen Elementen ist: die Liebe von Mann und Frau. Selbst wenn man das anerkennt, könnte man sagen, daß es sich hierbei um ein äußeres Element der involvierten Wirklichkeit handelt. Das

---

> hervor" (44). Man sieht sogleich, daß mit dem Begriff des Symbols das "realisierende Zeichen" gemeint ist.

Bei der näheren Bestimmung der menschlichen Symbole geht de Jong vom Menschen als dem "Ursymbol" aus. "Denn der Mensch manifestiert sich gerade in der Zweieinheit der beseelten Leiblichkeit" (63). Die ursprüngliche Symbolwirklichkeit des Menschen entfaltet sich dann in der menschlichen Symbolhandlung, bei deren Beschreibung de Jong wie Powers keinen Unterschied zwischen der durch eine leibliche Geste und der durch ein Zeichending vollzogenen Symbolhandlung macht. "Gewiß kann eine einzige Geste ausreichen, um eine symbolische Handlung zu setzen, die von größter Wichtigkeit für das Subjekt ist, das in die Handlung einbezogen wird. ... Offensichtlich dienen stoffliche Dinge dort als Mittel, wo die Ausdruckskraft unserer Leiblichkeit für sich genommen nicht mehr ausreicht. Dann verlängert sich das Subjekt gleichsam in das stoffliche Objekt (der Geber in die Gabe). Durch die Handlung wird ein bestimmtes Objekt subjektiviert und repräsentiert dann faktisch die Person des Gebers" (60).

[190] a.a.O., S. 183 ff.

kann man jedoch nur tun, wenn man die sehr realen physischen Komponenten eines sehr realen Moments in der Geschichte zweier Menschenleben außer acht läßt, eine physische Realität, die diese beiden wahrhaft dazu bewegt, 'ein Fleisch' zu werden. ... Die 'physische' Realität des historischen Moments geht weit über die physische Wirklichkeit der involvierten Muskelbewegungen, Worte und Gegenstände hinaus. ... Diese Bedeutung steht über der in ein reales Geschehen involvierten 'physischen' Wirklichkeit. ...

Diejenigen, die nur die physische Wirklichkeit gelten lassen, und für die ein Ring aus Gold ist oder nicht, würden sich als 'objektiv' bezeichnen. Sie sehen die Dinge, wie sie sind. Es fragt sich jedoch, ob man diese Art der Betrachtung nicht besser als 'objektivierend' bezeichnet, da sie alles in seinem objektiven Zustand sieht und die echte personale Wirklichkeit, die in dem historischen Augenblick eine Rolle spielt, außer acht läßt" (184 f).

Diese Texte sind wegen der mehrdeutigen Verwendung des Wortes "physisch" nicht ohne weiteres verständlich und bedürfen daher einer eingehenderen Analyse.

Im ersten Text (91 f) heißt es, materielle Objekte verlören durch die Aufnahme in das symbolische Handeln des Menschen ihre "physische Individualität" oder "Realität" [191]. Sie würden, obwohl sich "rein physisch" nichts ändere, zur Verkörperung der Person. Wie kann man aber sagen, die materiellen Objekte verlören durch die Aufnahme in das symbolische Handeln ihre "physische Realität", wenn man zugleich behauptet, "rein physisch" änderten sie sich nicht? Denn entweder verlieren sie ihre physische Realität, und dann bleiben sie physisch nicht mehr, was sie waren, oder sie bleiben physisch, was sie waren, und dann verlieren sie ihre physische Realität nicht. Dieser Widerspruch bleibt solange unauflösbar, als man das Wort "physisch" in beiden Fällen völlig gleichsinnig versteht. Daß Powers das nicht tut, deutet schon der Zusatz des Wörtchens "rein" zur Charakterisierung des unverändert bleibenden Physischen an. Was mit diesem unverändert bleibenden Physischen gemeint ist, lehren seine Beispiele.

Wenn Powers z.B. sagt, bei der Untersuchung eines Gemäldes würden Leinwand und Ölfarben als solche identifiziert, dann hat er zweifellos das Gemälde in seiner p h y s i k a l i s c h - c h e m i s c h e n Realität vor Augen. Demnach ist das unverändert bleibende "rein Physische" das materielle Objekt als physikalisch-chemischer Körper. Daß dieses "rein Physische" bei der Umwandlung materieller Objekte in eine personale Realität erhalten bleibt, steht außer Zweifel. Hätte Powers nur sagen wollen, daß dieses "rein Physische" erhalten bleibt, so hätte er besser gesagt, das "rein Physische" erhalte eine neue personale Dimension der Realität h i n z u, aber nicht, das Objekt verliere seine physische Realität. Wenn er es trotzdem tut, ist seine Aussageabsicht sicher eine andere.

---

[191] Zwischen beiden Termini ist kein Bedeutungsunterschied feststellbar.

Darüber kann uns der zweite Text (183 ff) Aufschluß geben. Auch hier begegnet der Terminus das "Physische" zunächst in der Bedeutung des "Physikalisch-Chemischen", so wenn es heißt, unter dem Aspekt der physischen Realität sei ein Ring eine bestimmte Menge Metall und Worte und Gesten seien Muskelbewegungen. Powers fährt fort, daß hinter diesen physischen Elementen (Metall und Muskelbewegungen) als treibende Kraft die Liebe stehe. Von der Liebe heißt es dann weiter, sie sei "eine physische Realität, die diese beiden bewegt, 'ein Fleisch' zu werden". Die "physische" Realität des historischen Momentes gehe weit über die physische Wirklichkeit der involvierten Muskelbewegungen, Worte und Gegenstände hinaus. Sie stehe über der in ein reales Geschehen involvierten physischen Wirklichkeit von Muskelbewegungen und Gegenständen.

Hier wird offenbar die personale Wirklichkeit selbst, nämlich die Liebe von Mann und Frau, als "physische Realität" bezeichnet. Und zwar geht diese als personale Wirklichkeit verstandene physische Realität weit über die als physikalisch-chemisch verstandene physische Realität hinaus. Dieser Satz ist nur verständlich, wenn "physisch" hier soviel wie "real", "wirklich", "objektiv" bedeutet [192]. Denn dann will Powers sagen, die personale Wirklichkeit sei genauso real und objektiv, ja in Wahrheit noch realer und objektiver als die physikalisch-chemische Wirklichkeit.

Powers behauptet demnach einen ontologischen Primat der personalen oder anthropologischen Wirklichkeit über die "physische", und das heißt in seinem Verständnis: über die physikalisch-chemische Wirklichkeit. Im ersten Augenblick könnte man geneigt sein, Powers zuzustimmen, zumal wenn man seine Beispiele betrachtet. Denn wer wollte behaupten, das Wesen eines Hochzeitsringes liege in "soundsoviel Gold und Kohlenstoff" und nicht in seinem Sinn als Hochzeitsring? Wenn man aber die beiden von Powers angenommenen Alternativen einer Wesensbestimmung des Ringes genauer betrachtet, so zeigt sich, daß k e i n e von beiden Bestimmungen eine echte Wesensbestimmung im ontologischen Verstande ist. Was für Powers ein "physischer" Wesensbegriff ist, ist für ein ontologisches Denken doch nichts anderes als ein "empirischer Allgemeinbegriff", der "nur die vielen gemeinsame, nicht ihrem Wesen nach durchschaute Erscheinungsform darstellt" [193]. Was in diesem Begriff bestimmt wird, nämlich das physikalisch-chemische Sein, ist ontologisch gesehen gar nicht das Wesen, sondern gehört zur Ordnung des Akzidens. Der von Powers "physischer Wesensbegriff" genannte Begriff, der in Wahrheit nur ein zur Ordnung des Akzidens gehöriger empirischer Allgemeinbegriff ist, hat mit dem physischen Substanzbegriff überhaupt nichts zu tun. Der physische Substanzbegriff, der Substanz und "Form" identifiziert, ist ein echter ontologischer Substanzbegriff. Es ist auch für die Verfechter dieses

---

[192] Auf diese doppelte Bedeutung des Wortes "physisch" hat vor allem G.B. Sala hingewiesen. Siehe S. 175.

[193] J. de Vries, Art. "Allgemeinbegriff", in: W. Brugger, Philosophisches Wörterbuch, Freiburg ⁵1953, S. 8.

physischen Substanzbegriffes selbstverständlich, daß das Wesen eines vom Menschen gemachten Dinges nicht in seinem physikalisch-chemischen Sein liegt. Wenn sie von der physischen Wirklichkeit reden und sie als die eigentliche Wirklichkeit bezeichnen, meinen sie damit gar nicht die physikalisch-chemische, sondern die vom Menschen unabhängige und ihm vorgegebene "ontologische" Wirklichkeit.

Die Kontroverse, ob dem physischen oder dem personalen (anthropologischen) Sein der Vorrang gebührt, hat daher mit der Frage, ob das physikalisch-chemische oder das vom Menschen gestiftete anthropologische Sein die eigentliche Realität der vom Menschen geschaffenen Dinge ausmacht, gar nichts zu tun. Wer das glaubt, hat den eigentlichen Fragepunkt der ganzen Kontroverse nicht gesehen. Hier geht es vielmehr um die Frage, ob das vom Menschen unabhängige ontologische oder das vom Menschen gestiftete anthropologische Sein das eigentliche Sein ist. Und da kann es keinen Zweifel geben, daß für ein ontologisches Denken das anthropologische, vom Menschen gestiftete Sein nie als die eigentliche Realität angesprochen werden kann. Als Umformung einer vorgegebenen Wirklichkeit kann die anthropologische Realität niemals die ursprüngliche Wirklichkeit sein, sondern immer nur eine abgeleitete Wirklichkeit.

Daß innerhalb der anthropologischen Wirklichkeit dem anthropologischen Sein der Vorrang vor dem physikalisch-chemischen Sein gebührt, wird auch von den Vertretern eines physischen Substanzbegriffes nicht bestritten. Bestritten wird nur, daß die menschliche Sinngebung eine Substanz im eigentlich ontologischen Sinne begründen könne. Es wird also durchaus zugegeben, daß das Wesen eines Hochzeitringes nicht in "soundsoviel Gold und Kohlenstoff", sondern in seinem Sinn als Hochzeitsring liegt. Aber es wird bestritten, daß ein Hochzeitsring eine Substanz im eigentlich ontologischen Sinne ist.

Powers hat also nicht gesehen, daß der ganze Streit in Wahrheit ein Streit darum ist, ob das ontologische, vom Menschen unabhängige, oder das anthropologische, vom Menschen gestiftete Sein die eigentliche Wirklichkeit ist. Oder anders gewendet: Er hat nicht gesehen, daß der Widerpart des anthropologischen Denkens nicht ein physikalisch-chemisches Denken, sondern das ontologische Denken ist. Hätte er das gesehen, dann hätte er niemals einen Primat des anthropologischen Seins über das "physische", d.h. richtig verstanden, über das ontologische Sein behaupten dürfen [194].

---

[194] Dieser Irrtum findet sich auch bei de Jong (a.a.O., S. 15 ff), der die Befürchtung äußert, ein "physisches" Verständnis der Wirklichkeit führe letztlich zu einer materialistischen Wirklichkeitsauffassung. Diese Befürchtung ist nur möglich, wenn "physisch" als "physikalisch-chemisch" verstanden wird. Dann würde eine Abwertung des anthropologischen Seins gegenüber dem physischen, und das heißt hier: gegenüber dem physikalisch-chemischen Sein, in der Tat einer Abwertung des geistigen Seins gegenüber dem materiellen Sein gleichkommen. - Derselbe Irrtum auch bei Sala. Siehe S. 174 f.

Man könnte die Kontroverse : "Physisches oder anthropologisches Wirklichkeitsverständnis?" natürlich auch ganz anders verstehen, wenn man die objektive, dem Menschen vorgegebene Wirklichkeit selbst als anthropologische Wirklichkeit begreift. Diese anthropologische Wirklichkeit ist dann nicht mehr eine "subjektive", vom Menschen gestiftete Wirklichkeit, sondern die "objektive", von Gott für den Menschen geschaffene Wirklichkeit. Diese objektive anthropologische Wirklichkeit ist aber zweifellos auch im ontologischen Sinne die ursprüngliche und eigentliche Wirklichkeit. Im Gegensatz zu diesem anthropologischen Verständnis der ontologischen Wirklichkeit wäre dann ein physisches Verständnis ein n a t u r p h i l o s o p h i s c h e s Verständnis, so daß die Frage : "Anthropologisches oder physisches Wirklichkeitsverständnis?" auf die Frage hinausliefe, ob die ontologische Substanz statt als hylemorphistische "Form" vom "Finis" her interpretiert werden könne. In diesem Sinne hat Powers unsere Frage aber nicht verstanden, da sich seine Beispiele alle auf die vom Menschen gestiftete anthropologische Wirklichkeit beziehen und die "physische" Wirklichkeit bei ihm als die "physikalisch-chemische" und nicht als die "kosmologische" Wirklichkeit erscheint. So bleibt es dabei, daß seine Darstellung für ein ontologisches Denken nicht ganz befriedigend ist.

Nach der Beschreibung der menschlichen Symbolhandlung versucht Powers die Eucharistie nach dem Vorbild der Schillebeeckxschen Sakramententheologie als göttliche Symbolhandlung zu interpretieren. Den Grundgedanken dieser Konzeption bildet der Analogieschluß von der menschlichen Symbolhandlung auf die göttliche Symbolhandlung in den Sakramenten : Wie der Mensch die Welt durch seine Sinnstiftungen in eine "personale Realität" umwandelt, so wandelt Gott die natürliche Schöpfungswirklichkeit in eine übernatürliche "sakramentale Realität" um, indem er der natürlichen Schöpfungswirklichkeit einen übernatürlichen Heilssinn verleiht. Und wie das menschliche Handeln an der Welt zugleich sinnstiftendes und symbolisches Handeln ist, so ist auch die Verwendung der natürlichen Schöpfungswirklichkeit durch Gott in den Sakramenten eine übernatürliche Sinnstiftung und Zeichensetzung. Gott gibt der natürlichen Schöpfungswirklichkeit einen übernatürlichen Heilssinn und macht sie dadurch zu einem Zeichen eben dieses Sinnes. Die Einsetzung der Sakramente muß daher als Transfinalisation und Transsignifikation einer natürlichen Wirklichkeit durch Gott verstanden werden. So "muß der Begriff der Transsignifikation in seiner fundamentalen theologischen Bedeutung nicht nur im Rahmen der eucharistischen Theologie, sondern in dem der Einsetzung aller Sakramente gesehen werden. Mit Transsignifikation ist das göttliche (nicht menschliche!) Geschehen gemeint, bei dem die Substanz (das heißt die Bedeutung und Wirkung) eines religiösen Zeichens in der persönlichen Offenbarung Gottes umgewandelt wird" (189). Im Anschluß an Schillebeeckx [195] legt Powers dar, wie Gottes Heilshandeln stets an Dinge und Situationen der

---

[195] E. Schillebeeckx, Die eucharistische Gegenwart, Düsseldorf 1967, S. 90-92.

profanen Welt anknüpft, um sie zu religiösen Wirklichkeiten umzuformen [196].
Die religiösen Riten des Judentums sind Transfinalisationen und Transsignifikationen religiöser Riten der heidnischen Umwelt, in denen bereits profane Wirklichkeiten einen spezifisch religiösen Sinn erhalten hatten. Israel verlieh diesen Riten eine auf die Jahwereligion bezogene neue Bedeutung und einen neuen Sinn. Das Essen des Paschalammes ist z.B. eine Transfinalisation oder Transsignifikation des Frühlingsopfers der Nomaden, das Opferlamm erhält den spezifischen Sinn des Ausdrucks der Erinnerung an die Befreiung aus Ägypten und zugleich der Hoffnung auf die eschatologische Befreiung des Volkes in einem neuen Exodus. Die neutestamentlichen Sakramente sind wiederum Transfinalisationen und Transsignifikationen der jüdischen Riten. So hat Jesus beim letzten Abendmahl die Transfinalisation und Transsignifikation des jüdischen Pascha zur christlichen Eucharistiefeier vollzogen : "Ohne die Form der Paschafeier zu ändern, verwandelte Jesus doch die innere Wirklichkeit der Feier, indem er ihr eine neue Bedeutung und Kraft verlieh. Er ist das Paschalamm, das 'Lamm Gottes', das von Gott für das Heil der Welt hingegeben wird" (190). "Die Einsetzung der Sakramente erscheint also weniger als Festlegung ritueller Worte und Handlungen denn als die Umwandlung des inneren Sinnes und Wertes dieser Handlungen durch das schöpferische Wort Christi" (54).

Wenn man in allen Sakramenten Transfinalisationen und Transsignifikationen sieht, erhebt sich natürlich die Frage, wodurch sich die eucharistische Transfinalisation und Transsignifikation von den Transfinalisationen und Transsignifikationen in den übrigen Sakramenten unterscheidet. Allen Sakramenten liegt freilich insofern eine Transfinalisation und Transsignifikation zugrunde, als "die Substanz (das heißt die Bedeutung und die Wirkung) eines religiösen Zeichens in der persönlichen Offenbarung Gottes umgewandelt wird". Wollte man das leugnen, so müßte man annehmen, daß zwischen den heidnischen und jüdischen Riten einerseits und den jüdischen Riten und den christlichen Sakramenten andererseits kein wesentlicher Unterschied bestehe, weil ihre Substanz, d.h. ihre Bedeutung und ihre Wirkung, sich nicht wesentlich voneinander unterschieden, und das ist natürlich theologisch unhaltbar.

Powers hat freilich auch gesehen, daß in der Eucharistie eine spezifische Form von Transfianlisation und Transsignifikation vorliegt. Der Unterschied zwischen der eucharistischen Transfinalisation und Transsignifikation und den übrigen sakramentalen Transfinalisationen und Transsignifikationen besteht darin, daß in der Eucharistie nicht nur die Bedeutung eines religiösen Zeichens, sondern dieses Zeichen selbst umgewandelt wird. "Die Transsignifikation schließt eine reale Umwandlung der Substanz der ungesäuerten Brote und des Segenskelches in die Substanz Jesu nicht aus, sondern erfordert sie vielmehr. ... Darum muß immer wieder hervorgehoben werden, daß die reale Transsignifikation durch das Handeln Christi auch seine reale Gegenwart und die wahrhaftige Verwandlung

---

[196] a.a.O., S. 52-69; vgl. auch : "Mysterium Fidei" and the Theology of the Eucharist, S. 22-30.

erfordert. ... Man muß darum mit Schoonenberg sagen, daß die Transsubstantiation sich durch Transsignifikation und Transfinalisation vollzieht" (191 f). Während in den übrigen Sakramenten die als Zeichen fungierende Materie in ihrer natürlichen Substanz unverändert bleibt, und nur "zusätzlich" eine neue Zeichenfunktion erhält, verliert in der Eucharistie die Materie ihre natürliche Substanz; sie wird in die Substanz Christi verwandelt. Bei den übrigen Sakramenten bewirken Transfinalisation und Transsignifikation daher nur eine akzidentelle Veränderung der natürlichen Materie, in der Eucharistie wird hingegen die natürliche Materie durch die Transfinalisation und Transsignifikation in ihrer Substanz getroffen. Hier findet eine Transsubstantiation der natürlichen Materie statt.

Powers lehrt ohne Zweifel die reale Wandlung von Brot und Wein in Christi Leib und Blut. Wenn so die Glaubenslehre auch unverkürzt zum Ausdruck gebracht wird, bleiben dennoch hinsichtlich des genaueren theologischen Verständnisses der eucharistischen Wandlung einige Fragen offen.

Powers unterscheidet zwischen solchen Transfinalisationen, die die betroffene natürliche Wirklichkeit nur akzidentell verändern (das ist bei den übrigen Sakramenten der Fall), und solchen Transfinalisationen, die die betroffene natürliche Wirklichkeit substantiell verändern (und das ist allein bei der Eucharistie der Fall). Er unterscheidet m.a.W. zwischen akzidentellen und substantiellen Transfinalisationen. Das aber setzt wiederum den Unterschied zwischen akzidentellem und substantiellem Finis voraus. Dieser Unterschied wird aber von Powers nicht deutlich gemacht, und so bleibt das genaue "Wie" der eucharistischen Transfinalisation im dunkeln [197].

Unklar bleibt auch, wie Powers das eucharistische Zeichen genau verstanden wissen will. Er entwickelt den Begriff des realisierenden Zeichens wie Schillebeeckx aus der menschlichen Zeichenhandlung, und das, ohne den wesentlichen Unterschied zwischen der unmittelbar durch den Leib und der durch das Medium von Dingen vollzogenen Zeichenhandlung klar herauszustellen. Auf dieser Grundlage könnte das eucharistische Zeichen nur in Analogie zu der einen oder der anderen Zeichenhandlung verstanden werden. Die erste Möglichkeit entfällt, da das eucharistische Zeichen, wie Schillebeeckx bereits gezeigt hat [198], nicht nach Art der leiblichen Symbolhandlungen des Menschen verstanden werden kann. Wollte man das eucharistische Zeichen aber nach Art der menschlichen Zeichendinge verstehen, dann wäre nicht einzusehen, daß Brot und Wein eine Transsubstantiation erfahren, wenn sie zu sakramentalen Zeichen erhoben werden. Da Powers jedoch die Transsubstantiation von Brot und Wein voraussetzt, müßte er das eucharistische Zeichen anders als in Analogie zu den menschlichen Zeichendingen erklären. Ein geeignetes Analogon bringt er aber nicht, und so bleibt eben unklar, wie das eucharistische Zeichen genau zu verstehen ist.

---

[197] Zur Unterscheidung zwischen substantiellem und akzidentellem Finis siehe S. 213 ff.

[198] Siehe S. 25 f.

12. Ratzinger : Substanz als "Sein-in-Selbständigkeit"

Von Ratzingers vor allem im Hinblick auf die interkonfessionelle Eucharistiediskussion geschriebenem Aufsatz [199] ist für unsere Fragestellung das von Interesse, was er zum Problem der Transsubstantiation sagt.

Ratzinger lehnt zwar wie die meisten Autoren den naturphilosophischen Substanzbegriff ab, geht aber bei seinem Versuch einer Neubegründung des Substanzbegriffes nicht vom existentialistischen und phänomenologischen Denken, sondern vom "Schöpfungsglauben" aus. Sein Substanzbegriff ist kein "anthropologischer", sondern ein "allgemein-metaphysischer" Substanzbegriff. Er schreibt :

> "Der Substanzbegriff der Hochscholastik beruht allzu sehr auf der dualistischen Weltsicht des Aristoteles, der Komposition alles Seins aus Materie und Form, und er setzt noch eine zu starke Verschlingung von Metaphysik und Physik voraus, als daß er genügen könnte. Aber wenn der aristotelische Substanzbegriff aus der grundsätzlichen Vision der Welt, wie sie Aristoteles vorschwebte, gebildet ist : aus dem Dualismus von Materie und Form, von wo anders her könnte dann ein dem Glauben gemäßes Verständnis von Substanz sich formen als aus dem Schöpfungsglauben? Von ihm aus aber wird man eine doppelte Substanzialität des geschöpflichen Seins behaupten können : Die allgemeine Substanzialität des Geschaffenen, die darauf beruht, daß es, obwohl Sein-von-woanders-her doch Sein-in-Selbständigkeit ist, als Geschaffenes nicht Gott, sondern in die Selbständigkeit eines für sich bestehenden, eigenen nicht-göttlichen Seins gesetzt ist; neben dieser allgemeinen Substanzialität des Geschaffenen steht die besondere Weise des Selberseins, die dem geistbegabten Wesen, der Person, eigen ist" (151 f).

Ratzinger bestimmt die Substanz ganz in der klassischen Weise als "ens in se existens". Die Unterscheidung zwischen dem Sein-von-woanders-her und dem Sein-in-Selbständigkeit will nur besagen, daß die geschaffenen Dinge, obwohl sie als geschaffene ihr Sein einem anderen, nämlich Gott, verdanken, gleichwohl echte "Dinge" und selbständige Wirklichkeiten sind - und nicht nur (etwa im Sinne Spinozas) bloß "Akzidenzien" oder "Modi" Gottes.

Von diesem Substanzverständnis ausgehend, beschreibt Ratzinger die eucharistische Wandlung folgendermaßen :

---

[199] J. Ratzinger, Das Problem der Transsubstantiation und die Frage nach dem Sinn der Eucharistie, in : ThQ 147 (1967) 129-158. Auf Ratzingers Aufsatz fußt die Darstellung der eucharistischen Wandlung bei V. Warnach, Symbolwirklichkeit der Eucharistie, in : Concilium 4 (1968) 755-765.

"Brot und Wein nehmen zunächst an der allgemeinen Selbständigkeit des kreatürlichen Seins teil, sie haben teil an der grundsätzlichen 'Substanzialität', die dem Geschaffenen als einem selbständigen Sein neben dem göttlichen Sein zukommt. Transsubstantiation besagt aber, daß diese Dinge diese ihre kreatürliche Selbständigkeit verlieren, daß sie aufhören, in der dem Geschöpf zukommenden Weise einfach in sich selbst zu stehen und daß sie statt dessen zu r e i n e n   Zeichen Seiner Anwesenheit unter uns werden. Das sakramentale Wort bewirkt nicht eine physikalische Transformation (sie müßte duch physikalische Operationen bewirkt werden), sondern es bewirkt durch Gottes machtvolle Huld, daß die Dinge aus in sich stehenden Dingen zu bloßen Zeichen werden, die ihren kreatürlichen Eigenstand verloren haben, nicht mehr für sich selbst stehen, sondern allein für Ihn, durch Ihn, in Ihm. Sie sind nun so in ihrem   W e s e n ,   in ihrem Sein,   Z e i c h e n ,   wie sie vorher in ihrem Wesen   D i n g e   waren. Und sie sind darin wahrhaft 'umsubstanziiert', in ihrem Tiefsten und Eigensten, in ihrem Sein, in ihrem wahren An-sich getroffen. Was hier geschehen ist, trifft nicht das physikalische Phainomenon als solches, sondern es enthüllt die Vorläufigkeit des bloß Physikalischen als 'Accidens' und verweist auf das Eigentliche, das hier getroffen ist und das nun freilich auch den physikalischen Elementen einen durchaus neuen Sinn und eine neue Wertigkeit verleiht. Was grundsätzlich in allen Kreaturen steckt: daß sie Zeichen sein können und sollen Seiner Anwesenheit, das wird hier durch das sakramentale Wort in höchstem Maße Wirklichkeit" (152 f).

Diese Darstellung der eucharistischen Wandlung könnte, obwohl Ratzinger im Grunde nur die Tridentiner Definition mit anderen Worten wiederzugeben versucht, leicht mißverstanden werden. Denn die Formulierung, Brot und Wein seien in ihrem   W e s e n   nicht mehr Dinge, sondern nur noch reine   Z e i c h e n   der Anwesenheit Christi [200], könnte ja leicht so ausgelegt werden, daß die gewandelten Gaben in ihrem Wesen ein bloßes Zeichen für Christus und nicht, wie es das Dogma lehrt, Christus selbst seien. Nun setzt Ratzinger sicher voraus, daß Brot und Wein mit ihrem kreatürlichen Eigenstand auch ihr natürliches Wesen verlieren und daher nicht mehr gewöhnliches Brot und gewöhnlicher Wein sind. Sagt er doch, Brot und Wein seien durch den Verlust ihres kreatürlichen Eigenstandes in "ihrem Tiefsten und Eigensten, in ihrem Sein, in ihrem wahrhaften An-sich", und das heißt doch: in ihrem Wesen, getroffen. Doch dann tut sich sogleich eine andere Schwierigkeit auf. Verlieren nämlich Brot und Wein mit ihrem kreatürlichen Eigenstand auch ihr natürliches Wesen als Brot und Wein, wie kann man dann überhaupt noch sagen,   B r o t   u n d   W e i n   seien Zeichen,

---

[200] Den Gedanken, daß es zum Wesen der geschaffenen Dinge gehört, daß sie Zeichen der göttlichen Gegenwart sein können, hat vor allem L. Scheffczyk ausgeführt (Die materielle Welt im Lichte der Eucharistie, in: M. Schmaus (Hrsg.), Aktuelle Fragen zur Eucharistie, München 1960, S. 156-179).

da sie als solche doch gerade nicht mehr vorhanden sind? Was ist dann mit "Brot und Wein" gemeint, wenn es nicht mehr die Dinge Brot und Wein sein können? Brot und Wein müssen offenbar noch eine andere Seinsdimension als die des Dingseins besitzen.

Jorissen hat daher durchaus Recht, wenn er hier auf die klassische Transsubstantiationslehre und ihre klare Unterscheidung zwischen Substanz und Akzidens/Species verweist [201]. Da die eucharistische Wandlung Wandel und Gleichbleiben von Brot und Wein ineins behauptet, kann sie begrifflich nur dann exakt formuliert werden, wenn innerhalb der eucharistischen Gaben von Brot und Wein zwei Ebenen unterschieden werden, wie es die klassische Transsubstantiationslehre mit ihrer Unterscheidung zwischen Substanz und Akzidens/Species tut: die eine Ebene, auf der sich ein Wandel vollzieht (und das ist die Ebene der Substanz, des Wesens), und die andere, die keine Veränderung erfährt (und das ist die Ebene der Species, der empirisch-positiv gegebenen Wirklichkeit). Das hat Ratzinger zwar insofern auch gesehen, als er davon spricht, daß das physikalische Phainomenon als solches unverändert bleibt und sich somit gerade als Akzidens erweist. Und erinnert nicht auch seine Formulierung, Brot und Wein hätten ihren kreatürlichen Eigenstand verloren und ständen jetzt nicht mehr für sich, sondern allein "für Ihn, durch Ihn, in Ihm", an die Lehre, daß die "Akzidenzien" von Brot und Wein nach dem Verlust ihrer natürlichen Substanz unmittelbar von Gott in ihrem Sein erhalten werden? Unter "Brot und Wein", sofern sie zu reinen Zeichen der Anwesenheit Christi werden, will Ratzinger offenbar das "physikalische Phainomenon" oder die Akzidenzien von Brot und Wein verstanden wissen. Aber dann hätte er, um allen Mißverständnissen vorzubeugen, nicht einfach sagen dürfen, Brot und Wein seien Zeichen für Christus, sondern das physikalische Phainomenon oder die Akzidenzien von Brot und Wein seien reine Zeichen für Christus, während das Wesen des konsekrierten Brotes und des konsekrierten Weines Christus selbst sei [202].

---

[201] a.a.O., S. 43 f.

[202] Hier hat sich Möller, der ja ähnlich wie Ratzinger von einer Reduzierung der natürlichen Wirklichkeit auf ihre "reine Zeichenfunktion" spricht, zweifellos exakter ausgedrückt: "Durch die Subjektivierung, die in der Eucharistie stattfindet, ist das Brot jedoch kein Brot mehr. Was vom Brot übrigbleibt, geht ganz in der Funktion auf, dem 'Speciessein', dem Zeichensein, das auf den Leib und das Blut des Herrn verweist" (De transsubstantiatie, in: Nederlandse Katholieke Stemmen 56 (1960) 2-14, hier: 13). Aus dieser Formulierung geht unmißverständlich hervor, daß das natürliche Wesen des Brotes verschwunden ist ("Brot ist kein Brot mehr") und daß folglich nicht mehr das Brot als solches Zeichen für Christus sein kann, sondern nur noch das, was vom Brot "übrigbleibt", nämlich seine "Species".

Daß die eucharistische Transsubstantiation eine Wesensverwandlung von Brot und Wein bewirkt, kann nur dann unmißverständlich zum Ausdruck gebracht werden, wenn der Terminus "Substanz" nicht nur als "Sein-in-Selbständigkeit", sondern auch ausdrücklich als "Wesen" definiert wird. In der zu engen Substanzdefinition Ratzingers liegt der Grund für seine unscharfe Formulierung der eucharistischen Wandlung. Da Ratzinger Substanz nicht auch als Wesen definiert, geht aus seiner Darstellung nicht eindeutig hervor, was das neue Wesen der gewandelten Gaben ist, obwohl der Satz, Brot und Wein (oder wie es richtig heißen müßte : das physikalische Phainomenon oder die Akzidenzien von Brot und Wein) ständen jetzt "für Ihn, durch Ihn, in Ihm", natürlich zeigt, daß er das Wesen der gewandelten Gaben von Christus her versteht. Unklar bleibt übrigens auch, worin das natürliche Wesen von Brot und Wein besteht, denn die Bestimmung als in sich stehende Wirklichkeiten oder Dinge trifft auf alle geschaffenen Substanzen zu. Die ausschließliche Bestimmung der Substanz als "Sein-in-Selbständigkeit" reicht u.E. für eine angemessene Darstellung der eucharistischen Wandlung nicht aus. Ob diese Bestimmung allein genügt, ist überdies auch deshalb zweifelhaft, weil es doch gerade fraglich ist, ob Brot und Wein als menschliche Kulturprodukte wirklich ein "Sein-in-Selbständigkeit" besitzen. Ratzingers Begründung der Substanz vom Schöpfungsglauben her betrifft doch primär die Substantialität der Naturdinge; die eigentliche Frage, um die es bei der eucharistischen Wandlung geht, nämlich wie die Substantialität der Kulturprodukte Brot und Wein begründet werden könne, ist damit noch gar nicht in den Blick gekommen. Oder ist Ratzinger etwa der Meinung, die eucharistische Wandlung könne als Wandlung der den Kulturdingen zugrundeliegenden Naturdinge verstanden werden? Doch dann stehen wir wieder vor der bekannten Schwierigkeit, wie die Bindung der Realpräsenz Christi an das Vorhandensein der Species von Brot und Wein zu erklären sei. Denn wenn Brot und Wein als Kulturdinge nur akzidentelle Verbindungen von Naturdingen sind, hat eine Auflösung der Kulturdinge Brot und Wein keineswegs notwendig auch eine Retranssubstantiation der Naturdinge zur Folge, aus denen der Mensch Brot und Wein herstellt, und so bliebe Christus in diesen Naturdingen auch dann noch gegenwärtig, wenn sie nicht mehr zu Brot und Wein verbunden wären [203].

13. Sala : Interpretation der Eucharistie im modernen kulturellen Kontext

Unter den vielen Versuchen, die Eucharistie als sakramentale Wirklichkeit, und das heißt : mit denselben Kategorien wie die übrigen Sakramente, zu erklären, zeichnet sich Salas Aufsatz [204] dadurch aus, daß Sala eine gründliche Analyse

---

[203] Siehe auch die Ausführungen zu Rahner S. 40 f.

[204] G.B. Sala, Transsubstantiation oder Transsignifikation? Gedanken zu einem Dilemma, in : ZKTh 92 (1970) 1-34.

der menschlichen Sinnstiftung in der Welt vorausschickt und so ein sicheres Fundament für das analoge Verständnis der übernatürlichen Sinnstiftung Gottes in der Welt schafft. Den Ausgang seiner Überlegungen bildet eine Analyse der menschlichen Erkenntnis.

Nach Sala erweist sich die menschliche Erkenntnis als ein Zueinander von "Geist" und "Sinn". "Der Geist ist das operative Intelligible, d.h. ein Intelligibles, das auch zugleich 'intelligent' ist" (3). Daher "ist der Geist jene Realität, die sich selbst Sinn ist" (3). Er besitzt einerseits die "Fähigkeit zur Erhellung der Realität, die unabhängig von der bewußten Tätigkeit des Menschen bereits vorliegt" (4), und schafft andererseits "eine von der Realität der Natur unabhängige Realität...: den Menschen selbst und die ihm eigene Welt. Wir stehen hier vor einer Realität, die nicht nur durch den Sinn vermittelt, sondern von ihm auch konstituiert wird" (4).

Der Sinn, auf den der Geist hingeordnet ist, ist daher einmal ein "objektiver Sinn", der in der vom Menschen unabhängigen Realität vorliegt, und zum anderen ein "subjektiver Sinn", den der Geist selbst schafft. Den objektiven Sinn erkennt der Geist rezeptiv, indem er sich bemüht, ihn aus der gegebenen Wirklichkeit abzulesen. Sala steht so auf dem erkenntnistheoretischen Standpunkt eines, wie er sagt, "kritischen Realismus" (31). Den subjektiven Sinn setzt der Geist produktiv. Durch diesen Sinn schafft der Mensch "innerhalb der irdischen Wirklichkeit" (4) eine eigene menschliche Realität. "Aber hier ist die Form, d.i. die innere Komponente, die bewirkt, daß die Materie zu einer solchen Realität gelangt, indem sie deren Art und ontologische Stufe bestimmt, nichts anderes als der Sinn, den der Mensch meint. Die menschliche Realität ist ein Kompositum aus Natur und Sinn" (5). Natur und Sinn verhalten sich wie Materie und Form.

Die Anwendung des klassischen Materie-Form-Schemas auf die anthropologische Wirklichkeit ist u.E. für die Frage, ob man die ontologische Wirklichkeit in Analogie zur menschlichen Sinnstiftung als göttliche Sinnstiftung verstehen könne, von ausschlaggebender Bedeutung. Daher wollen wir die Gedanken Salas noch ein wenig zu vertiefen versuchen [205].

Der anthropologische Sinn kann nur dann von der bloßen Intentionalität zur Realität gelangen, wenn er in der realen Welt der Natur inkarniert wird. Der Sinn muß m.a.W. in der Natur "realisiert" werden. Die Natur ist daher der "Ermöglichungsgrund" für die Realität des Sinnes und kann als solche mit Recht "Materie" des Sinnes heißen. Der Sinn bestimmt, was die Natur in der menschlichen Realität bedeutet, welchen Wert sie für den Menschen hat. Bedeutung und Wert für den Menschen bestimmen aber die Substanz einer menschlichen Realität als solcher, so daß der wesensbestimmende Sinn durchaus als die "Form" der Natur bezeichnet werden kann. Während die Substanz einer menschlichen Realität durch den Sinn konstituiert wird, leiten sich ihre akzidentellen Bestimmungen aus der Natur ab. So ist z.B. die Substanz von "Brot" gemäß der anthropologischen Bedeutung von Brot "Nahrung". Die Eigenschaften von Brot, die sich aus den verwendeten Naturdingen ergeben (ob es z.B. aus Roggen oder Weizen gebacken ist), sind dagegen nur akzidenteller Natur. Sala handelt zwar nicht ausdrücklich vom Sub-

---

[205] Siehe zum folgenden auch S. 198 ff.

stanzbegriff, aber in seiner Interpretation der menschlichen Realität ist der Ansatz zu einem anthropologischen Substanzbegriff gegeben [206].

Sala stellt sodann die Frage nach dem Realitätscharakter der menschlichen Welt. "...ist diese Welt real? Oder finden sich im gesprochenen Wort, in der Dichtung, im Schrifttum an Realem nur Tonschwingungen oder zu Papier gebrachte Buchstaben? Sind in der Malerei nur die Farbflecken auf einem Stück Leinwand real?" (6)

Sala ist der Meinung, daß selbst "ein noch so abgestumpfter Sensist" den Realitätscharakter dieser menschlichen Wirklichkeiten nicht leugnen könne. Vielmehr gelange man bei "einer rationalen Auffassung der Realität" unweigerlich "zur Einsicht, daß das Sein vor allem und im eigentlichsten Sinne Geist ist, obgleich die erste und angemessene Realität für unsere Erkenntnisfähigkeit die stoffliche Realität ist. Dadurch wird neben der Welt der Natur die Welt des Menschen anerkannt, deren ontologische Dichte der Natur gegenüber größer ist" (6).

Sala wirft hier dieselbe Frage auf, die Powers stellt, wenn er nach der "physischen Realität" der vom Menschen als Instrumente verwendeten Dinge fragt [207]. Sala vertritt wie Powers den Standpunkt, die anthropologische Welt der menschlichen Sinnstiftungen sei ebenso real, ja noch realer als die materielle Welt der Natur, weil der Geist das Sein im eigentlichen Sinne sei. Wir haben aber bereits bei der Besprechung von Powers zu zeigen versucht, daß es bei der Frage nach dem ontologischen Rang der menschlichen Sinnstiftungen gar nicht darum geht, ob das geistige Sein (der "Sinn") oder das materielle Sein (die "Natur") das Wesen einer menschlichen Realität als solcher begründe. Wer den Primat des "physischen" Seins über das "anthropologische" Sein behauptet, will damit keineswegs behaupten, daß die stoffliche Realität ("die Farbflecken auf einem Stück Leinwand") die eigentliche Realität eines Bildes ausmache. Er will nur behaupten, daß die Substanz im ontologischen Sinne eine von der menschlichen Sinngebung unabhängige Bestimmung der Wirklichkeit sei, so daß die menschliche Sinngebung als bloße Veränderung dieser Substanz ontologisch gesehen nur eine akzidentelle Wirklichkeit begründen könne. Daß natürlich das Wesen dieser akzidentellen Wirklichkeit, die die menschliche Realität als solche im ontologischen Sinne ist, aus dem menschlichen Sinn, ihre Akzidenzien aber aus dem stofflichen Sein der Natur resultieren und daß folglich in der menschlichen Realität als solcher dem anthropologischen Sein (dem Sinn) durchaus ein Vorrang vor dem stofflichen Sein (der Natur) gebührt, wird dabei gar nicht bestritten. Ein Bild muß zweifellos als Bild aus seinem Sinn und nicht aus seiner stofflichen, d.h. physikalisch-chemischen Struktur verstanden werden. Aber die Frage, ob dem "anthropologischen" Sein in der menschlichen Realität der Vorrang vor dem "physischen" Sein gebührt, wenn dieses als physikalisch-chemisches Sein verstanden wird, steht gar nicht zur Debatte. Denn "physisch" bedeutet in der in Rede stehenden Kontroverse gar nicht "physikalisch-chemisch", sondern "kosmologisch", so daß es hier in Wahrheit um die Frage

---

[206] Siehe auch S. 178.

[207] Siehe S. 161 ff.

geht, ob das vom Menschen gestiftete oder das dem Menschen vorgegebene Sein die ursprüngliche Wirklichkeit sei (wobei es dann im Grunde unerheblich ist, ob die Substanz dieser Wirklichkeit "kosmologisch" als Form oder etwa von dem durch Gott gesetzten Finis her verstanden wird).

Diese Bedeutung des Wortes "physisch" ist Sala entgangen. Er glaubt, die Kontroverse habe darin ihren Ursprung, daß "physisch" bedeutet, "daß etwas 1. real ist, oder 2. der stofflichen Ordnung angehört" (14). In dieser doppelten Bedeutung des Wortes "physisch" liege die Gefahr, "real" und "stofflich" zu identifizieren, was "bei denen, die weniger achtsam sind, schließlich eine materialistische Wirklichkeitsauffassung im Gefolge" (14) habe. Diese Befürchtung ist jedoch gegenstandslos, wenn man einmal erkannt hat, daß für die Gegner des anthropologischen Wirklichkeitsverständnisses "physisch" nicht "stofflich", sondern "ontologisch" bedeutet.

Die Entdeckung der eigentümlichen Realität der menschlichen Welt, so fährt Sala fort, sei ein typisch neuzeitlicher Gedanke. Die modernen Versuche zu einem neuen Verständnis der Eucharistie müßten in diesem typisch neuzeitlichen "kulturellen Kontext" gesehen werden. Wenn man heute eine neue Interpretation der Eucharistie fordere, so nicht deshalb, weil eine naturphilosophische Interpretation durch die moderne Naturwissenschaft hinfällig geworden sei, sondern weil man eine dem modernen "kulturellen Kontext" gemäße Interpretation wünsche. Sala erklärt ausdrücklich, daß er eine naturphilosophische Interpretation der Eucharistie durchaus für möglich hält, aber er ist der Ansicht, daß sie nicht mehr unserem Wirklichkeitsverständnis entspricht: "Es geht nicht darum, zwischen aristotelischer Naturphilosophie und moderner Physik zu wählen, sondern zwischen einer physikalisch-kosmologischen und einer anthropologischen Interpretation" (9).

Eine anthropologische Interpretation bedeutet für Sala, daß die Eucharistie wie alle Sakramente in Analogie zur menschlichen Sinnstiftung und Zeichenhandlung verstanden werden muß. Er legt größten Wert darauf, daß die Eucharistie - auch in ihrem Sondercharakter - nur im Zusammenhang mit den übrigen Sakramenten und in derselben Weise wie diese zu erklären ist: "Das ontologische Moment der Eucharistie muß in seinem sakramentalen Charakter entdeckt werden, nicht außerhalb und unabhängig davon" (13). Bei dieser sakramentalen Interpretation der Eucharistie legt Sala das von Schillebeeckx entwickelte Sakramentenverständnis zugrunde: Die Sakramente sind göttliche Zeichenhandlungen, die in Analogie zur menschlichen Zeichenhandlung interpretiert werden müssen. So erläutert Sala zunächst das "Zeichen in der Welt des Menschen":

> "Die vorangegangenen Überlegungen zur eigentümlichen Realität des Geistes als einer sinnhaften Realität und zur Welt des Menschen, die aus einem Kompositum von Materie und Sinn besteht, können u.E. helfen, den ontologischen Wert dessen zu erfassen, was das Zeichen in der Welt des Menschen ist: Erscheinung und zugleich Verwirklichung einer Intentionalität. Denn in der Welt des Menschen hat das Zeichen eigentlich nicht die Funktion, zur Erkenntnis von irgendetwas von ihm Verschiedenen hinzuführen

(und es erschöpft sich deshalb auch nicht darin), sondern eine menschliche Intentionalität zu aktuieren, zu bewirken, daß sie wahr, eigentlich und wirklich ist nach der ganzen Realität, die ihr zusteht. Hier ist das, was wir Zeichen nennen, die Realität selbst" (17).

Dieses Zeichenverständnis unterscheidet sich nach Sala wesentlich von dem Zeichenverständnis, welches das Konzil von Trient für die Erklärung des eucharistischen Zeichens abgelehnt hat, nämlich dem Verständnis von Zeichen, "w i e m a n   a u c h   s a g t ,   e s   s e i   W e i n   i n   e i n e m   S c h i l d   v o r   e i n e m   W i r t s h a u s" (16). Hier soll das Zeichen "zur Erkenntnis einer von ihm v e r s c h i e d e n e n Realität führen kraft eines Zusammenhangs, der entweder in den sinnlichen Vorstellungen der Natur erfaßt (spontanes Zeichen) oder vom Menschen als einem rational Handelnden festgelegt wurde (konventionelles Zeichen). Man sieht sofort, daß die Intentionalität der Realität äußerlich ist. Die Intentionalität erfaßt den Zusammenhang zwischen dem Zeichen und dem Bezeichneten oder setzt ihn; was aber bezeichnet wird, wird von der intentionalen Realität, nämlich dem Sinn, nicht konstituiert. Bezüglich des Bezeichneten ist der Sinn nur äußerliche Benennung" (17). Hier ist das Zeichen eine vom Bezeichneten verschiedene Realität, insofern Zeichen (Schild) und Bezeichnetes (Wein) als zwei getrennte und selbständige Wirklichkeiten verstanden werden, die nur durch die Hinweisfunktion der einen auf die andere "äußerlich" miteinander verbunden sind.

Ganz anders jedoch beim "Zeichen in der Welt des Menschen". Hier ist das Bezeichnete der "Sinn", den der Mensch der Natur gibt, das Zeichen aber die "Natur", in der dieser Sinn realisiert und dadurch zugleich angezeigt wird. So ist z.B. in der Geste eines Händedrucks die naturhafte Realität der Muskelbewegung Zeichen des durch sie bezeichneten Sinnes (der Begrüßung), oder in einem Geschenk die physikalisch-chemische Struktur des überreichten Dinges Zeichen des durch sie bezeichneten Sinnes (des Wohlwollens). Sind aber Zeichen und Bezeichnetes Natur und Sinn, dann ist verständlich, daß Zeichen und Bezeichnetes hier nicht in einer bloß äußeren Beziehung zueinander stehen. Natur und Sinn sind ja die beiden Komponenten der einen menschlichen Realität (der Geste oder des Geschenks), die ein "Kompositum aus Natur und Sinn" ist. Als die eine der beiden Komponenten dieser Realität ist die Natur ein Zeichen, das mit dem Bezeichneten, nämlich dem Sinn als der anderen Komponente derselben Realität, eine reale Einheit bildet. Daher kann Sala mit Recht sagen: "Hier ist das, was wir Zeichen nennen, die Realität selbst".

Diese Einheit darf natürlich nicht im Sinne einer totalen Identität verstanden werden, sondern als eine Einheit, die Identität und Verschiedenheit zugleich beinhaltet: Zeichen (Natur) und Bezeichnetes (Sinn) sind die sichtbare Außenseite und die unsichtbare Innenseite der menschlichen Realität. Sie sind identisch, insofern sie die Seiten e i n e r Realität sind; sie sind aber verschieden, insofern sie zwei verschiedene Seiten dieser einen Realität darstellen: ihre Außen- und ihre Innenseite. Zeichen (Natur) und Bezeichnetes (Sinn) bilden die beiden komplementären Seiten der einen menschlichen Realität, die beiden Komponenten des einen Kompositums, das die menschliche Realität ist.

Das Verhältnis der beiden Komponenten der menschlichen Realität, Natur und Sinn, bezeichnet Sala als ein Materie-Form-Verhältnis. Die reale Einheit von Zeichen (Natur) und Bezeichnetem (Sinn) in der Welt des Menschen ist daher eine s u b s t a n t i e l l e Einheit, nämlich die Einheit von Materie und Form. Und in der Tat kann das Zeichen (die Natur) als der Ermöglichungsgrund für die Realität des Bezeichneten (des Sinnes) mit Recht "Materie" der menschlichen Realität, das Bezeichnete (der Sinn) aber als das wesensbestimmende Moment "Form" der menschlichen Realität genannt werden. Ist doch bei einem Händedruck oder bei einem Geschenk die Muskelbewegung oder das Ding "Materie" (Ermöglichungsgrund) für die Realität des Sinnes (der Begrüßung oder des Wohlwollens), der Sinn (die Begrüßung oder das Wohlwollen) aber die "Form", welche die Muskelbewegung oder das Ding zu dem macht, was es in der Welt des Menschen i s t : Begrüßungsgeste oder Geschenk. Die realisierende Funktion des realisierenden Zeichens in der Welt des Menschen wird daher von Sala als "Materialursächlichkeit" verstanden.

Hier trifft der Schillebeeckxsche Begriff des realisierenden Zeichens - Zeichen und Bezeichnetes sind die in einem wechselseitigen Abhängigkeitsverhältnis stehenden Komponenten einer einzigen Wirklichkeit und daher in einer substantiellen Einheit verbunden - im vollen Umfange zu. Sala versteht das realisierende Zeichen in der Welt des Menschen aber wesentlich differenzierter als Schillebeeckx. Das realisierende Zeichen ist für ihn nicht nur Ausdruck einer menschlichen Intention, sondern auch Ausdruck des vom Menschen intendierten Sinnes. Es ist nicht nur Zeichen eines menschlichen Strebens und folglich nicht nur der "subjektiven Wirklichkeit" eines menschlichen Aktes, sondern auch Zeichen einer vom Menschen angestrebten Bedeutung und damit einer "objektiven Realität" der Welt des Sinnes. Sala versteht das realisierende Zeichen also nicht primär von der menschlichen H a n d l u n g , sondern von dem durch sie realisierten S i n n her [208].

---

[208] Bei diesem Zeichenverständnis ist es durchaus berechtigt, daß Sala keinen Unterschied macht zwischen dem Zeichen einer leiblichen Geste und dem Zeichen eines Dinges, denn der Sinn ist einem Ding genauso immanent wie einer Geste. In jedem dieser Fälle liegt, wie Sala sagt (18), ein Materie-Form-Verhältnis vor. Und in der Tat sind Gesten und Dinge in gleicher Weise "Materie" des Sinnes, insofern beide der "Ermöglichungsgrund" für die Realität des Sinnes sind. Geht man jedoch davon aus, daß das im realisierenden Zeichen Bezeichnete die menschliche Intention als Akt des Menschen ist, dann muß, wie wir bei Powers gezeigt haben (siehe S. 160 f) sehr genau zwischen dem Zeichen einer leiblichen Geste und dem Zeichen eines Dinges unterschieden werden. Dem Zeichen der leiblichen Geste ist ist die geistige Intention immanent wie die Seele dem Leib, aber in einem Zeichending ist nicht die Intention als solche verkörpert, sondern nur der von ihr intendierte Sinn.

Hierin trifft er sich mit Möller und Sonnen, geht über diese Autoren aber dadurch hinaus, daß er die Natur, insofern sie Zeichen des menschlichen Sinnes ist, als realisierendes Zeichen interpretiert. Möller und Sonnen verstehen die Species (die stoffliche Gestalt) als Zeichen der Substanz (des menschlichen Sinnes). Diese Vorstellung ist der Sache nach auch in Salas Interpretation gegeben. Denn Natur und Sinn, die hier als Zeichen und Bezeichnetes fungieren, sind ja, wie wir bereits dargelegt haben [209], die Prinzipien der Species bzw. der Substanz einer menschlichen Realität, insofern sich aus der Natur die Species, aus dem anthropologischen Sinn die Substanz der menschlichen Realität herleitet. "Der Übergang von der Natur zur Welt des Menschen ist der Übergang zu einer ontologischen Ebene, in der die Natur in eine höhere Wirklichkeit aufgenommen ist" (18). Obwohl die Natur als solche unverändert bleibt, wird sie dadurch, daß sie zum Träger eines menschlichen Sinnes wird, zu einer neuen (nämlich menschlichen) Realität. So besteht die Substanz einer menschlichen Geste oder eines Geschenks nicht in den in Geste und Geschenk involvierten naturhaften Elementen - der Muskelbewegung und der physikalisch-chemischen Struktur des überreichten Dinges - sondern in dem Sinn, den der Mensch mit Hilfe der Muskelbewegung bzw. des Dinges realisieren und kundtuen will. Wollte man Geste oder Geschenk von ihrer naturhaften Komponente her verstehen, so verfehlte man gerade ihr Wesen als Geste und Geschenk [210]. Die naturhaften Elemente in Geste und Geschenk haben nur die Bedeutung von akzidentellen Bestimmungen. Denn im Hinblick auf das Wesen einer Geste als Begrüßungsgeste macht es nur einen akzidentellen Unterschied aus, ob sie z.B. nach europäischer Sitte durch einen Händedruck oder nach orientalischer durch eine Umarmung geschieht. Und ebenso ist es für das Wesen eines Geschenks als Geschenk nicht entscheident, ob ein Buch oder ein anderes Ding überreicht wird. Insofern aber Natur und Sinn die Prinzipien der Species bzw. der Substanz sind, kann das Verhältnis von Zeichen und Bezeichnetem auch aus dem Verhältnis von Species und Substanz verstanden werden. Die reale Einheit von Zeichen und Bezeichnetem in der Welt des Menschen gründet dann in der substantiellen Einheit von Species und Substanz.

Das "Zeichen in der Welt des Menschen" bildet für Sala den Ausgangspunkt für das a n a l o g e Verständnis des sakramentalen Zeichens in der "menschlich-göttlichen Welt der Gnade" (25). "Das Sakrament - alle Sakramente - ist eine Heilsintention, die sich in der menschlich-göttlichen Welt verwirklicht" (19), ähnlich wie das menschliche Zeichen die Verwirklichung einer menschlichen Intention in der Natur ist. Die Verschiedenheit der Sakramente gründet sich auf den spezifischen Sinn eines jeden Sakramentes. "Will man wenigstens den Rahmen angeben, in welchem die Besonderheit der eucharistischen Gegenwart festgelegt werden soll, so wird man sie wohl in der s p e z i f i s c h e n I n t e n t i o n a l i t ä t sehen müssen, die für dieses Sakrament konstitutiv ist. Die spezifische Intentionalität der Eucharistie ist aber der Wille Gottes zur totalen Selbstschenkung

---

[209] Siehe S. 173 f.

[210] Vgl. a.a.O., S. 17 f.

an uns im Geheimnis des Todes und der Auferstehung Christi" (20). "Von daher versteht man, warum Christus zur sakramentalen Verwirklichung seiner totalen Schenkung, die Kontinuität, Treue und Dauer meint, ein Zeichen gewählt hat, das über die Punktualität einer Handlung hinausgeht - im Unterschied zu den anderen Sakramenten. Das eucharistische Zeichen ist eine 'Sache', eben eine Substanz : das Brot und der Wein... . Kraft des Ritus werden sie zur Substanz Christi erhoben, dessen Fleich für das Leben der Welt da ist" (21 f). Im Unterschied zu allen anderen Sakramenten, in denen die natürliche Substanz der als Zeichen fungierenden Materie erhalten bleibt, werden Brot und Wein "zur Substanz Christi erhoben", sie werden er selbst und damit wahrhaft zu seiner "totalen Selbstschenkung". Dieser Sondercharakter der Eucharistie wird noch deutlicher, wenn Sala das "analoge Verständnis der eucharistischen Gegenwart" (24) genauer entfaltet.

Sala weist unmißverständlich auf den für ein adäquates Eucharistieverständnis entscheidenden wesentlichen Unterschied von göttlichem und menschlichem Sinnstiften hin. "Der Mensch bedient sich, um seine Welt zu schaffen, der Natur als eines Materials. Aber die Natur hängt letztlich nicht von ihm ab; er findet sie schon vor, sie ist seiner Intentionalität äußerlich und unabhängig von ihr" (25). Das hat zur Folge, daß "immer doch eine Dualität zwischen der Intention des Menschen und der materiellen Welt bestehen bleibt. Die Intentionalität des Menschen vermag die Realität der Natur nicht in einer restlosen Aufhebung zu durchdringen, indem sie sie in den letzten Wurzeln ihres Seins erfaßt" (25). Die tiefste Wirklichkeit, die S u b s t a n z der Natur wird von der menschlichen Sinnstiftung nicht berührt. Vermag "die menschliche Intentionalität die Natur auch auf eine höhere ontologische Stufe zu heben" (25), so verändert sie ontologisch gesehen die Natur doch nur a k z i d e n t e l l . Menschliche Sinnstiftung ist nie im ontologischen Sinne Transsubstantiation, sondern immer nur akzidentelle Veränderung einer vorgegebenen Substanz.

Ganz anders ist es jedoch, wenn Gott Brot und Wein einen neuen Heilssinn verleiht. "Schon die Natur, das materielle Element der Welt des Sinnes, wird ganz und gar von einer göttlichen Intention konstituiert" (25) [211]. Gott arbeitet nicht in einem vorgegebenen und von ihm unabhängigen, sozusagen "fremden" Material wie der Mensch, sondern im "eigenen" Material der von ihm selbst geschaffenen und daher auch radikal von ihm abhängigen Welt. Daher kann die göttliche Heilsintentionalität von der Natur "so innig und tief angenommen" werden, "daß sie sich mit ihr in einer personalen Einheit vereinigt" (25). So ist es möglich, "im Brot und Wein ... die Gegenwart des fleischgewordenen Wortes zu sehen : t o t u s e t i n t e g e r C h r i s t u s " (25). Die göttliche Heilsintentionalität

---

[211] Hier ist der Sache nach ein ontologischer Substanzbegriff gegeben, der die ontologische Substanz mit dem von Gott geschaffenen Sinn der Dinge identifiziert.

erfaßt m.a.W. die Natur in den tiefsten Wurzeln ihres Seins und durchdringt so die Natur in einer restlosen Aufhebung : ihre natürliche Substanz hört auf zu sein, sie wird in die Substanz Christi verwandelt. Daher kann hier mit Recht von einer ontologischen Transsubstantiation gesprochen werden.

Sala zeigt deutlich, daß zwischen göttlichem und menschlichem Sinnstiften nur eine Analogie besteht, die Ähnlichkeit und Unähnlichkeit zugleich besagt. Die Ähnlichkeit zwischen göttlichem und menschlichem Sinnstiften besteht darin, daß beide Male eine Intentionalität, ein Sinn, in einem vorgegebenen Material realisiert wird, die Unähnlichkeit aber darin, daß Gott diese Intentionalität im "eigenen", d.h. von ihm selbst geschaffenen Material realisiert, während der Mensch es im "fremden", von Gott ihm gleichsam zur Verfügung gestellten Material tut; das hat zur Folge, daß Gott das Material durch seine neue Sinnstiftung auch innerlich ergreifen und umgestalten kann, während der Mensch es nur äußerlich umzuformen und zu verändern vermag. Göttliche Sinnstiftung berührt das Material in seinem Kern, in seiner Substanz; sie ist eine echte ontologische Transsubstantiation. Menschliche Sinnstiftung bewirkt dagegen ontologisch gesehen nur eine akzidentelle Veränderung der Natur. Von daher wäre vielleicht noch deutlicher als von der verschiedenen Intention her der Unterschied zwischen der Eucharistie und den übrigen Sakramenten zu formulieren [212]. In den übrigen Sakramenten verändert Gott die Natur nur akzidentell, weil ihre natürliche Substanz auch dann erhalten bleibt, wenn sie zum Zeichen der göttlichen Gnade wird. Hier besteht eine direkte Parallele zur menschlichen Sinnstiftung. In der Eucharistie verändert Gott hingegen auch die Substanz der Natur, so daß hier nur eine schwache Analogie zur menschlichen Sinnstiftung vorliegt.

Salas Interpretation der eucharistischen Wandlung hätte noch mehr an Klarheit und Vollständigkeit gewinnen können, wenn er dem Substanzbegriff größere Aufmerksamkeit geschenkt und die in seiner Analyse der menschlichen Welt enthaltenen Ansätze zu einem neuen Substanzverständnis ausdrücklich entfaltet hätte. Wir haben ja bereits darauf aufmerksam gemacht, daß seine Bestimmung der menschlichen Realität als eines Kompositums aus Materie und Form, in welchem der Sinn als Form "Bedeutung und Wert" dieser Realität bestimmt, einen geeigneten Ansatz zur Entwicklung eines anthropologischen Substanzbegriffes bietet und daß seine Auffassung, die Natur werde "ganz und gar von einer göttlichen Intention konstituiert", einen ontologischen Substanzbegriff impliziert, welcher die Substanz mit dem von Gott gestifteten Sinn der Schöpfung identifiziert. Wie die Substanz der menschlichen Realität durch eine menschliche, so wird die Substanz der göttlichen Schöpfung durch eine göttliche Sinnstiftung konstituiert.

---

[212] Von der verschiedenen Intention her wäre dieser Unterschied etwa so zu formulieren : In den Sakramenten gibt Gott der Schöpfung den Sinn, Zeichen der Gnade zu sein (was keine Aufhebung der natürlichen Substanz erfordert), in der Eucharistie aber den Sinn "totus et integer Christus" zu sein (was dann eine Aufhebung der natürlichen Substanz zur Folge hat).

Wenn man die ontologische Substanz als göttliche Sinnstiftung versteht, dann muß
die eucharistische Transsubstantiation als Transfinalisation beschrieben werden.
Diese Transfinalisation wäre von Sala her etwa so zu formulieren : Gott gibt
Brot und Wein den neuen Sinn, "die Gegenwart des fleischgewordenen Wortes"
zu sein. Dadurch sind Brot und Wein nicht mehr Brot und Wein, sondern "totus
et integer Christus". Mit der Transfinalisation ist zugleich eine Transsignifikation verbunden : die eucharistischen Gaben werden zu Zeichen des "fleischgewordenen Wortes". Dieses Zeichen wird von Sala nicht so deutlich bestimmt, wie
es aufgrund seiner Analyse des "Zeichens in der Welt des Menschen" möglich
gewesen wäre. Beim Zeichen in der Welt des Menschen ist die Natur das realisierende Zeichen des menschlichen Sinnes, d.h. sowohl der Ermöglichungsgrund
(die "Materie") für die Realität dieses Sinnes als auch das Zeichen, das diesen
Sinn offenbart. Will man das eucharistische Zeichen in der "menschlich-göttlichen
Welt der Gnade" analog zu diesem Zeichen verstehen, dann muß auch in der göttlichen Schöpfung eine "Materie" angenommen werden, welche dieselbe Funktion
erfüllt wie die Natur in der Welt des Menschen. Diese Materie ist dann sowohl
der Ermöglichungsgrund für die Realität des göttlichen Sinnes als auch das Zeichen, das diesen Sinn sichtbar macht [213]. Bei der genaueren Erklärung der
Zeichenfunktion der Materie müßte davon ausgegangen werden, daß die Natur in
der Welt des Menschen auch das Prinzip der "Species" einer menschlichen Realität ist. Die Species können aber, wie Möller gezeigt hat, als "Zeichen" des
Sinnes und damit der Substanz verstanden werden, insofern der substantielle
Sinn einer menschlichen Realität aus ihrer "Gestalt" erschlossen werden kann.
Wendet man diesen Gedanken analog auf die menschlich-göttliche Welt an und
unterscheidet auch hier zwischen dem substantiellen Sinn und dem Species-Zeichen,
dann kann die eucharistische Wandlung als Transfinalisation des substantiellen
Sinnes von Brot und Wein ohne eine Veränderung ihrer natürlichen Species beschrieben werden. Das eucharistische Zeichen sind dann die Species von Brot
und Wein, die auf den Leib und das Blut Christi verweisen [214].

14. Beinert : Die Sonderstellung der Eucharistie im Rahmen der übrigen
    Sakramente

Beinert [215] versteht die Eucharistie als sakramentale Zeichenwirklichkeit und
diese wiederum in Analogie zur menschlichen Zeichenwirklichkeit. Er bestimmt
das menschliche Zeichen in der bekannten Weise als "realisierendes Zeichen" :

---

[213] Siehe dazu auch unsere Überlegungen zur "Materie der göttlichen Sinn-
      stiftung", S. 207 f.

[214] Siehe dazu S. 224 f.

[215] W. Beinert, Neue Deutungsversuche der Eucharistielehre und das Konzil
      von Trient, in : ThPh 46 (1971) 342-363.

> "Das wirklich menschliche Zeichen erschöpft sich nicht darin, auf etwas
> anders, als es selbst ist, zu verweisen, sondern aktuiert selbst eine mensch-
> liche Intention. Denn wenn der Mensch sich auch nicht immer (im Gegensatz
> zu Gott) voll verwirklicht, so handelt er doch als Individuum immer aus
> der Fülle seines Seins heraus. In diesem Sinne ist ein vollmenschliches
> Zeichen real, es ist die Wirklichkeit selbst. Ein Kuß oder eine Umarmung
> ist nicht nur ein Hinweis auf meine Liebe, sondern zugleich die Aktuali-
> sierung dieser Liebe und damit diese Liebe selbst. Es ist als Zeichen nicht
> ohne weiteres zu ersetzen; zugleich ist aber auch zu sagen, daß ein an sich
> auch chemisch-physikalisch oder biologisch analysierbarer Vorgang kraft
> der neuen Sinnhaftigkeit eine neue Wirklichkeit erhalten hat, obgleich er
> weiterhin diesen Analysen unterliegen kann" (357 f).

Analog gilt dann für das göttliche Zeichen in den Sakramenten :

> "Wird nun ein solches Zeichen als Manifestation der göttlichen Heilsinten-
> tionalität gesetzt, sprechen wir von einem sakramentalen Zeichen. ...
>
> Gott kann die menschliche Sprache als Weise menschlicher Selbstmitteilung
> zum Zeichen seiner Selbstmitteilung im Wort erheben; er benutzt die Signi-
> fikanz des Wassers als Zeichen und Mittel der Reinigung und transponiert
> sie auf die Ebene der Sündenvergebung und Zulassung in die Gemeinde der
> Heiligen und Reinen. Auch in allen diesen Fällen findet eine Transsigni-
> fikation statt, d.h. eine neue Sinngebung, die darin besteht, daß eine Wirk-
> lichkeit zum Ausdruck einer anderen Intentionalität wird, damit aber auch
> eine neue Wirklichkeit selber wird. Die Transsignifikation geschieht durch
> Transfinalisation" (358).

Die Sonderstellung der Eucharistie im Rahmen der anderen Sakramente ist in der
spezifischen eucharistischen Transsignifikation und Transfinalisation begründet :

> "Indem der Herr die Mahlelemente Brot und Wein nimmt und sie zu realen
> Zeichen seiner Selbsthingabe an die Kirche macht, die die Hingabe seines
> Leibes und Blutes ist, erhalten sie eine a b s o l u t [216] neue Sinnge-
> bung, die ihnen im menschlichen Bereich nicht zukommt. Ihre Wirklichkeit
> ist damit t o t a l [217] anders geworden, ihr Sein ist vom menschlichen
> Bereich in den göttlichen transponiert worden. Sie sind nicht mehr Brot
> und Wein, nicht mehr bloße Mahlelemente, sondern real und wirklich Leib
> und Blut des in der Aktualität seiner Selbsthingabe an die Kirche gegen-
> wärtigen Herrn" (359).

Beinert wendet die Begriffe Transfinalisation und Transsignifikation, wie es vor
ihm vor allem schon Powers im Anschluß an Schillebeeckx getan hat [218], auf
alle Sakramente an. Für die Eucharistie gilt daher wie für alle Sakramente, daß

---

[216] Sperrung von uns.

[217] Sperrung von uns.

[218] Siehe S. 166 f.

Gott in einer Transfinalisation einem Stück unserer irdischen Wirklichkeit (Wasser bzw. Brot und Wein) einen neuen Sinn verleiht. Dadurch geschieht zugleich eine Transsignifikation, in der diese irdische Wirklichkeit zum Zeichen einer übernatürlichen Wirklichkeit (Gnade) und damit zu etwas Neuem wird : sie wird auf die übernatürliche ("göttliche") Ebene transponiert. Daraus erhellt, daß die Transsignifikation, ontologisch gesehen, eine "Folge" der Transfinalisation ist. Die Transfinalisation ist m.a.W. das "ontologisch Frühere".

Der Sondercharakter der Eucharistie zeigt sich nach Beinert in der spezifischen Transfinalisation und Transsignifikation, die in der eucharistischen Wandlung geschieht. In der sakramentalen Transsignifikation wird Wasser zum Zeichen der Sündenvergebung, in der eucharistischen Transsignifkation werden Brot und Wein zum Zeichen der Selbstgabe Christi. Das heißt : Wasser wird zum Zeichen der barmherzigen L i e b e Gottes und damit zum Zeichen einer a k z i - d e n t e l l e n Äußerung Gottes (die als solche zwar wesenhaft zum Sein Gottes gehört, aber doch nicht im strikten Sinne seine Substanz ist), Brot und Wein werden dagegen zu Zeichen seiner S e l b s t gabe und damit zu Zeichen seiner selbst in seiner s u b s t a n t i e l l e n Wirklichkeit. Daher impliziert die eucharistische Gegenwart im Unterschied zur allgemeinen sakramentalen Gegenwart eine Gegenwart der Substanz Christi; sie ist eine "substantielle Gegenwart".

In der sakramentalen Transfinalisation bekommt Wasser "einen neuen Sinn", Brot und Wein erhalten jedoch in der eucharistischen Transfinalisation "einen a b s o l u t neuen Sinn", sie werden eine neue Wirklichkeit, die Wirklichkeit wird " t o t a l a n d e r s ". Das bedeutet : Wasser bekommt einen "neuen" Sinn zu seinem "alten" Sinn hinzu. Dadurch wird es nicht etwas wesentlich Neues, der alte Sinn bleibt vielmehr erhalten und wird nur um den neuen Sinn "zusätzlich" erweitert. Daher ist der durch die sakramentale Transfinalisation verliehene Sinn nur eine neue, zusätzliche, d.h. akzidentelle Bestimmung der irdischen Wirklichkeit. In der eucharistischen Transfinalisation verlieren Brot und Wein jedoch ihren "alten" Sinn und bekommen einen "absolut neuen" Sinn. Der Sinn, der hier gewandelt wird, ist der "substantielle" Sinn, und daher werden Brot und Wein "total anders", sie bekommen eine neue "Substanz". Daher ist die eucharistische Transfinalisation eine Transsubstantiation.

15. Gerken : Personales Eucharistieverständnis

Gerken [219] ist der Meinung, in der gegenwärtigen Diskussion zeichne sich im Verständnis der Eucharistie eine grundlegende Wende ab, die freilich noch keineswegs zu ihrem Abschluß gelangt sei. Von einer grundlegenden Wende zu sprechen,

---

[219] A. Gerken, Theologie der Eucharistie, München 1973, alle Zitate hier. - Die Grundgedanken dieses Buches finden sich bereits in dem Artikel : Dogmatische Reflexion über die heutige Wende in der Eucharistielehre, in : ZKTh 94 (1972) 199-226.

sei man deshalb berechtigt, weil sich der gesamte Denkhorizont gewandelt habe, in dem die Eucharistie verstanden werde : "Statt in einem dinglichen Denkhorizont, der das Mittelalter und die nachtridentinische Epoche weithin bestimmte, denken wir heute, wenigstens in den Geisteswissenschaften, weithin personal" (163). Daß Gerken diesen Wandel des Denkhorizontes als eine einschneidende Wende betrachtet, hängt mit seiner Auffassung von der Geschichtlichkeit des Glaubens und des Dogmas zusammen. Diese sei nicht als eine eigentliche Dogmen e n t w i c k l u n g zu bezeichnen, als ob sich die in Schrift und Tradition noch unentfalteten Wahrheiten im Laufe der Kirchengeschichte nur zu immer größerer Klarheit und begrifflichen Schärfe entwickelten, sondern eher als eine Dogm g e s c h i c h t e, in der es große geistesgeschichtliche Umbrüche und Wenden gebe, die neue Epochen heraufführten und die Kontinuität einer Entwicklung unterbrächen. Auch bei dieser Auffassung könne die Kontinuität und Identität des Glaubens i n h a l t e s gewahrt werden, sobald man diesen nicht rein objektivistisch, nicht rein satzhaft, sondern als das Handeln Gottes in Jesus Christus bestimme und bereits das Neue Testament wie jede spätere Theologie als die Selbstauslegung dieses Ereignisses verstehe [220].

In einer umfangreichen dogmengeschichtlichen Betrachtung [221] versucht Gerken zu zeigen, daß es auch im Eucharistieverständnis der Kirche solche geistesgeschichtlichen Umbrüche und Wenden gegeben hat : die Neufassung des heilsgeschichtlichen Denkens der Bibel mit Hilfe der platonischen Bildtheologie in der Väterzeit, die folgende Wende zum kosmologisch-dinglichen Denken im Mittelalter und die gegenwärtige Wende zu einem personalen Eucharistieverständnis.

Eine solche Wende bringe es naturgemäß mit sich, daß neue Vorstellungen und Denkansätze in den Vordergrund träten und alte Begriffe zurückdrängten : "In einem dinglichen Denkhorizont war der Substanzbegriff einer der Leitbegriffe; er wird es aber nicht in einem personologischen Denkhorizont sein. Das bedeutet allerdings nicht, daß personales Denken den Seinsbegriff ausschließen müßte, also nicht ontologisches Denken sein dürfte. Personales und aktualistisches Denken ist zu unterscheiden, ebenso wie personales Denken nicht mit rein funktionalem identifiziert werden darf" (163). Gerken versucht am Beispiel einiger neuer Interpretationsvorschläge - er beruft sich dabei vor allem auf Schoonenberg, Ratzinger und Welte - zu zeigen, worin das spezifisch Neue einer "personologischen" Deutung besteht : "Ein ... gemeinsamer Grundzug ... besteht darin, daß der Begriff des W e s e n s und damit der Wesensverwandlung so gefaßt wird, daß die R e l a t i o n , die Beziehung, von vornherein mitgedacht ist. Damit hängt es zusammen, daß es sich bei den neueren Versuchen durchwegs um Vorschläge handelt, welche eine o n t o l o g i s c h e Erklärung intendieren, so daß man ihnen zu Unrecht den Vorwurf des bloßen Symbolismus machen würde. Allerdings wird ... die Ontologie nicht mehr dinglich, sondern relational oder personal gefaßt" (176).

Der Anstoß zu dieser "relationalen" Fassung der Ontologie sei von der Philosophie Heideggers ausgegangen :

---

[220] a.a.O., S. 157 ff.
[221] a.a.O., S. 17-156.

"Vor allem katholische Theologen der Gegenwart sehen in den Gedanken
H e i d e g g e r s eine Möglichkeit, Wirklichkeit weder subjektivistisch
noch objektivistisch, sondern umgreifend zu bestimmen. Damit gewinnt
die R e l a t i o n , die Beziehung zwischen den verschiedenen Seienden,
einen transzendentalen, d.h. einen a l l e Wirklichkeit prägenden Charakter. Das Seiende wird von seinem Ursprung her in Relation zu anderem
Seienden gesehen, es ist S e i e n d e s f ü r anderes Seiende. Schon
die Bestimmung des menschlichen Seins als 'In-der-Welt-Sein', die
Heidegger vorschlägt, zeigt dies. Der Mensch wird vom Ansatz her in der
Relation zu anderem (und darin zu den Mitmenschen) gesehen und darf
keinen Augenblick ohne diese Relation gedacht werden. Er ist nicht zunächst
Mensch, u n d d a n n e r s t kommen die Beziehungen zu anderen zu
ihm hinzu. 'In-Beziehung-Stehen' ist also kein Akzidenz. Vielmehr gehört
es zur 'Substanz', zum Wesen des Menschen und der Dinge, in Beziehung
zu stehen.

Die so gefaßte Relation muß man 'transzendental' nennen, in dem Sinne,
daß sie dem S e i n a l s s o l c h e m wesentlich ist und nicht erst
zu ihm hinzukommt, wenn es schon als existierend gedacht ist" (171).

Eine "relationale" Ontologie ist für Gerken "eine notwendige Konsequenz aus unserer geistesgeschichtlichen Situation" (176) und damit ein "Desiderat" (199) der
heutigen Theologie. "Eine relationale Ontologie ist ... nicht nur möglich, sondern
sie ist auch dem Charakter der christlichen Botschaft in besonderer Weise zugeordnet, wenn ihre Anfänge nicht sogar geschichtlich auf das Christentum zurückzuführen sind" (193). Von dieser Überzeugung ausgehend, versucht Gerken zu
zeigen, daß sich viele Fragen der Theologie mit Hilfe einer relationalen Ontologie
weit besser lösen lassen als in einem kosmologisch-dinglichen Denken [222]. Wir
müssen uns hier auf das beschränken, was in unmittelbarer Beziehung zu unserem
Thema steht.

"Insbesondere ergibt sich die Forderung nach einer relationalen Ontologie
aus der Tatsache, daß es sich bei der Eucharistie um p e r s o n a l e
Verhältnisse und Wirklichkeiten handelt. Die Person ist ja von ihrem Wesen her d i a l o g i s c h , d.h. relational zu sehen. Eine Person ist
gerade dadurch unverwechselbar sie selbst, daß sie in einer bestimmten
Relation zu anderen Personen steht" (201).

"Damit wird das Sein der Person als ein 'Sein für' bestimmt. Zugleich ist
aber so auch ausgesagt, daß dieses 'Sein für' sich in Handlungen, in Geschichte manifestieren, 'zu sich selbst kommen' will. Eine relationale,
personologisch aufgebaute Ontologie ist daher auch in der Lage, zwischen
Sein und Handlung zu vermitteln, so daß das Sein in der Handlung erst ganz
es selbst w i r d , also auf Handlung wesentlich angelegt ist. ...

Eine solche Ontologie empfiehlt sich deshalb als Ansatz in der Eucharistielehre, weil sie Sein und Geschichte, Statik und Dynamik in der eucharistischen Wirklichkeit als Einheit zu sehen vermag. Die somatische Realpräsenz

---

[222] a.a.O., S. 199-210.

> muß - das ist ein Ergebnis unserer dogmengeschichtlichen Überlegungen
> - als Vergegenwärtigung der Selbsthingabe Christi am Kreuz, als Sein im
> Vollzug, als 'Dasein für' gesehen werden" (202).
>
> "Christi Gegenwart in der Eucharistie ist relational, ist eine Gegenwart
> 'für jemanden'. Dies wird in den Einsetzungsworten unüberhörbar ausgesprochen: 'Dies ist mein Leib, mein Blut für viele (für euch)!'" (205)

Um eine relationale Ontologie von vornherein vor Mißverständnissen zu schützen, erklärt Gerken, "daß beim Menschen Freiheit und personale Beziehung zwar die führenden und die integrierenden, nicht aber die einzigen Momente sind. Die geschichtlichen und gesellschaftlichen, die biologischen und physischen Momente des personalen Seins sind als für es wesentliche, obwohl integrierte oder zu integrierende Momente anzusehen. Eine relationale Ontologie macht es möglich, ein Seiendes so zu sehen, daß es nur dadurch es selbst sein kann, daß sich verschiedene Momente aufeinander beziehen und so eine Einheit bilden" (209). Stets muß aber die ganze Fülle der Bezüge gesehen werden, welche das Sein der menschlichen Person konstituieren.

Auf der Grundlage dieser Ontologie entwirft Gerken seinen "Versuch einer Deutung der eucharistischen Wirklichkeit" (211). Hierin beschreibt er die eucharistische Wandlung folgendermaßen:

> "Christus stellt Brot und Wein in einen neuen Bezugszusammenhang, in die
> Relation zwischen sich und seiner Gemeinde und macht sie zu realisierenden
> Zeichen seiner Lebenshingabe. Dadurch verwandelt er die transempirische
> Wirklichkeit von Brot und Wein in einer Weise, wie sie seiner Anrede an
> die Gemeinde entspricht: 'Nehmt und eßt! Das ist mein Leib, für euch!
> Nehmt und trinkt! Dieser Kelch ist der neue Bund in meinem Blut!' Die
> eschatologische Gabe ist Selbstgabe Christi, sie impliziert daher die Verwandlung von Brot und Wein, da das Reich Gottes die Welt nicht ablöst und
> ersetzt, sondern sie verwandelt (neuer Himmel und neue Erde). Die eschatologische Gabe ist innerhalb der Geschichte mit den Mitteln der Empirie
> jedoch nicht als solche feststellbar, da sie sich auch im Verhältnis des
> 'noch nicht' zur gegenwärtigen Welt verhält und sich daher verbirgt, indem
> sie sich (dem Glauben) offenbart" (220 f).

Die eucharistische Wandlung ist für Gerken eine Transsignifikation:

> "Wenn wir den Begriff des Zeichens im Sinne des realisierenden Zeichens
> auffassen und auch diesen ... Begriff noch einmal dahingehend bestimmen,
> daß es um die Realisation der eschatologischen Gabe geht, in der Sein und
> Relation identisch sind, in der also das 'für uns' Christi die Welt verwandelt, so dürfen wir die Verwandlung der Gaben in der Eucharistiefeier eine
> Transsignifikation nennen" (221 f).

Man erkennt sofort: Das ist Schoonenbergs Deutung! Wie dieser von Zeichen spricht, "die diese tiefste Selbstgabe verwirklichen" [223], so spricht Gerken von den realisierenden Zeichen der Lebenshingabe Christi. Demgegenüber ist die Formulierung "Christus stellt Brot und Wein in einen neuen Bezugszusammenhang" nur eine äußerliche Übernahme der Terminologie Weltes, wie wir gleich sehen werden.

Der tragende Begriff in dieser Deutung ist der Begriff des "realisierenden Zeichens", während der Substanzbegriff in der Rede von der Wandlung der "transempirischen Wirklichkeit" nur beiläufig und vage verwendet wird. Daher ist Gerken auch der Meinung, "daß die Transsignifikation als umfassender, in relationaler Ontologie gründender Begriff voll ausreicht, die eucharistische Gegenwart Christi auszusagen, daß er also das mit Transsubstantiation Gemeinte mitumgreift" (199).

Angesichts dieser Deutung erhebt sich natürlich sofort wieder die alte Frage, ob mit der bloßen Bestimmung des eucharistischen Zeichens als realisierenden Zeichens der Sondercharakter dieses Zeichens bereits voll und ganz erfaßt sei. Auch hier werden wir sagen müssen: Da auch menschliche Zeichen wie ein Geschenk und auch die übrigen sakramentalen Zeichen realisierende Zeichen sind, muß man den spezifischen Charakter des realisierenden Zeichens in der Eucharistie in seinem wesentlichen Unterschied zu allen anderen realisierenden Zeichen genau bestimmen, wenn man nicht auf eine theologische Erklärung ganz und gar verzichten oder gar dem Mißverständnis Vorschub leisten will, die Gaben von Brot und Wein seien ein Zeichen wie ein von Menschen gegebenes Geschenk.

Hinzu kommt, daß der Begriff des realisierenden Zeichens als solcher keineswegs den Begriff der Transsubstantiation impliziert, denn auch die übrigen sakramentalen Zeichen und auch ein menschliches Geschenk sind realisierende Zeichen, obwohl sie dadurch keine Transsubstantiation erfahren, daß sie zu realisierenden Zeichen werden. Mit der bloßen Bestimmung des eucharistischen Zeichens als realisierenden Zeichens ist daher noch keineswegs auch schon die Transsubstantiation von Brot und Wein vorausgesetzt und ausgesagt, wie Gerken anzunehmen scheint, wenn er im Anschluß an die Erklärung, Christus mache Brot und Wein zu realisierenden Zeichen seiner Lebenshingabe, fortfährt: "Dadurch verwandelt er die transempirische Wirklichkeit von Brot und Wein in einer Weise, wie sie seiner Anrede an die Gemeinde entspricht: 'Nehmt und eßt! Das ist mein Leib, für euch! Nehmt und trinkt! Dieser Kelch ist der neue Bund in meinem Blut!'" (220 f). Daher ist Gerkens Aussage, wenn Christus Brot und Wein zu realisierenden Zeichen seiner Lebenshingabe mache, sei d a d u r c h ihre transempirische Wirklichkeit - und das soll doch wohl heißen: ihr Wesen, ihre Substanz - verwandelt, nur eine bloße Behauptung. Eine theologische Erklärung, wie das genau zu verstehen sei, wird nicht gegeben.

---

[223] P. Schoonenberg, Tegenwoordigheid, in: Verbum 31 (1964) 395-415;
hier: 415.

Eine solche Erklärung setzte ja auch voraus, daß Gerken sich eingehender auf
den Begriff des Wesens (oder der Substanz) eingelassen hätte. Der von ihm gebrauchte Ausdruck "transempirische Wirklichkeit" läßt die entscheidende Frage,
was unter Wesen oder Substanz genau zu verstehen ist, unbeantwortet. Die Grundfrage, um die es in der neueren Diskussion geht und die diese ja überhaupt erst
in Gang gebracht hat, wird so bei Gerken übergangen. Das zeigt deutlich, daß
seine Rede vom "Bezugszusammenhang" nur eine äußerliche Übernahme der
Terminologie Weltes ist, denn Weltes Thema ist doch gerade der Substanzbegriff,
und nur seiner Klärung dient hier der Begriff "Bezugszusammenhang". Ohne
Klärung des Substanzbegriffes kann man aber die innere Möglichkeit einer Transsubstantiation von Brot und Wein ebensowenig einsichtig machen wie mit dem
bloßen Begriff des realisierenden Zeichens den spezifischen Zeichencharakter
der eucharistischen Species. Der Mangel in Gerkens Darstellung scheint uns
gerade darin zu liegen, daß er weder den Substanz- noch den Zeichenbegriff
im Hinblick auf die Eucharistie hinreichend durchdacht hat. So sagt er zwar den
Glauben der Kirche aus, verzichtet aber auf eine theologische Erklärung der
inneren Möglichkeit dieses Glaubens. Das aber kommt dem Verzicht auf eine der
vornehmsten Aufgaben der Theologie gleich, die zwar den Glauben nicht beweisen,
wohl aber seine innere Möglichkeit erweisen und ihn so zu einer "fides rationi consentanea" machen kann.

Um nicht mißverstanden zu werden: Unsere Kritik richtet sich nicht gegen den
"personologischen" Ansatz Gerkens, sie will ihm vielmehr dienen. Daß von diesem Ansatz her auch die bei Gerken ungeklärten Fragen eine Antwort finden
können, hat Möller gezeigt. Versteht man die Substanz als den inneren Sinn einer
Wirklichkeit, deren äußere Gestalt oder Species aber immer schon als Zeichen
dieses Sinnes, dann kann die eucharistische Transsubstantiation als Transfinalisation und Transsignifikation in einer solchen Weise beschrieben werden, daß
sie sich von allen anderen Transfinalisationen und Transsignifikationen in der
menschlichen Welt und in den übrigen Sakramenten unterscheidet: Brot und Wein
verlieren ihren alten Sinn und bekommen einen völlig neuen Sinn, während bei
allen anderen Transfinalisationen der alte Sinn erhalten bleibt. Die Gestalten
von Brot und Wein dauern zwar fort, aber sie sind jetzt Zeichen eines neuen Sinnes
und erfahren dadurch eine tiefgreifendere Verwandlung ihrer Zeichenfunktion, als
es bei allen anderen Transsignifikationen der Fall ist, in denen die neue Zeichenfunktion zu der alten nur hinzukommt [224]. Dann kann man freilich nicht mehr
sagen, daß der Begriff der Transsignifikation voll ausreiche, das mit Transsubstantiation Gemeinte auszusagen. Die Transsubstantiation ist vielmehr primär
eine Transfinalisation und erst in zweiter Linie und in Abhängigkeit davon eine
Transsignifikation, weil sich die Zeichenfunktion der Species nur deshalb wandelt,
weil sich zuvor ihr Sinn, ihre Substanz, gewandelt hat.

---

[224] Siehe dazu die Ausführungen Beinerts S. 183 und unsere grundsätzlichen
    Überlegungen S. 227 ff.

Auf diesen Begriff von Transfinalisation trifft Gerkens Vorwurf des "Funktionalismus", den er gegenüber Trooster geltend macht, nicht mehr zu : "Eher (als für Welte) [225] scheint dieser Vorwurf für die eucharistische Theologie von S. Trooster zu gelten, bei der der 'Um-zu-Zusammenhang' und damit der Z w e c k der eucharistischen Handlung zum Erklärungsgrund der Wesensverwandlung werden soll. Diese Erklärung scheint uns tatsächlich nicht ausreichend. Es ist überhaupt die Frage, ob der Begriff 'Transfinalisation' für eine ontologische Deutung offen ist. Anders verhält es sich mit dem Ausdruck 'Transsignifikation'. Wenn dieser auf dem Hintergrund eines Denkens im realisierenden Zeichen, also in einer relational-o n t o l o g i s c h e n Weise, verstanden wird, scheint er uns der heute beste Begriff, das eucharistische Geschehen zu umschreiben. Es hat dagegen keinen Sinn, von einem realisierenden Zweck oder Ziel zu reden, da das Ziel ja gerade noch erreicht werden s o l l , dem Geschehen selbst also transzendent ist, während sich im realisierenden Zeichen das Bezeichnete, hier etwa die Selbstgabe Christi, unmittelbar ereignet. Beim realisierenden Zeichen ist das Bezeichnete dem Zeichen w e s e n s i m m a n e n t. Daher ist der Begriff des Zeichens für eine relationale O n t o l o g i e geeignet, der Begriff des Zweckes oder Ziels ist dagegen dem funktionalen Bereich derart ausschließlich zugeordnet, daß er nur aktualistisch verstanden werden kann, also für eine Ontologie ungeeignet ist" (194 f).

Gerken hat den Begriff der Transfinalisation völlig mißverstanden. Er glaubt, hier werde angenommen, daß in der eucharistischen Wandlung der Zweck der eucharistischen Handlung gewandelt werde. Davon kann aber weder bei Trooster noch bei irgendeinem der anderen Autoren die Rede sein. Wir haben vielmehr gesehen, daß alle Autoren, die den Begriff der Transfinalisation zum tragenden Begriff in der Erklärung der eucharistischen Wandlung machen, unter Transfinalisation nicht die Wandlung des Zweckes der eucharistischen H a n d l u n g verstehen, sondern die Wandlung des Zweckes (Finis) der in der eucharistischen Handlung verwendeten D i n g e , Brot und Wein. Daher ist der Zweck (man sagt hier freilich besser : der Sinn) den Dingen durchaus "wesensimmanent". Das gilt für Trooster ebenso wie für Welte, so daß die Unterscheidung, die Gerken im Hinblick auf das Transfinalisationsverständnis zwischen Trooster und Welte macht, wiederum zeigt, daß er nicht nur die Transfinalisation, sondern auch Welte nicht richtig interpretiert hat. Wir wiesen ja bereits darauf hin, daß Gerken die wahre Bedeutung des Terminus "Bezugszusammenhang" bei Welte verkannt hat. Vom Bezugszusammenhang her will Welte doch gerade den Substanzbegriff neu begründen. Er verwendet den Terminus also (wie Trooster den des "Um-zu-Zusammenhanges") zur Bestimmung der Substanz der D i n g e Brot und Wein und nicht wie Gerken zur Bestimmung der H a n d l u n g Christi ("Christus stellt Brot und Wein in einen neuen Bezugszusammenhang") [226].

---

[225] Einfügung von uns.

[226] Damit soll natürlich weder bestritten werden, daß der Terminus "Bezugszusammenhang" nicht auch anders verwendet werden könnte, als Welte es tut, noch daß Gerkens Kritik an dem Begriff der Transfinalisation, so wie er ihn verstanden hat, nicht berechtigt sei.

Die Verkennung der wahren Bedeutung des Terminus "Bezugszusammenhang" bei Welte hängt wohl damit zusammen, daß Gerken das Substanzproblem in seine Betrachtung der eucharistischen Wandlung nicht einbezogen hat. Das aber liegt wiederum daran, daß der Substanzbegriff nach Gerkens Meinung in einer relationalen Ontologie keine führende Rolle mehr spielen kann: "Daß dieser Begriff - und zwar nicht wegen seiner Mißdeutbarkeit im rein naturwissenschaftlichen Sinne, sondern wegen seines statisch-dinglichen Charakters - in einer relationalen Ontologie nicht entscheidend sein kann, ist wohl leicht einzusehen. Vom Substanzbegriff her ist von vornherein die Kategorie der Relation als Akzidenz aufzufassen, als etwas, was zum in sich stehenden Seienden erst hinzukommt" (203).

Wie das Zitat zeigt, versteht Gerken Substanz hier ausschließlich als "in se existens", nicht als "Wesen". Daß der so verstandene Substanzbegriff für die Theologie der Eucharistie keine Rolle mehr spielt, soll Gerken im Hinblick darauf, daß Brot und Wein in diesem Sinne ontologisch gesehen gerade keine Substanzen sind, gerne zugegeben werden [227]. Aber damit ist noch keineswegs gesagt, daß der Begriff Substanz in der Bedeutung von "Wesen" keine Rolle mehr spielt. Wenn Brot und Wein in ihrem Wesen verwandelt werden, und das ist doch die Kernaussage des Dogmas, kommt kein Versuch einer theologischen Interpretation dieses Dogmas an der Frage vorbei, was unter Wesen genau zu verstehen ist. Diese Frage bildet doch das Grundproblem der gegenwärtigen Diskussion über die eucharistische Wandlung. Die entscheidende Frage nach dem Wesen von Brot und Wein wird aber von Gerken übergangen.

Das liegt vielleicht daran, daß Gerken wegen der starken Betonung des personalen Charakters der Eucharistie übersehen hat, daß hier trotz allem auch die Dinge Brot und Wein eine wichtige Rolle spielen. Auch in einem "personologischen" Verständnis der Eucharistie kommt man nicht ganz ohne eine Reflexion über die Dinge aus, und in diesem Sinne kann auch hier nicht ganz auf ein "dingliches Denken" verzichtet werden.

Das gilt im übrigen auch für das Verständnis der menschlichen Person, wie Gerken selbst gesehen hat. Sagt er doch, daß die "sachhafte und biologische S u b struktur" (164) wesentlich zur menschlichen Person dazu gehört. Gehört aber der Weltbezug wesentlich zur menschlichen Person dazu, dann muß auch in einem personologischen Denken die Welt der Dinge mitbedacht werden. Da aber auch Christus seine sakramentale Selbstgabe durch Dinge vollzieht, muß bei einer adäquaten Interpretation der Eucharistie auch die "sachhafte Substruktur" dieses personalen Geschehens mitbedacht werden. Auch das personale Geschehen in der Eucharistie hat einen Weltbezug.

Dabei liegt alles, was zu einer Besinnung auf die sachhafte Substruktur der personalen Wirklichkeit - auch in der Eucharistie - vonnöten ist, in Gerkens Ausführungen zur "relationalen Ontologie" bereit. Denn wenn er erklärt, in einem

---

[227] Siehe dazu S. 213.

personologischen Denken erschienen die Dinge nicht mehr primär "als Dinge 'an sich' ", sondern als "Dinge 'für' jemanden" (208), nämlich den Menschen, dann ist damit zumindest der Ansatz für die Entwicklung eines anthropologischen Substanzverständnisses gegeben, wie es in der gegenwärtigen Diskussion immer wieder versucht worden ist.

Freilich stehen wir dann sogleich wieder vor dem grundsätzlichen Problem, in dem wir den Kern der Meinungsverschiedenheit zwischen Gerken und Jorissen zu erkennen glaubten [228]: Ist mit dem anthropologischen Verständnis der Dinge als Zuhandensein wirklich schon das ontologische Wesen der Dinge voll und ganz erfaßt? Die Frage nach der Vollständigkeit einer rein anthropologischen Wesensbestimmung stellt sich dann noch prononcierter, wenn Gerken die eucharistische Realpräsenz als ein "Dasein für" (202), als "eine Gegenwart 'für jemanden' ", nämlich "für viele" (205), bestimmt.

Gerken sieht freilich selbst, daß "Gott seinem Begriff nach nicht Material des Menschen sein kann" (209). Daher kann die Substanz Christi, und sie wird ja nach der ausdrücklichen Aussage des Dogmas unter Brot und Wein gegenwärtig, nicht ausschließlich "anthropologisch" bestimmt werden [229].

Gerken versteht aber auch die Bestimmung des Seienden aus der Beziehung des "Für" (und das heißt doch: aus dem Finis) nicht ausschließlich anthropologisch, er bezieht auch das "Für Gott" mit ein und deutet somit das Sein letztlich "theologisch". Das zeigt sich, wenn er das Sein Christi als ein "Sein für Gott und für die anderen" (193) bestimmt, oder ausdrücklich betont, daß zu einer relational gesehenen Wesensbestimmung der menschlichen Person, die "ja von ihrem Wesen her dialogisch, d.h. relational", ist und "gerade dadurch unverwechselbar sie selbst" ist, "daß sie in einer bestimmten Relation zu anderen Personen steht" (201), notwendig die "Relation Mensch - Gott" (209) hinzugehört. Das "Sein der Person als ein 'Sein für' " (202) ist daher nicht nur ein Sein für den Mitmenschen, sondern auch ein Sein für Gott, so daß sich das "Mitsein" (Heidegger) der Person nicht in der Mitmenschlichkeit erschöpft. Eine unverkürzte Wesensbestimmung des Menschen muß auch die Relation Mensch - Gott einschließen. Ließe sich nicht von dieser "theologischen" Sicht des Finis her die durch den anthropologischen Substanzbegriff inaugurierte Interpretation der Substanz aus dem Finis zu einem adäquateren Wesens- und Substanzverständnis ausbauen? Darum ist es um so bedauerlicher, daß Gerken die in seinen Ausführungen zur relationalen Ontologie enthaltene Möglichkeit zu einem neuen Substanzverständnis für die Interpretation der eucharistischen Wandlung nicht genutzt hat.

---

[228] Siehe S. 58 f.

[229] Siehe auch die Ausführungen zu Sonnen S. 148 f.

16. Zusammenfassung

Die Diskussion der letzten Jahrzehnte hat zweifellos zu einem neuen Eucharistieverständnis geführt. Was unser Thema anlangt, so wird die Wesensverwandlung von Brot und Wein nicht mehr an Hand naturphilosophischer Kategorien interpretiert, sondern mit Hilfe anthropologischer Begriffe in Analogie zur menschlichen Sinnstiftung und Zeichenhandlung gedeutet. Damit ist der Weg zu einem personalen Verständnis der Eucharistie beschritten. Diese Wende zum personalen Denken bedeutet eine Abkehr von der seit dem Hochmittelalter bis zur Neuscholastik herrschenden Interpretation und läßt sich in ihrer theologiegeschichtlichen Bedeutung wohl nur mit der Wende vom patristischen (platonisch-symbolischen) zum mittelalterlichen (aristotelisch-naturphilosophischen) Eucharistieverständnis vergleichen. Dieser Wandel im theologischen Denken ist keineswegs auf die Eucharistie beschränkt; er tritt heute in der Behandlung fast aller theologischen Traktate zutage. Man hat dieses Denken nicht zu unrecht als "Personalismus" bezeichnet. Die erste Wurzel dieses Denkens ist "die biblische Lehre vom Menschen als Geistperson.... . Die andere Wurzel ist in jener philosophischen Fermentation der Theologie zu sehen, die mit dem Stichwort 'Wende zum Subjekt' in der modernen Philosophie gekennzeichnet werden kann und in der Theologie eigentlich erst mit dem Ende der Neuscholastik einsetzt. Indem jetzt die Theologie sich zwar kritisch, aber unbefangen auf die Philosophie Kants, des Deutschen Idealismus, die Phänomenologie und die Existenzphilosophie ... einläßt, deren Positionen von sich aus versteht und weiterdenkt, kehrt sie aus einer bloß an Sachen orientierten Kategorialität zum biblischen Ursprung zurück und vermag so unter Überwindung der antiken Kosmozentrik und des neuplatonischen Menschenbildes dem von Naturwissenschaft und Technik geprägten Menschen den Grund der Möglichkeit des Glaubens aufzuzeigen" [230].

Die Neuinterpretation der Eucharistie muß im Zusammenhang mit diesem allgemeinen Wandel im theologischen Denken der Gegenwart gesehen werden. Darauf hat Möller in seiner Antwort auf Schelfhout ausdrücklich hingewiesen. Nach Möller besteht ein wesentlicher Unterschied zwischen "personalem und kategorialem Denken", weil ein wesentlicher Unterschied zwischen Personen und Sachen besteht. Sachliche Strukturen sollte man "Kategorien", personale Strukturen "Existenziale" [231] nennen. Es sei die Aufgabe der heutigen Theologie, die Glau-

---

[230] H. Vorgrimler, Art. "Personalismus II.", in: LThK 8, 293.

[231] Das ist die Terminologie Heideggers (SuZ, 44).

benswahrheiten, die bislang zu ihrem Schaden fast ausschließlich in sachlichen Kategorien gedacht worden seien, in personalen Begriffen neu und adäquater zu formulieren [232].

"Die Bedeutung der neueren Interpretationsversuche dürfte vor allem in dem Bemühen um eine organische Einordnung des Dogmas der eucharistischen Wandlung und Realpräsenz in das Ganze der Christologie, der Ekklesiologie und damit in dem Rahmen der allgemeinen Sakramentalität der Gnade liegen sowie in der stärkeren Akzentuierung der personalen und ekklesialen Dimension des eucharistischen Geschehens : Eucharistische Realpräsenz als die auf einmalige Art intensivierte Weise der allgemeinen Realpräsenz Christi in seiner Kirche " [233].

In den heutigen Interpreationsvorschlägen erscheint die eucharistische Wandlung als Transfinalisation und Transsignifikation. Diese Termini kennzeichen schlagwortartig die beiden Interpretationstypen, auf die sich unter systematischem Aspekt alle Interpretationsvorschläge der letzten Jahre - trotz mancher Überschneidungen bei einzelnen Autoren - zurückführen lassen. Das Unterscheidungsmerkmal liegt in dem unterschiedlichen Ansatz, von dem die Interpretation jeweils ausgeht. Wir wollen im folgenden die Grundgedanken dieser beiden Interpretationstypen darstellen und die Fragen herausstellen, die noch einer weiteren Klärung bedürfen.

1. Der erste Interpretationsversuch nimmt seinen Ausgang von dem Substanzproblem, das durch die Erkenntnisse der modernen Naturwissenschaft zu Beginn unseres Jahrhunderts aufgeworfen worden war. Hier steht die Suche nach einem neuen Substanzbegriff im Mittelpunkt der Überlegungen. Als Alternative zur naturphilosophischen Interpretation der Substanz als hylemorphistischer Form wird eine Interpretation vom Finis her vorgeschlagen. So erscheint die eucharistische

---

[232] J. Möller, Existentiaal en categoriaal denken, in : Nederlandse Katholieke Stemmen 56 (1960) 166-171. - Auf diese Zusammenhänge verweisen vor allem G.B. Sala, Transsubstantiation oder Transsignifikation? Gedanken zu einem Dilemma, in : ZKTh 92 (1970) 1-34; J.P. de Jong, Die Eucharistie als Symbolwirklichkeit, Regensburg 1969, und zuletzt wieder A.Gerken, Dogmatische Reflexion über die heutige Wende in der Eucharistielehre, in : ZKTh 94 (1972) 199-226, und : Theologie der Eucharistie, München 1973.

[233] H. Jorissen, a.a.O., S. 56 f. - Um eine Einordnung der Eucharistielehre in die Sakramentenlehre, die Ekklesiologie, Christologie und Gnadenlehre bemüht sich vor allem J. Powers, Eucharistie in neuer Sicht, Freiburg 1968; die Einordnung der eucharistischen Realpräsenz in die allgemeine Gegenwart Gottes ist vor allem das Anliegen von P. Schoonenberg.

Wandlung in diesem Denkrahmen als Transfinalisation. Dieser neue Substanzbegriff ist zuerst für die "anthropologische Substanz" entwickelt worden, die durch eine menschliche Sinnstiftung konstituiert wird. Er wurde dann in einem Analogieschluß von der menschlichen auf die göttliche Sinnstiftung übertragen, so daß hier wirklich ein echter ontologischer Substanzbegriff gewonnen ist, wie ihn schon die Vertreter der metaphysischen Theorie gefordert hatten. Die ontologische Substanz wird als der Sinn verstanden, den Gott den Dingen für den Menschen gegeben hat. Daher ist auch die ontologische Substanz eine anthropologische Substanz, eine Substanz für den Menschen. Die Substanz der von Gott geschaffenen Dinge liegt m.a.W. in ihrem Zuhandensein, in ihrem Materialcharakter für den Menschen. Die konkrete Nutzung und Verwendung der Dinge durch den Menschen wird daher als die Erfüllung ihres Wesenssinnes bezeichnet. Doch auch das, was der Mensch durch seine Sinngebung aus den Dingen macht, wird als Substanz verstanden. Der Terminus "anthropologische Substanz" bezeichnet daher in der gegenwärtigen Diskussion sowohl die von Gott für den Menschen geschaffene als auch die vom Menschen selbst konstituierte Substanz.

Die Frage nach dem eucharistischen Zeichen wird von den Vertretern dieses Interpretationsversuches meist nicht gestellt. Wo sie gestellt wird, wird das eucharistische Zeichen mit den "Species" von Brot und Wein identifiziert. Die Species sind die empirisch-positiv gegebene "äußere Gestalt" der Wirklichkeit, während der "innere Sinn" ihre Substanz darstellt. Insofern der innere Sinn aus der äußeren Gestalt erkannt werden kann, können die Species als Zeichen der Substanz verstanden werden.

Diese Interpretation wirft eine Reihe von Fragen auf. Die entscheidende Frage, mit der der neue Substanzbegriff steht und fällt, lautet: Kann die Substanz vom "Finis" her verstanden werden? Eng damit zusammen hängt eine zweite Frage: Schließt eine Deutung der Substanz vom Finis her eine Deutung als Form aus und umgekehrt?

Eine Reihe weiterer Fragen ergibt sich aus der inhaltlichen Bestimmung der ontologischen Substanz als anthropologischer Substanz, als Zuhandensein für den Menschen: Ist mit dieser Bestimmung die ontologische Substanz der Dinge theologisch gesehen bereits hinreichend beschrieben? Wie lassen sich bei dieser Wesensbestimmung verschiedene Dinge oder Substanzen unterscheiden? Die inhaltliche Bestimmung der Substanz als Zuhandensein schränkt die Anwendung des neuen Substanzbegriffes von vornherein auf die untermenschlichen Dinge ein, da nur sie als Material für den Menschen verstanden werden können. Kann man aber die Substanz nicht generell vom Finis her bestimmen und so den neuen Substanzbegriff als transzendentalen Begriff verstehen?

Da der neue Substanzbegriff nicht nur auf die durch die göttliche Sinnstiftung geschaffene, sondern auch auf die von der menschlichen Sinnstiftung konstituierte Substanz angewendet wird, stellt sich die Frage nach dem Verhältnis zwischen der göttlichen und der menschlichen Sinnstiftung und den durch diese Sinnstiftungen konstituierten Substanzen. Vor allem aber erhebt sich die Frage, ob die vom Menschen gestifteten "Substanzen" wirklich Substanzen im strikten ontologischen Sinne sind.

Nicht hinreichend geklärt scheint uns in der gegenwärtigen Diskussion auch die Frage, wie sich substantielle und akzidentelle Sinnstiftungen unterscheiden lassen, eine Frage, die im Hinblick auf die Unterscheidung zwischen der Transfinalisation und der Transsignifikation in der Eucharistie und in den übrigen Sakramenten von ausschlaggebender Bedeutung ist.

Bei der Anwendung des neuen Substanzbegriffes auf die Eucharistie müßten noch folgende Fragen eingehender bedacht werden: Ist als terminus a quo der eucharistischen Wandlung eine vom Menschen gestiftete anthropologische Substanz oder eine von Gott geschaffene ontologische Substanz anzunehmen? Wie muß das Wesen der konsekrierten Species genau definiert werden, wenn man die Substanz vom Sinn her versteht? Das aber heißt - da in der Eucharistie ja Christus selbst in seiner substantiellen Wirklichkeit zugegen ist - konkret: Wie ist die Substanz Christi vom Sinn her zu definieren?

2. Der zweite Interpretationsversuch geht von der Schillebeeckxschen Sakramententheologie aus und versucht, die Eucharistie als sakramentale Zeichenwirklichkeit zu begreifen. Brot und Wein werden als die "realisierenden Zeichen" der Gegenwart Christi verstanden. Im Mittelpunkt dieser Interpretation steht der Zeichenbegriff, während der Substanzbegriff weitgehend in den Hintergrund tritt. Entsprechend wird die eucharistische Wandlung als Transsignifikation bestimmt. Der Wert dieser Interpretation liegt darin, daß hier die Eucharistie (gemäß dem Schillebeeckxschen Ansatz, die Sakramente als personale Begegnung mit Christus in Zeichen zu verstehen) als ein personales Geschehen beschrieben werden kann. Diese Deutung kommt dem Anliegen des personalistischen Denkens, die Eucharistie aus der kosmologisch-dinghaften Sicht zu lösen und mit personalen Kategorien zu interpretieren, besonders entgegen.

Das entscheidende Problem bei diesem Ansatz ist das der Unterscheidung zwischen dem eucharistischen Zeichen von Brot und Wein und den sakramentalen Zeichen in den übrigen Sakramenten. Wir haben gesehen, daß die bloße Bestimmung des eucharistischen Zeichens als realisierenden Zeichens für eine angemessene Bestimmung des Sondercharakters des eucharistischen Zeichens nicht ausreicht. Realisierende Zeichen im Schillebeeckxschen Sinne sind nämlich die sakramentalen Zeichen der übrigen Sakramente ebenso wie die menschlichen Zeichen, etwa ein Geschenk oder ein Blumenstrauß. Deshalb impliziert der Begriff des realisierenden Zeichens als solcher auch keineswegs eine Transsubstantiation der als Zeichen verwendeten Dinge, z.B. des Taufwassers oder des Geschenks, und darum kann das Schillebeeckxsche Sakramentenverständnis nicht unverändert auf die Eucharistie angewendet werden; es muß vielmehr so modifiziert werden, daß der einzigartige Sondercharakter des eucharistischen Zeichens im Unterschied zu den anderen sakramentalen Zeichen deutlich zutage tritt.

Nun sehen zwar alle Autoren, die diese Interpretation vertreten, daß Brot und Wein in einer anderen und höheren Weise realisierende Zeichen sind als die sakramentalen Zeichen der übrigen Sakramente oder gar das Zeichen eines menschlichen Geschenks, aber eine Erklärung, wie der Sondercharakter des eucharistischen Zeichens näherhin zu verstehen ist, wird nicht gegeben. Die entscheidende Frage, die an diesen Interpretationsversuch zu stellen ist, lautet daher : Wie können die realisierenden Zeichen von Brot und Wein so bestimmt werden, daß ihr Sondercharakter gegenüber allen anderen sakramentalen Zeichen (und den menschlichen Zeichen) nicht nur behauptet, sondern auch einsichtig gemacht wird?

Die Quelle der neuen Deutungsversuche ist die Phänomenologie in der Form, welche ihr die Schüler Husserls in kritischer Abkehr von der im Spätwerk ihres Lehrers vollzogenen Wende zum transzendentalen Idealismus gegeben haben. Der Einfluß von Heideggers "Sein und Zeit" tritt bei Ternus, Rahner, Welte, Möller und Trooster deutlich zutage. Schillebeeckx ist von Merleau-Ponty, Sala von Lonergan beeinflußt. Allen genannten Philosophen ist gemeinsam, daß sie durch die Überwindung des transzendentalen Idealismus von neuem den Weg zur Grundlegung einer Ontologie eröffnet haben, mögen auch ihre eigenen ontologischen Aussagen, bedingt durch den Ansatz der neuzeitlichen Philosophie, die Frage nach der Wirklichkeit vom Menschen als dem sinngebenden Grunde her zu beantworten, noch weit hinter dem zurückbleiben, was sich die Theologie von der Philosophie erhofft. Für die Theologie aber stellt sich die Frage, ob sie nicht auf dem eingeschlagenen Weg weitergehen und im Lichte des Glaubens zu Aussagen gelangen könne, die zwar von der Philosophie vielleicht nicht zu erbringen sind, aber gleichwohl mit ihren Erkenntnissen vereinbart werden können.

3. KAPITEL : VERSUCH EINER INTERPRETATION DER EUCHARISTISCHEN WANDLUNG

Die eucharistische Wandlung ist eine Transsubstantiation oder Wesensverwandlung. Das ist der verbindlich definierte Inhalt des Tridentiner Eucharistiedogmas. Die Rede von einer Wesensverwandlung bleibt aber solange nur ein leeres Wort, als nicht eindeutig und unmißverständlich gesagt wird, was unter Wesen oder Substanz zu verstehen ist. Daher kommt jede Deutung, welche die eucharistische Wandlung unter Umgehung des Substanzproblems zu erklären versucht, dem Verzicht auf eine theologische Erklärung gleich. Das zeigt sich deutlich in den Versuchen, die eucharistische Wandlung allein vom Begriff des realisierenden Zeichens her zu verstehen. Da der Begriff des realisierenden Zeichens als solcher keineswegs den Begriff der Transsubstantiation impliziert, reicht er für eine theologische Erklärung der eucharistischen Wandlung allein nicht aus. Er muß vielmehr im Zusammenhang mit dem Substanzbegriff und in Abhängigkeit von ihm gesehen werden. Daher geht unsere Interpretation bewußt vom Substanzbegriff aus.

Da der hylemorphistische Substanzbegriff aus den im ersten Kapitel dargelegten Gründen kaum noch zur Erklärung der eucharistischen Wandlung ausreichen dürfte, wollen wir eine Deutung mit Hilfe des "anthropologischen Substanzbegriffes" versuchen. Wir stützen uns dabei auf die in der gegenwärtigen Diskussion entwickelten Gedanken (besonders Salas und Möllers), wollen aber versuchen, die Beiträge der verschiedenen Autoren zu verbinden und die am Ende des vorigen Kapitels genannten Fragen zu beantworten.

Wir werden zunächst durch eine Analyse der menschlichen Sinnstiftung einen anthropologischen Substanzbegriff entwickeln (1. Abschnitt). Durch einen Analogieschluß von der menschlichen auf die göttliche Sinnstiftung wird dann ein ontologischer Substanzbegriff gewonnen (2. Abschnitt). Nun kann das Verhältnis zwischen göttlicher und menschlicher Sinnstiftung und den durch sie konstituierten Substanzen genauer bestimmt werden (3. Abschnitt). Hierauf wird der Unterschied zwischen substantiellen und akzidentellen Sinnstiftungen sowohl im Hinblick auf die menschliche als auch auf die göttliche Sinnstiftung herausgearbeitet (4. Abschnitt). Die Klärung des Substanzbegriffes setzt uns in die Lage, den Zeichenbegriff so zu fassen, daß er zur Erklärung des spezifischen Sondercharakters des sakramentalen Zeichens in der Eucharistie ausreicht (5. Abschnitt). Nachdem Substanz- und Zeichenbegriff geklärt sind, kann die eucharistische Wandlung als Transfinalisation und Transsignifikation beschrieben (6. Abschnitt) und von den Transfinalisationen und Transsignifikationen in den übrigen Sakramenten abgegrenzt werden (7. Abschnitt).

1. Die anthropologische Substanz als menschliche Sinnstiftung

Menschsein ist nur im "Bezugszusammenhang mit der Welt" [1] möglich: Der Mensch bedarf der Welt nicht nur zur Erhaltung und Sicherung seines leiblichen Lebens (wie das Tier), sondern auch zum Aufbau und zur Verwirklichung seiner geistigen und personalen Existenz. Menschliche Selbstverwirklichung schließt daher das Handeln des Menschen in und an der Welt notwendig mit ein. Im Handeln verwendet der Mensch die Dinge der Welt nach seinen Zwecken und wandelt so die naturgegebene "physische" Wirklichkeit in eine vom Menschen gemachte "anthropologische" Wirklichkeit um. In dieser Verwendung gibt der Mensch der Welt einen spezifisch "menschlichen Sinn", er bestimmt ihren Zweck und ihre Bedeutung für das menschliche Leben. Menschliches Handeln in der Welt ist daher stets sinnstiftendes Handeln. Darum ist die vom Menschen gestiftete anthropologische Wirklichkeit ein "Kompositum aus Natur und Sinn" (Sala).

In diesem Kompositum ist der Sinn das Entscheidende f ü r d e n M e n s c h e n. Der Sinn bestimmt, w a s etwas für ihn i s t . Die Substanz einer anthropologischen Wirklichkeit liegt daher in dem S i n n , den der Mensch der Natur eingestiftet hat [2]. Die Gleichsetzung von Substanz und Sinn ist das charakteristische Merkmal des anthropologischen Substanzbegriffes.

Alle menschliche Stiftung bleibt freilich an die Möglichkeiten der Natur gebunden und wird durch deren Eigenart mitbestimmt. Die objektiven Eigenschaften der Natur gehen als seinsbestimmende Faktoren in das Ganze der anthropologischen Wirklichkeit mit ein und determinieren so die Ausprägung des menschlichen Sinnes. Da sie aber nur die Ausprägung des substantiellen menschlichen Sinnes bedingen, kommt ihnen allein die Bedeutung von a k z i d e n t e l l e n Bestimmungen der anthropologischen Wirklichkeit zu. So ist die anthropologische Wirklichkeit eines Hauses die Zusammenordnung physischer Wirklichkeiten (Steine, Holz usw.) zur Realisierung eines menschlichen Sinnes (Wohnen). Die anthropologische Substanz des Hauses wird durch den menschlichen Sinn konstituiert: ein Haus i s t eine Wohnung. Die Eigenschaften des Hauses, die sich aus den objektiven Eigenschaften der verwendeten Naturdinge ergeben (ob es z.B. ein

---

[1] "Welt" wird hier und im folgenden nicht (etwa im Heideggerschen Sinne) als immer schon menschlich vermittelte Wirklichkeit, sondern schlicht als die außermenschliche Schöpfung verstanden.

[2] Natürlich ist nicht jede Sinngebung für den Menschen "substantiell", es gibt auch "akzidentelle" menschliche Sinnstiftungen. Über den Unterschied zwischen substantiellen und akzidentellen menschlichen Sinnstiftungen werden wir noch sprechen (siehe S. 213 ff). Dort werden wir zeigen, daß eine substantielle menschliche Sinnstiftung nur dann vorliegt, wenn der Mensch Naturdinge zu Kulturdingen (Artefakten) umformt.

Stein- oder ein Holzhaus ist), sind dagegen nur akzidentelle Bestimmungen des Hauses. Die akzidentellen Bestimmungen einer anthropologischen Wirklichkeit resultieren aus der Natur, während sich ihre Substanz aus der menschlichen Sinngebung herleitet.

Daher ist es verständlich, daß Sala das Verhältnis der beiden Komponenten einer anthropologischen Wirklichkeit, Natur und Sinn, als ein Materie-Form-Verhältnis interpretiert. Wir werden im folgenden zu zeigen versuchen, inwiefern die Natur als Materie und der Sinn als Form der anthropologischen Wirklichkeit bezeichnet werden können.

Der menschliche Sinn, der ursprünglich eine i n t e n t i o n a l e Wirklichkeit ist, kann nur dadurch r e a l werden, daß er in die Natur eingeführt und so in ihr "realisiert" wird. Die Natur ist daher der "Ermöglichungsgrund", die "Potenz", für die Realität oder Aktualität des Sinnes. Als solche entscheidet sie nicht nur darüber, ob ein bestimmter menschlicher Sinn überhaupt realisierbar ist, sondern auch darüber, inwieweit und in welcher Weise er realisiert werden kann (und in dieser letzten Hinsicht ist die Natur dann das Prinzip der akzidentellen Bestimmungen der anthropologischen Wirklichkeit, wovon oben die Rede war).

Die Natur ist aber auch das Substrat, das sich bei aller Veränderung der menschlichen Sinngebung in seinem Wesen unverändert durchhält und es damit überhaupt erst möglich macht, daß der Mensch die von ihm gestiftete Wirklichkeit durch eine neue Sinngebung zu verändern vermag. So hängt nicht nur die Möglichkeit einer akzidentellen Veränderung der anthropologischen Wirklichkeit von den in ihr verwendeten Naturdingen ab, sondern erst recht ist eine substantielle Veränderung, d.h. die Umwandlung einer anthropologischen Substanz in eine andere (z.B. eines Mörsers in eine Kanonenkugel), nur deshalb möglich, weil die Natur (Metall) in beiden Substanzen (Mörser und Kanonenkugel) in ihrem Wesen als Natur (Metall) dieselbe bleibt. Die menschliche Sinngebung verändert die Natur nicht in ihrem "Wesen", sondern nur in ihrer "Gestalt". Wandelt man einen Mörser in eine Kanonenkugel um, so bleibt das Metall Metall, es erhält nur eine neue Gestalt: statt der Hohl- die Kugelform [3].

Ein bestimmter menschlicher Sinn (z.B. der eines Hauses) ist als solcher nur einer. Allein dadurch, daß derselbe Sinn mehrmals in der Natur realisiert wird, kann es mehrere Dinge (Häuser) mit demselben Sinn geben. So ist die Natur auch das Prinzip der realen Vervielfältigung des einen Sinnes.

Ist ein bestimmter Sinn in mehreren Dingen aber nur einer, so kann die Individualität und Unterschiedenheit dieser Dinge nicht aus dem Sinn resultieren, sie wird vielmehr durch die Natur bestimmt, welche durch ihre Eigenart die konkrete Ausformung des Sinnes je verschieden determiniert. Von dem einen Sinn rührt die Wesensgleichheit mehrerer Dinge her, aus der vielfachen Verwirklichung des

---

[3] Darum bewirkt alle menschliche Sinnstiftung, selbst wenn sie anthropologische "Substanzen" (Artefakte) konstituiert, ontologisch gesehen nur eine akzidentelle Veränderung der Natur. Siehe dazu S. 213.

einen Sinnes in der Natur erklären sich die akzidentellen Eigenschaften und damit die Individualität und Verschiedenheit dieser Dinge. Daher ist die Natur das Prinzip der Individualität der konkreten menschlichen Sinnstiftungen.

Als Ermöglichungsgrund (Potenz), Substrat der Veränderung und Prinzip der Vielheit und Individualität des menschlichen Sinnes kann die Natur mit Recht als die "Materie" des menschlichen Sinnes bezeichnet werden.

Wenn der Mensch einen Sinn in die Natur einführt, verändert er dadurch zwangsläufig die sichtbare Gestalt der Natur. Man denke etwa an die zur Verwirklichung des anthropologischen Sinnes von "Wohnen" notwendige Verbindung von Steinen, Holz usw. zu der neuen Gestalt eines "Hauses" [4]. Als Prinzip dieser neuen Gestalt kann der Sinn durchaus als "Form" bezeichnet werden. Er bestimmt, w i e die Naturdinge jetzt angeordnet und strukturiert sind; er ist m.a.W. der innere Grund für die neue Gestalt der Natur. Daher kann der Sinn als "Wesensform" der anthropologischen Wirklichkeit verstanden werden.

Der Sinn, der ursprünglich nur als "Idee" im Geiste des Menschen ein intentionales Sein besitzt, gewinnt im Ding (als einem Kompositum aus Natur und Sinn) ein reales, in der Folge vom Menschen unabhängiges Sein. Er ist wirklich "in" dem Ding und kann daher aus ihm auch wieder erschlossen werden, selbst von dem, der vorher von einem solchen Sinn nichts wußte. So kann man z.B. den Sinn einer unbekannten Maschine (wenn auch oft nur mit Mühe) aus ihrer Gestalt und Funktionsweise erschließen. Daher kann der Sinn auch in einem anthropologischen Denkrahmen als "immanente" Wesensform bezeichnet werden [5].

Wir haben im vorigen Kapitel, veranlaßt durch die Bestimmung der eucharistischen Wandlung als Transfinalisation, immer gesagt, im anthropologischen Denken werde die Substanz aus dem "Finis" verstanden. Dabei haben wir "Finis" und "Sinn" oft synonym gebraucht. Das ist sicher richtig, denn der deutsche Ausdruck "Sinn" hat ja die Bedeutung des lateinischen Terminus "Finis". Sinn ist nämlich "das, wozu etwas da ist" [6], Finis "alles, um dessentwillen etwas ist oder geschieht" [7].

---

[4] Freilich kann die durch den Sinn bewirkte Veränderung der Natur verschiedene Grade aufweisen: Sie reicht von der bloßen Ortsveränderung (eine Muschel erhält als Erinnerungsstück an einen für mich bedeutsamen Ferienaufenthalt einen Ehrenplatz) bis zur kompliziertesten Verbindung vieler Naturdinge zu einem ganz neuen Gebilde (Maschine, Kunststoff). Der Grad der Veränderung hängt von dem jeweiligen Sinn ab, den ich der Natur gebe.

[5] Zur Frage, wie sich dieses "anthropologische" Verständnis der immanenten Wesensform zur hylemorphistischen Auffassung verhält, siehe S. 204 ff.

[6] J.B. Lotz, Art. "Sinn", in: W. Brugger, Philosophisches Wörterbuch, Freiburg [5]1953, S. 284.

[7] K. Frank, Art. "Zweck", a.a.O., S. 393.

Jetzt haben wir aber gesehen, daß der "Sinn" auch als "Form" betrachtet werden kann. "Form" kann der Sinn genannt werden, insofern er bestimmt, w i e eine anthropologische Wirklichkeit ist, d.h. wie die Naturdinge in ihr angeordnet und strukturiert sind, welche "Gestalt" die Natur durch die Realisierung eines bestimmten menschlichen Sinnes angenommen hat. Als Form verstanden ist der Sinn "inneres Strukturprinzip", "immanente Wesensform", der anthropologischen Wirklichkeit. "Finis" aber kann der Sinn genannt werden, insofern er bestimmt, w o z u eine anthropologische Wirklichkeit ist. Er gibt den Zweck an, zu dem der Mensch sie gemacht hat. Der deutsche Ausdruck "Sinn" kann umfassender verwendet werden als die lateinischen Termini "Form" und "Finis", er umgreift das mit beiden Gemeinte.

Um nicht mißverstanden zu werden : Wir behaupten nicht, daß Form und Finis dasselbe seien, sondern nur, daß mit den Termini Form und Finis die doppelte Funktion beschrieben werden kann, die dem "Sinn" in der Konstitution der anthropologischen Wirklichkeit zukommt : daß er das innere Strukturprinzip der anthropologischen Wirklichkeit ist und das "Wozu" dieser Wirklichkeit bestimmt. Wir geben dem Ausdruck "Sinn" den Vorzug vor den anderen Termini, die in der gegenwärtigen Diskussion auch noch zur Bezeichnung des Konstituens der anthropologischen Wirklichkeit verwendet werden, weil er uns am besten geeignet scheint, die doppelte Funktion als Form und Finis, die dem Konstituens der anthropologischen Wirklichkeit zukommt, im Deutschen wiederzugeben. Denn die Ausdrücke "Zweck", "Bestimmung" und "Funktion" betonen vorwiegend das speziell mit "Finis" Gemeinte, das "Wozu", während der Ausdruck "Bedeutung" zwar dem Ausdruck "Sinn" entspricht, aber doch vorwiegend den "semantischen Sinn" meint.

Wird für das anthropologische Denken die Substanz, das Wesen, durch den Sinn konstituiert, dann wird die Wesensfrage hier zur Sinnfrage. Diese könnte, gemäß der doppelten Rolle des Sinnes als Form und Finis, zunächst zweifach beantwortet werden : Das Wesen eines Dinges wird durch seine immanente Wesensform, sein inneres Strukturprinzip, konstituiert. Und : Das Wesen wird durch den Finis, das Wozu, den Zweck bestimmt. Die beiden Funktionen des Sinnes, Form und Finis, sind jedoch keineswegs gleichwertig hinsichtlich der Wesensbestimmung eines Dinges. Die grundlegendere Funktion des Sinnes ist zweifellos die des Finis, da sich aus dem Zweck eines Dinges allererst seine Struktur bestimmt. Denn daß z.B. ein Haus Wände, Decken, Dach usw. hat und haben muß, soll es überhaupt ein Haus sein, ergibt sich doch erst aus seinem Zweck. Daher muß die Substanz, das Wesen eines Dinges, letztlich aus dem Finis verstanden werden. Er ist der letzte und entscheidende Wesensgrund, von dem alle anderen Wesensgründe abhängen [8]. Oder traditionell gesprochen : Der Finis ist die "erste Ursache", von der sich

---

[8] Unter "Wesensgrund" verstehen wir all das, wodurch ein bestimmtes Wesen als dieses Wesen konstituiert ist, und das ist nach dem Gesagten im anthropologischen Denken nicht allein die Form als inneres Strukturprinzip eines Dinges, sondern auch und primär der Finis als das "Wozu" seines Seins. Die Gleichsetzung von immanenter Wesensform und "Wesensgrund" ist eine

alle anderen Ursachen herleiten und verstehen lassen. Daher wird das Wesen einer anthropologischen Wirklichkeit letztlich aus ihrem Zweck, das "Was" aus dem "Wozu" verstanden werden müssen. Und in der Tat definieren wir die Substanz eines Hauses als "Wohnung", eines Stuhles als "Sitzmöbel" usw. und damit vom Zweck (für den Menschen) her [9]. Mit dem anthropologischen Substanzbegriff ist zweifellos ein "neues" Substanzverständnis gegeben, das sich beträchtlich von der alten Bestimmung der Substanz als immanenter Wesensform unterscheidet.

Versteht man aber die Substanz eines vom Menschen gemachten Dinges primär aus seinem Finis, dann wird seine Substanz nicht mehr aus "ihm selbst", sondern in Relation zu einem "anderen" verstanden. Der Finis ist ja keine immanente Bestimmung des Dinges wie die Form, sondern ein außerhalb seiner liegender Bezugspunkt. Traditionell gesprochen: Der Finis ist keine "innere Ursache" wie die Form, sondern eine "äußere Ursache". So ist z.B. der Finis eines Hauses keine Bestimmung des Hauses wie seine Form, sondern eine Bestimmung der Relation des Hauses zum Menschen. Der letzte Bezugspunkt, von dem sich die Substanz des Hauses als Wohnung her bestimmt, ist daher der Mensch, und insofern ist dieser Substanzbegriff in der Tat ein "anthropologischer Substanzbegriff". Der Grund dafür, daß die Substanz (das Wesen) nicht von "innen", aus dem Ding selbst, sondern von "außen", vom Menschen her, bestimmt wird, liegt darin, daß das Ding auch nicht von innen her, d.h. aus sich selbst, existiert, sondern von außen her ist, d.h. vom Menschen hervorgebracht wird, der mit der Existenz des Dinges zugleich auch dessen Essenz konstituiert [10].

Eigentümlichkeit des hylemorphistischen Substanzbegriffes. Sie ist das Ergebnis einer bestimmten Interpretation "dessen, wodurch ein bestimmtes Wesen als dieses Wesen konstituiert ist", aber keine Konsequenz aus dem Begriff des Wesensgrundes im oben definierten Sinne. Wir verwenden diesen Begriff in einer ähnlich weiten Bedeutung, wie die klassische Vier-Ursachen-Lehre den Begriff "Ursache" verwendet.

[9] Vgl.: "Sofern ... ein Tisch nicht als tischförmiges Holz, sondern als hölzerner Tisch angesprochen wird, können nach Aristoteles auch Artefakte als Substanzen, wenn auch uneigentlich, bezeichnet werden. Ihr Wesen oder ihre Substanz ist dann letztlich durch ihren Zweck bestimmt" (Oeing-Hanhoff, Art. "Substanz", in: LThK 9, 1139 f, hier: 1140).

[10] Für die Begründung eines anthropologischen Substanzbegriffes haben Gerkens Ausführungen zur "relationalen Ontologie" durchaus eine Bedeutung und einen Wert, selbst wenn er sie für seine Interpretation der eucharistischen Wandlung nicht recht zu nutzen versteht. Siehe S. 184 ff und insbesondere S. 190 f.

Die Differenzierung des Sinnes in Form und Finis macht deutlich, daß die anthropologische Wirklichkeit mit dem Begriffspaar Materie - Form (Sala) noch nicht voll und ganz erfaßt ist. Zu den "inneren Ursachen" Materie und Form muß noch die "äußere Finalursache" als die grundlegende oder "erste Ursache" hinzugenommen werden. Und wenn man bedenkt, daß die anthropologische Wirklichkeit auch wirkursächlich von der menschlichen Tätigkeit abhängt, darf auch die "Wirkursache" als die zweite der äußeren Ursachen in der Reihe der konstitutiven Prinzipien oder "Ursachen" einer anthropologischen Wirklichkeit nicht fehlen. Die anthropologische Wirklichkeit kann nur mit dem vollständigen Vier-Ursachen-Schema adäquat erklärt werden!

Es liegt auf der Hand, daß der Aufweis der klassischen vier Ursachen in der Konstitution der anthropologischen Wirklichkeit von entscheidender Bedeutung für die Beantwortung der Frage ist, ob die ontologische Wirklichkeit der göttlichen Schöpfung in Analogie zur menschlichen Sinnstiftung als göttliche Sinnstiftung verstanden werden könne. Zeigt er doch nichts weniger als dies: Der anthropologische Ansatz führt letzten Endes wieder zur klassischen aristotelisch-scholastischen Vier-Ursachen-Lehre. Das ist freilich gar nicht so verwunderlich, denn der klassischen Vier-Ursachen-Lehre liegt ja auch die Übertragung eines aus der "anthropologischen Wirklichkeit" der Techne abgelesenen Schemas ins Allgemein-Ontologische zugrunde. So erweist sich der "neue" Weg letztlich doch wieder als der "alte".

Doch sehen wir genauer zu.

2. Die ontologische Substanz als göttliche Sinnstiftung

Überträgt man die aus der Analyse der anthropologischen Wirklichkeit gewonnenen Begriffe analog auf die ontologische Wirklichkeit, dann muß man sagen: Die Substanz liegt in dem Sinn, den Gott den Dingen gegeben hat. Dieser Sinn kann als "Finis" verstanden werden, insofern er bestimmt, wozu Gott die Dinge geschaffen hat, er kann als "Form" verstanden werden, insofern er bestimmt, wie die Dinge in sich strukturiert sind. Gemäß der Rückführung der Form auf den Finis müßte auch hier gesagt werden, die ontologische Substanz werde letztlich durch den Finis konstituiert. Dann aber wird die Substanz nicht von "innen", aus dem Ding selbst, bestimmt, sondern von "außen", nämlich von Gott her, begründet. Daher wird in diesem Denkrahmen auch die ontologische Substanz nicht primär als "immanente Wesensform" interpretiert, sondern vom Finis, vom "Wozu" her gedeutet.

Diese Auffassung unterscheidet sich allerdings beträchtlich von der hylemorphistischen Interpretation der Substanz als Form "in" den Dingen. Wir wollen keineswegs behaupten, daß der hylemorphistische Substanzbegriff kein echter Wesensbegriff sei. Denn warum soll man nicht sagen können, das Wesen eines Dinges liege in seiner Form, d.h. in seiner inneren Struktur? Gleichwohl kann man fragen, ob damit nicht zu früh das Fragen nach dem Wesen oder der Substanz beendet werde. Erkenne ich die innere Struktur (Form) eines Dinges, dann habe ich sicher etwas sehr Wesentliches erkannt, durch das ich das Ding auch eindeutig von anderen Dingen unterscheiden kann. Trotzdem fehlt mir noch der Einblick in den letzten und tiefsten Wesensgrund dieses Dinges, der mir erklärt, warum das Ding diese und keine andere Struktur besitzt. Insofern die Form (das "Wie") letztlich vom Finis (dem "Wozu") abhängt, scheint uns eine Bestimmung der Substanz aus dem Finis durchaus angebracht zu sein. Daß damit die Substanz nicht "in" den Dingen ihren letzten Grund hat, sondern von "außen", von Gott stammt, folgt schließlich nur daraus, daß auch die Existenz der Dinge nicht von "innen", aus ihnen selbst, sondern von Gott herrührt. Daher wird auch der neue ontologische Substanzbegriff "relational" gefaßt werden müssen [11].

Diese Überlegungen zeigen aber auch, daß zwischen einer Interpretation der Substanz als Form und ihrer Interpretation als Finis keineswegs ein Gegensatz besteht. Beide Auffassungen schließen sich nicht aus, sondern können sehr wohl zusammen bestehen.

Natürlich kann man die Frage stellen, ob mit dem bisher entwickelten Verständnis von Form schon der traditionelle hylemorphistische Substanzbegriff erreicht sei. Die Form im hylemorphistischen Sinne ist ja nicht nur Prinzip des Soseins, sondern auch "Natur", d.h. "immanentes Wirkprinzip". Läßt sich aber ein Verständnis der Form als Natur auch vom anthropologischen Ansatz her gewinnen? Das heißt: Kann man auch in der anthropologischen Wirklichkeit die Form als "immanentes Wirkprinzip" verstehen?

Im anthropologischen Denken erscheint der Sinn als Form, insofern er der menschlichen Sinnstiftung als Prinzip ihrer Gestaltung innewohnt und ihre Struktur bestimmt. Als Natur oder Wirkprinzip läßt sich der Sinn hier gewiß insofern verstehen, als durch ihn bestimmt wird, ob und wie ein Artefakt wirkt. So bestimmt z.B. der Sinn einer Maschine deren Wirkweise, selbst wenn diese wirkursächlich noch eigens erklärt werden muß, etwa aus mechanischen Ursachen (Feder usw.). Ob man der Meinung ist, daß mit dieser Bestimmung des Sinnes als Wirkprinzip bereits der Begriff der Form als Natur voll und ganz erreicht ist, hängt letztlich davon ab, was man unter einem solchen Wirkprinzip (Natur) versteht. Es scheint, daß die hylemorphistische Form in ihrer Funktion als Natur oft in Analogie zur Seele nach Art einer inneren W i r k ursache interpretiert wird. Form wird dann als "geistanaloger Wesenskern" [12] bezeichnet, und so wird immer wieder erklärt,

---

[11] Daß das geschaffene Sein nur in Relation zu Gott verstanden werden kann, steht außer Zweifel. Im Hinblick auf die Trinitätslehre macht es aber auch keine Schwierigkeit, selbst das göttliche Sein "relational" zu verstehen, ist es doch eine "personale Wirklichkeit, die nur in Relationen existiert" (A. Gerken, Dogmatische Reflexion über die heutige Wende in der Eucharistielehre, in: ZKTh 94 (1972) 199-226; hier: 221).

[12] J. Haverott, Transsubstantiation, in: ThGl 57 (1967) 361-368; hier: 368.

im vollen Sinne finde sich Form vor allem im Menschen und im Lebendigen, während man beim toten Stoff gerade im Zweifel ist, ob hier ein solches Formprinzip vorliegt. Bezeichnend für diese Auffassung ist Möllers Ableitung der Form aus der "inneren Spontaneität" eines Seienden. Wer die Form als Natur oder Wirkprinzip in dieser Weise versteht, wird kaum eine Übereinstimmung zwischen "anthropologischer" und "hylemorphistischer" Form zugestehen wollen [13]. Es fragt sich aber, ob die hylemorphistische Form in ihrer Funktion als Natur wirklich nach Art einer Wirkursächlichkeit zu denken ist, oder ob sie nicht doch im Sinne einer Finalursächlichkeit verstanden werden muß. Welche Auffassung die genuin hylemorphistische ist, können wir hier weder entscheiden [14], noch ist diese Frage für unser Thema von Belang. Denn eine Interpretation der Substanz aus dem Finis schließt eine Interpretation als Form nicht aus, ganz gleich, ob die Funktion dieser Form als Natur nach Art einer Final- oder nach Art einer Wirkursächlichkeit gedacht wird. Im ersten Falle sind "Form" und "Natur" nur zwei verschiedene Aspekte des einen substantiellen Sinnes, insofern dieser das Prinzip sowohl der Struktur als auch der Wirkweise eines Seienden ist. Im zweiten Falle muß man annehmen, daß Gott zur Realisierung eines bestimmten Sinnes dem Seienden ein eigenes Prinzip immanenter Wirkursächlichkeit eingeschaffen hat, so wie er nach allgemeiner Auffassung dem Menschen (und dem Lebendigen) eine "Seele" gegeben hat. Einer solchen Annahme steht von seiten der hier entwickelten Substanzauffassung nichts im Wege. Zu untersuchen, ob

---

[13] Man könnte freilich fragen, ob man nicht auch bei dem inneren Mechanismus einer Maschine von einer Art analoger innerer Wirkursächlichkeit reden könnte. Ist eine Maschine einmal von außen in Gang gesetzt, so läuft sie ganz aus innerer und eigener Kraft. Natürlich handelt es sich bei dieser "anthropologischen" inneren Wirkursächlichkeit im Vergleich zur "hylemorphistischen" nur um eine Analogie, wie ja überhaupt die anthropologische Substanz nur im uneigentlichen Sinne als Substanz bezeichnet werden kann.

[14] Wir neigen persönlich der letzteren Auffassung zu. Sie findet sich z.B. bei Lotz : "Diese Natur ist der jedem Seienden innewohnende Bauplan und damit auch die bestimmende Norm seines Wirkens" (Art. "Natur", in : W. Brugger, Philosophisches Wörterbuch, Freiburg ^{5}1953, S. 203). Selbst der Begründer des Hylemorphismus Aristoteles führt die Wirkursächlichkeit letztlich auf die Formal- und Finalursächlichkeit zurück (vgl. J. Hirschberger, Geschichte der Philosophie, Freiburg ^{2}1953, Bd. I, S. 173 ff).

und wo es solche inneren Wirkprinzipien gibt, ist eine Aufgabe der Naturphilosophie [15].

Man könnte gegen unsere Definition der ontologischen Substanz einwenden, wenn das Wesen eines Seienden in seinem Sinn liege, dann verliere dieses Seiende, wenn es seinen Sinn nicht mehr erfülle, auch sein Wesen. Bestimme man nun z.B. den Sinn des Menschen (und damit sein Wesen) von der Berufung zur Gnadengemeinschaft mit Gott her, dann müsse man annehmen, daß ein Mensch, der in dieser seiner Berufung scheitert und somit seinen Sinn verfehlt, kein "Mensch" mehr sei; das aber sei offenbar falsch.

Gehen wir auch hier wieder von der anthropologischen Wirklichkeit aus. Die Substanz einer elektrischen Glühbirne als Glühbirne wird durch ihren Sinn konstituiert. Brennt auch nur ein einziges winziges Drähtchen durch, dann kann die Glühbirne zweifellos nicht mehr ihren Sinn als Glühbirne erfüllen. Zugegeben, sie ist dann keine Glühbirne im vollen Sinne des Wortes mehr. Aber was ist sie dann? Wie sollen wir die Substanz dieses Gebildes bestimmen? Werden wir nicht sagen, es sei eine defekte (und deshalb unbrauchbare) Glühbirne? Dann aber bestimmen wir die Substanz dessen, was jetzt vorliegt, immer noch von seinem Ursprungssinn her, selbst wenn wir es gleichsam nur "negativ" tun, indem wir sagen, daß es jetzt seinen Sinn nicht mehr erfüllt.

Diese Wesensbestimmung ist freilich nur möglich, weil die Birne, wenn sie schadhaft wird und ihren Sinn nicht mehr erfüllt, keineswegs völlig verschwindet. Es bleibt vielmehr ein Gebilde zurück, das immer noch von dem Sinn einer Glühbirne geformt ist. Denn meist bleiben nach der Beschädigung eines Artefaktes,

---

[15] Wir sind durchaus der Meinung, daß es solche Prinzipien im Bereich des Lebendigen gibt. Es spricht sogar viel für die Annahme solcher Prinzipien auch in der "toten" Materie. Die Möglichkeit eines Elementarteilchens, auf ein und dieselbe Einwirkung von außen so oder so zu reagieren, zeigt doch, daß es zumindest im atomaren Bereich so etwas wie innere Spontaneität gibt.

Doch selbst wenn das Vorhandensein solcher Prinzipien "wesentlich" für die Struktur dieser Seienden ist, so machen sie dennoch nicht das Wesen, die Substanz dieser Seienden aus. Denn sowohl das Vorhandensein als auch die Eigenart dieser Prinzipien werden durch den Sinn der Seienden erfordert und bestimmt; er ist der letzte Grund für das Sosein dieser Seienden, und daher sollte man auch ihr Wesen aus ihrem Sinn verstehen.

selbst wenn diese die Erfüllung seines Sinnes unmöglich macht, nicht nur die "reinen Naturdinge" zurück, sondern eine immer noch durch die ursprüngliche menschliche Sinngebung geformte Natur. Dieses Gebilde ist dann noch immer durch den menschlichen Sinn als solches bestimmt, selbst wenn der Sinn, gemessen an der ursprünglichen Fülle, nur noch unvollkommen und bruchstückhaft in der Natur wirksam ist. Zurück bleibt nur ein "Torso", aber dieser Torso bestimmt sich gerade als Torso vom Sinn des Ganzen her, insofern er eben ein Torso, d.h. ein den Sinn nicht mehr erfüllender "Rest", ist.

Wenden wir das auf den Menschen an, der seine Berufung verfehlt, so können wir sagen : Ein Mensch, der seine Berufung verfehlt, fällt dadurch nicht schlechthin ins Nichts zurück. Zurück bleibt immer noch der depravierte "Rest" eines Menschen. Dieser Rest ist in seinem Wesen aber nicht schlechthin kein Mensch mehr, sondern ein "gescheiterter Mensch", der auch in der depravierten Form seines Seins immer noch erkennen läßt, was er vielleicht einmal war und eigentlich noch immer sein sollte : ein in der Gemeinschaft mit Gott Lebender. Insofern ist auch der gescheiterte Mensch in seinem Wesen noch von dem Sinn der menschlichen Berufung und damit vom Menschsein her bestimmt, wenn auch nur "negativ", nämlich als ein solcher, der seinem von Gott bestimmten Sinn gerade nicht entspricht.

Das Beispiel des Menschen, der seinen Sinn verfehlt und darum in seinem Wesen gerade ein gescheiterter, ein depravierter Mensch - fast möchte man sagen : ein "menschlicher Torso" - ist, führt uns weiter zu der Frage, ob nicht - analog zu der Rolle, welche die Natur in der menschlichen Sinnstiftung spielt - auch für die göttliche Sinnstiftung eine "Materie" angenommen werden muß. Von der Glühbirne kann ja nur deshalb eine "defekte Glühbirne" als "Rest" zurückbleiben, weil die Natur durch die Realisierung des Sinnes einer Glühbirne eine Gestalt angenommen hat, die nicht völlig vergeht, wenn die Glühbirne so beschädigt wird, daß sie ihren Sinn nicht mehr erfüllt. Die Natur ist daher das Substrat, das die Umwandlung der "Glühbirne" in eine "defekte Glühbirne" ermöglicht [16]. Muß man nicht auch analog im Menschen ein der Funktion der Natur in der Glühbirne vergleichbares Substrat, eine "Materie", annehmen, welche die Umwandlung des "Menschen" in einen "gescheiterten Menschen" ermöglicht? Es ist also das Problem der Veränderung, das uns zu der Frage führt, ob auch in der göttlichen Schöpfung eine "Materie" anzunehmen ist. Dagegen führt der Gedanke, daß die Schöpfung durch eine göttliche Sinnstiftung konstituiert wird, für sich genommen keineswegs notwendig zu dieser Annahme. Es besteht nämlich ein wesentlicher Unterschied zwischen der menschlichen und der göttlichen Sinnstiftung. Daß die menschliche Sinnstiftung die Natur als ihre "Materie" voraussetzt, ist offenkundig. Die göttliche Sinnstiftung ist aber ein "Schaffen aus dem Nichts", sie ist an kein vorgegebenes Material gebunden [17].

[16] Siehe S. 199.

[17] Anders verhält es sich freilich in der sakramentalen Sinnstiftung, in der Gott sich der Schöpfung als einer "sakramentalen Materie" bedient. Siehe dazu S. 234.

Es sind also die bekannten Probleme, welche die Annahme einer Materie als eines konstitutiven Seinsprinzips neben der Form nahelegen : das Problem des Werdens und Vergehens sowie der Einheit und Vielheit des materiell Seienden, ferner das Problem der Einschränkung des an sich geistigen Seins auf ungeistiges, ja schließlich unbewußtes Sein sowie das Problem der Vervielfältigung der Einzelwesen innerhalb einer Art. Die Materie ist dann aber selbst ein Produkt der göttlichen Sinnstiftung, insofern die Realisierung eines bestimmten Sinnes (z.B. mehrerer artgleicher Dinge) die Erschaffung einer solchen Materie (als Prinzip der Vielheit und Individualität) erfordert. Dadurch unterscheidet sich die göttliche Sinnstiftung wesentlich von der menschlichen Sinnstiftung, die stets in einer vorgegebenen Materie erfolgt. Die göttliche Sinnstiftung setzt ein Sein im ursprünglichen Sinne, während der Mensch immer nur eine vorgegbene Wirklichkeit umzuformen vermag. Gottes Sinnstiftung begründet daher echte Substanzen im strikten ontologischen Sinne, während der Mensch nur "uneigentliche Substanzen" stiftet [18]. Die einzige Gemeinsamkeit zwischen göttlicher und menschlicher Sinnstiftung besteht darin, daß die Substanz in beiden Fällen durch den "Sinn" konstituiert wird.

Nachdem wir gezeigt haben, daß eine Interpretation der ontologischen Substanz vom Finis her grundsätzlich möglich ist, sind nunmehr Umfang und Inhalt dieses Substanzbegriffes genauer zu bestimmen.

In der gegenwärtigen Diskussion wird der die Substanz konstituierende Finis immer als anthropologischer Finis und daher auch die ontologische Substanz immer als anthropologische Substanz verstanden. Dadurch wird die Anwendung des neuen Substanzbegriffes von vorneherein auf die Wirklichkeit eingeschränkt, die als Zuhandensein für den Menschen verstanden werden kann. Dazu gehört zweifellos die Welt der Dinge. Ob auch die Welt des Lebendigen dazu gehört, und zwar besonders im Hinblick auf die Tiere, ist schon schwieriger zu entscheiden. Natürlich werden auch die Tiere vom Menschen weitgehend als Zuhandensein betrachtet und dementsprechend behandelt, aber zeigt nicht die allgemeine Überzeugung, daß der Mensch über die Tiere nicht in derselben Weise frei verfügen dürfe wie über den toten Stoff, daß sich ihr Sein nicht im bloßen Zuhandensein für den Menschen erschöpft? Wird damit nicht anerkannt, daß die Tiere - ähnlich wie die menschliche Person - auch einen Sinn in sich selbst haben, so daß sie gewissermaßen eine Zwischenstufe zwischen dem bloßen Zuhandensein des Stoffes und dem Mitsein der Person einnehmen? Dann aber kann nur der Stoff als anthropologische Substanz im strikten Sinne bezeichnet werden, wie denn auch in der gegenwärtigen Diskussion die Definition der Substanz als Zuhandensein ausdrücklich immer nur auf den "Stoff" oder die "Dinge" bezogen wird.

Es ist u.E. aber auch fraglich, ob die Substanz des Stoffes theologisch gesehen mit der Bestimmung als Zuhandensein für den Menschen schon voll und ganz erfaßt ist. Eine Wesensbestimmung des Stoffes als Zuhandensein ist zwar im Hinblick auf Gen. 1,28 ff theologisch vertretbar, wirft aber trotzdem die Frage auf,

---

[18] Siehe dazu S. 213.

ob sich im Zuhandensein schon sein ganzer, von Gott gewollter Schöpfungssinn erfüllt. Ist es denn nicht auch theologische Lehre, daß die Welt zur Verherrlichung Gottes geschaffen ist? Die Verherrlichung Gottes gilt sogar als der primäre Zweck der Schöpfung, während ihr Zuhandensein für den Menschen nur ihr sekundärer Zweck ist. Daher ist die ausschließlich anthropologische Bestimmung des Stoffes als Zuhandensein zumindest theologisch gesehen noch keine ausreichende Wesensbestimmung, selbst wenn sie philosophisch, d.h. von den Erkenntnismöglichkeiten der natürlichen Vernunft her gesehen, die einzig erreichbare sein sollte. Eine theologisch befriedigende Wesensbestimmung des Stoffes müßte vielmehr lauten: Der Stoff ist für Gott und für den Menschen geschaffen, d.h. zur Verherrlichung Gottes und als Zuhandensein für den Menschen.

Die Theologie sollte sich bei der Übernahme der Kategorie der Zuhandenheit überdies darüber im klaren sein, von welchem erkenntnistheoretischen Ansatz aus diese Kategorie gewonnen worden ist. Die Wesensbestimmung der materiellen Welt als Zuhandensein stammt aus einer Philosophie, welche im Menschen den sinngebenden Grund der Wirklichkeit erblickt und daher Wirklichkeit von vorneherein als Wirklichkeit für den Menschen versteht. Bei diesem Ansatz kann der Mensch die Wirklichkeit immer nur insoweit erfassen, wie sie eine anthropologische Bedeutung hat. Die anthropologische Bedeutung der Wirklichkeit wird zwar als objektive Qualität der Wirklichkeit und nicht als bloß subjektiver Auffassungscharakter verstanden, aber damit ist noch keineswegs gesagt, daß sich in ihr das objektive ontologische W e s e n der Wirklichkeit erschöpft. Merleau-Ponty folgert aus der Beschränkung der menschlichen Erkenntnis auf den anthropologisch bedeutsamen Ausschnitt der Wirklichkeit sogar ausdrücklich, daß alle menschliche Wirklichkeitserkenntnis endlich sei. Es wird hier also durchaus die Möglichkeit offen gelassen, daß das Wesen der Wirklichkeit an sich auch noch durch andere Kategorien als die der Zuhandenheit bestimmt ist. Diese Kategorien wären dann aber infolge der Beschränkung der menschlichen Erkenntnis auf die anthropologische Bedeutung der Wirklichkeit a priori dem menschlichen Zugriff entzogen. Die von dieser anthropologischen Erkenntnistheorie her gewonnene Bestimmung der untermenschlichen Wirklichkeit als Zuhandensein kann zwar in eine theologische Sicht der Schöpfung übernommen werden, weil auch der Glaube lehrt, daß die Welt von Gott für den Menschen geschaffen ist, aber die Bestimmung der Welt als Zuhandensein ist dann nicht mehr "anthropologisch", sondern "theologisch" begründet, nicht mehr durch eine anthropologische Erkenntnistheorie, sondern aus dem Glauben. Wollte die Theologie die Bestimmung der Welt als Zuhandensein aus der Beschränktheit der menschlichen Erkenntnis auf die anthropologische Bedeutung der Wirklichkeit erheben, so geriete sie unweigerlich in Konflikt mit dem Dogma von der natürlichen Erkennbarkeit Gottes, weil Gott nicht unter die Kategorie der Zuhandenheit fällt und so nie erkannt werden könnte. Will die Theologie die Kategorie der Zuhandenheit verwenden, so muß sie diese in einen anderen philosophischen Kontext übertragen.

Die durchgehende Bestimmung der stofflichen Dinge als Zuhandensein wirft zudem die Frage auf, wie hier überhaupt noch verschiedene Substanzen unterschieden werden können. Man könnte mit Sonnen antworten, nicht jedes Ding eigne sich für jede menschliche Verwendung, und daher sei der Unterschied zwischen den verschiedenen Dingen in ihrem verschiedenen Materialcharakter oder Menschbezug zu suchen [19]. Es dürfte aber allein schon wegen der (jedenfalls theoretisch möglichen, wenn auch heute noch nicht in jedem Falle praktikablen) Möglichkeit, materielle "Dinge" ineinander umzuwandeln, sehr schwierig sein, ausschließlich bestimmten Dingen vorbehaltene Verwendungsmöglichkeiten nachzuweisen. Daher können die unterschiedlichen Verwendungsmöglichkeiten der Dinge im Hinblick auf ihren grundlegenden Materialcharakter für den Menschen nur als graduelle Unterschiede bezeichnet werden, so daß man gezwungen ist, auch unter Voraussetzung eines anthropologischen Substanzbegriffes eine einzige stoffliche Substanz anzunehmen. Hierin trifft sich der anthropologische Substanzbegriff mit dem naturphilosophischen Substanzbegriff Büchels, der bekanntlich der Meinung ist, der gesamte materielle Kosmos sei als eine einzige Universalsubstanz aufzufassen [20].

Mit der anthropologischen Fassung des neuen ontologischen Substanzbegriffes sind aber die Möglichkeiten dieses Substanzbegriffes noch keineswegs ausgeschöpft. Es ist nämlich nicht einzusehen, weshalb die Definition der Substanz vom Finis her nur auf das Seiende angewendet werden soll, das als anthropologische Substanz, d.h. als Zuhandensein für den Menschen, verstanden werden kann. Da alle Kreatur nach göttlichen Ideen geschaffen ist, ist es durchaus möglich, den neuen Substanzbegriff auf alles geschaffene Sein anzuwenden und es vom Sinn her zu verstehen, den Gott ihm gegeben hat. Und wenn man mit der scholastischen Transzendentalienlehre Sein (ens) und Sinn (verum bzw. bonum) für konvertierbare Begriffe hält, könnte man selbst Gott als das in sich sinnvolle Sein vom Sinn her definieren [21]. Hat man einmal die Gleichsetzung von Substanz und Sinn akzeptiert, dann sollte man diesen Substanzbegriff u.E. als transzendentalen Begriff verwenden. Daß der neue ontologische Substanzbegriff in der gegenwärtigen Diskussion durchweg als anthropologischer Substanzbegriff verstanden wird, folgt keineswegs aus der Gleichsetzung von Substanz und Sinn, sondern ist einmal durch die Themenstellung bedingt, insofern es bei der eucharistischen Wandlung eben nur um die Substanz von Dingen geht, und zum anderen eine Folge der Übernahme der Heideggerschen Kategorie der Zuhandenheit und mit ihr des anthropologischen Verständnisses auch der ontologischen Wirklichkeit.

---

[19] Siehe S. 146.

[20] Siehe S. 16.

[21] In diesem Falle ist dann der "Finis" keine "äußere Ursache" mehr, da Gott nicht um eines anderen willen, sondern um seiner selbst willen ist. Hier ist die Definition der Substanz vom Finis her keine Bestimmung Gottes "von außen", weil auch Gottes Existenz keine Existenz von einem anderen (ens ab alio), sondern aus sich selbst ist (ens a se).

Eine transzendentale Fassung des neuen Substanzbegriffes macht jedoch seine inhaltliche Bestimmung als Zuhandenheit unmöglich, da die Kategorie der Zuhandenheit weder zur Wesensbestimmung des Menschen noch zur Wesensbestimmung Gottes herangezogen werden kann. Fragt man jedoch weiter, wie das Wesen des Menschen oder gar Gottes vom Sinn her genau zu definieren sei, so wird man schwerlich eine allseits befriedigende Antwort finden. Der Verzicht auf eine genaue inhaltliche Bestimmung macht es freilich erst recht schwierig, verschiedene Substanzen inhaltlich genau voneinander abzugrenzen.

All das zeigt, daß man zwar leicht sagen kann, die Substanz des Seienden liege in seinem Sinn, daß aber eine genaue Bestimmung des Sinnes der verschiedenen Seienden keineswegs leicht fällt, ja letztlich wohl kaum möglich ist, denn das hieße ja, Gottes Gedanken denken und seine Pläne durchschauen. Daher wird eine Definition der Substanz vom Sinn her immer weitgehend inhaltsleer und abstrakt bleiben.

Es wäre aber ein übereilter Schluß, wollte man dies als Argument gegen ein solches Substanzverständnis ins Feld führen, denn eine Interpretation der Substanz als Form begegnet genau denselben Schwierigkeiten. Es ist nämlich ebenso schwer, die Form des Menschen oder des Lebendigen zu bestimmen wie deren Finis. Denn wer vermöchte inhaltlich genau zu sagen, was die "forma hominis" oder die "forma animalis" ist? Die traditionellen Antworten bleiben ausnahmslos abstrakt und inhaltsleer: das Menschsein; das, wodurch ein Mensch Mensch ist; das Eigentliche eines Menschen usw. Die Wesensfrage wird so oder so ohne eine befriedigende Antwort bleiben. Trotzdem hat es einen Sinn zu fragen, was unter Wesen oder Substanz zu verstehen sei, denn wir müssen doch schließlich wissen, was wir eigentlich meinen, wenn wir nach dem Wesen eines Seienden fragen. Als "regulatives Prinzip" hat auch ein abstrakter und inhaltsleerer Substanzbegriff einen Wert für das menschliche Denken.

Abschließend dürfen wir feststellen:

1. Der hier entwickelte Substanzbegriff ist nach allem, was wir bedacht haben, sicher theologisch (und philosophisch) vertretbar. Selbst derjenige, der auf dem Boden der traditionellen scholastischen Metaphysik steht, wird wohl nicht leugnen wollen, daß der Finis die "erste Ursache" des Seienden ist, so daß mit der Angabe des Finis sehr wohl die Substanz des Seienden definiert werden kann, zumal eine solche Definition ein Verständnis der Substanz als Form nicht aus-, sondern einschließt.

2. Der anthropologische Ansatz führt, wenn er als Grundlage einer Analogie zwischen menschlicher und göttlicher Sinnstiftung verstanden wird, zu einem echten ontologischen oder "metaphysischen" Substanzbegriff, wie denn auch die ersten Ansätze des anthropologischen Denkens bei Ternus auf einen "metaphysischen Substanzbegriff" abzielen.

3. Dieser Substanzbegriff ist weder in seinem anthropologischen Ansatz noch in seinem Inhalt eigentlich "neu", denn auch der klassische aristotelisch-scholastische Substanzbegriff ist insofern ein "anthropologischer" Substanz-

begriff, als er auf einem Analogieschluß von der menschlichen Techne auf das göttliche Schaffen beruht, und die neue Bestimmung der ontologischen Substanz als göttlicher Sinnstiftung führt ebenfalls wieder zur klassischen Vier-Ursachen-Lehre zurück und gestattet somit ein Verständnis der Substanz mit Hilfe der traditionellen Kategorien.

4. Der neue Substsnzbegriff sollte als transzendentaler Begriff [22] verwendet werden.

5. Der Inhalt dieses Begriffes kann nicht ausschließlich anthropologisch als Zuhandensein bestimmt werden, selbst nicht in Anwendung auf die stofflichen Dinge. Er wird inhaltlich weitgehend leer und abstrakt bleiben müssen.

3. Das Verhältnis von göttlicher und menschlicher Sinnstiftung

Die vorstehenden Überlegungen setzen uns in die Lage, das Verhältnis zwischen göttlicher und menschlicher Sinnstiftung, zwischen ontologischer und anthropologischer Substanz, exakt zu bestimmen.

Die von Gott geschaffene ontologische Substanz liegt in dem Sinn, den Gott der Wirklichkeit gegeben hat. Die vom Menschen gestiftete anthropologische Substanz besteht dagegen in dem Sinn, den der Mensch dieser Wirklichkeit in einer bestimmten und konkreten Situation seines Lebens verleiht. Die anthropologische Substanz wird daher durch die konkrete Verwendung der Dinge "im täglichen und geschichtlichen Leben der Menschen" (Welte) konstituiert.

Wie vor allem Schillebeeckx betont hat, kann der Mensch bei seinen Sinnstiftungen nicht willkürlich vorgehen, er ist vielmehr an die objektiven Verwendungsmöglichkeiten gebunden, die der von Gott geschaffene Sinn der Wirklichkeit zuläßt. Daher umfaßt der Sinn, der die anthropologische Substanz konstituiert, denjenigen Ausschnitt aus der Sinnfülle der ontologischen Wirklichkeit, den der Mensch in seinem Umgang mit der Wirklichkeit nutzt, wenn er im täglichen und geschichtlichen Leben den objektiven Sinn der Wirklichkeit auf die speziellen Situationen seines konkreten Lebens hin subjektiv auslegt. Anthropologische und ontologische Substanz sind daher inhaltlich verschieden und identisch zugleich. Die anthropologische Substanz ist insofern von der ontologischen Substanz verschieden, als in ihr immer nur ein Ausschnitt aus der Sinnfülle der ontologischen Substanz erfaßt und genutzt wird. Der Mensch erkennt und realisiert m.a.W. subjektiv immer nur einen Teil der Möglichkeiten, welche die objektive Wirklichkeit ihm bietet. Identisch ist die anthropologische Substanz aber insofern mit der ontologischen Substanz, als der vom Menschen subjektiv erfaßte und genutzte Sinn ein Teil des objektiven Sinnes der Wirklichkeit an sich ist. Der Unterschied zwischen der anthropologischen und der ontologischen Substanz ist daher im Hinblick auf den Inhalt kein Unterschied zwischen zwei "verschiedenen Substanzen", sondern lediglich ein Unterschied zwischen dem Teil und dem Ganzen ein und desselben

[22] "Transzendental" ist hier natürlich im traditionellen scholastischen Sinne gemei

Sinnes. Anthropologische und ontologische Substanz unterscheiden sich m.a.W. nicht dem Inhalt, sondern nur dem Umfange nach. Es ist ja im Grunde ein und derselbe Sinn, der die Substanz der von Gott geschaffenen Wirklichkeit und der vom Menschen gestifteten "menschlichen Welt" bestimmt. Schillebeeckx bezeichnet daher die durch die menschliche Sinnstiftung konstituierten Substanzen treffend als "konkrete Substanzen", d.h. als Konkretisierung und Spezifizierung des allgemeinen Grundsinnes der von Gott geschaffenen Wirklichkeit im Hinblick auf die konkrete Verwendung dieser Wirklichkeit durch den Menschen.

Göttliche und menschliche Sinnstiftung unterscheiden sich aber auch insofern voneinander, als der von Gott geschaffene Sinn das "Potential" darstellt, das der Mensch erst durch sein Sinnstiften "aktualisiert" (Powers). Göttliche und menschliche Sinnstiftung verhalten sich daher zueinander wie Potenz und Akt, wie "Materie und Form" (Sala), und so wird mit Recht gesagt, daß der von Gott geschaffene Sinn der Wirklichkeit erst in der menschlichen Sinnstiftung "zu sich selber kommt" (Welte) und "zu sich selbst findet" (Möller). Daher besitzt die menschliche Sinnstiftung, selbst wenn sie keinen originären Sinn hervorbringt, gleichwohl einen eigenen Wert : erst durch sie kommt die Schöpfung zur Vollendung.

Diese Überlegungen zum Verhältnis zwischen göttlicher und menschlicher Sinnstiftung setzen uns in die Lage, den ontologischen Rang der menschlichen Sinnstiftungen genauer zu bestimmen. Alle menschliche Sinnstiftung realisiert nur einen Teilausschnitt aus der Fülle der objektiven Möglichkeiten, welche die göttliche Schöpfung dem Menschen bietet. Durch die menschliche Sinnstiftung wird daher kein neuer Sinn "an sich" gesetzt, sondern nur ein als Möglichkeit bereits objektiv gegebener Sinn subjektiv aktualisiert. Folglich ist die menschliche Sinnstiftung im Material der Natur ontologisch gesehen keine originäre und s u b stantielle Sinnstiftung, sondern nur eine akzidentelle Veränderung der Natur. Es wird kein neuer Sinn geschaffen, sondern nur ein bereits vorhandener genutzt. Daher können die menschlichen Sinnstiftungen, selbst wenn sie wie die Kulturprodukte für den Menschen "in seinem Lebens- und Handlungsraum" (Rahner) Substanzen zu sein scheinen, im ontologischen Sinne nur als "uneigentliche Substanzen" bezeichnet werden. So erscheinen die menschlichen Sinnstiftungen - ontologisch gesehen - auch in einem "anthropologischen Denkrahmen" als bloße Akzidenzien.

4. Der Unterschied zwischen substantiellen und akzidentellen Sinnstiftungen

Die menschlichen Sinnstiftungen können nur als uneigentliche Substanzen bezeichnet werden. Doch selbst wenn man glaubt, daß der den Naturdingen vom Menschen in Verständnis und Umgang verliehene Sinn eine anthropologische "Substanz" für uns konstituiert, bleibt immer noch die Frage, ob wirklich jede menschliche Sinnstiftung "für uns" substantiell sei. Denn es gibt doch auch "für uns" bloß nebensächliche oder akzidentelle Sinnstiftungen. Diese Frage kommt bei Welte beiläufig zur Sprache [23]. Er sagt, nicht jeder Bezugszusammenhang und Ver-

[23] Siehe S. 61.

ständnishorizont sei für das Seiende gleich wesentlich und gleich ursprünglich. Ob z.B. eine Zeitung als Zeitung oder als Brennmaterial verwendet und also verstanden werde: diese beiden Bezugsweisen und die ihnen entsprechenden Seinsbestimmungen seien nicht gleichwertig hinsichtlich dessen, was dies Seiende eigentlich sei. Hier wird von Welte das Problem der Unterscheidung zwischen substantiellen und akzidentellen Veränderungen aufgeworfen. Nach welchen Kriterien diese vom Menschen unterschieden und als solche verstanden werden, sagt Welte allerdings nicht. Seine Beispiele scheinen dafür zu sprechen, daß er dies weitgehend für eine Sache der subjektiven Einstellung des einzelnen hält: Das ist für m i c h substantiell (bzw. akzidentell), was gerade für m e i n e n Umgang mit den Dingen wesentlich (bzw. unwesentlich) ist. Für einen anderen kann es durchaus akzidentell (bzw. substantiell) sein. Daß damit ein gewisser Relativismus gegeben ist, lehren Weltes Beispiele. Denn warum soll die Verwendung einer Zeitung als Brennmaterial statt als Zeitung (Informationsquelle) nur eine akzidentelle Änderung sein, während die Verwendung eines Tempels als Besichtigungsobjekt statt als Tempel (Kultstätte) eine substantielle Wandlung ist? Die Frage, wie substantielle und akzidentelle Sinnstiftungen zu unterscheiden sind, wenn man die Substanz vom Finis her versteht, muß daher noch eingehender bedacht werden. Man könnte diese Frage als eine bloß philosophisch interessante auf sich beruhen lassen, wenn sie nicht auch für die Theologie von großer Bedeutung wäre. Denn wenn auch die ontologische Substanz der Dinge als göttliche Sinnstiftung und damit vom Finis her verstanden wird, erhebt sich die Frage, ob und wie man zwischen substantiellen und akzidentellen göttlichen Sinnstiftungen unterscheiden könne. Diese Frage fällt sogleich ins Gewicht, wenn man die Begriffe Transfinalisation und Transsignifikation auf alle Sakramente anwendet. Wenn es dann nicht gelingt, exakt zwischen substantiellen und akzidentellen göttlichen Transfinalisationen und Transsignifikationen zu unterscheiden, ist auch eine exakte Unterscheidung zwischen der Transfinalisation und Transsignifikation in der Eucharistie und in den anderen Sakramenten nicht mehr möglich.

Will man eine befriedigende Unterscheidung zwischen substantiellen und akzidentellen menschlichen (und analog göttlichen) Sinnstiftungen finden, so wird man kaum von der subjektiven Zwecksetzung des einzelnen ausgehen dürfen, denn dann müßte man sagen: Substantiell bzw. akzidentell ist das, was ein bestimmtes Subjekt dafür hält. Dann aber kann dasselbe Ding für den einen dies und für den anderen jenes sein, und selbst dasselbe Subjekt kann bald dieses und bald jenes für wesentlich halten. Diese Deutung ist aber wenig einleuchtend. Werden denn die "Teilnehmer der modernen Reiseindustrie", die einen antiken Tempel besichtigen, auf die Frage, w a s sie hier vor sich sehen, wirklich antworten: "Ein Besichtigungsobjekt"? Werden sie nicht vielmehr antworten: Das ist ein ehemaliger Tempel, den wir jetzt besichtigen? Der ehemalige Zweck des Bauwerkes ist auch noch für das gegenwärtige Verständnis von Bedeutung. Der ehemalige Zweck ist ja auch keineswegs "verschwunden", sondern bildet noch immer eine reale Verwendungsmöglichkeit, die man wieder nutzen könnte. Darüber hinaus bietet der Tempel noch andere Verwendungsmöglichkeiten: man kann ihn als Schafstall oder als Wohnung verwenden. Soll man dann bei jeder neuen Verwendung von einer "Wesensverwandlung" reden, obwohl das Gebäude dabei dasselbe bleibt und sein "Aussehen" nicht entscheidend verändert wird? Oder um ein Beispiel zu nennen, bei dem so gut wie keine sichtbare Veränderung des Dinges selbst stattfindet: Man kann einen Mörser zum Zerstoßen von Körnern, als Blumenvase oder als bloßes Zierstück verwenden. Seine äußere Gestalt, sein Aussehen, ändert sich dabei nicht. Der einzige sichtbare Unterschied besteht darin, daß man den Stößel entfernt, Wasser hineingießt und Blumen hineinsteckt, oder daß man ihn einfach auf eine Truhe stellt. Darum wird man auch nie einfach sagen: das ist eine Blumenvase bzw. ein Zierstück, sondern: das ist ein als Blumenvase oder Zierstück verwendeter Mörser. Und genauso sagt man auch: das ist ein ehemaliger Tempel, der jetzt besichtigt wird.

In solchen Definitionen wird das Wesen aber nach zwei Zwecken bestimmt, und sofort erhebt sich die Frage, welcher der beiden Zwecke nun der wesensbestimmende sei. Man könnte antworten: der Ursprungszweck, welcher den Menschen überhaupt erst veranlaßt hat, dieses Ding herzustellen. Alle nachträglich an das Ding herangetragenen Zwecke wären dann nur akzidenteller Natur. Aber diese nachträglichen Zwecke sind ja schon von Anfang an als Verwendungsmöglichkeiten in dem Ding grundgelegt, selbst wenn sein Hersteller nicht im entferntesten daran gedacht hat. Wer einen Mörser herstellt, verfertigt nicht nur ein Ding, das zum Zerstoßen von Körnern verwendet werden kann, selbst wenn er es allein zu diesem Zwecke geschaffen hat. Ein Mörser ist von vornherein ebensogut als Blumenvase wie zum Zerstoßen von Körnern oder als Zierrat geeignet. Hält man den Ursprungszweck für wesensbestimmend, dann geht man in der Wesensbestimmung immer noch vom zwecksetzenden Subjekt aus, und die Gefahr eines relativistischen Substanzverständnisses ist noch keineswegs gebannt. Man kann dem Relativismus nur dann entgehen, wenn man das Wesen nicht nach den Zwecken bestimmt, die irgendein Subjekt tatsächlich mit einem Ding verfolgt, sondern nach all den Zwecken, die objektiv in dem Ding aufgrund seiner Beschaffenheit von vornherein angelegt sind. Das Wesen eines Dinges liegt dann in der Summe aller möglichen Zwecke. Welcher dieser Zwecke tatsächlich genutzt wird, hat dann nur noch akzidentelle Bedeutung. Mit dem Wort Mörser bezeichnet man also ein Ding, das zum Zerstoßen von Körnern, als Blumenvase, als Zierrat usw. verwendet werden kann. Eine erschöpfende Wesensdefinition zu geben, ist dann sicher nicht leicht, da wir nicht in jedem Falle alle Verwendungsmöglichkeiten eines Dinges überblicken können. Meist werden uns nur die schon einmal realisierten Möglichkeiten oder ähnliche bekannt sein. Das ändert aber nichts daran, daß das objektive Wesen des Dinges in der Summe aller seiner Verwendungsmöglichkeiten zu suchen ist und daß die tatsächliche Nutzung einer dieser Verwendungsmöglichkeiten demgegenüber nur eine akzidentelle Veränderung des Dinges darstellt.

Unterscheidet man substantielle und akzidentelle Zwecke als die Summe aller möglichen Zwecke und als den hiervon tatsächlich genutzten Zweck, dann ist auch eine befriedigende Unterscheidung zwischen substantiellen und akzidentellen Veränderungen möglich, ohne in einen Relativismus zu verfallen. Wenn ein Mörser nicht mehr zum Zerstoßen von Körnern, sondern als Blumenvase verwendet wird oder wenn ein Tempel nicht mehr als Kultbau, sondern als Schafstall, als Wohnung oder als Besichtigungsobjekt dient, dann handelt es dich allemale nur um akzidentelle Veränderungen, da bloß ein bereits in der Summe aller möglichen Zwecke des betreffenden Dinges von vorneherein angelegter Zweck realisiert wird. Daher bleibt das betreffende Ding (Mörser, Tempel) auch im wesentlichen in seiner ursprünglichen Gestalt erhalten.

Eine substantielle Änderung liegt dementsprechend nur dann vor, wenn ein Ding einen Zweck erhält, welcher in der in ihm von Anfang an grundgelegten Summe aller möglichen Zwecke nicht enthalten ist. Das ist etwa der Fall, wenn man einen Mörser zu einer Kanonenkugel umgießt oder einen Tempel in eine Brücke verwandelt, indem man das Material, aus dem er gebaut ist, zum Brückenbau verwendet. In allen diesen Fällen muß aber, wie die Beispiele lehren, auch die äußere Gestalt der betreffenden Dinge radikal umgewandelt werden. Es bleibt lediglich das Material (Metall, Bausteine usw.) erhalten, aus dem die ersten Dinge hergestellt waren, und nur diese Tatsache berechtigt uns, von einer Verwandlung des einen Dinges in das andere zu reden [24]. Daher hat eine Transsubstantiation stets einen r a d i k a l e n G e s t a l t w a n d e l zur Folge. Dann aber wird der Unterschied zwischen substantiellen und akzidentellen Änderungen letztlich an der G e s t a l t abgelesen: Wird bei einer neuen Verwendung die Gestalt nur geringfügig verändert, dann handelt es sich um eine akzidentelle Änderung, da die neue Verwendung bereits in dem Ding von Anfang an als Möglichkeit angelegt war. Wird durch die neue Verwendung dagegen die Gestalt radikal verändert, dann handelt es sich um eine substantielle Änderung, bei der ein Zweck an das Ding herangetragen wird, der nicht in seinen ursprünglichen Möglichkeiten als eines so beschaffenen Dinges liegt, sondern nur in dem Material, aus dem das Ding verfertigt ist. Natürlich besteht ein gleitender Übergang zwischen substantiellen und akzidentellen Änderungen, und es gibt sicher Zweifelsfälle, in denen die Entscheidung, ob es sich um eine substantielle oder eine akzidentelle Änderung handelt, nicht leicht fällt. Denn auch jede akzidentelle Änderung verlangt einen, wenn auch oft geringfügigen Gestaltwandel. Wenn man einen Tempel als Schafstall verwendet, müssen z.B. Ausgänge vermauert oder Wände eingezogen werden. Solange aber die ursprüngliche Gestalt des Bauwerkes noch erhalten bleibt, handelt es sich nie um eine wesentliche Veränderung. Das Ding "ist" immer noch ein zu einem Schafstall umgebauter Tempel. Erst wenn der Tempel abgerissen und aus dem Material z.B. eine Brücke gebaut wird, liegt eine echte Transsubstantiation vor, denn dann ist auch die "Gestalt" des Tempels völlig verschwunden. Mag auch die Unterscheidung zwischen radikalem und weniger einschneidendem Gestaltswandel im Einzelfall nicht immer eindeutig zu treffen sein, so ändert das

---

[24] Daß ein Kulturding substantiell verändert werden kann (z.B. ein Mörser in eine Kanonenkugel), liegt also in der Möglichkeit der in ihm verwendeten Naturdinge (Metall), nicht in den Möglichkeiten des Kulturdinges als solchen beschlossen. Dieses Ding muß als solches (Mörser) ja gerade zerstört werden, wenn ein wesentlich neues (Kanonenkugel) aus ihm entstehen soll. Daher sind die Naturdinge das Substrat, die "Materie", der substantiellen Änderungen der Kulturdinge. Siehe dazu S. 199.

nichts an der Tatsache, daß wir den Unterschied zwischen substantiellen und akzidentellen Änderungen letztlich an der Gestalt ablesen, weil so allein eine Unterscheidung von substantiellem, d.h. im Ding als solchem ursprünglich nicht enthaltenem, und akzidentellem, d.h. im Ding als solchem von vornherein grundgelegtem Zweck möglich ist.

Wenn wir uns in der Unterscheidung zwischen substantieller und akzidenteller Transfinalisation an der "Gestalt" orientieren, machen wir uns den Ansatz zunutze, der bei Möller zur Unterscheidung von Substanz und Akzidens gegeben ist. Substanz ist der "Sinn", Akzidens die "äußere Gestalt" einer Wirklichkeit. Die Gestalt wird in diesem Zusammenhang auch als "Species", d.h. als "Zeichen" des Sinnes, der Substanz, begriffen. Die äußere Gestalt ist für uns Zeichen der Substanz, weil wir den Sinn einer Wirklichkeit nur aus ihrer Gestalt erkennen können. Die Gestalt ist gleichsam der "sichtbare Sinn". Daher verlaufen Sinn- und Gestaltswandel auch immer parallel zueinander. Ändert sich der Sinn, dann ändert sich auch die Gestalt und umgekehrt. Daher ist jede "Transfinalisation" zugleich eine "Transsignifikation". Jeder Sinn erfordert nämlich zu seiner Realisierung eine bestimmte Gestalt : ein Stuhl verlangt als Sitzmöbel eine Sitzfläche, ein Auto als Fahrzeug Räder usw. Ein Gestaltwandel signalisiert so auch immer einen Sinnwandel. Ein radikaler Gestaltwandel signalisiert einen radikalen Sinnwandel (substantielle Änderung), ein geringfügiger Gestaltwandel dagegen nur einen nebensächlichen Sinnwandel (akzidentelle Änderung).

So können wir unsere Überlegungen zur Unterscheidung zwischen substantieller und akzidenteller Transfinalisation mit dieser Definition beschließen : Substantielle Änderung bedeutet substantielle Transfinalisation und Transsignifikation : Verleihung eines Finis, der in den Möglichkeiten des Dinges nicht grundgelegt ist - verbunden mit einem radikalen Gestaltwandel. Akzidentelle Änderung bedeutet akzidentelle Transfinalisation und Transsignifikation : Realisierung eines Finis, der schon in der Summe aller möglichen Zwecke grundgelegt ist - verbunden mit einem bloß geringfügigen Gestaltwandel.

Legt man diese Definition zugrunde, dann können die Wandlungen, die Welte in seinen Beispielen vorführt, nur als akzidentelle Veränderungen bezeichnet werden. In allen diesen Fällen werden nämlich vom Menschen hergestellte Dinge (Brot, Tempel, Tuch, Zeitung) immer nur anders verwendet, während sie als solche unverändert bleiben. Es wird immer nur eine der Verwendungsmöglichkeiten tatsächlich genutzt, die in diesen vom Menschen hergestellten Dingen bereits von Anfang an angelegt sind, aber es wird kein neuer Sinn vom Menschen originär gestiftet. Solch originäre Sinnstiftungen nimmt der Mensch dann vor, wenn er die Naturdinge zu Kulturdingen umformt. Hier führt er einen neuen Sinn in die Natur ein, der vorher s o in ihr nicht enthalten war [25]. Solche Sinnstiftungen des

---

[25] Freilich war dieser Sinn als o b j e k t i v e Möglichkeit schon immer in der Natur angelegt (sonst könnte der Mensch ihn ja gar nicht in die Natur einführen), aber s u b j e k t i v für den Menschen wird er erst durch die menschliche Sinnstiftung faßbar und somit r e a l. Eine akzidentelle menschliche Sinnstiftung bedeutet demgegenüber, daß der Mensch eine der Möglich-

Menschen sind daher in der Tat auch "für uns" substantiell, während alle nachträglichen andersartigen Verwendungen der Dinge, die der Mensch gemacht hat, nur akzidentelle Veränderungen sind. Erst wenn die Veränderung der vom Menschen gemachten Dinge so tief greift, daß sie als solche zerstört werden, kann man von einer substantiellen Veränderung sprechen [26].

Der einzige Autor, der eine echte substantielle menschliche Transfinalisation als Analogon zur eucharistischen Wandlung anführt, ist Gutwenger :

> "Ein Haus ist z.B. das Resultat einer bestimmten Anordnung materieller Stoffe. Es besitzt eine fest umrissene Wesenheit und Sinngestalt. Wird das Haus abgebrochen und aus seinem Material eine Brücke gebaut, dann ist etwas ganz anderes da. Haus und Brücke werden ganz verschieden definiert, weil sie verschiedene Wesenheiten sind, was konsequenterweise zum Schluß führt, daß eine Wesensverwandlung stattgefunden hat. Die Sinngestalt hat sich geändert, denn das Haus ist zum Bewohnen da, die Brücke, damit sie zwei Ufer verbinde oder ein Tal überquere. ...
>
> Man sieht, daß eine Wesensverwandlung keinen Verlust oder die Aufhebung der Materie verlangt. Auch Brot ist das Resultat einer bestimmten Anordnung materieller Stoffe. Und es fragt sich, ob die eucharistische Wesensverwandlung ohne die Aufhebung und den Verlust der Materie verwirklicht werden kann." [27]

---

keiten des von ihm gestifteten s u b j e k t i v e n Sinnes realisiert, die zwar mit der originären subjektiven Sinnstiftung immer schon gegeben, aber noch nicht ausdrücklich erfaßt und genutzt war.

[26] Zwischen den substantiellen und den akzidentellen menschlichen Sinnstiftungen besteht dasselbe Verhältnis wie zwischen der göttlichen und der menschlichen Sinnstiftung. In beiden Fällen handelt es sich nämlich um ein Verhältnis zwischen originärer Sinnstiftung und bloß nachträglicher Aktualisierung eines bereits als Möglichkeit angelegten Sinnes. Im ersten Falle wird wirklich ein neuer Sinn gestiftet (von Gott originär geschaffen bzw. vom Menschen zum ersten Mal in der Natur realisiert, wenn er die Naturdinge zu Kulturdingen umformt), während im zweiten lediglich ein potentiell bereits vorhandener Sinn nur aktuell genutzt wird (indem der Mensch den von Gott geschaffenen Sinn nutzt bzw. eine weitere Möglichkeit, die in einem von ihm verfertigten Kulturding bereits von Anfang an angelegt ist, ausdrücklich verwertet).

[27] E. Gutwenger, Das Geheimnis der Gegenwart Christi in der Eucharistie, in : ZKTh 88 (1966) 185-197; hier : 196.

Dieses Beispiel dient demselben Zweck wie Weltes Beispiele. Es soll zeigen, daß bei einer Interpretation der Substanz aus dem Finis eine Wesensverwandlung auch "ohne Verlust oder Aufhebung der Materie" denkbar ist. Gegenüber Weltes Beispielen besitzt es jedoch den Vorzug, daß es sich hier wirklich um eine echte anthropologische "Transsubstantiation" handelt. Daß diese "anthropologische" Transsubstantiation sich trotzdem wesentlich von der "ontologischen" Transsubstantiation in der Eucharistie unterscheidet, werden wir noch ausführlich darlegen und begründen [28].

5. Das eucharistische Zeichen als Species-Zeichen

Das eucharistische Zeichen wird in der gegenwärtigen Diskussion immer als "realisierendes Zeichen" verstanden. Der Begriff des realisierenden Zeichens unterscheidet sich wesentlich von dem landläufigen Begriff des "konventionellen Zeichens": Zeichen und Bezeichnetes werden nicht mehr als zwei getrennte und selbständige Wirklichkeiten verstanden, die nur durch die Hinweisfunktion der einen auf die andere äußerlich und akzidentell miteinander verbunden sind, sondern als die in einem wechselseitigen Abhängigkeitsverhältnis stehenden Komponenten einer einzigen Wirklichkeit, die als solche eine innere oder "substantielle" Einheit bilden.

Wir haben den Begriff des realisierenden Zeichens nicht ohne Absicht immer in dieser allgemeinen Weise definiert, weil gerade so am deutlichsten sichtbar wird, weshalb er sich für das Verständnis des eucharistischen Zeichen besonders empfiehlt. Da beim realisierenden Zeichen Zeichen und Bezeichnetes eine innere Einheit bilden, scheint dieser Zeichenbegriff wie geschaffen, die substantielle Verbindung der Species von Brot und Wein mit dem Leibe und Blute Christi in der Eucharistie zu erklären. Bei der Besprechung der verschiedenen Versuche, das eucharistische Zeichen als realisierendes Zeichen zu deuten, haben wir jedoch gesehen, daß dieser Begriff bei seiner Anwendung auf die Eucharistie noch einer Präzisierung bedarf. Realisierende Zeichen sind nämlich auch die sakramentalen Zeichen in den übrigen Sakramenten, und selbst die menschlichen Zeichen wie ein Geschenk sind realisierende Zeichen, so daß mit der Bestimmung des eucharistischen Zeichens als realisierenden Zeichens der einzigartige Sondercharakter des eucharistischen Zeichens noch nicht hinlänglich bestimmt ist.

Wie bereits dargelegt [29], hat Schillebeeckx den Begriff des realisierenden Zeichens aus der Analyse der menschlichen Zeichenhandlung gewonnen. Ausdruck und Intention sind die Wesenskomponenten einer jeden Zeichenhandlung und als solche in einer inneren Einheit verbunden. Es fragt sich aber, ob von diesem Ansatz her die innere Einheit des eucharistischen Zeichens mit der von ihm bezeichneten Substanz des Leibes und Blutes Christi überhaupt verständlich gemacht

---

[28] Siehe S. 228 f.

[29] Siehe S. 26 f.

werden kann. Bei der Bestimmung des eucharistischen Zeichens geht es nämlich gar nicht um die Einheit von göttlicher Heilsintention und sakramentalem Ausdruck in der eucharistischen Handlung Christi, sondern um die Einheit der handelnden Person Christi mit den eucharistischen Gaben selbst.

Untersucht man bei einem menschlichen Zeichen, ob und inwieweit das Zeichen eine Einheit mit der handelnden Person bildet, so wird man sehr genau unterscheiden müssen, was jeweils als Zeichen der Person fungiert [30]. Im Hinblick auf die Zeichenhandlung macht es keinen Unterschied, ob sich der Mensch seines eigenen Leibes oder eines von ihm verschiedenen Dinges als Ausdruck seiner Intention bedient. Ein Ding kann ebensogut, ja manchmal noch besser eine Intention zum Ausdruck bringen als eine leibliche Geste. Bisweilen ist sogar die Verwendung eines Dinges die einzige Möglichkeit, eine bestimmte Intention zu realisieren. Will man z.B. einem fernen Menschen seine Zuneigung zum Ausdruck bringen, so ist das nicht anders möglich als durch das Übersenden eines Briefes oder eines Geschenks. Innerhalb der Zeichenhandlung sind die hierbei verwendeten Dinge dann genausogut der zur Realisierung der Intention notwendige Ausdruck und damit genausogut die eine der beiden Wesenskomponenten einer Zeichenhandlung wie eine leibliche Geste. Sie sind ein integrierender Bestandteil der Zeichenhandlung.

Im Hinblick auf die Einheit von Person und Zeichen ist es aber keineswegs dasselbe, ob eine Zeichenhandlung durch den eigenen Leib oder durch ein Zeichending vollzogen wird. Bei einer leiblichen Handlung ist der Ausdruck eine expressive Gebärde, die ein Mensch direkt durch seine Leiblichkeit vollzieht, z.B. ein Kuß oder ein Händedruck, die Intention aber die Liebe oder die Freundschaft, die durch die Gebärde ausgedrückt werden soll. In diesem Falle bilden Ausdruck und Intention auch abgesehen von der Zeichenhandlung eine innere Einheit, denn äußere Gebärde und innere Regung sind die Wesenskomponenten einer jeden menschlichen Handlung. Jede menschliche Handlung, auch die, die gar kein Zeichen setzen will, besitzt gemäß der Doppelstruktur des Menschen als Leib- und Geistwesen eine leibliche und eine geistige Komponente. Gebärde und Intention bilden daher auch ontologisch gesehen eine innere Einheit, und das vor und unabhängig davon, daß sie in der Zeichenhandlung eine Einheit bilden. Die reale Einheit von Gebärde und Intention ist ausschließlich in der realen Einheit des Menschen als Leib- und Geistwesen fundiert. Insofern sich die Person in der Handlung realisiert, ist sie selbst in der Handlung gegenwärtig wie jede Substanz in ihren Akzidenzien, freilich nicht primär in Gebärde und Intention, sondern in Leib und Geist, durch welche die Person Gebärde und Intention vollzieht.

Wird die Intention aber nicht durch eine leibliche Gebärde, sondern durch ein Ding ausgedrückt, dann kann man nicht mehr sagen, daß Ausdruck und Intention, die als die Wesenskomponenten einer Zeichenhandlung eine innere Einheit bilden, auch abgesehen von der Zeichenhandlung eine innere Einheit darstellen. Die Intention ist eine Willensäußerung des Menschen und damit in ihrem Wesen eine "subjektive"

---

[30] Siehe zum folgenden auch unsere Ausführungen zu Powers S. 160 f.

Wirklichkeit, der Ausdruck, das Ding, ist aber eine "objektive" Wirklichkeit neben dem Menschen. Ein Ding ist nämlich im Unterschied zur leiblichen Gebärde eine vom Menschen unabhängige, selbständige Wirklichkeit, eine "Substanz". Das Ding tritt erst dadurch in eine Beziehung zum Menschen, daß der Mensch es zum Ausdruck seiner Intention macht. Es wird erst nachträglich "subjektiviert" (Möller), während eine leibliche Gebärde von ihrem Ursprung her schon eine "subjektive" Wirklichkeit ist. Zwischen Mensch und Ding besteht daher ontologisch gesehen nur eine akzidentelle Relation. Was in der Zeichenhandlung durchaus als innere Einheit angesprochen werden kann, ist daher abgesehen von dieser Zeichenhandlung nur eine äußere Einheit. Die Einheit von Ausdruck und Intention ist m.a.W. nur auf der intentionalen Ebene eine innere Einheit; auf der Ebene der Realität stellt sie jedoch nur eine äußere oder akzidentelle Einheit dar. Darum ist "im" Ding weder die Person noch ihre Intention als solche enthalten, sondern nur der von ihr intendierte Sinn, durch den das Ding zum "Zeichen" wird.

Diese Überlegungen zeigen, daß der von Schillebeeckx eingeschlagene Weg, die göttliche Zeichenhandlung in Analogie zur menschlichen Zeichenhandlung zu interpretieren, für die Erklärung des eucharistischen Zeichens nicht ausreicht. In der menschlichen Zeichenhandlung läßt sich kein Zeichen finden, das als Analogon zum Verständnis des eucharistischen Zeichens dienen könnte. Daß das sakramentale Zeichen nur in Analogie zu den vom Menschen als Zeichen verwendeten Dingen, nicht aber in Analogie zum Zeichen einer leiblichen Gebärde des Menschen gedeutet werden kann, hat Schillebeeckx selbst gesagt [31]. Nun ist es zwar selbstverständlich, daß Christus die sakramentale Zeichenhandlung nicht wie seine unmittelbaren Symbolhandlungen auf Erden direkt durch seinen "Leib", sondern durch Dinge unserer irdischen Welt vollzieht, aber könnte man nicht bei der Eucharistie versuchen, das Zeichensein von Brot und Wein in Analogie zur Zeichenfunktion der leiblichen Gebärde und damit letztlich in Analogie zur Zeichenfunktion des menschlichen Leibes zu deuten?

Wollte man jedoch die Verbindung von Brot und Wein mit Christi Leib und Blut in Analogie zu der Verbindung von Leib und Seele verstehen, dann müßte die Verbindung von Brot und Wein mit Christi Leib und Blut nach Art der Verbindung zweier inkompleter Substanzen gedacht werden. Dann aber wäre die eucharistische Wandlung keine Verwandlung der ganzen Substanz von Brot und Wein in die Substanz des Leibes und Blutes Christi, sondern Brot und Wein würden zusammen mit Christi Leib und Blut als inkomplete Substanzen das Wesen der eucharistischen Speise konstituieren.

Wollte man aber das eucharistische Zeichen nach Art der vom Menschen als Ausdruck seiner Intentionen verwendeten Dinge interpretieren, dann hätte man keine reale Transsubstantiation von Brot und Wein ausgesagt. Denn auf der Ebene der Realität bestünde zwischen Brot und Wein und Christi Leib und Blut nur eine akzidentelle Verbindung, weil Christus Brot und Wein dann nur als Zeichen seines

---

[31] Siehe S. 25 f.

Leibes und Blutes eingesetzt hätte. In Analogie zur menschlichen Zeichenhandlung können nur die sakramentalen Zeichen in den übrigen Sakramenten gedacht werden, weil dort zwischen der sakramentalen Materie und der Gnade nur eine akzidentelle Relation besteht, da die Substanz der sakramentalen Materie nicht verwandelt wird. Für die allgemeine Sakramentenlehre reicht der Schillebeeckxsche Ansatz aus, bei der Anwendung auf die Eucharistie führt er jedoch nicht zum Ziel.

Man kann nur dann zu einem angemessenen Verständnis des eucharistischen Zeichens gelangen, wenn man nicht von der sich in der eucharistischen Zeichenhandlung ausdrückenden I n t e n t i o n Gottes, sondern von dem durch Gott in den eucharistischen Gaben inkarnierten S i n n ausgeht. Das Analogon zum Verständnis des eucharistischen Zeichens bildet dann nicht mehr das sinnstiftende Handeln des Menschen, sondern die vom Menschen durch dieses Handeln gestiftete "anthropologische Wirklichkeit". Ausgangspunkt der Analogie sind so die vom Menschen verwendeten und gestalteten Dinge. Diese sind nämlich nicht nur der äußere Ausdruck der menschlichen Intention (als eines inneren Aktes des Menschen), sondern auch der äußere Ausdruck des vom Menschen in den Dingen inkarnierten Sinnes. Ein Zeichending (und natürlich auch eine leibliche Gebärde) besitzt selbst die Doppelstruktur von "Außen" und "Innen", von sichtbarer Gestalt und unsichtbarem Sinn.

Das ist eine grundlegende Einsicht des "Strukturalismus" [32]. Ein Zeichen, "signe", besteht (nach der von de Saussure begründeten Terminologie) als solches aus "signifiant" und "signifié". Im Zeichen selbst muß also "zwischen dem Signifikanten (signifiant: der Teil des Zeichens, der 'materialisiert', 'wahrnehmbar', sichtbar, hörbar ist) und dem Signifikat (signifié : der Teil des Zeichens, der 'verborgen', 'immateriell' ist, der 'Sinn') " [33] unterschieden werden. Signifikant und Signifikat sind die Wesenskomponenten eines Zeichens und als solche in einer inneren Einheit verbunden. Dieses Zeichen kann ein "realisierendes" Zeichen genannt werden, weil der Sinn, der als solcher nur eine intentionale Wirklichkeit ist, nur dadurch "real" (und damit erkennbar und mitteilbar) wird, daß er sich in der sichtbaren Wirklichkeit "inkarniert". Die sichtbare Wirklichkeit ist die "Materie" des Sinnes, insofern sie die Realität des Sinnes ermöglicht, der Sinn aber ist die "Form" der sichtbaren Wirklichkeit, insofern er diese zum "Zeichen" macht [34].

Diese Sicht des realisierenden Zeichens bietet sich vor allem dann zur Erklärung des eucharistischen Zeichens an, wenn man die eucharistische Wandlung als Transfinalisation interpretiert. Denn wenn die eucharistische Wandlung eine Transfinalisation ist, dann ist die sichtbare Gestalt, in welcher der neue Sinn erscheint, der Signifikant dieses neuen Sinnes (Signifikat). Da aber Signifikant und Signifikat als die Wesenskomponenten eines Zeichens eine innere Einheit bilden, scheint mit der

---

[32] Siehe zum folgenden G. Schiwy, Strukturalismus und Christentum, Freiburg 1969.

[33] Schiwy, a.a.O., S. 57.

Bestimmung des eucharistischen Zeichens als realisierenden Zeichens die substantielle Einheit von äußerer Gestalt (Species von Brot und Wein) und innerem Sinn (Substanz des Leibes und Blutes Christi) eo ipso vorausgesetzt zu sein [35].

Nun sind zwar Signifikant und Signifikat als die Wesenskomponenten eines Zeichens in einer inneren Einheit verbunden, aber damit ist noch lange nicht gesagt, daß das mit dem Zeichen Bezeichnete auch ontologisch gesehen mit dem Zeichen eine innere Einheit bildet. Es besteht nämlich ein wesentlicher Unterschied zwischen dem "Zeichen" und der "Wirklichkeit selbst". Auch der Strukturalismus unterscheidet sehr genau "zwischen dem Strukturellen (le structurel) und dem Strukturalen (le structural)". Ersteres bezieht sich "auf die 'objektive Wirklichkeit' der Seele oder des Moleküls oder der Gesellschaft oder einer Landschaft usw.", letzteres "nicht direkt auf die 'objektive Wirklichkeit' der Dinge, sondern auf die Modelle, die der Mensch sich von ihnen gemacht hat, auf die Interpretationssysteme und Bedeutungskomplexe, in die der Mensch die Dinge einzufangen sucht, um sie zu benutzen und zu verstehen" [36]. Ein Zeichen ist so nichts anderes als ein Mittel zur Repräsentation der Wirklichkeit - wobei der Strukturalismus erklärtermaßen von der Frage absieht, wie sich das Zeichen zur Wirklichkeit verhält. Die Strukturanalyse untersucht nämlich nur Strukturales. Von der Frage, "wie sich das Strukturale zum Strukturellen verhält, ob die Struktur des Modells mit der Struktur seines Gegenstandes etwa übereinstimmt" [37], wird hier abstrahiert. Es wird m.a.W. nur das Zeichen als solches gesehen, das Verhältnis von Zeichen und Bezeichnetem (in der Linguistik "Referent" genannt) bleibt ausser Betracht. Mit dem Begriff des realisierenden Zeichens ist daher zunächst nur gesagt, daß Signifikant und Signifikat als die Wesenskomponenten eines Zeichens eine innere Einheit bilden, aber noch keineswegs, daß auch das Zeichen mit dem von ihm Bezeichneten eine innere Einheit darstellt.

Bei der Eucharistie geht es aber nicht um die Einheit von Signifikant und Signifikat, sondern um die Einheit von Zeichen und Bezeichnetem. Es geht m.a.W. nicht um "Strukturales", sondern um "Strukturelles". Eine solche Frage gehört aber in den Zuständigkeitsbereich der Ontologie, denn die Frage nach der Wirklichkeit ist eine ontologische Frage. Daher kann die Theologie auf eine ontologische Betrachtung des eucharistischen Zeichens nicht verzichten [38].

---

[34] Siehe auch unsere Ausführungen zu Sala S. 177.

[35] In dieser Weise scheint z.B. Schoonenberg zu argumentieren (siehe S. 95).

[36] Schiwy, a.a.O., S. 20 f.

[37] Schiwy, a.a.O., S. 21 f.

[38] Das hat Schiwy unmißverständlich ausgesprochen: "In welchem Sinne der vom Zeichen gemeinte Sachverhalt 'gegenwärtige Wirklichkeit' ('realpräsent') ist, fällt nicht in den Zuständigkeitsbereich der Strukturanalyse..., sondern der Philosophie und Theologie" (a.a.O., S. 62, Anm. 36).

Eine ontologische Betrachtung fragt nicht nach dem Zeichen allein, sondern nach dem Verhältnis von Zeichen und Bezeichnetem. Zeichen und Bezeichnetes werden in ihrem Sein untersucht. Sind Zeichen und Bezeichnetes zwei getrennte und unabhängig voneinander existierende Wirklichkeiten, dann sind sie ontologisch gesehen nur durch die akzidentelle Relation von Zeichen und Bezeichnetem verbunden. Das trifft z.B. auf den Blumenstrauß zu, der als Zeichen der Sympathie überreicht wird, denn die Sympathie ist als solche eine vom Blumenstrauß unabhängige Wirklichkeit. Die Relation zwischen dem Zeichen und dem Bezeichneten kommt hier erst dadurch zustande, daß das Ding, das schon vor und unabhängig von seiner Zeichenfunktion existiert, nachträglich den Sinn erhält, auf etwas anderes, als es selbst ist, hinzuweisen. Das Ding ist mit dem Bezeichneten keineswegs identisch, es repräsentiert es nur, und darum ist der Sinn, der das Ding zum Zeichen macht, ein bloßer Z e i c h e n s i n n. Wird einem Ding ein bloßer Zeichensinn verliehen, so liegt nie eine substantielle Transfinalisation vor, da hier nur ein Finis realisiert wird, der schon von Anfang an in der Summe aller möglichen Fines dieses Dinges angelegt ist, denn alle Dinge können - wenigstens grundsätzlich - stellvertretend als Zeichen für anderes eintreten. Darum erfährt auch ein Ding, das als Zeichen verwendet wird, keine Transsubstantiation, es wird nur akzidentell verändert. Ein Zeichending bildet daher mit dem von ihm Bezeichneten ontologisch gesehen stets nur eine äußere oder akzidentelle Einheit, und darum können die Zeichendinge auch nur zur Erklärung des sakramentalen Zeichens in den übrigen Sakramenten herangezogen werden.

Zeichen und Bezeichnetes sind nur dann auch ontologisch gesehen in einer inneren oder substantiellen Einheit verbunden, wenn die Relation von Zeichen und Bezeichnetem nicht zwischen zwei voneinander unabhängigen Wirklichkeiten, sondern innerhalb ein und derselben Wirklichkeit besteht. Das trifft, wie Möller gezeigt hat [39], auf die "Species" und die "Substanz" zu. Ein vom Menschen gemachtes Kulturding wird ja durch die beiden Komponenten "Natur" und "Sinn" konstituiert. Aus der Natur resultieren - anthropologisch gesehen - die Species, die sichtbare Gestalt des Dinges, während seine Substanz durch den Sinn konstituiert wird, den der Mensch in der Natur realisiert hat. Species und Substanz eines vom Menschen gemachten Dinges lassen sich aber insofern als Zeichen und Bezeichnetes verstehen, als der Sinn, welcher der sichtbaren Gestalt als das Prinzip ihrer Gestaltung innewohnt, aus der Gestalt erkannt werden kann. Als Erkenntnismittel der Substanz können die Species daher mit Recht Z e i c h e n der Substanz genannt werden. Das haben wir bei Möller gesehen [40]. Da Substanz und Species aus den Wesenskomponenten eines Kulturdinges resultieren, sind sie nicht wie ein Zeichending und das von ihm Bezeichnete nur durch eine Zeichenrelation, sondern auch durch eine innere Seinsrelation miteinander verbunden, und so

---

[39] Siehe S. 84 f.

[40] Siehe S. 80.

kommt auch die Relation von Zeichen und Bezeichnetem nicht erst nachträglich zum Sein der Species und der Substanz hinzu wie bei einem Zeichending und dem von ihm Bezeichneten, vielmehr stehen Species und Substanz von ihrem Ursprung her schon immer in der Realtion von Zeichen und Bezeichnetem, weil die Gestalt eines Dinges immer Zeichen seines Sinnes ist. Da Species und Substanz die Einheit eines Dinges bilden, ist hier das Bezeichnete nicht etwas außerhalb des Zeichens, und der Sinn, der die Species zu Zeichen macht, ist nicht wie beim Zeichending ein bloßer Zeichensinn, sondern der S e i n s s i n n der Species selbst. Als solcher begründet er zwischen Species und Substanz nicht nur die akzidentelle Relation von Zeichen und Bezeichnetem, sondern auch die substantielle Relation von "Außen" und "Innen" ein und derselben Wirklichkeit. Der Zeichensinn ist hier zugleich der substantielle Seinssinn der Wirklichkeit selbst. Ist der substantielle Sinn aber Zeichen- und Seinssinn zugleich, dann kann er nicht nur als das Bezeichnete (und die Gestalt als das Zeichen), sondern auch als das Signifikat (und die Gestalt als der Signifikant) verstanden werden. Im Falle der Species und der Substanz fallen daher Zeichen und Wirklichkeit, Strukturales und Strukturelles zusammen : die Struktur des Zeichens entspricht hier der Struktur des Gegenstandes. Nur wenn das realisierende Zeichen ausdrücklich mit dem Species-Zeichen und der von ihm realisierte Sinn ausdrücklich mit dem substantiellen Seinssinn identifiziert wird, ist die innere Einheit nicht nur von Signifikant und Signifikat, sondern auch von Zeichen und Bezeichnetem gewährleistet, wie es eine angemessene Interpretation des eucharistischen Zeichens verlangt [41].

Bei Möller werden die Species nicht ausdrücklich als "realisierende Zeichen" eingeführt. Wenn man aber bedenkt, daß das Zeichen (die Species) und das Bezeichnete (die Substanz) aus den beiden Komponenten eines Kulturdinges resultieren, nämlich aus Natur und Sinn, und daß diese, wie Sala zeigte [42], als Materie und Form in einem wechselseitigen Abhängigkeitsverhältnis stehen, dann sieht man sofort, daß hier der Begriff des realisierenden Zeichens erfüllt ist. Die Gestalt, die die Natur dadurch annimmt, daß der Mensch in ihr einen Sinn realisiert, ist also nicht einfach das Zeichen dieses Sinnes, weil der Sinn in der Gestalt sichtbar wird, sondern auch das realisierende Zeichen dieses Sinnes,

---

[41] Wie das eucharistische Zeichen als Species-Zeichen, so muß auch die eucharistische Transfinalisation ausdrücklich als Transfinalisation des substantiellen Sinnes von Brot und Wein beschrieben werden. Darum ist es nicht verwunderlich, daß die Autoren, die das eucharistische Zeichen nicht klar als Species-Zeichen von den Dingzeichen abgrenzen, auch nicht die eucharistische Trangsfinalisation als substantielle Transfinalisation deutlich von einer nur akzidentellen Transfinalisation zu unterscheiden vermögen, z.B. Schoonenberg (siehe S. 96), Smits (siehe S. 107) und Powers (siehe S. 168).

[42] Siehe S. 177 f.

weil der Sinn durch die Natur "realisiert" wird, freilich nicht mittels einer Wirkursächlichkeit (wirkursächlich wird der Sinn vielmehr vom Menschen realisiert), sondern dadurch, daß die Natur als "Materie" des Sinnes die Realität des Sinnes ermöglicht. Die realisierende Funktion des realisierenden Zeichens der Species muß daher von der "Materialursächlichkeit" der Natur her verstanden werden. Sind aber die Species die (realisierenden) Zeichen der Substanz, dann kann die Doppelstruktur von "Innen" und "Außen", die Schillebeeckx für das realisierende Zeichen in der menschlichen Zeichenhandlung nachgewiesen hat, auch in der vom Menschen gemachten Welt der "anthropologischen Substanzen" aufgewiesen werden. Damit ist der Zeichenbegriff dem Substanzbegriff zugeordnet, selbst wenn diese Substanz nur in anthropologischer Sicht als solche bezeichnet werden kann.

Die Ableitung des Species-Zeichenbegriffes fällt so mit der Ableitung des Substanzbegriffes zusammen. Wie aus dem anthropologischen Substanzbegriff durch einen Analogieschluß von der menschlichen auf die göttliche Sinnstiftung ein ontologischer Substanzbegriff gewonnen werden kann, so kann aus dem anthropologischen Species-Zeichenbegriff ein ontologischer Species-Zeichenbegriff gewonnen werden. Denn wenn Gott zur Realisierung eines bestimmten Sinnes eine Materie schafft, dann ist die Gestalt, in welcher der Sinn in der Materie erscheint, das Zeichen dieses Sinnes, weil der Sinn aus der Gestalt erkannt werden kann. Daher können die geschaffenen Dinge auch in diesem Denkrahmen als "Zeichen Gottes" verstanden werden, ein Gedanke, auf den besonders Schillebeeckx aufmerksam gemacht hat [43]. Leitet man den ontologischen Zeichenbegriff in dieser Weise aus dem anthropologischen Zeichenbegriff ab, dann kommt man zu einem ähnlichen ontologischen Zeichenbegriff, wie Rahner ihn entwickelt hat [44]. Denn wenn alle Wirklichkeit aus den beiden Komponenten Gestalt und Sinn besteht, ist die Wirklichkeit in sich selbst wesenhaft symbolisch, insofern die Gestalt immer Zeichen des Sinnes ist.

Nur wenn das eucharistische Zeichen als Species-Zeichen verstanden wird, ist die innere und substantielle Einheit des eucharistischen Zeichens mit der von ihm bezeichneten Substanz des Leibes und Blutes Christi gewährleistet. Daher muß das eucharistische Zeichen als die Species, als die sichtbare Gestalt von Brot und Wein - sowohl in ihrer anthropologischen als auch in ihrer naturalen Komponente [45] - bestimmt werden, und so kommt man schließlich wieder zu der traditionellen Aussage der Eucharistielehre - womit sich wieder einmal bestätigt, daß der "neue" Weg gar nicht so neu ist.

---

[43] E. Schillebeeckx, Die eucharistische Gegenwart, Düsseldorf 1967, S. 85.

[44] Siehe S. 32 ff.

[45] Wir werden im folgenden noch zeigen (siehe S. 229), daß in der eucharistischen Wandlung nicht nur die anthropologische Substanz der Kulturdinge Brot und Wein, sondern auch die ontologische Substanz der diesen zugrundeliegenden naturalen Wirklichkeit verwandelt wird. Daher ist nicht nur die von der menschlichen Sinngebung geformte Gestalt der Natur, sondern auch die Gestalt der Natur als solcher Zeichen der Substanz des Leibes und Blutes Christi.

6. Die eucharistische Transsubstantiation als Transfinalisation und Transsignifikation

Legt man die im vorigen entwickelten Begriffe von Substanz und Zeichen zugrunde, dann muß die eucharistische Wandlung als **Transfinalisation** und **Transsignifikation** beschrieben werden. Bestimmt sich nämlich die Substanz aus dem von Gott gesetzten Finis, dann ist die eucharistische Transsubstantiation eine göttliche Transfinalisation: Gott gibt Brot und Wein einen neuen Sinn. Dadurch hören diese Wirklichkeiten auf, Brot und Wein zu sein, sie werden zum Leibe und Blute Christi. Die Species, die äußeren und sichtbaren Gestalten von Brot und Wein, dauern zwar unverändert fort, aber sie sind jetzt zu Zeichen eines neuen Sinnes geworden (auch wenn das nur im Glauben erkannt werden kann), und damit hat sich auch ihre Zeichenfunktion geändert. Daher impliziert jede Transfinalisation eine Transsignifikation. Transfinalisation und Transsignifikation verhalten sich so zueinander, daß die Transfinalisation als das "ontologisch Frühere" die Ursache der Transsignifikation, diese also die Folge der Transfinalisation ist.

Will man die göttliche Transfinalisation genauer beschreiben, so muß man sich darüber im klaren sein, daß die Kulturprodukte auch im anthropologischen Denken nicht als eigentliche Substanzen im strikten ontologischen Verstande angesprochen werden können [46]. Die ontologische Substanz wird hier ja als der Sinn verstanden, den Gott der Natur gegeben hat. Dieser Grundsinn ist dem Menschen vorgegeben, er kann ihn nur erkennen und nutzen, aber nicht selbst bestimmen und verändern. Durch die Herstellung von Brot und Wein wird daher kein neuer Sinn geschaffen, sondern nur ein in der Natur bereits als Möglichkeit angelegter Sinn aktualisiert. Folglich sind die menschlichen Kulturprodukte wie Brot und Wein keine originären substantiellen Sinnstiftungen, sondern nur akzidentelle Veränderungen der Natur. Sind aber Brot und Wein keine Substanzen, dann kann die eucharistische Wandlung in einem anthropologischen Kontext ebensowenig als Transsubstantiation im strikten Sinne des Wortes (d.h. als Wandlung einer Substanz in eine andere Substanz) verstanden werden wie bei einer naturphilosophischen Interpretation. So stellt sich bei der anthropologischen Interpretation dasselbe Problem, dem sich auch die naturphilosophische Interpretation gegenübergestellt sieht: Wie kann die eucharistische Wandlung noch als "Transsubstantiation" bezeichnet werden, wenn Brot und Wein gar keine "Substanzen" sind? [47]

---

[46] Siehe S. 213.

[47] Siehe unsere Überlegungen zur naturphilosophischen Interpretation S. 12 ff, insbesondere S. 16 f und S. 36 ff.
Daß Brot und Wein als solche keine Substanzen sind, wird im naturphilosophischen Denken entweder damit begründet, daß nur die letzten Bausteine der Materie Substanzen sind, so daß die Dinge unserer Alltagserfahrung nur als "Substanzkonglomerate", nur als lose und akzidentelle Verbände mehrerer Substanzen verstanden werden können, oder damit, daß der gesamte Kosmos eine einzige Universalsubstanz ist, so daß die Dinge unserer Alltags-

Versteht man den Terminus Transsubstantiation im engeren Sinne als Wandlung einer Substanz in eine andere Substanz, dann kann die eucharistische Wandlung unter der Voraussetzung, daß Brot und Wein keine echten Substanzen sind, zweifellos nicht mehr als Transsubstantiation bezeichnet werden. Legt man aber den Terminus Transsubstantiation im weiteren Sinne als "Wesensverwandlung" aus - und mehr verlangt das Dogma nicht -, dann kann man auch dann noch von einer Transsubstantiation von Brot und Wein sprechen, wenn Brot und Wein ontologisch gesehen nur Akzidenzien sind. Akzidenzien können zwar nicht im strikten Sinne transsubstantiiert werden, aber ihr Wesen kann trotzdem verändert werden [48]. Das ist aber der Fall, wenn Brot und Wein den neuen Sinn bekommen, daß sie der Leib und das Blut Christi sind. Dieser neue Sinn gehört nicht zu der Summe der Fines, durch welche das Wesen von Brot und Wein konstutuiert ist. Daher wird, wenn Brot und Wein in der eucharistischen Wandlung diesen neuen Sinn bekommen, kein Finis realisiert, der als Möglichkeit bereits in der Summe der Fines von Brot und Wein angelegt ist, wie wenn Brot und Wein z.B. als Freundschaftszeichen statt als bloße Nahrung verwendet werden, vielmehr erhalten Brot und Wein einen Sinn, der in den Möglichkeiten von Brot und Wein als solchen nicht angelegt ist, ja sie wesentlich übersteigt, und daher sind Brot und Wein jetzt nicht mehr Brot und Wein, sondern etwas völlig anderes, nämlich der Leib und das Blut Christi. Die eucharistische Transfinalisation ist eine substantielle Transfinalisation.

Die substantielle Transfinalisation in der Eucharistie unterscheidet sich aber wesentlich von allen substantiellen Transfinalisationen, die der Mensch innerhalb der von ihm geschaffenen Kulturwelt vollzieht. Man kann die Verwandlung eines Kulturdinges in ein anderes zwar eine substantielle Transfinalisation nennen, insofern hier ein Finis realisiert wird, der in der Summe aller möglichen Fines des verwandelten Dinges nicht enthalten ist, aber die Möglichkeit zu dieser Umwandlung liegt doch in den Möglichkeiten der Natur beschlossen, die der Mensch zu diesem Kulturding verarbeitet hat. Die Natur ist ja das Substrat, die "Materie", der Kulturdinge, und die Möglichkeit der Umwandlung von Kulturdingen liegt so in den Möglichkeiten dieser "Materie" beschlossen [49]. Daher ist diese Umwandlung auch nur anthropologisch gesehen eine substantielle Transfinalisation, insofern

---

    erfahrung nur akzidentelle Modi dieser einen Universalsubstanz sind. In der anthropologischen Interpretation können Brot und Wein hingegen deshalb nicht mehr als Substanzen bezeichnet werden, weil die menschlichen Sinnstiftungen im Material der Natur keine originären substantiellen Sinnstiftungen sind.

[48] Siehe dazu S. 37 f. - Das Wesen der konsekrierten Gaben (Christi Leib und Blut) ist freilich in jedem Falle auch im ontologischen Sinne eine Substanz.

[49] Siehe S. 199 und S. 216, Anm. 24.

die Kulturdinge im anthropologischen Denken als "Substanzen" verstanden werden; ontologisch gesehen liegt hier nur eine akzidentelle Veränderung der Natur vor. Eine auch ontologisch gesehen substantielle Transfinalisation von Kulturdingen setzt hingegen eine Wandlung der in ihnen verarbeiteten Natur voraus. Das heißt: Es müßte nicht nur der jeweils vom Menschen aktualisierte Sinn gewandelt werden, indem z.B. aus einem Mörser eine Kanonenkugel gefertigt wird, sondern auch der von Gott geschaffene Grundsinn der Natur, nämlich die Möglichkeiten des Metalls als solchen.

Das ist im Falle der Eucharistie unmittelbar einsichtig. Der eucharistische Finis ist nämlich weder in den natürlichen Möglichkeiten der Kulturdinge Brot und Wein noch in denen der in ihnen verarbeiteten Natur enthalten, denn es ist kein Finis der geschaffenen Dinge, daß sie Leib und Blut Christi werden [50]. Daher wird durch die göttliche Transfinalisation in der Eucharistie – im Unterschied zu allen substantiellen Transfinalisationen des Menschen – auch die in den Kulturdingen Brot und Wein verarbeitete Natur mitverwandelt. Die eucharistische Wandlung ist eine Wandlung in der "vermenschlichten Welt" und in der göttlichen Schöpfung zugleich; in ihr wird nicht nur die anthropologische Substanz von Kulturdingen, sondern auch die ontologische Substanz der Natur verwandelt, und daher ist sie – im Unterschied zu den substantiellen menschlichen Transfinalisationen – auch ontologisch gesehen eine echte Transsubstantiation, eine Wesensverwandlung. Daß die eucharistische Wandlung eine echte Wesensverwandlung der – ontologisch gesehen – akzidentellen anthropologischen Wirklichkeiten von Brot und Wein ist, kann also im anthropologischen Denken ähnlich wie in der naturphilosophischen Interpretation nur durch eine Wandlung der ihnen zugrundeliegenden substantiellen naturalen Wirklichkeit erklärt werden [51].

Mit dieser Erkenntnis kehrt aber sofort die alte Schwierigkeit zurück, die wir von der physischen Interpretation her kennen [52]: Wird nämlich die Natur von Gott transsubstantiiert, wie kann dann noch einsichtig gemacht werden, daß mit dem Vergehen der Species von Brot und Wein auch die Gegenwart Christi in der Natur aufhört? Der ontologische Grundsinn der Natur wird ja als solcher nicht davon

---

[50] Wenn wir sagen, es gehöre nicht zu den natürlichen Möglichkeiten der geschaffenen Dinge, daß sie Leib und Blut Christi werden, so liegt der Ton auf n a t ü r l i c h e n Möglichkeiten. Daß die Natur prinzipiell die Möglichkeit zur Aufnahme übernatürlicher Wirklichkeit besitzt ("potentia oboedientialis"), soll damit gar nicht geleugnet werden. Nur ist d i e s e Möglichkeit nicht eine der eigentlich natürlichen Möglichkeiten der Natur, insofern sie nicht auf natürliche Weise und nicht durch natürliche Ursachen realisiert werden kann, sondern nur durch Gottes Allmacht.

[51] Siehe S. 37 f, besonders das Beispiel S. 38.

[52] Siehe S. 40.

berührt, daß er in Kulturprodukten aktualisiert bzw. zurückgenommen wird, denn für den Grundsinn von Metall ist es z.B. nicht von Bedeutung, wenn ein Mörser in eine Kanonenkugel umgeformt wird.

Eine Lösung dieser Schwierigkeit könnte etwa folgendermaßen versucht werden: Gott wandelt zwar den Grundsinn der Natur, aber er wandelt ihn nicht als Grundsinn schlechthin, sondern nur insofern er in Brot und Wein aktualisiert ist und nur für die Dauer dieser Aktualisation, und deshalb hört mit dem Vergehen der Species von Brot und Wein auch die Gegenwart Christi auf. Gott transsubstantiiert ja nicht die Natur als Natur, sondern Brot und Wein, und die Natur nur weil und insoweit sie zu Brot und Wein verarbeitet ist. Gibt Gott der Natur den neuen Sinn von vornherein unter der Bedingung, daß die Natur diesen Sinn nur so lange haben soll, wie sie zu d i e s e m individuellen und bestimmten Brot und zu d i e s e m individuellen und bestimmten Wein gestaltet ist, dann hört die Gegenwart Christi ohne Zweifel mit dem Vergehen der Species von Brot und Wein auf, ohne daß man eine Retranssubstantiation annehmen oder auch nur sagen müßte, Gott bringe jetzt die Substanz hervor, die den neuen Species entspricht [53]. Die Natur erhält vielmehr wieder ihren gewöhnlichen Schöpfungssinn, da ja die Bedingung, an die der neue Sinn geknüpft war, nicht mehr erfüllt ist. Es muß aber ausdrücklich gesagt werden, daß der neue Sinn von Gott an das Vorhandensein dieser bestimmten Species - und nicht generell der Species von Brot und Wein - gebunden wird, denn sonst müßte man ja annehmen, daß Christus wiederum gegenwärtig würde, wenn man z.B. konsekriertes Brot zu Pulver zerriebe und aus diesem dann wieder Brot herstellte.

Aus all dem folgt auch, daß der terminus a quo der eucharistischen Wandlung primär die anthropologische Substanz von Brot und Wein ist, und zwar dieses individuellen Brotes und Weines, sekundär aber auch die ontologische Substanz der Natur, insoweit sie das Substrat der anthropologischen Substanz dieses individuellen Brotes und Weines bildet.

In der Verwandlung sowohl der anthropologischen als auch der ontologischen Realität von Brot und Wein ist der einzigartige Sondercharakter der eucharistischen Transfinalisation begründet. Dieser kann auch im anthropologischen Denken als "conversio totalis" beschrieben werden. Der vom Menschen gestiftete Sinn kann ja als die "Form", die von Gott geschaffene Natur als die "Materie" eines Kulturdinges bezeichnet werden [54], und daher kann man ohne weiteres sagen, die eucharistische Wandlung von Brot und Wein sei eine Wandlung von Materie und Form dieser Kulturprodukte. Durch diese Totalverwandlung unterscheidet sich die eucharistische Transfinalisation grundlegend von allen substantiellen Transfinalisationen, die der Mensch vollzieht.

---

[53] So die physische Theorie, siehe Pohle-Gummersbach, Lehrbuch der Dogmatik, Paderborn ^{9}1960, Bd. III, S. 244.

[54] Siehe S. 199 ff.

[55] Siehe S. 207 f.

Nun haben wir aber gesehen, daß verschiedene Gründe die Annahme einer "Materie" als eines besonderen Seinsprinzips auch in der von Gott geschaffenen Natur nahelegen [55]. Nimmt man ein solches Seinsprinzip in der Natur an, dann muß dieses bei der Wandlung der Natur von Gott mitverwandelt werden, so daß auch die Wandlung der Natur selbst als Totalverwandlung beschrieben werden muß. Die "Materie" ist ja selbst ein Produkt der göttlichen Sinnstiftung, insofern die Realisierung eines bestimmten Sinnes (z.B. die Erschaffung vieler artgleicher materieller Seiender) die Erschaffung einer solchen Materie erfordert. Diese Materie gehört als geschaffene aber zu dem natürlichen Sinn, den Gott in seiner Schöpfung realisiert hat. Sie ist m.a.W. selbst eine natürliche Wirklichkeit. Nimmt nun Gott in der eucharistischen Wandlung der Natur ihren gesamten natürlichen Sinn und gibt ihr statt dessen einen übernatürlichen Sinn, dann muß auch die natürliche Materie mitverwandelt werden, denn sonst wäre die eucharistische Wandlung keine totale Wesensverwandlung des natürlichen Sinnes. Man müßte vielmehr annehmen, daß der übernatürliche Finis der Eucharistie bereits in der Summe aller möglichen Fines der natürlichen Materie angelegt sei, wie der in den Kulturdingen vom Menschen aktualisierte Finis in der Summe aller möglichen Fines der Natur. Dann aber könnte der eucharistische Finis nicht mehr als ein radikal übernatürlicher Finis bezeichnet werden. Daher muß man, wenn man auch in der göttlichen Schöpfung eine "Materie" annimmt, die Verwandlung dieser "Materie" annehmen. Durch die Verwandlung auch der Materie unterscheidet sich die eucharistische Wandlung dann von allen profanen substantiellen Transfinalisationen in der Natur. Im Unterschied zur eucharistischen Wandlung können diese freilich mit den substantiellen menschlichen Transfinalisationen verglichen werden, weil hier die "Materie" in ähnlicher Weise erhalten bleibt wie die Natur in den menschlichen substantiellen Sinnstiftungen. So ist die eucharistische Wandlung eine "singularis conversio" (DS 1625), die mit keiner anderen Wandlung verglichen werden kann, weder mit den substantiellen Transfinalisationen in der "vermenschlichten Welt" noch mit den substantiellen Transfinalisationen in der Natur.

Es muß noch ein Wort zur inhaltlichen Bestimmung der eucharistischen Transfinalisation gesagt werden. Man kann zwar leicht sagen, die eucharistische Wandlung sei eine Transfinalisation, fragt man aber nach dem genauen Inhalt dieser Transfinalisation, so gerät man in ähnliche Schwierigkeiten, wie wenn man nach dem Inhalt des Finis fragt, der die Substanz der verschiedenen Dinge konstituiert. Das trifft bereits auf das gewöhnliche Brot zu. Denn wenn man Brot einfach als "Nahrung" bezeichnet, wie es immer wieder geschieht, dann hat man das Brot noch nicht wesentlich von anderen Nahrungsmitteln unterschieden. Ist aber der Unterschied zwischen Brot und anderen Nahrungsmitteln - selbst für den Menschen - wirklich ein wesentlicher Unterschied? Was wir für wesentlich oder unwesentlich halten, hängt weitgehend von dem Aspekt ab, unter dem wir die Dinge betrachten. So ist der Unterschied zwischen Brot und anderen Nahrungsmitteln für uns sicher kein wesentlicher Unterschied, wenn wir die Dinge unter dem Aspekt "genießbar - ungenießbar" betrachten, aber vielleicht doch ein wesentlicher Unterschied, wenn wir sie im Hinblick auf eine spezielle Verwendbarkeit, z.B. als Diät- oder Kinderkost, untersuchen. Angesichts dieser Schwierigkeiten scheint es geraten, die Substanz von Brot in unserem Zusammenhang gar nicht genauer zu bestimmen, sondern einfach zu sagen : der natürliche Sinn von Brot. Der Sinn der gewandelten Species kann dann als übernatürlicher Sinn bestimmt und so als ein wesentlich anderer Sinn gekennzeichnet werden.

Die inhaltliche Bestimmung dieses übernatürlichen Sinnes ist aber noch schwieriger als die Bestimmung des natürlichen Sinnes von Brot. In der gegenwärtigen Diskussion wird der Sinn der gewandelten Species bisweilen in Entsprechung zur Definition des gewöhnlichen Brotes als "Nahrung für unser leibliches Leben" als "Nahrung für unser Gnadenleben" bezeichnet (Trooster, Mulders, Sonnen) und damit letztlich von der Bedeutung und dem Sinn her verstanden, den Christi Gegenwart in der Eucharistie für den Menschen hat. Eine solche Bestimmung scheint uns aber schon vom Ansatz her fragwürdig zu sein. Wenn nach dem Glauben der Kirche unter den konsekrierten Species nicht mehr die Substanz von Brot, sondern die Substanz Christi gegenwärtig ist, dann verlangt eine Bestimmung der Substanz der konsekrierten Species die Bestimmung der S u b s t a n z Christi. Daher reicht eine Bestimmung des Sinnes der eucharistischen G e g e n w a r t, d.h. eine Bestimmung, warum Christus in der Eucharistie gegenwärtig wird [56], nicht aus. Legt man den neuen Substanzbegriff zugrunde, dann muß die Substanz Christi vom Sinn her definiert werden. Wie aber die Substanz Christi vom Sinn her zu definieren ist - diese Frage wird wohl kaum befriedigend zu beantworten sein. Da Christus der Gottmensch ist, müßte man nicht nur genau angeben können, wie "Gott" und "Mensch" vom Sinn her zu definieren sind, sondern auch, was der Sinn der hypostatischen Vereinigung von Gottheit und Menschheit in der Person Christi ist. Die Bezeichnung Christi als "Nahrung für unser Gnadenleben", die ja letztlich nur ein Bildwort ist, ist zweifellos keine angemessene Bestimmung der Substanz Christi. Am besten wird man auch den Sinn der gewandelten Species unbestimmt lassen. Es genügt, wenn der terminus a quo und der terminus ad quem der eucharistischen Wandlung so formuliert werden : Das Brot verliert seinen natürlichen Sinn und erhält den übernatürlichen Sinn, daß es jetzt der Leib Christi "für uns" ist. Durch den Zusatz "für uns" ist dann auch der anthropologische Bezug der eucharistischen Gegenwart zum Ausdruck gebracht, d.h. gesagt, daß Christus für die Menschen und um ihres Heiles willen gegenwärtig ist.

Da die sichtbare Gestalt einer Wirklichkeit immer Zeichen ihres substantiellen Sinnes ist, hat auch die eucharistische Transfinalisation eine Transsignifikation zur Folge : die Gestalten von Brot und Wein werden zu Zeichen des neuen übernatürlichen Sinnes.

Im Unterschied zu allen profanen substantiellen Transfinalisationen ändert sich aber durch die substantielle eucharistische Transfinalisation die sichtbare Gestalt von Brot und Wein nicht radikal. Äußerlich ist eine Veränderung nur durch die neue Verwendung von Brot und Wein in der Eucharistiefeier zu erkennen. Die eucharistische Transsignifkation erscheint daher nur als akzidentelle Trans-

---

[56] In dieser Weise versteht z.B. Semmelroth die Transfinalisation, siehe S. 147 f.

signifikation, obwohl sie in Wahrheit eine substantielle Transsignifikation ist, denn die Gestalten von Brot und Wein sind durch die göttliche Sinnstiftung zu Zeichen eines völlig neuen Sinnes geworden. Diese in Wahrheit substantielle Transsignifikation ist aber auf natürliche Weise nicht zu erkennen, sie kann nur im Glauben angenommen werden. Für die natürliche Erkenntnis, die immer von der Gestalt auf die Substanz schließt und folglich eine substantielle Transfinalisation (Transsubstantiation) nur aus dem radikalen Gestaltwandel einer substantiellen Transsignifikation erkennen kann, erscheint die eucharistische Wandlung als eine bloß akzidentelle Veränderung, da Brot und Wein in der Eucharistiefeier nur anders verwendet werden, aber keinen radikalen Gestaltwandel erfahren. Nur im Glauben kann man erkennen, daß sich in dieser für uns nur als akzidentelle Transsignifikation zu erkennenden Veränderung in Wahrheit eine substantielle Transsignifikation vollzieht. Es macht gerade den Geheimnischarakter der Eucharistie aus, daß die substantielle Transfinalisation in der Eucharistie nur in einer akzidentellen Transsignifikation sichtbar wird.

So bleibt auch bei der neuen Deutung das Mysterium als Herausforderung an den Verstand bestehen. Es bleibt die alte Frage : Wieso ist dies nicht mehr Brot, obwohl es noch genauso aussieht wie Brot, dieselben Eigenschaften und Wirkungen hat wie vorher?

Die Antwort auf diese Frage fällt der neuen Interpretation keineswegs leichter als der alten. Versteht man nämlich die Substanz vom Sinn her, dann muß man sagen : Aussehen und Wirkung von Brot bleiben erhalten, obwohl der Sinn der Brotgestalt nicht mehr der von leiblicher Nahrung ist. Gott hat der Brotgestalt vielmehr einen neuen Sinn gegeben, und da der von Gott gegebene Sinn die ontologische Substanz einer Wirklichkeit bestimmt, ist diese Gestalt jetzt nicht mehr Brot, sondern wirklich der Leib Christi. Ist es aber nicht ebenso schwer zu glauben, daß die Brotgestalt nicht mehr den Sinn von leiblicher Nahrung hat, obwohl sie noch leiblich nährt, wie zu glauben, die Akzidenzien von Brot würden nicht mehr durch eine natürliche Brotsubstanz hervorgebracht, sondern durch Gott unmittelbar im Sein erhalten? In beiden Fällen wird uns doch zugemutet, daß wir von der empirischen Wirklichkeit nicht auf die ihr natürlicherweise zugeordnete Substanz schließen, und dabei macht es keinen großen Unterschied aus, ob wir die Substanz vom Sinn her verstehen oder naturphilosophisch interpretieren. So ist und bleibt die Eucharistie das große Geheimnis, das sich nur der Demut des Glaubens erschließt.

7. Der Unterschied zwischen allgemein sakramentaler und eucharistischer Transfinalisation und Transsignifikation

Da die Begriffe Transfinalisation und Transsignifikation in der gegenwärtigen Diskussion nicht nur auf die Eucharistie, sondern auf alle Sakramente angewendet werden, muß die eucharistische Transfinalisation und Transsignifikation sorgfältig von den Transfinalisationen und Transsignifikationen in den übrigen Sakramenten abgegrenzt werden. Der Unterschied zwischen eucharistischer und allgemein sakramentaler Transfinalisation und Transsignifikation wird nicht immer deutlich genug herausgestellt. Das liegt sicher zu einem guten Teil daran, daß der Unterschied zwischen substantieller und akzidenteller Transfinalisation und Transsignifikation schon im profanen Bereich nicht hinreichend geklärt worden ist. Überträgt man indessen das, was wir oben über die Unterscheidung zwischen substantiellen und akzidentellen menschlichen Transfinalisationen und Transsignifikationen gesagt haben [57], analog auf die göttliche Sinnstiftung in den Sakramenten, dann lassen sich eucharistische und allgemein sakramentale Transfinalisation und Transsignifikation angemessen unterscheiden.

Menschliche und sakramentale Transfinalisation und Transsignifikation können ja insofern miteinander verglichen werden, als beide die natürliche Schöpfungswirklichkeit als ihre "Materie" voraussetzen: Wie der Mensch durch seine Sinnstiftungen der Natur einen anthropologischen Sinn verleiht und diese dadurch in eine "anthropologische Wirklichkeit" umwandelt, so gibt Gott durch die sakramentale Sinnstiftung der Natur einen übernatürlichen Heilssinn und wandelt sie dadurch in eine "sakramentale Wirklichkeit" um.

Die göttliche Transfinalisation und Transsignifikation in den übrigen Sakramenten ist eine akzidentelle Transfinalisation und Transsignifikation. Hier verleiht Gott einer irdischen Wirklichkeit (z.B. Wasser) den übernatürlichen Sinn, Zeichen seiner Gnade zu sein. Der neue Sinn, Zeichen zu sein, liegt von vornherein in den natürlichen Möglichkeiten dieser irdischen Wirklichkeit beschlossen, da alle Dinge unserer Welt als Zeichen für bestimmte Inhalte verwendet werden können, ganz gleich, ob diese Inhalte dem natürlichen oder dem übernatürlichen Bereich angehören [58]. Die sichtbare Wirklichkeit ändert sich durch die neue Sinngebung nur geringfügig. Die Gestalt des Taufwassers bleibt unverändert, lediglich durch die Verwendung des Wassers in der Taufhandlung und durch die dabei gesprochenen Worte wird auch äußerlich sichtbar, daß das Wasser einen neuen Sinn bekommen hat. Wir können die Transsignifikation des Taufwassers mit der Transsignifikation des Mörsers vergleichen, der als Zierstück verwendet wird. Nur dadurch, daß der Mörser neben andere Antiquitäten auf eine Truhe gestellt statt zum Zerstoßen von Körnern verwendet wird, d.h. nur durch eine Orts- und Gebrauchsveränderung, läßt sich seine Transfinalisation erkennen [59]. Die allgemein sakramentale Transfinalisation und Transsignifikation entspricht daher in

---

[57]   Siehe S. 213 ff.

[58]   Damit soll natürlich nicht bestritten werden, daß sich bestimmte Dinge ganz besonders als Zeichen für bestimmte Inhalte eignen, z.B. Wasser zum Symbol der Reinigung, und daß die sakramentale Symbolik an diese "naturhafte" Symbolik anknüpft (Taufwasser als Symbol der Sündenvergebung und Erlösung).

[59]   Natürlich besteht hier der Unterschied, daß der neue Sinn, der zu der neuen Verwendung des Wassers in der Taufhandlung führt, nicht wie beim Mörser primär vom Menschen gestiftet wird, sondern ursprünglich von Gott her kommt, dessen Sinnstiftung sich der Mensch dann im Nachvollzug nur anschließt.

ihrer Struktur genau den akzidentellen Transfinalisationen und Transsignifikationen, die der Mensch in der von ihm geschaffenen Welt der Kulturdinge vollzieht.

Die eucharistische Wandlung ist im Unterschied zur Transfinalisation und Transsignifikation in den übrigen Sakramenten eine substantielle Transfinalisation und Transsignifikation. Hier nimmt Gott der irdischen Wirklichkeit ihren gesamten natürlichen Sinn und gibt ihr statt dessen den übernatürlichen Sinn, daß sie jetzt der Leib und das Blut Christi ist. Dieser neue übernatürliche Sinn liegt weder in den Möglichkeiten von Brot und Wein als Kulturdingen noch in den Möglichkeiten der Natur, die zu Brot und Wein verarbeitet ist, denn es ist kein Finis der geschaffenen Dinge, daß sie Christi Leib und Blut werden.

Daß sich die eucharistische Transfinalisation von allen substantiellen Transfinalisationen, die der Mensch in der "vermenschlichten Welt" vollzieht (und auch von den substantiellen Transfinalisationen innerhalb der Natur) unterscheidet, haben wir im vorigen Abschnitt ausführlich dargelegt: Die eucharistische Transfinalisation ist eine "conversio totalis", in der nicht nur der vom Menschen in den Kulturdingen aktualisierte Sinn, sondern auch der ontologische Grundsinn der Natur von Gott verwandelt wird. Die eucharistische Transsignifikation unterscheidet sich aber dadurch von allen anderen Transsignifikationen, daß sie, obwohl sie in Wahrheit eine substantielle Transsignifikation ist, nur als akzidentelle Transsignifikation in Erscheinung tritt. Die Struktur der substantiellen Transfinalisation und Transsignifikation in der Eucharistie entspricht daher keineswegs der Struktur der substantiellen Transfinalisationen und Transsignifikationen, die der Mensch vollzieht, ja nicht einmal der Struktur der profanen substantiellen Wandlungen in der Natur. Die Analogie zwischen menschlicher und sakramentaler Sinnstiftung kann zwar im Falle der übrigen Sakramente eine gewisse Ähnlichkeit in der Struktur von menschlicher und göttlicher Sinnstiftung aufdecken, bezüglich der Eucharistie kann sie jedoch nur zur Erkenntnis der völligen Andersartigkeit und Unvergleichbarkeit der Struktur der eucharistischen Wandlung führen.

Das ist für die Beurteilung der Beispiele wichtig, die zur Erläuterung der eucharistischen Wandlung herangezogen werden. Bei den meisten Beispielen, die in der Literatur angeführt werden, handelt es sich - auch anthropologisch gesehen - nur um akzidentelle Transfinalisationen, da hier immer nur ein Finis realisiert wird, der bereits in der Summe aller möglichen Fines der betreffenden Kulturdinge von Anfang an enthalten ist. Denn daß z.B. ein Tempel als Besichtigungsobjekt oder als Kultstätte und ein Tuch als Fahne oder als Dekorationsstoff verwendet werden kann, liegt ebenso von Anfang an in den Möglichkeiten dieser Dinge beschlossen wie die Verwendbarkeit von Tee und Keks als Freundschaftszeichen oder eines Blumenstraußes als Geschenk. Diese Beispiele weisen zwar insofern eine entfernte Ähnlichkeit mit der eucharistischen Wandlung auf, als diese äußerlich nur als akzidentelle Transsignifikation sichtbar wird, aber es besteht doch der wesentliche Unterschied, daß die eucharistische Wandlung eine substantielle Transfinalisation und infolgedessen auch eine substantielle Transsignifikation ist. Wählt man dagegen eine auch anthropologisch gesehen als substantiell zu bezeichnende Transfinalisation und Transsignifikation als Beispiel, etwa die Umwandlung eines Hauses in eine Brücke, dann besteht hier der doppelte Unterschied, daß in der menschlichen Transfinalisation die Materie (Steine, Holz usw.) nicht mitverwandelt wird, während die eucharistische Wandlung auch die Materie (Natur) ergreift, und daß zum anderen die substantielle Transsignifikation in der Eucharistie nur in einer akzidentellen Transsignifikation sichtbar wird, während die Umwandlung des Hauses in eine Brücke durch einen radikalen Gestaltwandel angezeigt wird.

Daher können die genannten Beispiele nur zeigen, daß die eucharistische Wandlung n i c h t nach Art der menschlichen Wandlungen gedacht werden darf. Wird das nicht ausdrücklich betont und exakt herausgearbeitet, dann schaden solche Beispiele mehr als sie nützen. Die eucharistische Wandlung ist eine "singularis conversio" (DS 1625), eine einzigartige und unvergleichliche Wandlung, zu der es keine Parallele gibt, weder in der anthropologischen noch in der natürlichen Wirklichkeit. Sie ist ein Geheimnis, das nur im Glauben angenommen werden kann.

SCHLUSS

Seit Ternus im Jahre 1937 zum ersten Mal versucht hat, Substanz von der "alltäglichen Erfahrung" her und damit "anthropologisch" zu verstehen, ist die Theologie auf diesem Wege immer entschiedener fortgeschritten. So verschieden die einzelnen Interpretationsversuche auch sind, eines ist ihnen gemeinsam: Sie beruhen auf einem Wirklichkeitsverständnis, das nicht mehr das des Mittelalters und der nachtridentinischen Epoche ist, denn Wirklichkeit wird nicht mehr kosmologisch von ihrem naturhaften Sein, sondern anthropologisch "vom Bezugszusammenhang mit dem Menschen her" verstanden.

Wir glauben, daß dieser Ansatz durchaus zu einer angemessenen Interpretation der eucharistischen Wandlung führt, wofern nur die anthropologischen Begriffe ins Ontologische transponiert werden. Wirklichkeit wird dann letztlich "vom Sinn her" verstanden, freilich nicht aus dem anthropologischen Sinn, den der Mensch der Wirklichkeit gibt, sondern aus dem ontologischen Sinn, den Gott seiner Schöpfung gegeben hat.

Wir haben versucht, die eucharistische Wandlung auf der Grundlage einer "vom Sinn her" entworfenen Ontologie zu interpretieren. Dabei zeigte sich, daß eine Interpretation, welche den ontologischen Charakter der eucharistischen Wandlung ernst nimmt, schließlich wieder zu den alten Formeln des Glaubens zurückführt, selbst wenn diese nun nicht mehr in einem speziell kosmologischen Sinne verstanden werden. Schon die Ableitung des Substanzbegriffes aus dem "Finis" führte uns wieder auf die klassische Vier-Ursachen-Lehre zurück und auf all die damit verbundenen Probleme, wie das Problem des Werdens, der Unterscheidbarkeit verschiedener materieller Substanzen usw. Die eucharistische Wandlung selbst mußte als "Totalverwandlung", d.h. als Verwandlung von Materie und Form, der Substanz von Brot und Wein und das eucharistische Zeichen mußte als Species-Zeichen gedeutet werden. Die Tridentiner Formel - conversio totius substantiae panis et vini, manentibus dumtaxat speciebus panis et vini [1] - scheint uns daher auch heute noch die beste begriffliche Formulierung der eucharistischen Wandlung zu sein [2].

---

[1] Vgl.: DS 1642 und 1652.

[2] Wir meinen natürlich die Formel in ihrem verbindlich definierten, d.h. allgemein ontologischen Sinne, nicht im Sinne einer bestimmten naturphilosophischen Interpretation und selbstverständlich auch nicht im Sinne der hier versuchten Deutung. In diesem allgemein ontologischen Sinne ist die Formel, wie die Enzyklika "Mysterium Fidei" mit Recht sagt, unaufgebbar und nicht an eine bestimmte Kulturform oder an eine bestimmte Phase wissenschaftlichen Fortschritts oder an eine bestimmte theologische Schule gebunden (Vgl. AAS 57 (1965) 753-774, hier: 758).

Bei unserer Interpretation stellten sich auch alle die Schwierigkeiten wieder ein, die der physischen Theorie so schwer zu schaffen machen und den Wunsch nach einer Neuinterpretation aufkommen ließen. Das zeigt u.E. deutlich, daß nicht nur die physische, sondern jede ontologische Interpretation der eucharistischen Wandlung diesen Schwierigkeiten begegnet, und darum sind sie unvermeidlich, weil jede theologisch einwandfreie Interpretation der eucharistischen Wandlung eine ontologische Interpretation sein muß. So stellte sich, da Brot und Wein auch unter Voraussetzung des neuen Substanzbegriffes in ihrem Wesen nur als Akzidenzien bestimmt werden können, wieder das Problem ein, ob und in welchem Sinne man bei Brot und Wein überhaupt noch von einer "Transsubstantiation" sprechen könne. Und da eine echte ontologische Transsubstantiation von Brot und Wein auch eine Verwandlung der diesen Kulturdingen zugrundeliegenden naturalen Wirklichkeit verlangt, standen wir auch wieder vor der Frage, wie die Bindung der Realpräsenz Christi an das Vorhandensein der Species von Brot und Wein einsichtig gemacht werden könne. Diese Frage, die der physischen Theorie gerade die größten Schwierigkeiten bereitet, scheint uns jedoch im Rahmen der neuen Ontologie zwangloser gelöst werden zu können.

Eines freilich vermag die neue Theorie ebensowenig begreifbar zu machen wie die alte, ja wie jede Denkbemühung des Menschen : daß das, was weiterhin wie Brot und Wein aussieht und wirkt, nicht mehr Brot und Wein, sondern wahrhaft der Leib und das Blut Christi ist. "Verum corpus Christi et sanguinem esse in hoc sacramento neque sensu neque intellectu deprehendi potest, sed sola fide, quae auctoritati divinae innititur" [3]. Die eucharistische Wandlung ist, wie wir in jeder Eucharistiefeier im Anschluß an die Wandlungsworte bekennen, ein "Geheimnis des Glaubens".

---

[3]   Thomas v.A., S.th.II, q. 75, a. 1 c.

LITERATURVERZEICHNIS [1)]

BACIOCCHI, J. de,	Les sacrements, actes libres du Seigneur, in: NRTh 83 (1951) 681-706
- ders.,	Le mystère eucharistique dans les perspectives de la Bible, in: NRTh 87 (1955) 561-580
- ders.,	Présence eucharistique et transsubstantiation, in: Irénikon 32 (1959) 139-161
- ders.,	L'Eucharistie, Paris 1964
BAUDIMENT, L.,	Notre-Seigneur, n'est-il présent qu'une fois dans l'hostie?, in: RAp 65 (1937) 546-561
BEINERT, W.,	Die Enzyklika "Mysterium Fidei" und neuere Auffassungen über die Eucharistie, in: ThQ 147 (1967) 159-176
- ders.,	Neue Deutungsversuche der Eucharistielehre und das Konzil von Trient, in: ThPh 46 (1971) 342-363
BENOIT, P.,	The Holy Eucharist, in: Scripture 8 (1956) 97-108 und 9 (1957) 1-14, französisch: Les récits de l'institution et leur portée, in: Lumière et Vie 31 (1957) 49-76
BERTULETTI, A.,	A proposito di uno studio recente sulla presenza reale e transustanziazione, in: Divinitas 10 (1966) 331-334
BOURASSA, F.,	Présence réelle - transsubstantiation, in: Science et esprit (ScEccl) 22 (1970) 263-313
BRUGGER, W.,	Philosophisches Wörterbuch, Freiburg ^{5}1953
BÜCHEL, W.,	Individualität und Wechselwirkung im Bereich des materiellen Seins, in: Scholastik 31 (1956) 1-30
- ders.,	Quantenphysik und naturphilosophischer Substanzbegriff, in: Scholastik 33 (1958) 161-185
CASTELLANO, J.,	Transubstanciación. Trayectoria ideólogica de una reciente controversia, in: RET 29 (1969) 305-354
CLARK, J.T.,	Physics, Philosophy, Transubstantiation, Theology, in: ThSt 12 (1951) 24-51
COLOMBO, C.,	Teologia, filosofia e fisica nella dottrina della transustanziazione, in: SC 83 (1955) 89-124

[1)] Abkürzung der Zeitschriften nach "Lexikon für Theologie und Kirche" (2. Auflage)

COLOMBO, C.,	Ancora sulla dottrina della transustanziazione e la fisica moderna, in: SC 84 (1956) 263-288
- ders.,	Bilancio provvisorio di una discussione eucaristica, in: SC 88 (1960) 23-55
COPPENS, J.,	Miscellanées bibliques, XXIV. Mysterium Fidei, in: Ephemerides Theologicae Lovanienses 33 (1957) 483-506
CUERVO, M.,	La transubstanciación según Santo Tomás y las nuevas teorías físicas, in: CTom 84 (1957) 283-344
DAVIS, Ch.,	The Theology of Transubstantiation, in: Sophia (University of Melbourne) April 1965, S. 12-24
- ders.,	Understanding the Real Presence, in: The Word in History (The St. Xavier Symposion), New York 1966, S. 154-178
DELMOTTE, J.,	"Mysterium Fidei". Recente publikaties over de Eucharistie, in: CollBrug 12 (1966) 3-25
De nieuwe catechismus,	Utrecht 1966; deutsch : Glaubensverkündigung für Erwachsene, Freiburg 1969

Die Eucharistie im katholischen und ökumenischen Disput, in: Herkorr 22 (1968) 125-130

Diskussion um die Realpräsenz, in: Herkorr 19 (1965) 517-520

DUPONT, J.,	"Ceci est mon corps", "Ceci est mon sang", in: NRTh 90 (1958) 1025-1041
- ders.,	De Eucharistie is Gods zichtbare liefde, in: De Bazuin 48 (1965) 6-7
FELDERER, J.,	Rezension zu B. Welte (Zum Referat von L. Scheffczyk, in: M. Schmaus (Hrsg.), Aktuelle Fragen zur Eucharistie, München 1960, S. 190-195), in: ZKTh 83 (1961) 223-225
FELLERMEIER, J.,	Das Dogma der Transsubstantiation und die Krise des Substanzbegriffes in der modernen Naturwissenschaft, in: Die Neue Ordnung 3 (1949) 163-168
FORTMANN, H.,	Eucharistische presentie en de grondgestalte der Eucharistieviering, in: Annalen van het Thijmgenootschap 46 (1958) 198-214
- ders.,	Enkele notities bij nieuwere visies op transsubstantiatie en eucharistische presentie, in: Theologie en Zielzorg 61 (1965) 89-91

GABORIAU, F.,	Eucharistie et Substance, in: Angelicum 54 (1967) 200-215
- ders.,	Eucharistie et Catéchisme Hollandais, in: Angelicum 54 (1967) 500-511
GALOT, J.,	Théologie de la présence eucharistique, in: NRTh 95 (1963) 19-39
GERKEN, A.,	Dogmatische Reflexion über die heutige Wende in der Eucharistielehre, in: ZKTh 94 (1972) 199-226
- ders.,	Die heutige Wende im Eucharistieverständnis, in: FStud 54 (1972) 77-88
- ders.,	Theologie der Eucharistie, München 1973
GHYSENS, G.,	Présence réelle eucharistique et transsubstantiation dans les définitions de l'Eglise catholique, in: Irénikon 32 (1959) 420-435
GOTTSCHALK, J.,	Die Gegenwart Christi im Abendmahl, Essen 1966
GREEN, H.B.,	The Eucharistic Presence: change and/or signification?, in: DR 83 (1965) 32-46
GUTWENGER, E.,	Substanz und Akzidens in der Eucharistielehre, in: ZKTh 83 (1961) 257-306
- ders.,	Das Geheimnis der Gegenwart Christi in der Eucharistie, in: ZKTh 88 (1966) 185-197
HAES, P. de,	Praesentia realis, in: Collectanea Mechliniensia 49 (1964) 133-150
HAVEROTT, J.,	Transsubstantiation, in: ThGl 57 (1967) 361-368
HEIDEGGER, M.,	Sein und Zeit, Tübingen [11]1967
- ders.,	Die Frage nach der Technik, in: Vorträge und Aufsätze, Pfullingen 1954, S. 13-44
HIRSCHBERGER, J.,	Geschichte der Philosophie, Freiburg [2]1953, Bd. I
HOUT, L. van,	Fragen zur Eucharistielehre in den Niederlanden, in: Cath 20 (1966) 179-200
- ders.,	Fragen zur Eucharistielehre, in: J.C. Hampe (Hrsg.), Autorität der Freiheit, München 1967, Bd. I, S. 589-607
JONG, J.P. de,	Die Eucharistie als symbolische Wirklichkeit, in: ZKTh 87 (1965) 313-317

JONG, J.P. de,	De Eucharistie, symbolische Werkelijkheid. Sacramentum unitatis, Hilversum 1966; erweiterte deutsche Ausgabe: Die Eucharistie als Symbolwirklichkeit, Regensburg 1969
JORISSEN, H.,	Die Entfaltung der Transsubstantiationslehre bis zum Beginn der Hochscholastik (MBTh 28,1), Münster 1965
- ders.,	Die Diskussion um die eucharistische Realpräsenz und die Transsubstantiation in der neueren Theologie, in: Beiträge zur Diskussion um das Eucharistieverständnis, Bonn (Collegium Albertinum) 1970, S.33-57
- ders.,	Die Begründung der Eucharistie im nachösterlichen Offenbarungsgeschehen, in: Freispruch und Freiheit. Theologische Aufsätze für W. Kreck z. 65. Geburtstag, hrsg. v. H.G. Geyer, München 1973, S. 206-228
KAULBACH, F.,	Rezension zu Merleau-Ponty, Phänomenologie der Wahrnehmung, Berlin 1966, in: ThRv 64 (1968) 85-94
KORS, J.B.,	De transsubstantiatie, in: Nederlandse Katholieke Stemmen 56 (1960) 153-165
LAVALETTE, H. de,	Transsubstantiation et Transfinalisation, in: Études 323 (1965) 570-574
LEENHARDT, F.J.,	Le sacrement de la Sainte Cène, Neuchâtel-Paris 1948
- ders.,	Ceci est mon corps, Neuchâtel-Paris 1955
- ders.,	La présence eucharistique, in: Irénikon 33 (1960) 146-172
MALTHA, A.H.,	Cosmologica circa transsubstantiationem, in: Angelicum 16 (1939) 305-334
MASI, R.,	Teologia eucaristica e fisica contemporanea, in: Doctor communis 8 (1955) 31-51
- ders.,	L'eucaristia e le scienze, in: A. Piolanti (Hrsg.) Eucaristia: Il mistero dell'altare nel pensiero e nella vita della Chiesa, Rom 1957, S. 743-777
- ders.,	La sostanza materiale ed i suoi accidenti. - La conversione eucaristica, in: Studia Patavina 4 (1957) 125-142

MASI, R.,	Transustanziazione, transignificazione, transfinalisazione, in: Osservatore Romano, 4.11.1965, S.5
- ders.,	Il significato del Mistero Eucaristico, commento all Enciclica "Mysterium Fidei", Mailand 1966
MERLEAU-PONTY, M.,	Phénoménologie de la Perception, Paris 1945; deutsch: Phänomenologie der Wahrnehmung, Berlin 1966
MÖLLER, J.,	De transsubstantiatie, in: Nederlandse Katholieke Stemmen 56 (1960) 2-14
- ders.,	Existentiaal en categoriaal denken, in: Nederlandse Katholieke Stemmen 56 (1960) 166-171
MONDEN, L.,	Symbooloorzakelijkheid als eigen causaliteit van het sacrament, in: Bijdragen 13 (1952) 277-285
MULDERS, G.,	Eucharistie, in: Verbum 32 (1965) 122-129
OEING-HANHOFF, L.,	Art. "Substanz", in : LThK 9, 1139 f
O'NEILL, C.E.,	What is Transignification all about?, in: Catholic World 202 (1965/66) 204-210
- ders.,	New Approaches to the Eucharist, New York 1967
- ders.,	Die Sakramententheologie, in: H. Vorgrimler - R. Vander Gucht (Hrsg.), Bilanz der Theologie im zwanzigsten Jahrhundert, Freiburg 1970, Bd. III, S. 244-294
PAPST PAUL VI.,	Mysterium Fidei. Litterae encyclicae de doctrina et cultu ss. Eucharistiae, in : AAS 57 (1965) 753-774
PESCH, O.H.,	Wirkliche Gegenwart Christi, in: Wort und Antwort 8 (1967) 78-83
PIOLANTI, A.,	I motivi dell' Enciclica "Mysterium Fidei", in: Divinitas 10 (1966) 237-271
PÖGGELER, O.,	Der Denkweg Martin Heideggers, Pfullingen 1963
POHLE-GUMMERSBACH,	Lehrbuch der Dogmatik, Paderborn ^{9}1960, Bd. III
POOL, W.H. van de,	Das reformatorische Christentum, Einsiedeln 1956
POUSSET, E.,	L'Eucharistie: présence réelle et transsubstantiation, RSR 54 (1956) 177-212
POWERS, J.,	"Mysterium Fidei" and the Theology of the Eucharist, in: Worship 40 (1966) 17-35
- ders.,	Eucharistic Theology, New York 1967; deutsch : Eucharistie in neuer Sicht, Freiburg 1968

RAHNER, K.,	Die Gegenwart Christi im Sakrament des Herrenmahles, in: Schriften zur Theologie IV, Einsiedeln 1960, S. 357-385
- ders.,	Über die Dauer der Gegenwart Christi nach dem Kommunionempfang, in: Schriften zur Theologie IV, Einsiedeln 1960, S. 387-397
- ders.,	Zur Theologie des Symbols, in: Schriften zur Theologie IV, Einsiedeln 1960, S. 275-311
RATZINGER, J.,	Das Problem der Transsubstantiation und die Frage nach dem Sinn der Eucharistie, in: ThQ 147 (1967) 129-158
- ders.,	Rezension zu E. Schillebeeckx, Die eucharistische Gegenwart, Düsseldorf 1967, in: ThQ 147 (1967) 493-496
RENWART, L.,	L'Eucharistie à la lumière des documents récents, in: NRTh 99 (1967) 225-256
SALA, G.B.,	Transsubstantiation oder Transsignifikation? Gedanken zu einem Dilemma, in : ZKTh 92 (1970) 1-34
SARTORY, Th.,	Die Eucharistie im Verständnis der Konfessionen, Recklinghausen 1961
SCHEFFCZYK, L.,	Die materielle Welt im Lichte der Eucharistie, in: M. Schmaus (Hrsg.), Aktuelle Fragen zur Eucharistie, München 1960, S. 156-179
- ders.,	Die eucharistische Gegenwart Christi, in: Christ in der Gegenwart 20 (1968) 61 f
SCHELFHOUT, O.,	Bedenkingen bij een nieuwe transsubstantiatieleer, in: CollBrug 6 (1960) 289-320
SCHILLEBEECKX, E.,	Christus' tegenwoordigheid in de Eucharistie, in: Tijdschrift voor Theologie 5 (1965) 136-173; De eucharistische wijze van Christus' werkelijke tegenwoordigheid, in: Tijdschrift voor Theologie 6 (1966) 359-394; deutsch: Die eucharistische Gegenwart, Düsseldorf 1967
- ders.,	Transubstantiation, Transfinalization, Transfiguration, in: Worship 40 (1966) 324-338
- ders.,	Una questa attuale di teologia eucaristica: Transustanziazione, Transfinalisazione, Transignificazione, in: Revista di pastorale liturgica Queriniana 16 (1966) 227-248

SCHILLEBEECKX, E.,	De sacramentele heilseconomie, Antwerpen 1952
- ders.,	Sakramente als Organe der Gottbegegnung, in: J. Feiner - J. Trütsch - F. Böckle (Hrsg.), Fragen der Theologie heute, Einsiedeln 1957, S. 379-401
- ders.,	Christus - Sakrament der Gottbegegnung, Mainz 1960
SCHIWY, G.,	Strukturalismus und Christentum, Freiburg 1969
SCHLINDWEIN, B.,	Zur Diskussion über die Eucharistie, in: Theologie der Gegenwart 11 (1968) 82-89 (Literaturbericht)
SCHOONENBERG, P.,	De tegenwoordigheid van Christus, in: Verbum 26 (1959) 148-157
- ders.,	Eucharistie en tegenwoordigheid, in: Heraut 89 (1959) 106-111
- ders.,	Een terugblik: Ruimtelijke, persoonlijke en eucharistische tegenwoordigheid, in: Verbum 26 (1959) 314-327
- ders.,	Tegenwoordigheid, in: Verbum 31 (1964) 395-415
- ders.,	Eucharistische tegenwoordigheid, in: Heraut 95 (1964) 333-336
- ders.,	Nogmaals: Eucharistische tegenwoordigheid, in: Heraut 96 (1965) 48-50
- ders.,	Inwieweit ist die Lehre von der Transsubstantiation historisch bestimmt?, in: Concilium 3 (1967) 305-311
Schreiben der deutschen Bischöfe an alle, die von der Kirche mit der Glaubensverkündigung beauftragt sind. Sonderdruck, herausgegeben vom Sekretariat der Deutschen Bischofskonferenz, o.J. (1967)	
SELVAGGI, F.,	Il concetto di sostanza nel Dogma Eucaristico in relazione alla fisica moderna, in: Gr 30 (1949) 7-45
- ders.,	Realtà fisica e sostanza sensibile nella dottrina eucaristica, in: Gr 37 (1956) 16-33
- ders.,	Ancora intorno ai concetti di "sostanza sensibile" e "realtà fisica", in: Gr 38 (1957) 503-514
SEMMELROTH, O.,	Eucharistische Wandlung, in: GuL 40 (1967) 93-106
- ders.,	Eucharistische Wandlung, Transsubstantiation, Transfinalisation, Transsignifikation, Schriftenreihe "Entscheidung" Nr. 58, Kevelaer 1967

SEMMELROTH, O.,	Rezension zu E. Schillebeeckx, Die eucharistische Gegenwart, Düsseldorf 1967, in: ThPh 42 (1967) 598-600
SLOYAN, G.,	The real presence: Debate on the Eucharist, in: Commonweal 84 (1966) 357-361
SMITS, L.,	Van oude naar nieuwe transsubstantiatieleer, in: Heraut 95 (1964) 337-340
- ders.,	Nieuw zicht op de werkelijke tegenwoordigheid van Christus in de Eucharistie, in: De Bazuin 48 (1964/65) 3-4
- ders.,	Beantwoording van vragen en opmerkingen aan L. Smits, in: De Bazuin 48 (1964/65) 4-6
- ders.,	Vragen rondom de Eucharistie, Roermond-Maaseik 1965
SONNEN, I.R.,	Transsubstantiatie, in: School en Godsdienst 19 (1965) 200-215, deutsch: Neubesinnung auf die Eucharistie als Sakrament, in: KatBl 90 (1965) 490-501
STROTMAN, D.T.,	L'orthodoxie dans le debat sur la transsubstantiation, in: Irénikon 32 (1959) 295-308
TERNUS, J.,	"Dogmatische Physik" in der Lehre vom Altarssakrament?, in: StdZ 132 (1937) 220-230
TORNER, J.C.,	Puede la filosofía de la naturaleza escolástica explicar la transubstanciación eucarística?, in: RET 18 (1958) 167-186
TROOSTER, S.,	De eucharistische werkelijke tegenwoordigheid van Christus in de hedendaagse protestantse en katholieke theologie, in: Jaarboek 1962 (Werkgenootschap kath. Theol. in Nederl.), Hilversum 1963, S. 113-136
- ders.,	Transsubstantiatie, in: Streven 18 (1965) 737-744
UNTERKIRCHNER, F.,	Zu einigen Problemen der Eucharistielehre, Innsbruck 1938
VANNESTE, A.,	Bedenkingen bij de scholastieke transsubstantiatieleer, in: CollBrug 2 (1956) 322-335
- ders.,	Nog steeds bedenkingen bij de transsubstantiatieleer, in: CollBrug 6 (1960) 321-348
VERBEEK, H.,	De sacramentele structuur van de Eucharistie, in: Bijdragen 20 (1959) 345-355

VOLK, H., WETTER, F.,	Geheimnis des Glaubens. Gegenwart des Herrn und eucharistische Frömmigkeit, Mainz 1968
VOLLERT, C.,	The Eucharist: Controversy on Transubstantiation, in: ThSt 22 (1961) 391-425
VORGRIMLER, H.,	Art. "Personalismus, II.", in: LThK 8, 293 f
WALLE, A.R. van de,	De hedendaagse reflectie op de eucharistische tegenwoordigheid, in haar pastoraalliturgische consequenties, in: Tijdschrift voor Liturgie 48 (1964) 200-209
WARNACH, V.,	Symbolwirklichkeit der Eucharistie, in: Concilium 4 (1968) 755-765
WEBER, H.J.,	Eucharistie - Sakrament der Christusgemeinschaft, in: ThPh 48 (1973) 194-217
WELTE, B.,	Zum Vortrag von A. Winkelhofer. Zum Referat von L. Scheffczyk, in: M. Schmaus (Hrsg.), Aktuelle Fragen zur Eucharistie, München 1960, S. 184-195. Neuauflage unter dem Titel: Zum Verständnis der Eucharistie, in: B. Welte, Auf der Spur des Ewigen, Freiburg i.B. 1965, S. 459-467

DATE DUE